A級中学
数学問題集
2

8訂版

桐朋中・高校教諭 ● 飯田 昌樹
印出 隆志
櫻井 善登
佐々木 紀幸
野村 仁紀
矢島 弘 共著

昇龍堂出版

(21-01)

まえがき

中学２年生では，式の計算，連立方程式や不等式，１次関数，図形の証明問題，確率などを学びます。式の計算や連立方程式では，中学１年生で学んだ文字式の計算や方程式の解き方を発展させていきます。また，１次関数で学習する内容は，中学３年生の２次関数にもつながります。さらに，ここではじめて学習する図形の証明の書き方は，数学全体にわたって論証能力を高めるための基礎になります。簡単な問題で証明の書き方の「型」を習得すると，結論が明らかではないような証明問題も解くことができるようになります。この本には解ける楽しさを味わえる問題がたくさんありますので，ぜひ挑戦してみてください。

今回の改訂にあたっては，『A級数学問題集７訂版』の流れをくみ，基本的な知識の定着，計算力の充実，柔軟な思考力，的確に表現する力の育成を目標としました。この本は，みなさんの発達段階に応じて徐々に力がつくように構成されています。

まずは，教科書で学習する内容を十分に理解してください。そして，この『A級問題集』の問題を，１題１題ていねいに解いてみましょう。図やグラフをかいたり，メモをしたりして，問題の内容を自分の頭でしっかり考えることが大切です。そうした努力をすることで，基本的なことがらの理解を深めることができ，さらに質の高い問題を解く力まで，無理なく身につけることができます。

また，本来は中学２年生の課程では学習しない内容でも，みなさんの学習にぜひ必要と思われることについては取り上げています。そのような進んだ内容を学習し，さらに理解の幅を広げてください。途中でしばらく間をおいてから取り組んでも結構です。

この問題集が十分マスターできたら，その人はほんとうにA級の力をもった中学生といえます。

著者

本書の構成

本書は次のような構成になっています。

まとめ	各章の節ごとに，そこで学習する公式や性質，定理などの基本事項をまとめたものです。教科書で扱っていない定理などについては，証明や説明があり，本書だけでその内容を理解することができます。
例	その節で学ぶ基本公式や基本事項を確認するための問題を取り上げ，公式の使い方や考え方を示しています。
基本問題	教科書や「まとめ」にある公式や定理などが理解できているかを確認する問題です。
例題	その分野を学習するにあたり，重要な問題を選び，解説でその要点や解き方を説明し，解答や証明で模範的な解答を示しています。自分で解答をつくるときの参考にしてください。
演習問題	「まとめ」や「例題」で学習した内容を使って解く問題です。標準的なものからやや高度なものまで，さまざまなタイプの問題を集めました。
進んだ問題	高度な問題ですが，考えることにより数学のおもしろさに気づくような問題です。すらすらとは解けないかもしれませんが挑戦してください。
研究	発展的な内容です。数学に深く興味をもつ人は読み進めてください。また，**研究問題**は，その内容の確認のための問題です。
コラム	その章に関連する話題を紹介しています。数学のおもしろさを味わってほしいと思います。また，力だめしとして，その内容の**チャレンジ問題**があるものもあります。
章の計算	代数分野の計算練習が必要な章には，そこで学習した計算問題を集めてあります。その章の計算の習熟度をはかるために取り組んでください。また，計算力をつけるためには，何度も何度も繰り返し解くことが効果的です。
章の問題	その章の総合的な問題です。学習した内容の理解の度合いをはかるために役立ててください。⇐1はその問題を学習した節を表します。
解答編	別冊になっています。原則として，「基本問題」は答えのみです。「演習問題」はヒントとして解説がついています。自分で解けないときは指針としてください。「進んだ問題」は解答例として，模範答案となっています。解答の書き方の参考にしてください。

★本書で使われている 参考 は別の解き方や考え方などを紹介し，⚠は注意すべきポイントなどを表しています。

目次

1章 ● 式の計算

1 単項式と多項式 …… 1
2 単項式・多項式の加法，減法 …… 4
3 多項式と数の乗法，除法 …… 8
4 単項式の乗法，除法 …… 12
5 式の計算の利用 …… 16
1章の計算 …… 23
1章の問題 …… 24

2章 ● 連立方程式

1 連立2元1次方程式 …… 28
2 連立方程式の応用 …… 37
研究 連立3元1次方程式 …… 46
2章の計算 …… 48
2章の問題 …… 49

3章 ● 不等式

1 不等式の性質 …… 51
2 1次不等式 …… 54
3 連立不等式 …… 59
3章の計算 …… 64
3章の問題 …… 65

4章 ● 1次関数

1 関数と1次関数 …… 68
2 1次関数のグラフ …… 73
研究 直線の平行移動・対称移動 …… 81
3 2元1次方程式のグラフ …… 83
4 連立方程式とグラフ …… 86
5 1次関数とグラフの応用 …… 90
4章の問題 …… 99

5章 ● 図形の性質の調べ方

1 証明と定理 …… 102
2 平行線と角 …… 106
3 多角形の角 …… 112
5章の問題 …… 117

6章 ● 三角形の合同

1 三角形の合同 …… 119
2 三角形の性質 …… 125
研究 2組の辺とその1つの対角がそれぞれ等しい2つの三角形 …… 135
6章の問題 …… 136

7章 ● 四角形

1 平行四辺形 …… 138
2 四角形の性質 …… 144
7章の問題 …… 149

8章 ● データの活用

1 四分位数と箱ひげ図 …… 151
8章の問題 …… 156

9章 ● 場合の数と確率

1 場合の数 …… 158
2 順列 …… 163
3 組合せ …… 167
4 確率 …… 170
研究 期待値 …… 179
9章の問題 …… 181

コラム
- 数量を表す文字 …… 22
- 倍数の見分け方 …… 27
- 日本に関孝和あり！ …… 45
- 直角を90°とする理由 …… 111
- 学校生活の中の確率① …… 184
- 学校生活の中の確率② …… 185
- 学校生活の中の確率③ …… 186

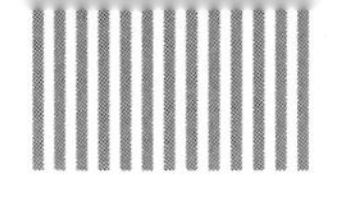

1章　式の計算

1　単項式と多項式

1　単項式と多項式

(1)　数や文字についての乗法だけでつくられた式を**単項式**という。

例　$2a$,　x,　$-3x^2y$,　7

(2)　いくつかの単項式の和の形で表された式を**多項式**という。

例　$2ab+3bc$,　x^2-5x+1 $(=x^2+(-5x)+1)$

2　項と係数

多項式をつくる各単項式をその多項式の**項**といい，数だけの項をとくに**定数項**という。項の中の数の部分を，符号をふくめてその項の文字の**係数**という。

例　$3x^2+xy-\dfrac{3z}{2}-5$ の項は，$3x^2$，xy，$-\dfrac{3z}{2}$，-5 である。

とくに，-5 は定数項である。

x^2，xy，z の係数は，それぞれ 3，1，$-\dfrac{3}{2}$ である。

3　次数

(1)　単項式で，かけ合わされている文字の個数を，その式の**次数**という。

例　$3x^2$ の次数は 2，$-5ab^2c$ の次数は 4，-2 の次数は 0 である。

⚠　数だけの単項式の次数は 0 とする。

(2)　多項式では，各項の次数のうちで最も高い（大きい）次数を，その**多項式の次数**という。次数が n の多項式を **n 次式**という。

例　x^3-x+2 は 3 次式，$a^3+a^2b-3ab^3$ は 4 次式である。

(3)　文字が 2 種類以上ふくまれている式では，その中にある特定の文字だけについて次数を考えることがある。

例　x^2y は，x については 2 次式，y については 1 次式である。

x^2+xy+y^3 は，x については 2 次式，y については 3 次式である。

項と係数・次数

例 (1) 次の単項式の係数と次数をそれぞれ求めてみよう。

① $0.1a$　② $\dfrac{z}{2}$　③ $-2x^3y$

(2) 多項式 $\dfrac{2x^3y-xy^2}{4}$ の項と係数と次数をそれぞれ調べ，この多項式は何次式か求めてみよう。

▶ (1) ① 単項式 $0.1a$ において，

a の係数は 0.1，次数は 1 である。………(答)

② 単項式 $\dfrac{z}{2}$ は，$\dfrac{z}{2}=\dfrac{1}{2}z$ であるから，

z の係数は $\dfrac{1}{2}$，次数は 1 である。………(答)

③ 単項式 $-2x^3y$ において，

x^3y の係数は -2，次数は 4 である。………(答)

(2) 多項式 $\dfrac{2x^3y-xy^2}{4}$ において，

$\dfrac{2x^3y-xy^2}{4}=\dfrac{2x^3y}{4}-\dfrac{xy^2}{4}=\dfrac{1}{2}x^3y-\dfrac{1}{4}xy^2$ であるから，

項は $\dfrac{1}{2}x^3y$ と $-\dfrac{1}{4}xy^2$ であり，

x^3y の係数は $\dfrac{1}{2}$，次数は 4

xy^2 の係数は $-\dfrac{1}{4}$，次数は 3

である。

ゆえに，この多項式は 4 次式である。………(答)

⚠ (1) ① $0.1a$ を $0.a$ と書くことはできない。

基本問題

1 次の(ア)～(エ)の式のうち，単項式はどれか。また，多項式はどれか。

(ア) $2x-3y+9$　(イ) $5ab^2$　(ウ) $\dfrac{4ab^2-ab^3}{6}$　(エ) -8

2 次の単項式の係数と次数をそれぞれ答えよ。

(1) $3ab$　(2) $-x^5$　(3) $\dfrac{pq}{5}$

3 次の多項式の項と係数をそれぞれ答えよ。また，多項式の次数を答えよ。

(1) x^3-3x^2+7x

(2) $\dfrac{4}{5}x^2y^2-\dfrac{3}{4}xy+\dfrac{y^2}{2}$

(3) $\dfrac{5a^2-6ab-b^2}{4}$

例題 1 次の多項式は x について何次式か。また，y について何次式か。

$x^3+2x^2y-3xy^2-y^4$

解説 $x^3+2x^2y-3xy^2-y^4$ は，ふつうは4次式であるが，特定の文字 x についてだけ考えるときは，y は数と同じように考え，係数とみる。

$$x^3+2x^2y-3xy^2-y^4=x^3+(2y)x^2+(-3y^2)x-y^4$$

x について　3次　2次　1次　0次　……… x について3次式

また，文字 y についてだけ考えるときは，

$$x^3+2x^2y-3xy^2-y^4=x^3+(2x^2)y+(-3x)y^2+(-1)y^4$$

y について　0次　1次　2次　4次　…… y について4次式

解答 x について3次式，y について4次式

⚠ x について考えるとき，x^3 の係数は1，x^2 の係数は $2y$，x の係数は $-3y^2$，$-y^4$ は定数項である。

演習問題

4 次の単項式，多項式は，〔　〕の中に示された文字について何次式か。

(1) $4a^3b^2$ 〔a〕

(2) $x^3-4xy+y^2$ 〔x〕

(3) $x^3+x^2y-3xy^2+5y^4$ 〔y〕

(4) $a^2x^2+axy+by^2$ 〔a〕

5 次の多項式は x について何次式か。また，y について何次式か。

(1) $7x^4y-6x^3y^2+5x^2y^3$

(2) $\dfrac{3xy^2+5x^3y-y^5}{15}$

2 単項式・多項式の加法，減法

[1] 同類項

文字の部分がまったく同じである項を**同類項**という。

例 $5x^3$ と $4x^3$，$6ab$ と $-7ab$ は，それぞれ同類項である。

⚠ $5a$ と $5a^2$，x^2 と x^3 はそれぞれ同じ文字を使っているが，次数が異なるから同類項ではない。

[2] 単項式の加法，減法

同類項は，分配法則 $\boldsymbol{ac+bc=(a+b)c}$ を使い，1つの項にまとめることができる。

例 $5x^3+4x^3=(5+4)x^3=9x^3$

$6ab-7ab=(6-7)ab=-ab$

[3] 多項式の加法，減法

かっこをはずして，同類項をまとめる。

(1) かっこの前が＋のときは，かっこの中の各項の符号をそのままにしてかっこをはずす。

例 $(2a^2+3b)+(3a^2-b)=2a^2+3b+3a^2-b=5a^2+2b$

(2) かっこの前が－のときは，かっこの中の各項の符号を変えてかっこをはずす。

例 $(2a^2+3b)-(3a^2-b)=2a^2+3b-3a^2+b=-a^2+4b$

基本問題

6 次の式の同類項をまとめよ。

(1) $3a-4a$　　(2) $2x^3-4x^3+3x^3$

(3) $a^2-3a+4a-7a^2$　　(4) $6x+8y-6x-13y$

7 次の式のかっこをはずせ。

(1) $2x+(4y+3)$　　(2) $3a-(7b-1)$

(3) $(5a+4b)+(-3c+2d)$　　(4) $(-3a^2+b^2)-(-4a-3b)$

8 次の計算をせよ。

(1) $(a+3b)+(3a-2b)$　　(2) $(4x+3)-(5x+7)$

(3) $(3a-5b)-(4a-2b)$　　(4) $(7x-8y)-(-7x-8y)$

例題 2 次の左の式に右の式を加えよ。また，左の式から右の式をひけ。

(1) $-a+3c$,　$2a-4b+5c$

(2) x^2-4x+3,　$3x-2x^2-7$

解説 解答のような横書きか，別解のような縦書きのどちらかやりやすい方法で計算する。減法のときの符号に注意する。

解答 (1) $(-a+3c)+(2a-4b+5c)$

$=-a+3c+2a-4b+5c$

$=a-4b+8c$ ………(答)

$(-a+3c)-(2a-4b+5c)$

$=-a+3c-2a+4b-5c$

$=-3a+4b-2c$ ………(答)

(2) $(x^2-4x+3)+(3x-2x^2-7)$

$=x^2-4x+3+3x-2x^2-7$

$=-x^2-x-4$ ………(答)

$(x^2-4x+3)-(3x-2x^2-7)$

$=x^2-4x+3-3x+2x^2+7$

$=3x^2-7x+10$ ………(答)

別解1 (1)

$$\begin{array}{rr} & -a \qquad +3c \\ +) & 2a-4b+5c \\ \hline & a-4b+8c \end{array}$$ ………(答)

$$\begin{array}{rr} & -a \qquad +3c \\ -) & 2a-4b+5c \\ \hline & -3a+4b-2c \end{array}$$ ………(答)

(2)

$$\begin{array}{rr} & x^2-4x+3 \\ +) & -2x^2+3x-7 \\ \hline & -x^2-x-4 \end{array}$$ ………(答)

$$\begin{array}{rr} & x^2-4x+3 \\ -) & -2x^2+3x-7 \\ \hline & 3x^2-7x+10 \end{array}$$ ………(答)

別解2 減法では，ひく式の符号を変えて加法になおして計算してもよい。

(1)

$$\begin{array}{rr} & -a \qquad +3c \\ +) & -2a+4b-5c \\ \hline & -3a+4b-2c \end{array}$$ ………(答)

(2)

$$\begin{array}{rr} & x^2-4x+3 \\ +) & 2x^2-3x+7 \\ \hline & 3x^2-7x+10 \end{array}$$ ………(答)

⚠ 縦書きの計算をするときは，同類項を縦にそろえて書く。同類項がないところは，その部分をあけておく。

⚠ 多項式の項の整理の方法

① 文字は原則としてアルファベット順にする。

② 項はふつう次数の高い項から順に書く。この書き方を**降**(こう)**べきの順**という。また，次数の低い項から順に書くこともあり，この書き方を**昇**(しょう)**べきの順**という。

［例］ 降べきの順　$3x^2-7x+10$,　昇べきの順　$10-7x+3x^2$

演習問題

9 次の計算をせよ。

(1) $\dfrac{1}{4}x-\dfrac{1}{6}x$

(2) $\dfrac{2}{3}a^2+\dfrac{1}{2}a^2-\dfrac{5}{6}a$

(3) $4xy^2-9xy^2+11xy^2$

(4) $m-\dfrac{2}{3}n-\dfrac{2}{3}m+\dfrac{3}{4}n$

(5) $7a^2-5ab+4b^2-8a^2+5ab-4b^2$

10 次の計算をせよ。

(1) $-1.6a-(1.2b-1.5a)$　　(2) $\left(-\dfrac{3}{4}x-\dfrac{3}{5}y\right)+\dfrac{5}{6}x$

(3) $(9a^2-5b^2)-(a^2+6b^2)$　　(4) $\left(4ab+\dfrac{1}{2}b^2\right)+\left(7ab-\dfrac{1}{3}b^2\right)$

(5) $-(7x^3-4x^2)-(-3x^2-5)$

11 次の計算をせよ。

(1)
$$\begin{array}{r} 4a-3b \\ +)\ -6a+8b-9c \\ \hline \end{array}$$

(2)
$$\begin{array}{r} 5x^3-4x \\ +)\ 6x^3-7x^2+4x \\ \hline \end{array}$$

(3)
$$\begin{array}{r} 4x-2y+3 \\ -)\ -\ x-2y-5 \\ \hline \end{array}$$

(4)
$$\begin{array}{r} x^2+2 \\ -)\ -3x^2+5x-6 \\ \hline \end{array}$$

12 次の左の式に右の式を加えよ。また，左の式から右の式をひけ。

(1) $0.5a+1.3b$，　$0.4a-2.3b$

(2) $5x^2-4$，　$3x^2-6x-7$

(3) $4x-8-9y$，　$9y+4x-3$

(4) $\dfrac{3}{4}z-\dfrac{2}{3}y+\dfrac{1}{2}x$，　$\dfrac{3}{4}y-\dfrac{1}{2}z+\dfrac{2}{3}x$

13 次の計算をせよ。

(1) $(-x+3y)-(5y-3x)+(x-2y)$

(2) $(x^2+2x-8)+(x^2-x+5)-(2x^2-5x-3)$

(3) $(7a^2+5)-(9a-4)-(a^2+9)+(-6a^2+8a)$

(4) $\left(-\dfrac{3}{7}a+\dfrac{2}{3}b\right)+\left(\dfrac{5}{6}a-\dfrac{3}{4}b\right)-\left(\dfrac{1}{2}a+\dfrac{5}{6}b\right)$

例題 3　次の計算をせよ。

$3x-\{2y-4-(x-3y-4)\}$

解説　かっこが二重になっているときは，ふつう内側のかっこから先にはずして計算する。

解答　$3x-\{2y-4-(x-3y-4)\}=3x-(2y-4-x+3y+4)$

$=3x-(-x+5y)$

$=3x+x-5y$

$=4x-5y$ ………(答)

参考　外側のかっこから先にはずして，次のように計算してもよい。

$3x-\{2y-4-(x-3y-4)\}=3x-2y+4+(x-3y-4)=4x-5y$

演習問題

14 次の計算をせよ。

(1) $y-\{4x-(3x-2y)\}$

(2) $5a-(7b-4)-\{2b-3-(6a+9b)\}$

(3) $3x^2-\{x-(4x^2-3)-(-2-x^2)\}$

(4) $5a-[2b-\{3c-(-2a+4b-c)\}]$

例題 4 次の問いに答えよ。

(1) $3x-5y+7$ にどのような式を加えると，$4x-2y-3$ になるか。

(2) $7a-b+4c$ からどのような式をひくと，$6a-2c$ になるか。

解説 (1) 式 A に式 X を加えたとき式 B になるとすると，$A+X=B$ が成り立ち，$X=B-A$ となる。

(2) 式 A から式 X をひいたとき式 B になるとすると，$A-X=B$ が成り立ち，$X=A-B$ となる。

解答 (1) $3x-5y+7$ に式 X を加えて $4x-2y-3$ になったとすると，

$$(3x-5y+7)+X=4x-2y-3$$

ゆえに，$X=(4x-2y-3)-(3x-5y+7)$

$=4x-2y-3-3x+5y-7=x+3y-10$ ………(答)

(2) $7a-b+4c$ から式 X をひいて $6a-2c$ になったとすると，

$$(7a-b+4c)-X=6a-2c$$

ゆえに，$X=(7a-b+4c)-(6a-2c)$

$=7a-b+4c-6a+2c=a-b+6c$ ………(答)

演習問題

15 次の問いに答えよ。

(1) どのような式に $2x^2-4x+5$ を加えると，x^2-2x+7 になるか。

(2) $x^2+xy-2z$ からどのような式をひくと，$2xy+z$ になるか。

(3) どのような式から $a^2-3ab-4b^2$ をひくと，$ab-2b^2$ になるか。

16 次の（　　）にあてはまる多項式を求めよ。

(1) $a-3b-1+(\qquad\qquad)=-2a+2b-5$

(2) $7x+2y-8z-(\qquad\qquad)=5x+2y+3z$

(3) $3x^2-10xy+8y^2=3x^2-(\qquad\qquad)$

(4) $a^2-4ab-9a+13b=a^2-\{4ab-(\qquad\qquad)\}$

3 多項式と数の乗法，除法

1 **多項式と数の乗法**

多項式と数の乗法は，分配法則を使ってかっこをはずす。

$a(b+c)=ab+ac$　　　$(a+b)c=ac+bc$

2 **多項式と数の除法**

多項式を数で割るときは，乗法になおしてから計算する。

$$(a+b)\div c=(a+b)\times\frac{1}{c}=a\times\frac{1}{c}+b\times\frac{1}{c}=\frac{a}{c}+\frac{b}{c}\quad(c\neq 0)$$

多項式と数の乗法，除法

例 多項式と数の計算をしてみよう。

(1) $-2(3x-y)$　　　(2) $(6x+3y)\div 3$

▶ 多項式と数の乗法，除法は，分配法則を使って次のように計算する。

(1) $-2(3x-y)=-2\{3x+(-y)\}$

$=(-2)\times 3x+(-2)\times(-y)=-6x+2y$ ………(答)

(2) $(6x+3y)\div 3=(6x+3y)\times\frac{1}{3}$

$=6x\times\frac{1}{3}+3y\times\frac{1}{3}=2x+y$ ………(答)

基本問題

17 次の計算をせよ。

(1) $3(5x-2y)$　　　(2) $(a+3b)\times(-2)$

(3) $-(p-q)$　　　(4) $6\left(\frac{1}{2}x-\frac{2}{3}y\right)$

(5) $\frac{1}{2}(6x-2y+z)$　　　(6) $\left(-\frac{a}{2}+\frac{2b}{5}\right)\times(-10)$

18 次の計算をせよ。

(1) $(6a-2b)\div 2$　　　(2) $(2x+3y)\div\left(-\frac{2}{3}\right)$

(3) $(3a-6b+c)\div(-3)$　　　(4) $\frac{6x-4y+2}{-2}$

例題 5 次の計算をせよ。

(1) $4\times\dfrac{2x+y}{2}$

(2) $\dfrac{x-2y}{3}\times(-6)$

(3) $\dfrac{x-2y}{10}\div\left(-\dfrac{1}{5}\right)$

解説 $\dfrac{a+b}{c}=\dfrac{1}{c}\times(a+b)=(a+b)\times\dfrac{1}{c}$ であるから，数の計算を先にしてから分配法則を使う。

解答 (1) $4\times\dfrac{2x+y}{2}=4\times\dfrac{1}{2}\times(2x+y)$

$=2\times(2x+y)$

$=4x+2y$ ………(答)

(2) $\dfrac{x-2y}{3}\times(-6)=(x-2y)\times\dfrac{1}{3}\times(-6)$

$=(x-2y)\times(-2)$

$=-2x+4y$ ………(答)

(3) $\dfrac{x-2y}{10}\div\left(-\dfrac{1}{5}\right)=\dfrac{x-2y}{10}\times(-5)$

$=(x-2y)\times\dfrac{1}{10}\times(-5)$

$=(x-2y)\times\left(-\dfrac{1}{2}\right)$

$=-\dfrac{1}{2}x+y$ ………(答)

⚠ (3) 答は，$\dfrac{-x+2y}{2}$ または $-\dfrac{x-2y}{2}$ としてもよい。

演習問題

19 次の計算をせよ。

(1) $8\times\dfrac{2x-3y}{4}$

(2) $\dfrac{-a-3b}{14}\times(-7)$

(3) $\dfrac{3x-6y}{5}\div\left(-\dfrac{3}{10}\right)$

(4) $\dfrac{2a-4b-6}{3}\div\left(-\dfrac{2}{3}\right)$

(5) $(2.4a^2-3.2ab)\times2.5$

(6) $(0.4x^2+1.2x)\div0.8$

例題 6 次の計算をせよ。

(1) $2(x^2-3x)-3(x^2-2x)$

(2) $\dfrac{3a+b}{2}-\dfrac{2a-3b}{3}$

(3) $12\left(\dfrac{x-3y}{6}-\dfrac{2x+5y}{4}\right)$

解説 (1) 分配法則を使ってかっこをはずしてから，同類項をまとめる。

(2) 通分して計算する。

(3) かっこの中を通分して計算してから分配法則を使ってもよいが，ここでは先を見通して，通分せずに分配法則を使って計算するほうがよい。

解答 (1) $2(x^2-3x)-3(x^2-2x)=2x^2-6x-3x^2+6x$

$=-x^2$ ………(答)

(2) $\dfrac{3a+b}{2}-\dfrac{2a-3b}{3}=\dfrac{3(3a+b)-2(2a-3b)}{6}$

$=\dfrac{9a+3b-4a+6b}{6}$

$=\dfrac{5a+9b}{6}$ ………(答)

(3) $12\left(\dfrac{x-3y}{6}-\dfrac{2x+5y}{4}\right)=12\times\dfrac{x-3y}{6}-12\times\dfrac{2x+5y}{4}$

$=2(x-3y)-3(2x+5y)$

$=2x-6y-6x-15y$

$=-4x-21y$ ………(答)

別解 (2) $\dfrac{3a+b}{2}-\dfrac{2a-3b}{3}=\dfrac{1}{2}(3a+b)-\dfrac{1}{3}(2a-3b)$

$=\dfrac{3}{2}a+\dfrac{1}{2}b-\dfrac{2}{3}a+b$

$=\dfrac{5}{6}a+\dfrac{3}{2}b$ ………(答)

⚠ (2) $\dfrac{3a+b}{2}-\dfrac{2a-3b}{3}=\dfrac{9a+3b-4a-6b}{6}$ のように，影の部分の符号をまちがえることが多い。

また，方程式を解くときと混同して，分母をはらってしまうまちがいも多い。

注意すること。

演習問題

20 次の計算をせよ。

(1) $4(2x-y)+3(x-2y)$　(2) $5a-3(a-3b)$

(3) $3(2a-b)-2(a+3b)$　(4) $-4(5y-x)+2(3x-4y)$

(5) $-8(x+x^2)-5(9x^2-3x)$　(6) $3(a+2b-1)+2(a-3b)$

(7) $7(a+2b-3)-3(2a-b-6)$　(8) $2(x^2-3x+1)-(5-6x+x^2)$

21 次の計算をせよ。

(1) $6\left(\frac{a}{3}-b\right)-(5a-8b)$　(2) $\frac{p-2q}{4}+\frac{p+q}{2}$

(3) $x-\frac{2x-y}{3}$　(4) $\frac{2x+y}{3}-\frac{x+3y}{5}$

(5) $\frac{3x-y}{4}-\frac{x-3y}{8}-x$　(6) $\frac{2x-5}{3}-\frac{3y-1}{4}+\frac{5y-3x}{6}$

22 次の計算をせよ。

(1) $(a-2a^2)\div 3-\frac{1}{2}(3a-2a^2)$

(2) $2x-3\{2y-(3x+y)\}$

(3) $ab-7a^2+2\{-3(a^2-2ab)-5(-a^2+ab)\}$

(4) $6\left(\frac{5x-y}{3}-\frac{4y+3x}{2}\right)$

(5) $\left(\frac{1}{2}a-b-\frac{5a-4b}{4}\right)\div\left(-\frac{1}{8}\right)$

(6) $0.4(3x+2y-3)-0.3(2-x+3y)$

23 次の（　　）にあてはまる多項式を求めよ。

(1) $4a-b+5+3(\qquad\qquad)=a-4b+11$

(2) $2(\qquad\qquad)-(3x^2-4x-5)=5x^2-7$

(3) $\frac{1}{3}(\qquad\qquad)+\frac{3a+b}{2}=2a-\frac{5}{6}b$

(4) $\frac{2}{3}(3x^2+xy-5y^2)-\frac{1}{2}(\qquad\qquad)=\frac{2}{3}xy+\frac{5}{3}y^2$

24 $A=a-2b+3$, $B=-3a+b+3$, $C=2a+b-1$ のとき，
$3A+B-\{2B-(3C-A)\}$ を計算せよ。

4 単項式の乗法，除法

1 **指数法則**

m，n が正の整数のとき，次の**指数法則**が成り立つ。ただし，$a \neq 0$，$b \neq 0$ とする。

(1) $\boldsymbol{a^m \times a^n = a^{m+n}}$　(2) $\boldsymbol{(a^m)^n = a^{mn}}$　(3) $\boldsymbol{(ab)^m = a^m b^m}$

(4) $\boldsymbol{\left(\frac{a}{b}\right)^m = \frac{a^m}{b^m}}$　(5) $\boldsymbol{a^m \div a^n = \frac{a^m}{a^n}} = \begin{cases} \boldsymbol{a^{m-n}} & (m>n \text{ のとき}) \\ \boldsymbol{1} & (m=n \text{ のとき}) \\ \boldsymbol{\frac{1}{a^{n-m}}} & (m<n \text{ のとき}) \end{cases}$

2 **単項式と単項式の乗法**

単項式どうしの乗法は，係数の積に文字の積をかける。

例　$2a \times (-3b) = 2 \times (-3) \times a \times b = -6ab$

3 **単項式と単項式の除法**

単項式どうしの除法は，$A \div B = A \times \frac{1}{B} = \frac{A}{B}$（$B \neq 0$）として計算する。

例　$12xy \div 2x = \frac{\overset{6}{\cancel{12}}\cancel{x}y}{\cancel{2}\cancel{x}} = 6y$

指数法則

例　$a \neq 0$，$b \neq 0$ のとき，指数法則を使って次の計算をしてみよう。

(1) $a^2 \times a^3$　(2) $(a^2)^3$　(3) $(ab)^3$

(4) $\left(\frac{a}{b}\right)^3$　(5) $a^5 \div a^3$　(6) $a^3 \div a^5$

▶ (1) $a^2 \times a^3 = (a \times a) \times (a \times a \times a)$ であるから，指数法則を使うと，

$a^2 \times a^3 = a^{2+3} = a^5$ ……(答)

(2) $(a^2)^3 = a^2 \times a^2 \times a^2 = (a \times a) \times (a \times a) \times (a \times a)$ であるから，

$(a^2)^3 = a^{2 \times 3} = a^6$ ……(答)

(3) $(ab)^3 = (ab) \times (ab) \times (ab) = (a \times a \times a) \times (b \times b \times b)$ であるから，

$(ab)^3 = a^3 b^3$ ……(答)

(4) $\left(\frac{a}{b}\right)^3 = \frac{a}{b} \times \frac{a}{b} \times \frac{a}{b} = \frac{a \times a \times a}{b \times b \times b}$ であるから，　$\left(\frac{a}{b}\right)^3 = \frac{a^3}{b^3}$ ……(答)

(5) $a^5 \div a^3 = \frac{\cancel{a} \times \cancel{a} \times \cancel{a} \times a \times a}{\cancel{a} \times \cancel{a} \times \cancel{a}}$ であるから，　$a^5 \div a^3 = a^{5-3} = a^2$ ……(答)

(6) $a^3 \div a^5 = \frac{\cancel{a} \times \cancel{a} \times \cancel{a}}{\cancel{a} \times \cancel{a} \times \cancel{a} \times a \times a}$ であるから，　$a^3 \div a^5 = \frac{1}{a^{5-3}} = \frac{1}{a^2}$ ……(答)

基本問題

25 次の計算をせよ。

(1) $4a\times3b$　　(2) $3x\times(-5y)$

(3) $(-5p)\times(-7q)$　　(4) $\frac{8}{3}x\times\frac{9}{4}y$

26 次の計算をせよ。

(1) $a^5\times a^7$　　(2) $x^6\times(-x^4)$

(3) $(-4a^3)\times7a^2$　　(4) $(-6x^5)\times\left(-\frac{2}{3}x^3\right)$

(5) $(x^3)^2$　　(6) $(-x)^5$

(7) $(-3xy^3)^2$　　(8) $\left(-\frac{a}{2}\right)^3$

27 次の計算をせよ。

(1) $a^3\div a^2$　　(2) $15a^4\div5a^7$　　(3) $\frac{1}{2}x^3\div(-x^2)$

(4) $(-14a^3)\div7a^3$　　(5) $(-6ab)\div(-8b)$

例題 7 次の計算をせよ。

(1) $(-2x^2y)\times(-4xy^3)$　　(2) $3x^2\times(-4y)^2\times\left(-\frac{3}{4}x^2y\right)$

解説 (2)のように，かっこの累乗の計算があるときは，先にそれを計算する。

解答 (1) $(-2x^2y)\times(-4xy^3)=\{(-2)\times(-4)\}\times(x^2\times x)\times(y\times y^3)$

$=8x^3y^4$ ………(答)

(2) $3x^2\times(-4y)^2\times\left(-\frac{3}{4}x^2y\right)=3x^2\times16y^2\times\left(-\frac{3}{4}x^2y\right)$

$=\left\{3\times16\times\left(-\frac{3}{4}\right)\right\}\times(x^2\times x^2)\times(y^2\times y)$

$=-36x^4y^3$ ………(答)

演習問題

28 次の(1)～(3)で，a がどのような値であってもつねに等しいものはどれとどれか。等しいものの組をすべて答えよ。

(1) a^2,　$-a^2$,　$(-a)^2$,　$-(-a)^2$

(2) a^3,　$-a^3$,　$(-a)^3$,　$-(-a)^3$

(3) $-3a^2$,　$-(3a)^2$,　$(-3a)^2$,　$-(-3a)^2$

29 次の計算をせよ。

(1) $x \times x^3 \times x^5$　　(2) $6x \times \left(-\frac{1}{2}x^3\right) \times \left(-\frac{2}{9}x^4\right)$

(3) $16ab^2 \times \left(-\frac{1}{4}b\right)$　　(4) $-7ab^2c \times 8a^3c^5$

(5) $(-3xy^2z^3)^3$　　(6) $5x \times (-4x)^2$

(7) $(-4a^2b) \times (-2b^2) \times (-3a^2b)$　　(8) $(-2x^2y)^5 \times (-0.5y)^2$

(9) $\frac{1}{2}x^3 \times \left(-\frac{2}{3}y\right)^2 \times \frac{6}{7}xy$　　(10) $(mn)^3 \times (-2m^2n)^2 \times (-9mn^2)$

例題 8 次の計算をせよ。

(1) $12xy \div (-3y)^3$　　(2) $2ab^2 \div \frac{1}{3}a^3b \times \left(-\frac{2}{3}ab\right)^2$

解説 (1) 累乗の部分 $(-3y)^3$ を先に計算する。

(2) 乗法と除法の混じった計算では，すべて乗法になおして計算する。

解答 (1) $12xy \div (-3y)^3 = 12xy \div (-27y^3) = \frac{12xy}{-27y^3} = -\frac{4x}{9y^2}$ ………(答)

(2) $2ab^2 \div \frac{1}{3}a^3b \times \left(-\frac{2}{3}ab\right)^2 = 2ab^2 \div \frac{a^3b}{3} \times \frac{4}{9}a^2b^2$

$= 2ab^2 \times \frac{3}{a^3b} \times \frac{4a^2b^2}{9}$

$= \frac{2ab^2 \times 3 \times 4a^2b^2}{a^3b \times 9} = \frac{8}{3}b^3$ ………(答)

⚠ (1) 計算の結果，$\frac{4x}{-9y^2}$ のように，分母や分子に－（マイナス）が残るときは，－を分数の前に出す。

演習問題

30 次の計算をせよ。

(1) $\frac{a^5}{a^{10}}$　　(2) $\frac{(-x)^4}{-x^4}$

(3) $6a^2b \div 2ab$　　(4) $(-9x^2y) \div 3xy^2$

(5) $\left(-\frac{1}{3}a^3b\right) \div \left(-\frac{2}{9}ab^2\right)$　　(6) $(-4m)^3 \div (-6m)^2$

(7) $(-2xy)^2 \div (-4x^3y^2)$　　(8) $\frac{1}{4}xy^5z^3 \div \left(-\frac{1}{2}y^2z\right)^3$

31 次の計算をせよ。

(1) $ab^3\times(-a)\div b^2$

(2) $6ab\div(-3ab^2)\times(-2b)$

(3) $4a^3b^2\times5ab^3\div\left(-\frac{10}{3}a^6b^4\right)$

(4) $-12a^2b^4\div(-15a^4b^5)\times(-20a^2b^3)$

(5) $3x^5y^2\div2x^3y^3\div(-9x^2)$

(6) $\frac{1}{3}x^2y\div\left(-\frac{2}{9}xy^2\right)\times2xy^3\div\left(-\frac{6}{5}x^3y\right)$

32 次の $\square$ にあてはまる単項式を求めよ。

(1) $2a\times\square=-8a^3$

(2) $\square\div(-5xy^2)=2xy$

(3) $4x^3y^4\div\square=\frac{2}{3}x^3y^2$

(4) $(-2ab)^2\div\square\times(-b)=2a$

33 次の $\square$ にあてはまる数を求めよ。

(1) $(x^{\square})^2=x^6$

(2) $(\square x^2y^3)^{\square}=-8x^6y^{\square}$

(3) $5a^3b^{\square}\times\square a^4b^2=15a^{\square}b^8$

(4) $-12a^5b^{\square}c^3\div\square a^3b^4c^{\square}=-4a^{\square}b^4c$

34 次の計算をせよ。

(1) $14x^2y\times(-2xy^2)^3\div21x^4y^4$

(2) $6a^2xy^3\times\left(\frac{3}{4}a\right)^2\div\left(-\frac{3}{2}bxy\right)^3$

(3) $(-2xy)^3\div\left(-\frac{4}{3}x^3y^3\right)^2\times\frac{5}{6}x^2y$

(4) $(-ab^2)\div\{(-ab)^3\div5a^2b\}\times(-5ab)^2$

(5) $\left(-\frac{1}{3}x^2y^3\right)^2\div\left(-\frac{3}{4}x^5y^4\right)\times\left(-\frac{3}{2}x\right)^3$

(6) $(2x^2y^3)^3\times\left(-\frac{3z^3}{2y}\right)^2\div(-6x^2yz^2)^2$

5 式の計算の利用

1 **式の値**

文字式において，式の値を求めるときは，ふつう式を簡単にしてから文字の値を代入する。

2 **式による説明**

整数の性質などを，文字を使って説明することができる。

3 **等式の変形**

等式の性質を利用すると，与えられた等式を変形して，特定の文字を求める式を導くことができる。このことを，**その特定の文字について解く**という。

式による説明

例 偶数と偶数の和は偶数であることを，式を利用して説明してみよう。

▶ m，n を整数とすると，2 つの偶数は $2m$，$2n$ と表されるから，このとき，2 つの数の和は，$2m+2n=2(m+n)$ と表すことができる。
$m+n$ は整数であるから，$2(m+n)$ は偶数である。
ゆえに，偶数と偶数の和は偶数である。

⚠ 「偶数」や「3 の倍数」というときは，ふつう 0 や負の整数もふくめて考える。

⚠ 2 つの偶数を $2m$，$2m+2$ としてはいけない。$2m$ と $2m+2$ は「連続する 2 つの偶数」という特別な場合であり，どのような 2 つの偶数についても成り立つことを説明していることにはならないからである。

等式の変形

例 $y=2x+3$ を x について解いてみよう。

▶ 3 を移項して，

$$y-3=2x$$

左辺と右辺を入れかえて，

$$2x=y-3$$

両辺を 2 で割って，

$$x=\frac{y-3}{2} \quad \text{または} \quad x=\frac{1}{2}y-\frac{3}{2} \quad \cdots\cdots\cdots（答）$$

基本問題

35 $x=3$，$y=-2$ のとき，次の式の値を求めよ。

(1) $2(x-3y)$　　(2) $-3xy^2$

36 次の等式を，〔　〕の中に示された文字について解け。

(1) $\ell=2\pi r$　〔r〕　　(2) $x^2+2y=6$　〔y〕

例題 9 $x=\frac{1}{2}$，$y=-6$ のとき，次の式の値を求めよ。

(1) $(2x)^2\div(-x)^3$　　(2) $6xy^2\div(-3xy)^3\times\left(-\frac{3}{2}x^2y\right)^2$

解説 与えられた式に直接 $x=\frac{1}{2}$，$y=-6$ を代入しても求められるが，式を簡単にしてから文字の値を代入すると，計算しやすくなる。

解答 (1) $(2x)^2\div(-x)^3=4x^2\div(-x^3)=-\frac{4}{x}$

ここで，$x=\frac{1}{2}$ を代入すると，

$$-\frac{4}{x}=-4\div\frac{1}{2}=-4\times2=-8 \quad \cdots\cdots\cdots(答)$$

(2) $6xy^2\div(-3xy)^3\times\left(-\frac{3}{2}x^2y\right)^2=6xy^2\div(-27x^3y^3)\times\frac{9}{4}x^4y^2$

$$=6xy^2\times\left(-\frac{1}{27x^3y^3}\right)\times\frac{9}{4}x^4y^2$$

$$=-\frac{1}{2}x^2y$$

ここで，$x=\frac{1}{2}$，$y=-6$ を代入すると，

$$-\frac{1}{2}x^2y=-\frac{1}{2}\times\left(\frac{1}{2}\right)^2\times(-6)=\frac{3}{4} \quad \cdots\cdots\cdots(答)$$

演習問題

37 $x=4$，$y=3$ のとき，次の式の値を求めよ。

(1) $3(2x-5y)-2(4x-7y)$　　(2) $x^3y^2\div x^2y^3$

(3) $\left(x-\frac{3x-y}{8}\right)\times(-8)$　　(4) $\frac{7x-y}{4}-\frac{5x+y}{3}$

38 次の式の値を求めよ。

(1) $x=-2$，$y=3$ のとき，$2(x^3-2y^2)+x^3+3y^2$

(2) $x=\dfrac{1}{3}$，$y=\dfrac{1}{2}$ のとき，$6x^2-\{5y^2+7-3(3y^2-x^2)\}$

(3) $a=-3$，$b=-2$ のとき，$21a^2b^3\div(-7ab)$

(4) $a=\dfrac{3}{4}$，$b=-\dfrac{3}{2}$ のとき，$(-2a)^3\div\left(-\dfrac{2}{3}a^2b\right)^2\times\dfrac{b^3}{9}$

例題 10 3つの連続した偶数の和は6の倍数であることを説明せよ。

解説 3つの連続した偶数は $2n-2$，$2n$，$2n+2$（n は整数）と表すことができる。
6の倍数であることを示すには，式を変形して $6\times$(整数) の形に表すことができることを説明すればよい。

解答 3つの連続した偶数は $2n-2$，$2n$，$2n+2$（n は整数）と表されるから，その和は，

$$(2n-2)+2n+(2n+2)=2n-2+2n+2n+2=6n$$

n は整数であるから，$6n$ は6の倍数である。
ゆえに，3つの連続した偶数の和は6の倍数である。

別解 3つの連続した偶数は $2n$，$2n+2$，$2n+4$（n は整数）と表されるから，その和は，

$$2n+(2n+2)+(2n+4)=6n+6=6(n+1)$$

n は整数であるから，$n+1$ も整数である。
よって，$6(n+1)$ は6の倍数である。
ゆえに，3つの連続した偶数の和は6の倍数である。

演習問題

39 2つの連続した奇数の和は4の倍数であることを説明せよ。

40 一の位の数が0でない2けたの自然数がある。この自然数の十の位の数と一の位の数を入れかえた自然数をつくる。このとき，入れかえた自然数の2倍ともとの自然数の和は3の倍数であることを説明せよ。

41 一の位の数が0でない3けたの自然数と，その自然数の百の位の数と一の位の数を入れかえてできる自然数との差は11の倍数であることを説明せよ。

42 自然数の各位の数の和が9の倍数であるとき，この自然数は9の倍数であることを，3けたの自然数の場合で説明せよ。

例題 11 上底が $a$cm，下底が $b$cm，高さが $h$cm である台形の面積を Scm^2 とする。上底 a，高さ h，面積 S がわかっているとき，下底 b を求める式をつくれ。

解説 公式 $S=\frac{1}{2}(a+b)h$ を変形して，b だけが左辺に残る式をつくる（b について解く）。

解答 公式 $S=\frac{1}{2}(a+b)h$ の両辺を 2 倍し，左辺と右辺を入れかえると，

$$(a+b)h=2S$$

両辺を h で割って，　$a+b=\frac{2S}{h}$

a を移項すると，　$b=\frac{2S}{h}-a$　　　（答）　$b=\frac{2S}{h}-a$

参考 $(a+b)h=2S$ の左辺を，分配法則を使ってかっこをはずしてから移項して，次のように解いてもよい。

$ah+bh=2S$ より，　$bh=2S-ah$

両辺を h で割って，　$b=\frac{2S-ah}{h}$

演習問題

43 次の図の影の部分の面積を，a，b を使って表せ。

(1)

2$a$cm
A D
3$a$cm
4$a$cm
B 10cm C

四角形 ABCD は
長方形

(2)

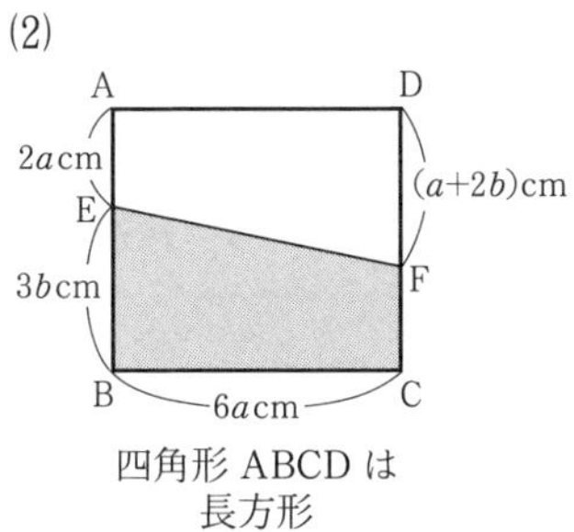

四角形 ABCD は
長方形

(3)

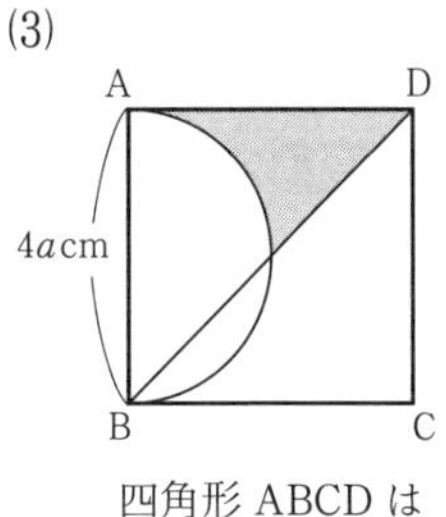

四角形 ABCD は
正方形

44 次の等式を，〔　〕の中に示された文字について解け。

(1)　$4x-5y=7z$　〔y〕

(2)　$\ell=2\pi(r-a)$　〔a〕

(3)　$a=\frac{5(b+2c)}{3}$　〔c〕

(4)　$\frac{x}{a}+\frac{y}{b}=1$　〔x〕

45 体積や面積の公式を変形して，次のものを求める式をつくれ。

(1) 底面の半径 $r$cm，体積 Vcm^3 の円錐の高さ $h$cm

(2) 上底 $a$cm，下底 $b$cm，面積 Scm^2 の台形の高さ $h$cm

(3) 半径 $r$cm，面積 Scm^2 のおうぎ形の弧の長さ ℓcm

46 次の問いに答えよ。

(1) 自然数 a を 7 で割ると，商が b で余りが c となった。b を a と c を使った式で表せ。

(2) 片道 $b$km の道のりを往復するのに，行きは時速 4km で歩き，帰りは時速 12km で走ったところ，往復で a 時間かかった。b を a を使った式で表せ。

(3) ある商品を定価の a% 値引きして b 円で売った。値引き前の定価を a と b を使った式で表せ。

(4) T さんが受けた英語と国語の 2 科目のテストの平均点は a 点である。これに数学をふくめた 3 科目のテストの平均点は，a 点よりも b 点下がる。数学の点数を a と b を使った式で表せ。

(5) 半径 $a$cm の球と体積の等しい円柱がある。この円柱の底面の半径が $b$cm のとき，円柱の高さを a と b を使った式で表せ。

47 A さんが時速 $a$km で P 町を出発してから 1 時間後に，B さんが時速 $b$km で P 町を出発して A さんを追いかけた。B さんが出発してから A さんに追い着くまでの時間を a と b を使った式で表せ。

例題 12 $a:b=3:4$，$b:c=6:5$ のとき，次の比を求めよ。

(1) $a^2:b^2$　　　　(2) $a:b:c$

解説 $a:b=3:4$ が成り立つとき，$\frac{a}{b}=\frac{3}{4}$ より，$4a=3b$ が成り立つ。

ここでは，$b=\frac{4}{3}a$，$c=\frac{5}{6}b=\frac{5}{6}\times\frac{4}{3}a=\frac{10}{9}a$ のように b，c を，a を使って表すか，

$a=3k$，$b=4k$，$c=\frac{5}{6}b=\frac{5}{6}\times 4k=\frac{10}{3}k$ のように a，b，c を，k（$k\neq 0$）を使って表す。

解答 (1) $a:b=3:4$ より，　$4a=3b$

よって，　$b=\frac{4}{3}a$

ゆえに，　$a^2:b^2=a^2:\left(\frac{4}{3}a\right)^2=a^2:\frac{16}{9}a^2=9:16$ ………(答)

(2) (1)より，　$b=\frac{4}{3}a$

また，$b:c=6:5$ より，

$$c=\frac{5}{6}b=\frac{5}{6}\times\frac{4}{3}a=\frac{10}{9}a$$

ゆえに，　$a:b:c=a:\frac{4}{3}a:\frac{10}{9}a$

$=9:12:10$ ………(答)

別解 $a:b=3:4$ より，$a=3k$，$b=4k$（$k\neq0$）と表すことができる。

このとき，$b:c=6:5$ より，

$$c=\frac{5}{6}b=\frac{5}{6}\times4k=\frac{10}{3}k$$

(1) $a^2:b^2=(3k)^2:(4k)^2=9k^2:16k^2=9:16$ ………(答)

(2) $a:b:c=3k:4k:\frac{10}{3}k=9:12:10$ ………(答)

⚠ $a:b=c:d$ が成り立つとき，$\frac{a}{b}=\frac{c}{d}$ が成り立つ。

この両辺に bd をかけて，$ad=bc$ が成り立つ。

よって，外項の積と内項の積は等しい。

参考 (2)のように，$a:b$ と $b:c$ をまとめて $a:b:c$ のように1つの比で表したものを**連比**という。このとき，次のように，1つの文字の比の部分を同じ数にそろえて，連比を求めることもできる。

$$\begin{array}{lll} a:b & =3:4 & =9:\mathbf{12} \\ \quad b:c= & 6:5= & \mathbf{12}:10 \\ \hline a:b:c & & =9:12:10 \end{array}$$

演習問題

48 $a:b=c:d$ のとき，次の式が成り立つことを説明せよ。

(1) $b:a=d:c$

(2) $a:c=b:d$

(3) $c:a=d:b$

49 次の場合に，$a:b:c$ を求めよ。

(1) $a:b=5:2$,　$b:c=4:3$

(2) $a:b=9:4$,　$a:c=6:7$

50 $a:b:c=1:2:3$ のとき，$(a+b):(b+c):(c+a)$ を求めよ。

51 右の図のように，半径 r cm の球が円柱の中にぴったり入っている。このとき，次の比を求めよ。

(1) 円柱の体積と球の体積の比

(2) 円柱の表面積と球の表面積の比

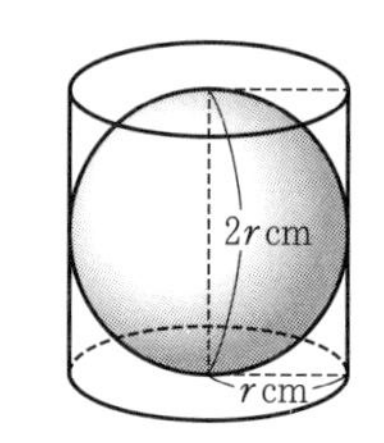

52 右の図は $\angle C=90°$ の直角三角形 ABC で，AC：BC＝3：5 である。この直角三角形を，辺 AC を軸として1回転させてできる円錐の体積と，辺 BC を軸として1回転させてできる円錐の体積の比を求めよ。

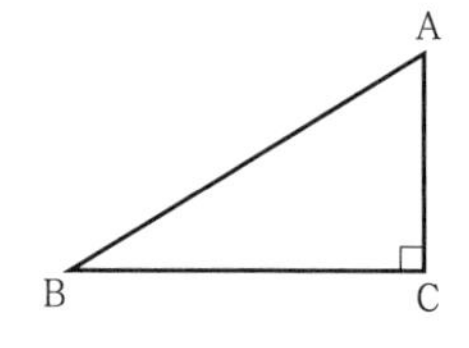

進んだ問題

53 $a:b=5:3$ のとき，次の問いに答えよ。

(1) $(a+b):(a-b)$ を求めよ。

(2) $\dfrac{a+10}{b+6}=\dfrac{a}{b}$ が成り立つことを説明せよ。

54 各位の数がすべて異なり，どれも0でない3けたの自然数の各位の数を3つとも入れかえてできる3けたの自然数は2つある。この2つの自然数をそれぞれもとの自然数からひいた差は，どちらもともに9の倍数であることを説明せよ。

数量を表す文字

数量を表す文字は，とくに指示がなければ何を使ってもよい。しかし，特定の文字がよく使われる場合がある。たとえば，円や球の半径としてよく使われる r は，英語の radius（半径）の頭文字である。このような使い方をする文字には，次のようなものがある。

S	面積 surface area	ℓ	長さ length	d	距離 distance
V	体積 volume	h	高さ height	t	時間 time

など

※ 面積を表す文字 S は，sum や square measure からという説もある。

1章の計算

1 次の計算をせよ。

(1) $-x-3y+2y-4x$

(2) $3x^2-y-2x^2+y$

(3) $0.1a-b-1.1a+0.9b$

(4) $\frac{x}{4}+\frac{y}{2}-\frac{3}{4}y+\frac{3}{4}x$

(5) $(4x+3y)+(x-5y)$

(6) $(3x-2y)-(2x-3y)$

(7) $\left(\frac{2}{3}x+\frac{3}{4}y\right)-\left(\frac{2}{3}x-\frac{1}{4}y\right)$

(8) $\left(-\frac{1}{2}a+\frac{1}{6}b\right)+\left(-\frac{1}{4}a+\frac{2}{3}b\right)$

(9) $3(x-2y+2)$

(10) $(-2x+y-3)\times(-2)$

(11) $\frac{2}{3}(9a+15b)$

(12) $-12\left(\frac{1}{6}x-\frac{3}{4}y\right)$

(13) $1.5(0.6x+2y-1.8)$

(14) $(12x-9y)\div(-3)$

(15) $(-3x+y)\div\frac{1}{2}$

(16) $(6x-2y)\div\left(-\frac{2}{3}\right)$

(17) $(24a-6b+18)\div(-6)$

(18) $(-0.9x+2.1y)\div0.3$

(19) $3(x-y)+2(2y-x)$

(20) $2(3x+2y)-(5x-3y)$

(21) $-5(x-4y)-2(x+5y)$

(22) $6(2x+4y)+2(3x-5y)$

(23) $-7y-\{(x-3y)-(4x-y)\}$

(24) $5x-\{3y-(2x-1)\}-(x-2y)$

(25) $(-x+5y)-(5x-y)+(3x-y)$

(26) $(3a+4b)+(6a-b)-(2a+7b)$

(27) $\frac{1}{3}(x+4y)-\frac{1}{2}(x-3y)$

(28) $\frac{3}{4}(8x-4y)-\frac{5}{6}(18x-24y)$

(29) $2(6x-7y)-(36x-12y)\div3$

(30) $\frac{2}{3}(a-2b)+\frac{a+b}{6}$

(31) $\frac{x+y}{2}+\frac{x-2y}{3}$

(32) $\frac{3x-5y}{4}-\frac{x-4y}{3}$

(33) $\frac{2}{3}x-y-\frac{3x-y}{2}$

(34) $2a-\frac{2a-3b}{3}+\frac{a-b}{2}$

(35) $-x^2\times(-6x)^3$

(36) $(-2x)^3\div(-x)^2$

(37) $\frac{2}{5}x^3\div\left(\frac{2}{3}x\right)^2$

(38) $\left(\frac{1}{3}ab\right)^3\div\left(-\frac{2}{9}ab^2\right)$

(39) $3y^2\times(-2x^2y^2)\div4xy^3$

(40) $12a^4b^2\div(-9ab^3)\times(-b^2)$

(41) $(-3x)^2\times(xy)^3\div(-xy^2)$

(42) $(-a^2b)^3\div a^3b^4\times(-b)^2$

(43) $9a^2b\div\frac{3}{2}ab\div(-3a)$

(44) $\frac{2x-y}{4}-\frac{x+3y}{6}-\frac{3x-4y}{3}$

1章の問題

1 次の計算をせよ。 ← **2**

(1) $4x^2+8xy-3y^2-(3x^2-3xy-2y^2)$

(2) $-6a+7-\{4a^2+8a-(5a^2-2a-11)\}$

(3) $\left(\frac{1}{3}x-\frac{3}{4}y\right)-\left(\frac{1}{6}y+\frac{2}{5}z\right)+\left(\frac{1}{2}z-\frac{5}{6}x\right)$

(4) $\frac{2y-x}{5}-\frac{2x-4y}{15}-\frac{x+y}{3}$

(5) $2\left(x-\frac{2x-y}{3}\right)-\frac{x-3y}{4}$

(6) $2x-\frac{2x+5y}{4}-(4x-18y)\div 8$

2 次の計算をせよ。 ← **4**

(1) $6ab^2\times(-2a)^4\div(-2a^2b)^2$

(2) $(-2x^2y)^3\div\frac{4}{3}xy^2\times\frac{1}{12}y$

(3) $6a^8b^5c^9\div 4a^3b^2c^3\div(-3a^2b^3c^2)$

(4) $-8x^3y^2\div\left(-\frac{6}{5}x^4y^3\right)\times\frac{3}{10}x^2y$

3 次の計算をせよ。 ← **3** **4**

(1) $2(3a^2-a)-3(a+2a^2)-5(a^2-4a)$

(2) $3\{6x^2-2(4x+5x^2)\}-4x^2\times(-6x)\div 3x$

(3) $(3x^2-2x)\div 6-2(x^2+3x+5)$

(4) $(2x^2y)^2-\left(-\frac{x^3}{4y^2}\right)^2\div\left(-\frac{x}{8y^3}\right)^2$

(5) $\left(-\frac{1}{2}a^2b^3\right)^3\div\left(-\frac{3}{4}a^2b\right)^2-\left(-\frac{1}{3}a^2b\right)\times(-2b^3)^2$

4 次の（　　）には多項式を，$\square$ には単項式，または数を入れよ。 ← **3** **4**

(1) $3(\qquad\qquad)-2(a+b-3c)=4a-5b+3c$

(2) $(-3xy)^3\div(-2x^2y)^2\times\square=9x^2y^2$

(3) $\square\times\frac{1}{8}x^2y^2\div\frac{1}{9}x^7y^5z^3=-\frac{1}{2}xyz$

(4) $6a^2b\div(-3ab)^{\square}\times(a^2b)^{\square}=-\frac{2}{9}a^{\square}b$

5 $a=3$, $b=-2$, $c=4$ のとき，次の式の値を求めよ。 ⇐**5**

(1) $3a-b+\frac{1}{2}(2a-b+\frac{3}{2}c)-\frac{1}{4}(4a-6b-c)$

(2) $4(b^2+2c^2)+2(c^2-3a^2)-3(-2a^2-b^2)$

(3) $(-5a^2c)^2\times(-2b^2)^2\div(-10abc)^3$

6 次の問いに答えよ。 ⇐**5**

(1) $A=x^2+2x-4$，$B=x^2-2x+3$，$C=-x^2-x-1$ のとき，
$3A-[3B-5C-\{B+2(A-2C)\}]$ を計算せよ。

(2) $A=4x+4y+1$，$B=x-2y+4$ のとき，$A-4B+3C=0$ が成り立つ。
C の式を求めよ。

7 次の等式を，〔 〕の中に示された文字について解け。 ⇐**5**

(1) $n=\frac{2}{3}(\ell-m)$ 〔m〕

(2) $\frac{a-b+3c}{2}=\frac{3a+2b-c}{4}$ 〔b〕

(3) $\frac{1}{a}+\frac{1}{b}=\frac{1}{c}$ 〔a〕

8 次の問いに答えよ。 ⇐**5**

(1) 縦が a cm，横が b cm の長方形の縦と横をともに 2 倍にした長方形の周の長さと面積をそれぞれ求めよ。また，その長方形の周の長さと面積は，もとの長方形の周の長さと面積のそれぞれ何倍になるか。

(2) 縦，横，高さがそれぞれ a cm，$2a$ cm，$3a$ cm である直方体の表面積と体積をそれぞれ求めよ。また，この直方体の高さだけを 2 倍にすると，表面積と体積は，もとの直方体の表面積と体積よりそれぞれどれだけ増えるか。

9 右の図のように，AB を直径とする半円 O がある。直径 AB 上に適当な点 C をとり，AC，CB を直径とする半円をそれぞれかくとき，
$\overset{\frown}{AC}+\overset{\frown}{CB}=\overset{\frown}{AB}$ が成り立つことを，AC$=a$ cm，
CB$=b$ cm として説明せよ。 ⇐**5**

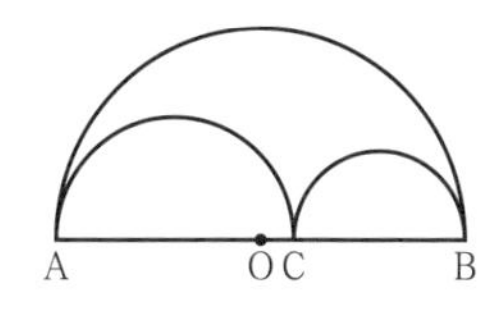

10 次の(ア)～(ウ)の図は，高さの等しい立体の投影図である。3 つの立体の体積を小さい順に記号で答え，その理由を説明せよ。 ← 5

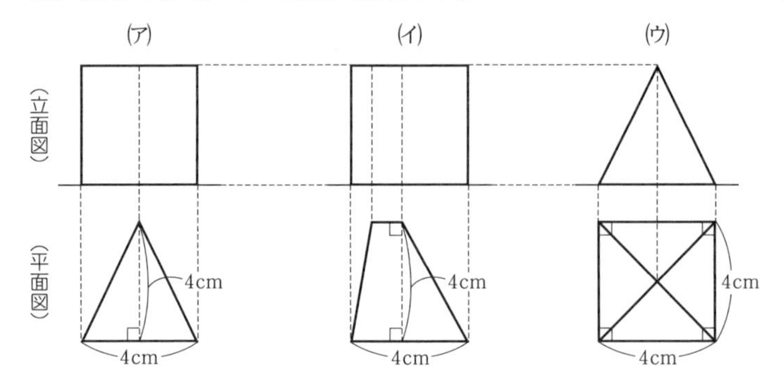

11 0 以上の整数 n より大きく $n+1$ より小さい分数のうち，分母が 5 で分子が自然数である分数の和は 2 の倍数であることを説明せよ。 ← 5

進んだ問題

12 4 けたの自然数の千の位，百の位，十の位，一の位の数をそれぞれ a，b，c，d とする。$b+d-(a+c)$ が 11 の倍数（0 をふくむ）であるとき，この 4 けたの自然数は 11 の倍数であることを説明せよ。 ← 5

倍数の見分け方

演習問題 42（→p.18）では 9 の倍数，1 章の問題 12（→p.26）では 11 の倍数の見分け方をあつかった。ここでは，ほかの自然数の倍数の見分け方を学習してみよう。

① **3 の倍数**　各位の数の和が 3 の倍数になる。　［例］975，1101

解説 3 けたの自然数で，この見分け方が正しいことを説明する。

百の位，十の位，一の位の数をそれぞれ a，b，c（a は 1 から 9 までの整数，b，c は 0 から 9 までの整数）とする。$a+b+c=3k$（k は整数）と表されるとき，この 3 けたの自然数は，

$$100a+10b+c=99a+9b+(a+b+c)=3(33a+3b+k)$$

$33a+3b+k$ は整数であるから，$3(33a+3b+k)$ は 3 の倍数である。

② **4 の倍数**　下 2 けたが 00 または 4 の倍数になる。　［例］300，7176

解説 下 2 けたが 00 となる数は，$100=4\times25$ より，4 の倍数である。

下 2 けたが 4 の倍数になるとき，①と同様に 3 けたの自然数で説明する。

百の位，十の位，一の位の数をそれぞれ a，b，c とする。$10b+c=4k$（k は整数）と表されるとき，この 3 けたの自然数は，

$$100a+10b+c=4\times25\times a+4k=4(25a+k)$$

③ **7 の倍数**　3 けたの自然数では，百の位の数を 2 倍した数と下 2 けたの和が 7 の倍数になる。（4 けた以上の自然数のときは，かなり複雑になる。）

解説 ①と同様に，百の位，十の位，一の位の数をそれぞれ a，b，c とする。

$2a+10b+c=7k$（k は整数）と表されるとき，この 3 けたの自然数は，

$$100a+10b+c=98a+(2a+10b+c)=7(14a+k)$$

［例］581 は，$2\times5+81=91=7\times13$ であるから，7 の倍数である。

④ **8 の倍数**　下 3 けたが 000 または 8 の倍数になる。　［例］7000，7472

解説 これは，②と同様に説明できる。

6 けたの自然数での性質（7，11，13 の倍数）

解説 123456 のような 6 けたの自然数を，$(abcdef)$ と表すことにすると，

$$(abcdef)=1000\times(abc)+(def)=1001\times(abc)-(abc)+(def)$$
$$=7\times11\times13\times(abc)+\{(def)-(abc)\}$$

となることから，（下 3 けた）−（上 3 けた）$=(def)-(abc)=k$ に着目して，k が 7 の倍数であれば，もとの 6 けたの自然数も 7 の倍数，k が 11 の倍数であれば，もとの自然数も 11 の倍数，k が 13 の倍数であれば，もとの自然数も 13 の倍数である。

［例］321328 は，$328-321=7$ より，7 の倍数である。

321332 は，$332-321=11$ より，11 の倍数である。

321334 は，$334-321=13$ より，13 の倍数である。

2章　連立方程式

1　連立2元1次方程式

1　2元1次方程式

(1)　2つの文字をふくむ1次方程式を**2元1次方程式**という。

(2)　2元1次方程式を成り立たせる文字の値の組をその**2元1次方程式の解**といい，解を求めることをその**2元1次方程式を解く**という。

例　$3x+4y=7$ は2元1次方程式で，$x=1$，$y=1$ や $x=2$，$y=\frac{1}{4}$ などはその解である。2元1次方程式の解は，1通りに定まらずに無数に存在する。

2　連立2元1次方程式

(1)　2つの2元1次方程式を組み合わせたものを**連立2元1次方程式**，または**連立方程式**という。

(2)　2つの2元1次方程式のどちらも成り立たせる文字の値の組をその**連立方程式の解**といい，解を求めることをその**連立方程式を解く**という。

例　$\begin{cases} x+2y=3 \\ 3x+4y=7 \end{cases}$ は連立方程式で，その解は $\begin{cases} x=1 \\ y=1 \end{cases}$ である。

3　連立方程式の解き方

連立2元1次方程式を解くには，2つの文字をふくむ連立方程式を変形して1つの文字だけをふくむ（もう1つの文字をふくまない）1元1次方程式をつくり，それを解けばよい。1つの文字だけをふくむ1元1次方程式をつくる式変形の方法を，文字を**消去する**という。

文字を消去する方法には，**加減法**と**代入法**がある。

基本問題

1　x，y がともに1から10までの整数のとき，2元1次方程式 $2x+y=7$ の解をすべて求めよ。

2 x，yが自然数のとき，連立方程式 $\begin{cases} x+y=6 & \cdots\cdots① \\ x+2y=8 & \cdots\cdots② \end{cases}$ について，次の問いに答えよ。

(1) 方程式①の解をすべて求めよ。
(2) 方程式②の解をすべて求めよ。
(3) この連立方程式の解を求めよ。

連立方程式の解法（加減法，代入法）

例 次の連立方程式を解いてみよう。

(1) $\begin{cases} x+y=1 & \cdots\cdots① \\ x-y=-3 & \cdots\cdots② \end{cases}$　　(2) $\begin{cases} y=x-1 & \cdots\cdots① \\ x+3y=5 & \cdots\cdots② \end{cases}$

▶(1) ①と②の両辺をそれぞれ加えると，
$2x=-2$ となり，yを消去することができる。

$$\begin{array}{rr} & x+y=\ \ 1 \\ +) & x-y=-3 \\ \hline & 2x\quad=-2 \end{array}$$

これを解いて，　$x=-1$ ………③
③を①に代入して，　$-1+y=1$　　$y=2$

（答） $\begin{cases} x=-1 \\ y=2 \end{cases}$

(2) ①を②に代入すると，$x+3(\boldsymbol{x-1})=5$ となり，yを消去することができる。
これを解いて，　$4x=8$　　$x=2$ ………③
③を①に代入して，　$y=1$　　（答） $\begin{cases} x=2 \\ y=1 \end{cases}$

⚠ 1つの文字を消去する方法には，**加減法**と**代入法**がある。(1)の解き方は加減法，(2)の解き方は代入法である。どちらの解き方を利用するかは，式の形や係数を見て決める。

参考 (1) ①から②をひいて，　$2y=4$　　$y=2$
のようにxを消去してもよい。
このときは $y=2$ を①に代入して，
$x+2=1$　　$x=-1$

$$\begin{array}{rr} & x+y=\ \ 1 \\ -) & x-y=-3 \\ \hline & 2y=\ \ 4 \end{array}$$

⚠ 連立方程式の解は，$x=-1$，$y=2$ や，$(x,\ y)=(-1,\ 2)$ のように書いてもよい。

基本問題

3 次の連立方程式を解け。

(1) $\begin{cases} 2x-y=8 \\ 3x+y=12 \end{cases}$　　(2) $\begin{cases} x=-3y \\ x+5y=10 \end{cases}$

例題【1】 次の連立方程式を解け。

(1) $\begin{cases} 4x-3y=11 & \cdots\cdots① \\ 3x+4y=2 & \cdots\cdots② \end{cases}$　　(2) $\begin{cases} 2y=-3x+7 & \cdots\cdots① \\ 3x-2y=-1 & \cdots\cdots② \end{cases}$

解説 (1) y の係数の絶対値が等しくなるように，①の両辺を4倍した式と②の両辺を3倍した式の左辺どうし，右辺どうしを加えると，y を消去することができる。別解のように，①の両辺を3倍，②の両辺を4倍して，x を消去してもよい。

(2) ①をそのまま②に代入すると，y を消去することができる。

解答 (1) $\begin{cases} 4x-3y=11 & \cdots\cdots① \\ 3x+4y=2 & \cdots\cdots② \end{cases}$

$$\begin{array}{lr} ①\times4 & 16x-12y=44 \\ ②\times3 & +)\ \ 9x+12y=\ 6 \\ \hline & 25x\qquad=50 \end{array}$$

$x=2$ ……③

③を②に代入して，

$3\times2+4y=2$

$y=-1$

(答) $\begin{cases} x=2 \\ y=-1 \end{cases}$

(2) $\begin{cases} 2y=-3x+7 & \cdots\cdots① \\ 3x-2y=-1 & \cdots\cdots② \end{cases}$

①を②に代入して，

$3x-(-3x+7)=-1$

$3x+3x-7=-1$

$6x=6$

$x=1$ ……③

③を①に代入して，

$2y=-3\times1+7=4$

$y=2$

(答) $\begin{cases} x=1 \\ y=2 \end{cases}$

別解 (1)

$$\begin{array}{lr} ①\times3 & 12x-\ 9y=33 \\ ②\times4 & -)\ 12x+16y=\ 8 \\ \hline & -25y=25 \end{array}$$

$y=-1$ ……④

④を②に代入して，

$3x+4\times(-1)=2$

$x=2$

(答) $\begin{cases} x=2 \\ y=-1 \end{cases}$

演習問題

4 次の連立方程式を加減法によって解け。

(1) $\begin{cases} x-2y=4 \\ 2x+y=3 \end{cases}$　　(2) $\begin{cases} x+3y=-2 \\ 2x-y=10 \end{cases}$

(3) $\begin{cases} 6x-7y=2 \\ 3x-2y=7 \end{cases}$　　(4) $\begin{cases} 3x-2y=-15 \\ 2x+3y=3 \end{cases}$

(5) $\begin{cases} 3x+4y=-18 \\ 2x-5y=11 \end{cases}$　　(6) $\begin{cases} 3x-4y=17 \\ 4x+7y=-2 \end{cases}$

5 次の連立方程式を代入法によって解け。

(1) $\begin{cases} y=x-2 \\ 2x-3y=3 \end{cases}$　　(2) $\begin{cases} 2x=3y-4 \\ -2x+4y=6 \end{cases}$

6 次の連立方程式を解け。

(1) $\begin{cases} -x+2y=21 \\ 4x+5y=-6 \end{cases}$　　(2) $\begin{cases} x-3y=7 \\ 3x+y=1 \end{cases}$

(3) $\begin{cases} y=-6x+14 \\ y=5x-19 \end{cases}$　　(4) $\begin{cases} 3a+2b=4 \\ 2a-5b=9 \end{cases}$

(5) $\begin{cases} 2x-y=12 \\ x=4y-1 \end{cases}$　　(6) $\begin{cases} 6x+2y+1=0 \\ 3x=7-6y \end{cases}$

例題 2 次の連立方程式を解け。

(1) $\begin{cases} \dfrac{1}{3}x+\dfrac{1}{2}y=1 & \cdots\cdots ① \\ -\dfrac{2}{3}x+\dfrac{1}{4}y=3 & \cdots\cdots ② \end{cases}$　　(2) $\begin{cases} 0.1x+0.2y=-0.5 & \cdots\cdots ① \\ 0.2x-0.15y=0.1 & \cdots\cdots ② \end{cases}$

解説 係数に分数や小数があるときは，両辺を何倍かして係数を整数にしてから解くとよい。

解答 (1) $\begin{cases} \dfrac{1}{3}x+\dfrac{1}{2}y=1 & \cdots\cdots ① \\ -\dfrac{2}{3}x+\dfrac{1}{4}y=3 & \cdots\cdots ② \end{cases}$

①×6　$2x+3y=6$ …③

②×12　$-)\ -8x+3y=36$

$10x=-30$

$x=-3$ …④

④を③に代入して，

$2\times(-3)+3y=6$

$y=4$

(答) $\begin{cases} x=-3 \\ y=4 \end{cases}$

(2) $\begin{cases} 0.1x+0.2y=-0.5 & \cdots\cdots ① \\ 0.2x-0.15y=0.1 & \cdots\cdots ② \end{cases}$

①×10　$x+2y=-5$ ……③

②×100　$20x-15y=10$

$4x-3y=2$ ……④

③×4　$4x+8y=-20$

④　$-)\ 4x-3y=2$

$11y=-22$

$y=-2$ ……⑤

⑤を③に代入して，

$x+2\times(-2)=-5$

$x=-1$

(答) $\begin{cases} x=-1 \\ y=-2 \end{cases}$

演習問題

7 次の連立方程式を解け。

(1) $\begin{cases} 3x+y=3 \\ \dfrac{5}{6}x-\dfrac{1}{3}y=10 \end{cases}$　(2) $\begin{cases} y=\dfrac{1}{2}x+1 \\ \dfrac{1}{2}x+4y=-1 \end{cases}$　(3) $\begin{cases} \dfrac{1}{3}a-\dfrac{1}{5}b=2 \\ \dfrac{2}{3}a+\dfrac{1}{2}b=1 \end{cases}$

8 次の連立方程式を解け。

(1) $\begin{cases} 0.5x-0.3y=2 \\ 2x-y=5 \end{cases}$　(2) $\begin{cases} 0.4x-y=1.4 \\ 2x+1.5y=1.8 \end{cases}$　(3) $\begin{cases} \dfrac{x}{3}+\dfrac{y}{2}=1 \\ 0.3x-0.6y=-7.5 \end{cases}$

例題 3 次の連立方程式を解け。

(1) $\begin{cases} 3(x-y)+2y=10 & \cdots\cdots① \\ 5x-2(3x-y+1)=-7 & \cdots\cdots② \end{cases}$　(2) $\begin{cases} 7x-5y=9 & \cdots\cdots① \\ -5x+7y=-3 & \cdots\cdots② \end{cases}$

解説 (1) かっこがあるときは，かっこをはずして式を整理してから解く。

(2) 例題 1 (1) (→p.30) のように加減法を用いてもよいが，①と②の x，y が入れかわっている場合は，左辺どうし，右辺どうしの和と差をそれぞれ計算すると，解きやすい連立方程式になる。

解答 (1) $\begin{cases} 3(x-y)+2y=10 & \cdots\cdots① \\ 5x-2(3x-y+1)=-7 & \cdots\cdots② \end{cases}$

①より，$3x-3y+2y=10$

$3x-y=10 \quad \cdots\cdots③$

②より，$5x-6x+2y-2=-7$

$-x+2y=-5 \quad \cdots④$

$$\begin{array}{lr} ③\times 2 & 6x-2y=\ \ 20 \\ ④ & +)\ -\ x+2y=-\ 5 \\ \hline & 5x\qquad =\ \ 15 \end{array}$$

$x=3 \quad \cdots\cdots⑤$

⑤を③に代入して，

$3\times 3-y=10$

$y=-1$

(答) $\begin{cases} x=3 \\ y=-1 \end{cases}$

(2) $\begin{cases} 7x-5y=9 & \cdots\cdots① \\ -5x+7y=-3 & \cdots\cdots② \end{cases}$

$$\begin{array}{lr} ① & 7x-5y=\ \ 9 \\ ② & +)\ -5x+7y=-3 \\ \hline & 2x+2y=\ \ 6 \end{array}$$

$x+\ y=\ \ 3 \quad \cdots\cdots③$

$$\begin{array}{lr} ① & 7x-\ 5y=\ \ 9 \\ ② & -)\ -5x+\ 7y=-3 \\ \hline & 12x-12y=\ 12 \end{array}$$

$x-y=1 \quad \cdots\cdots④$

$$\begin{array}{lr} ③ & x+y=3 \\ ④ & +)\ \ x-y=1 \\ \hline & 2x\qquad =4 \end{array}$$

$x=2 \quad \cdots\cdots⑤$

⑤を③に代入して，

$2+y=3 \qquad y=1$

(答) $\begin{cases} x=2 \\ y=1 \end{cases}$

演習問題

9 次の連立方程式を解け。

(1) $\begin{cases} 7x-2(x+y)=19 \\ 3x+4(x-2y)=11 \end{cases}$

(2) $\begin{cases} \dfrac{x-2}{3}=-\dfrac{1}{6}y \\ 4(x-2)-3(x-y)=-1 \end{cases}$

(3) $\begin{cases} 3x-2(x+y)=17 \\ \dfrac{x}{2}+\dfrac{y}{6}=\dfrac{1}{3} \end{cases}$

(4) $\begin{cases} 3(x+2)-2(y-5)=3 \\ \dfrac{2x-3}{3}-\dfrac{4y-3}{5}=-4 \end{cases}$

(5) $\begin{cases} 3x+5y=4 \\ 5x+3y=4 \end{cases}$

(6) $\begin{cases} 31m=13n+75 \\ 31n=13m-57 \end{cases}$

例題 4 次の連立方程式を解け。
$3x+4y+10=2x-3y+6=4x+3$

解説 連立方程式 $A=B=C$ は，次のいずれかの連立方程式の形に変形して解く。

$\begin{cases} A=B \\ B=C \end{cases}$　$\begin{cases} A=B \\ A=C \end{cases}$　$\begin{cases} A=C \\ B=C \end{cases}$

最も簡単な式になるような組み合わせを選ぶとよい。

解答 $3x+4y+10=2x-3y+6=4x+3$ より，$\begin{cases} 3x+4y+10=4x+3 & \cdots\cdots\text{①} \\ 2x-3y+6=4x+3 & \cdots\cdots\text{②} \end{cases}$

①より，　$-x+4y=-7$　………③

②より，　$-2x-3y=-3$　………④

$$\begin{array}{lrl} \text{③}\times 2 & -2x+8y= & -14 \\ \text{④} & -)\ -2x-3y= & -3 \\ \hline & 11y= & -11 \end{array}$$

$y=-1$　………⑤

⑤を③に代入して，

$-x+4\times(-1)=-7$　　$x=3$

（答）$\begin{cases} x=3 \\ y=-1 \end{cases}$

演習問題

10 次の連立方程式を解け。

(1) $2x+y=4x+3y=5$

(2) $-3x+2y=6x-7y=4x+10$

(3) $4x+2y-3=x-3y-1=2x-y-1$

(4) $\dfrac{4x+3y+13}{5}=\dfrac{x+2y-1}{4}=x+y$

例題 5 x，y についての連立方程式 $\begin{cases} x+y=8 \\ x-ay=11 \end{cases}$ の解が，方程式 $2x-3y=1$ を満たすとき，a の値を求めよ。

解説 もとの連立方程式を解こうとすると，係数に文字 a があり計算がたいへんである。もとの連立方程式の解が方程式 $2x-3y=1$ を満たすから，もとの連立方程式の解と連立方程式 $\begin{cases} x+y=8 \\ 2x-3y=1 \end{cases}$ の解が一致することを利用する。

解答 連立方程式 $\begin{cases} x+y=8 & \cdots\cdots① \\ x-ay=11 & \cdots\cdots② \end{cases}$ の解が方程式 $2x-3y=1$ ……③ を満たすから，

①と③を連立させて，$\begin{cases} x+y=8 & \cdots\cdots① \\ 2x-3y=1 & \cdots\cdots③ \end{cases}$

この連立方程式の解が②を満たす。

$$\begin{array}{lrl} ①\times 3 & 3x+3y=24 & \\ ③ & +)\ 2x-3y=\ 1 & \\ \hline & 5x\qquad=25 & x=5\ \cdots\cdots\cdots④ \end{array}$$

④を①に代入して，　$5+y=8$　　$y=3$ ………⑤

④，⑤を②に代入すると，　$5-a\times3=11$

$a=-2$　　　　（答）$a=-2$

演習問題

11 x，y についての連立方程式 $\begin{cases} ax+3y=4 \\ 5x+4y=2 \end{cases}$ の解が，方程式 $2x-3y=10$ を満たすとき，a の値を求めよ。

12 x，y についての 3 つの 2 元 1 次方程式 $x+y=7$，$x-y=3$，$x+ay=1$ のすべてにあてはまる解があるとき，a の値を求めよ。

13 x，y についての連立方程式 $\begin{cases} ax-by=8 \\ bx+3ay=-9 \end{cases}$ の解が $\begin{cases} x=-1 \\ y=2 \end{cases}$ のとき，a，b の値をそれぞれ求めよ。

14 次の x，y についての 2 組の連立方程式が同じ解をもつとき，a，b の値をそれぞれ求めよ。

$$\begin{cases} 6x-5y=-3 \\ ax+2y=b+1 \end{cases} \qquad \begin{cases} bx-2ay=12 \\ 4x-3y=-1 \end{cases}$$

15 x，y についての連立方程式 $\begin{cases} x+2y=-5 \\ ax+by=26 \end{cases}$ の解の x と y の値を入れかえると，$\begin{cases} 3x+y=-9 \\ ax-by=7 \end{cases}$ の解になる。このとき，a，b の値をそれぞれ求めよ。

例題 6 次の連立方程式を解け。

(1) $\begin{cases} 2(x+y)+(x-y)=2 \\ 20(x+y)-(x-y)=9 \end{cases}$　　(2) $\begin{cases} \dfrac{2}{x}+\dfrac{3}{y}=2 \\ \dfrac{6}{x}-\dfrac{12}{y}=-1 \end{cases}$

解説 (1) 2つの式を整理して，$\begin{cases} 3x+y=2 \\ 19x+21y=9 \end{cases}$ を解いてもよいが，$x+y=a$，$x-y=b$ とおくと，与えられた連立方程式は，$\begin{cases} 2a+b=2 \\ 20a-b=9 \end{cases}$ となる。

(2) $\dfrac{1}{x}=a$，$\dfrac{1}{y}=b$ とおくと，与えられた連立方程式は，$\begin{cases} 2a+3b=2 \\ 6a-12b=-1 \end{cases}$ となる。

どちらの問題も，a，b についての連立方程式を解いて a，b の値を求め，それらの値から x，y の値を求める。

解答 (1) $x+y=a$，$x-y=b$ とおくと，

$$\begin{cases} 2a+b=2 & \cdots\cdots① \\ 20a-b=9 & \cdots\cdots② \end{cases}$$

$$\begin{array}{rr} ① & 2a+b=\ 2 \\ ② & +)\ 20a-b=\ 9 \\ \hline & 22a\quad =11 \end{array}$$

$$a=\frac{1}{2}\ \cdots\cdots③$$

③を①に代入して，

$$2\times\frac{1}{2}+b=2$$

$$b=1$$

よって，$\begin{cases} x+y=\dfrac{1}{2} & \cdots\cdots④ \\ x-y=1 & \cdots\cdots⑤ \end{cases}$

$$\begin{array}{rr} ④ & x+y=\frac{1}{2} \\ ⑤ & +)\ x-y=1 \\ \hline & 2x\quad =\frac{3}{2} \end{array}$$

$$x=\frac{3}{4}\ \cdots\cdots⑥$$

⑥を④に代入して，

$$\frac{3}{4}+y=\frac{1}{2}$$

$$y=-\frac{1}{4}$$

(答) $\begin{cases} x=\dfrac{3}{4} \\ y=-\dfrac{1}{4} \end{cases}$

(2) $\dfrac{1}{x}=a$, $\dfrac{1}{y}=b$ とおくと,

$$\begin{cases} 2a+3b=2 & \cdots\cdots\cdots ① \\ 6a-12b=-1 & \cdots\cdots\cdots ② \end{cases}$$

$$\begin{array}{lrl} ①\times 3 & 6a+\ 9b= & 6 \\ ② & -)\ 6a-12b= & -1 \\ \hline & 21b= & 7 \end{array}$$

$$b=\frac{1}{3} \quad \cdots\cdots\cdots ③$$

③を①に代入して, $2a+3\times\dfrac{1}{3}=2$

$$a=\frac{1}{2}$$

よって, $\begin{cases} \dfrac{1}{x}=\dfrac{1}{2} \\ \dfrac{1}{y}=\dfrac{1}{3} \end{cases}$

ゆえに, $\begin{cases} x=2 \\ y=3 \end{cases}$

(答) $\begin{cases} x=2 \\ y=3 \end{cases}$

演習問題

16 次の連立方程式を解け。

(1) $\begin{cases} 2(x+y)-(x-2y)=-16 \\ 8(x+y)+3(x-2y)=-50 \end{cases}$

(2) $\begin{cases} \dfrac{1}{x}+\dfrac{2}{y}=\dfrac{1}{3} \\ \dfrac{2}{x}+\dfrac{3}{y}=2 \end{cases}$

進んだ問題

17 次の連立方程式を解け。

(1) $\begin{cases} \dfrac{2}{x-1}+\dfrac{3}{y+2}=4 \\ \dfrac{4}{x-1}+\dfrac{5}{y+2}=7 \end{cases}$

(2) $\begin{cases} \dfrac{4}{x+y}+\dfrac{3}{x-y}=13 \\ \dfrac{3}{x+y}-\dfrac{7}{x-y}=-18 \end{cases}$

18 連立方程式 $\begin{cases} x-2y=4 \\ ax+y=7 \end{cases}$ を満たす x, y がともに整数となるような, 正の整数 a の値をすべて求めよ。また, そのときの整数 x, y をそれぞれ求めよ。

2 連立方程式の応用

[1] **応用問題の解き方**

① 問題をよく読み，図や表をかいたりして問題の意味をよく理解し，与えられた数量は何か，求める数量は何かをはっきりさせる。

② 求める数量，または，それに関連する数量を文字で表し，問題の数量関係から連立方程式をつくる。

③ その連立方程式を解く。

④ その解が問題に適しているかどうかを確かめて（吟味(ぎんみ)），適しているものを答とする。

連立方程式の応用

例 2けたの自然数がある。この自然数は，各位の数の和の4倍に等しく，また，十の位の数と一の位の数を入れかえてできる2けたの自然数は，もとの自然数の2倍より9だけ小さい。もとの自然数を求めてみよう。

▶ 十の位の数をx，一の位の数をyとすると，2けたの自然数は $10x+y$ と表されるから，

$10x+y=4(x+y)$ ………①

また，十の位の数と一の位の数を入れかえてできる2けたの自然数は $10y+x$ と表されるから，

$10y+x=2(10x+y)-9$ ……②

$$\begin{cases} 10x+y=4(x+y) \\ 10y+x=2(10x+y)-9 \end{cases}$$

①，②を連立方程式として解く。

①より， $y=2x$ ………③

②より， $19x-8y=9$ ………④

③を④に代入して， $19x-8\times 2x=9$ 　$3x=9$ 　$x=3$ ………⑤

⑤を③に代入して， $y=6$

x，yは自然数の各位の数であるから1けたの整数であり，さらに，もとの自然数も，十の位の数と一の位の数を入れかえてできる自然数も2けたの自然数であるから，$x\neq 0$，$y\neq 0$ である。

$\begin{cases} x=3 \\ y=6 \end{cases}$ は，この条件を満たすから，問題に適する。

ゆえに，もとの自然数は36　　　　（答） 36

⚠ 連立方程式をつくり，解を求めても，その解が問題に適さない場合がある。その場合は，**解なし**となる。

基本問題

19 次の問いに答えよ。

(1) 2けたの自然数があり，十の位の数と一の位の数の和は10である。この自然数の十の位の数と一の位の数を入れかえた自然数をつくると，もとの自然数より18大きくなる。もとの自然数を求めよ。

(2) 異なる2つの自然数x，y（$x>y$）があり，xをyで割ると商は3で余りが4である。また，xとyの差は18である。自然数x，yをそれぞれ求めよ。

20 次の問いに答えよ。

(1) ある美術館の入館料は，大人1人x円，中学生1人y円である。大人2人と中学生6人の入館料は2100円であり，大人1人と中学生2人の入館料は850円である。x，yの値をそれぞれ求めよ。

(2) 1個320円のケーキx個と1個150円のシュークリームy個を合わせて14個買ったところ，代金は3460円であった。x，yの値をそれぞれ求めよ。

(3) A地点から3km離れたB地点まで行くのに，A地点から$x$km離れた途中のC地点までは時速5kmで，C地点から$y$km離れたB地点までは時速4kmで歩いたところ，全体で42分かかった。x，yの値をそれぞれ求めよ。

(4) 10%の食塩水xgと食塩5gを混ぜると，20%の食塩水がygできる。x，yの値をそれぞれ求めよ。

例題 7 ある中学校の昨年度の生徒数は，男女合わせて560人であった。今年度は，昨年度と比べて男子が5%増え，女子が3%減ったので，全体の生徒数は4人増えた。今年度の男子と女子の生徒数をそれぞれ求めよ。

解説 求めるものは今年度の生徒数であるから，今年度の生徒数を男子x人，女子y人としてもよい。しかし，問題の基準となるのは昨年度の生徒数であるから，昨年度の生徒数を男子x人，女子y人としたほうが，式をつくりやすい。

解答 昨年度の生徒数を男子x人，女子y人とすると，

$$\begin{cases} x+y=560 & \cdots\cdots\cdots①\\ 0.05x-0.03y=4 & \cdots\cdots\cdots② \end{cases}$$

$$\begin{array}{lr} ①\times3 & 3x+3y=1680 \\ ②\times100 & +)\ 5x-3y=\ \ 400 \\ \hline & 8x\qquad=2080 \end{array}$$

$x=260$ ·········③

③を①に代入して，　$260+y=560$　　$y=300$

ゆえに，　$x=260$，$y=300$　　← 昨年度の生徒数

このとき，今年度の生徒数は，

男子　$260\times(1+0.05)=273$（人）

女子　$300\times(1-0.03)=291$（人）

これらの値は問題に適する。　　　　　　　　　（答）　男子 273 人，女子 291 人

参考　解答の②式をつくるとき，生徒数全体を考え，

$$(1+0.05)x+(1-0.03)y=560+4$$

を②として連立方程式をつくってもよい。

⚠ この問題における解の吟味は，単に連立方程式の解が正の整数であることだけではない。昨年度の生徒数から求めた今年度の生徒数も正の整数でなければ問題に適しているとはいえない。

⚠ 今年度の生徒数を男子 x 人，女子 y 人とすると，$\begin{cases}\dfrac{x}{1.05}+\dfrac{y}{0.97}=560\\ x+y=560+4\end{cases}$

となり，この連立方程式を解くと，$x=273$，$y=291$ を得ることができる。

この解法では，解を求める途中で昨年度の生徒数が直接は出てこない。本来は，昨年度の生徒数が男子 $273\times\dfrac{100}{105}=260$（人），女子 $291\times\dfrac{100}{97}=300$（人）となり，問題に適していることを確認すべきである。

演習問題

21 ある店では，昨日，パンとおにぎりが合わせて 50 個売れた。今日売れた個数は，昨日と比べてパンは 10％ 増え，おにぎりは 5％ 減り，合わせて 52 個であった。今日売れたパンとおにぎりの個数をそれぞれ求めよ。

22 ある家庭では，昨年 1 月の 1 日あたりの電気代と水道代の合計額は 530 円であった。その後，家族で節電・節水を心がけたため，今年 1 月の 1 日あたりの額は，昨年 1 月と比較して電気代は 15％，水道代は 10％ 減り，1 日あたりの合計額は 460 円となった。今年 1 月の 1 日あたりの電気代と水道代をそれぞれ求めよ。

23 ある和菓子屋で，まんじゅうを 1 箱に 3 個入れて 400 円で，桜もちを 1 箱に 4 個入れて 560 円で販売したところ，合わせて 80 箱売れて，売り上げの合計は 39200 円であった。まんじゅうと桜もちはそれぞれ何個売れたか。

24 ある博物館に大人 2 人と中学生 3 人が入館したところ，入館料の合計は 3400 円であった。この博物館では 10 人以上で同時に入館するとき，大人 1 人あたり 20％，中学生 1 人あたり 10％ の割引きがあり，大人 10 人と中学生 30 人が入館したところ，入館料の合計は 21100 円であった。割引きを使わずに入館するときの大人 1 人，中学生 1 人の入館料をそれぞれ求めよ。

25 ある文房具店では，鉛筆 6 本とノート 3 冊を定価で買うと，代金は 840 円である。A さんがこの文房具店に買いに行くと，同じ鉛筆が定価の 2 割引き，同じノートが定価の 3 割引きになっていたので，鉛筆 10 本とノート 5 冊を買ったところ，代金は定価で買うときより 340 円安くなった。鉛筆 1 本とノート 1 冊の定価をそれぞれ求めよ。

26 ある中学校の倉庫には，新しいイスと古いイスが合わせて 157 脚ある。委員 34 人は，A 班と B 班に分かれて，A 班は新しいイスを体育館に運び，B 班は古いイスを雑巾(ぞうきん)でふいてきれいにすることにした。A 班が新しいイスを 1 人 3 脚ずつ運んだところ，新しいイスをちょうど全部運ぶことができた。B 班は古いイスを 1 人 5 脚ずつふき，さらに B 班のうちの半分の委員がもう 1 脚ずつふいたところ，古いイスをちょうど全部きれいにすることができた。新しいイスと古いイスはそれぞれ何脚あるか。

27 ある菓子工場では，1 日にプリンを 510 個，ゼリーを 700 個製造し，A，B，C の 3 種類の詰め合わせセットをそれぞれ何箱かつくる。A セットはプリン 2 個とゼリー 6 個，B セットはプリン 5 個とゼリー 3 個，C セットはプリン 1 個とゼリー 1 個ずつの詰め合わせであり，製造したプリンとゼリーはすべて，過不足なくこれらのセットの箱に詰める。A セットは，B セットより 15 箱多くつくる。このとき，A，B，C セットはそれぞれ何箱ずつつくったか。

例題 8 右の図のように，2 つの川が B 地点で合流している。(矢印は川の流れの向きを表している。) 静水上で時速 12km で進む船が，1 つの支流にある A 地点から下流の合流点 B 地点を経て，ほかの支流にある C 地点へ行くと 2 時間 42 分かかり，同じ船が逆コースで C 地点から A 地点まで行くと 2 時間 45 分かかる。川の流れの速さは，AB 間は時速 3km，BC 間は時速 4km である。AB 間，BC 間の距離をそれぞれ求めよ。

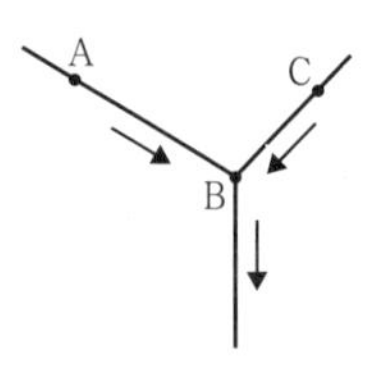

解説 船が実際に進む速さは，船が川を下るときには，船の速さに川の流れの速さを加えたものになり，船が川を上るときには，船の速さから川の流れの速さをひいたものになる。A→B 間は時速 $(12+3)$ km，B→C 間は時速 $(12-4)$ km，C→B 間は時速 $(12+4)$ km，B→A 間は時速 $(12-3)$ km である。

解答 AB 間，BC 間の距離をそれぞれ x km，y km とすると，船が実際に進む速さは，

A→B 間は，　$12+3=15$ (km/時)　　B→C 間は，　$12-4=8$ (km/時)

C→B 間は，　$12+4=16$ (km/時)　　B→A 間は，　$12-3=9$ (km/時)

よって，$\begin{cases} \dfrac{x}{15}+\dfrac{y}{8}=2\dfrac{42}{60} & \cdots\cdots ① \\ \dfrac{y}{16}+\dfrac{x}{9}=2\dfrac{45}{60} & \cdots\cdots ② \end{cases}$

①×120 より，$8x+15y=324$ ……③

②×144 より，$16x+9y=396$ ……④

$$\begin{array}{lrr} ③\times 2 & & 16x+30y=648 \\ ④ & -) & 16x+\ 9y=396 \\ \hline & & 21y=252 \end{array}$$

$y=12$ ………⑤

⑤を③に代入して，　$8x+15\times 12=324$　　よって，　$x=18$

ゆえに，$\begin{cases} x=18 \\ y=12 \end{cases}$　　これらの値は問題に適する。

（答）　AB 間 18km，BC 間 12km

演習問題

28 時速 72km で走っている 8 両編成の上り特急列車と，時速 54km で走っている 11 両編成の下り普通列車が，あるトンネルの両側から同時に進入した。特急列車がトンネルに入りはじめてから完全に通りぬけるまでに 39 秒かかり，その 17 秒後に普通列車がトンネルを完全に通りぬけた。車両 1 両の長さはすべて同じである。車両 1 両の長さとトンネルの長さを求めよ。

29 ある川の下流の A 町から上流の B 町まで静水上の速さが秒速 6m の船で往復した。行きは前日の雨のため，川の流れる速さが平常時の 1.5 倍になっていて，ある地点を船が通り過ぎるのに 4 秒かかった。帰りは，川の流れる速さは平常時にもどっていて，幅 28m の橋の下に船首がさしかかってから船尾がくぐりぬけるまで 5 秒かかった。船の長さと平常時の川の流れる速さを求めよ。

30 周囲が 9km の池を，A さんは自転車で，B さんは歩いてまわる。2 人が同時に同じ地点を出発して，反対向きに池をまわると，はじめて出会うまでに 36 分かかり，同じ向きにまわると，1 時間後にはじめて A さんは B さんに追い着く。A さん，B さんの速さはそれぞれ時速何 km か。

31 A さんの家から B さんの家までの道のりは 1200m で，A さんの家から途中の C 商店までは上り坂，C 商店から B さんの家までは下り坂である。ある日，A さんは午前 8 時に自宅を出発し，C 商店の前を通って B さんの家まで歩いて行った。A さんは B さんと一緒に 1 時間勉強していたが，ノートが不足したので C 商店まで歩いて買いに行った。A さんは C 商店で 5 分間買い物をし，同じ道を通って B さんの家に午前 9 時 39 分にもどった。A さんの家から C 商店までの坂と C 商店から B さんの家までの坂の傾きの角度は等しく，A さんはこの坂を上るときは分速 50m で歩き，坂を下るときは分速 60m で歩く。A さんの家から C 商店までの道のりと C 商店から B さんの家までの道のりを求めよ。

32 5km 離れている A 町と B 町の間を歩いて往復した。平地では時速 4.8km，上り坂では時速 4km，下り坂では時速 5km で歩いたところ，行きは 64 分，帰りは 67 分かかった。A 町と B 町を往復する間に，上り坂と下り坂を合わせて何 km 歩いたか。

33 本屋から図書館までの道の途中に駅がある。A さんは本屋から駅まで自転車で行き，駅から図書館まで歩いて行く。B さんは同じ道を図書館から駅まで自転車で行き，駅から本屋まで歩いて行く。A さんが本屋を，B さんが図書館を同時に出発したところ，10 分後に出会った。このとき，A さんは歩いており，B さんは自転車に乗っていた。また，B さんが本屋に到着した 8 分後に，A さんは図書館に到着した。ただし，2 人の自転車の速さは時速 12km，歩く速さは時速 4km とする。

(1) 図書館から 2 人が出会ったところまでの道のりを求めよ。

(2) 本屋から駅までの道のりと駅から図書館までの道のりを求めよ。

例題 9 容器 A には 5% の食塩水 xg，容器 B には y% の食塩水 900g が入っていて，A，B の食塩水をすべて混ぜると 3% の食塩水ができることがわかっている。まず，容器 A から食塩水を 100g 取り出し，容器 B に移してよく混ぜた後，B から食塩水を 100g 取り出し，A に移してよく混ぜたところ，A の食塩水の濃度は 4% になった。x，y の値をそれぞれ求めよ。

解説 食塩水の問題は，溶けている食塩の重さを考えるのが基本である。食塩水を移したり，水や食塩を加えたりする場合は，下のような表をつくるとよい。ただし，問題を解く上で不要なところは，必ずしも求める必要はない。

	全体の重さ(g)		食塩の重さ(g)		濃度(%)	
	A	B	A	B	A	B
はじめ	x	900	$\frac{5x}{100}$	$900\times\frac{y}{100}$	5	y
A+B	$x+900$		$\frac{5x}{100}+900\times\frac{y}{100}$		3	
$A\xrightarrow{100g}B$	$x-100$	1000	$(x-100)\times\frac{5}{100}$	$900\times\frac{y}{100}+100\times\frac{5}{100}$	5	b※
$B\xrightarrow{100g}A$	x	900	$(x-100)\times\frac{5}{100}+100\times\frac{b}{100}$		4	

※b の値は，$b=\left(900\times\frac{y}{100}+100\times\frac{5}{100}\right)\div1000\times100=\frac{9y+5}{10}$

解答 はじめに，容器A，Bの中に溶けている食塩の重さは，

$$Aが\ x\times\frac{5}{100}=\frac{x}{20}\ (g) \qquad Bが\ 900\times\frac{y}{100}=9y\ (g)$$

A，Bをすべて混ぜると，　$\frac{x}{20}+9y=(x+900)\times\frac{3}{100}$ ………①

AからBに100g移したとき，Bの中に溶けている食塩の重さは，

$$9y+100\times\frac{5}{100}=9y+5\ (g)$$

よって，このときのBの濃度は，$\frac{9y+5}{1000}\times100=\frac{9y+5}{10}$ (%) であり，

Aには5%の食塩水が $(x-100)$ g入っている。

つぎに，BからAに100g移したとき，Aの中に溶けている食塩の重さは，

$$(x-100)\times\frac{5}{100}+100\times\frac{9y+5}{1000}=\frac{x-100}{20}+\frac{9y+5}{10}$$

$$=\frac{x+18y-90}{20}\ (g)$$

よって，　$\frac{x+18y-90}{20}=x\times\frac{4}{100}$ ………②

①，②を連立させて解く。

①より，　$x+450y=1350$ ………③

②より，　$x+90y=450$ ………④

③－④より，　$360y=900$　　$y=2.5$ ………⑤

⑤を④に代入して，

$x+90\times2.5=450$　　$x=225$

ゆえに，　$\begin{cases} x=225 \\ y=2.5 \end{cases}$

これらの値は問題に適する。　　　　(答)　$x=225$，$y=2.5$

演習問題

34 x% の食塩水50gと y% の食塩水100gと水100gを混ぜ合わせると，3%の食塩水ができた。また，x% の食塩水50gと y% の食塩水50gと水50gを混ぜ合わせると，3.5% の食塩水ができた。このとき，x，y の値をそれぞれ求めよ。

35 容器Aには5%の食塩水 x g，容器Bには2.5%の食塩水 x gが入っている。容器Aから食塩水100gを取り出し，Aに水 y gを加えてよく混ぜると，Aの食塩水の濃度は4.5%になった。容器Bから食塩水 y gを取り出し，Bに水325gを加えてよく混ぜると，Bの食塩水の濃度は2%になった。このとき，x，y の値をそれぞれ求めよ。

36 容器Aにはx%の食塩水400gが，容器Bにはy%の食塩水500gが入っている。容器Aから食塩水100g，容器Bから食塩水200gをそれぞれ取り出した。容器Aから取り出した食塩水100gと水100gを容器Bに加えてよく混ぜると，Bの食塩水の濃度は6.6%になった。一方，容器Bから取り出した食塩水200gと水100gを容器Aに加えてよく混ぜると，Aの食塩水の濃度はx%になった。x，yの値をそれぞれ求めよ。

37 容器A，B，Cにはそれぞれ5%，x%，y%の食塩水が入っている。次の3通りの方法で3種類の食塩水をつくると，①，②，③のいずれにも同じ重さの食塩がふくまれていた。x，yの値をそれぞれ求めよ。

① 容器Aから60g，容器BとCから150gずつを取り出してよく混ぜる。
② 容器Aから180g，容器Bから250gを取り出してよく混ぜる。
③ 容器Aから200g，容器Cから175gを取り出してよく混ぜる。

例題 10 1本250円のバラと1本150円のカスミソウをそれぞれ何本かずつ選んで花束をつくる。花束の代金がちょうど3500円となるようなバラとカスミソウの本数の組み合わせは全部で何通りあるか。ただし，それぞれ少なくとも1本は選ぶものとする。

解説 バラをx本，カスミソウをy本選ぶとすると，$250x+150y=3500$ すなわち $5x+3y=70$ という方程式ができる。文字がxとyの2つあり，方程式が1つのときは，xやyが整数や自然数であるなどの条件から値を定める。この問題では，$x=14-\frac{3}{5}y$ となることから，左辺のxが自然数になるためには，右辺のyが5の倍数でなければならないことがわかる。このように，約数や倍数の性質を用いるとよい。

解答 バラをx本，カスミソウをy本選ぶとすると，

$$250x+150y=3500 \qquad 5x+3y=70 \qquad \text{よって，} \quad x=14-\frac{3}{5}y$$

x，yは自然数であるから，yは5の倍数である。
ゆえに，問題に適するx，yの値の組は，

$$\begin{cases}x=11\\y=5\end{cases} \quad \begin{cases}x=8\\y=10\end{cases} \quad \begin{cases}x=5\\y=15\end{cases} \quad \begin{cases}x=2\\y=20\end{cases}$$

の4通りである。　　　（答）4通り

参考 $5x+3y=70$ を $3y=70-5x$ として両辺を3で割ると $y=\frac{70-5x}{3}$ となるから，$70-5x$ が3の倍数となるように自然数xを定めてもよい。

演習問題

38 1個80円のみかんと1個120円のレモンを合わせて，ちょうど800円買うことにした。どちらも少なくとも1個は買うことにすると，買い方は全部で何通りあるか。

39 6人すわれる長いすAと7人すわれる長いすBがある。150人の生徒がすわるとき，どの長いすも空席なしで全員がすわるには，AとBをそれぞれ何脚ずつ使えばよいか。どちらの長いすも少なくとも1脚は使うとして，考えられるすべての場合について求めよ。

進んだ問題

40 容器Aにはx%の食塩水100gが，容器Bにはy%の食塩水100gが入っている。容器Aから容器Bに食塩水50gを移し，よく混ぜた後，BからAに食塩水50gをもどしてよく混ぜる。これを1回とし，この操作を2回行う。

(1) 1回目の操作を行った後の，容器A，Bの中の食塩の重さをそれぞれx，yを使って表せ。

(2) 容器Aの食塩水の濃度は，1回目の操作を行った後は16%で，2回目の操作を行った後は14%であった。このとき，x，yの値をそれぞれ求めよ。

日本に関孝和あり！

世界的数学者といえば，ニュートン（1642–1727），ライプニッツ（1646–1716），オイラー（1707–1783）などが有名である。同時代の日本にも彼らに匹敵する数学者関孝和（1642頃–1708）がいた。

13世紀頃に中国で発展した算木を用いる天元術は，江戸時代の日本にも広く知れ渡っていた。関孝和はそれを独自に発展させ，記号を用いて筆算（傍書法）で論理を進める点竄術を創始した。ほかにも連立方程式を解く過程で行列式の考えを独力で発見した。これは，ライプニッツに先駆けた発見であった。また，正131072角形を用いて，円周率を小数点以下11けたまで求めたことも知られている。これらはいずれも世界水準の研究であった。

関孝和の独創的研究は，弟子の建部賢弘らによって継承，発展し，和算の中でも「関流」とよばれ，圧倒的に主流となった。

傍書法

|甲 |乙	|甲 卜乙	|甲乙	乙|甲
（甲＋乙）	（甲－乙）	（甲×乙）	（甲÷乙）

関孝和

研究 連立3元1次方程式

1 連立3元1次方程式

(1) 3つの文字をふくむ1次方程式を**3元1次方程式**といい，3元1次方程式を組み合わせたものを**連立3元1次方程式**という。

(2) 連立2元1次方程式と同様に，すべての3元1次方程式を成り立たせる文字の値の組をその**連立3元1次方程式の解**といい，解を求めることをその**連立3元1次方程式を解く**という。

2 連立3元1次方程式の解き方

連立3元1次方程式を解くときは，まず1つの文字を消去して，連立2元1次方程式をつくり，それを解けばよい。

例 連立3元1次方程式 —(zを消去)→ 連立2元1次方程式

$$\begin{cases} x-y+z=6 & \cdots\cdots① \\ 3x+2y-z=1 & \cdots\cdots② \\ 2x-3y+z=10 & \cdots\cdots③ \end{cases} \qquad \begin{cases} 4x+y=7 & (①+②\text{より}) \\ 5x-y=11 & (②+③\text{より}) \end{cases}$$

例題 11 連立3元1次方程式 $\begin{cases} x+y+z=13 \\ 3x+y-3z=5 \\ x-2y+4z=10 \end{cases}$ を解け。

解説 最初にどの文字を消去するのがよいかを考える。x または z を消去してもよいが，ここでは y を消去して x，z についての連立方程式をつくる。

解答 $\begin{cases} x+y+z=13 & \cdots\cdots\cdots① \\ 3x+y-3z=5 & \cdots\cdots\cdots② \\ x-2y+4z=10 & \cdots\cdots\cdots③ \end{cases}$

$$\begin{array}{lrl} ① & & x+y+\ z=13 \\ ② & -) & 3x+y-3z=\ 5 \\ \hline & & -2x\quad +4z=\ 8 \end{array}$$

$x-2z=-4$ ……④

$$\begin{array}{lrl} ①\times2 & & 2x+2y+2z=26 \\ ③ & +) & x-2y+4z=10 \\ \hline & & 3x\quad +6z=36 \end{array}$$

$x+2z=12$ ……⑤

$$\begin{array}{lrl} ④ & & x-2z=-\ 4 \\ ⑤ & +) & x+2z=\ \ 12 \\ \hline & & 2x\quad =\ \ 8 \end{array}$$

$x=4$ ………⑥

⑥を④に代入して，

$4-2z=-4$　　$z=4$ ……⑦

⑥，⑦を①に代入して，

$4+y+4=13$　　$y=5$

(答) $\begin{cases} x=4 \\ y=5 \\ z=4 \end{cases}$

研究問題

41 次の連立3元1次方程式を解け。

(1) $\begin{cases} x+y=2 \\ y+z=5 \\ z+x=1 \end{cases}$

(2) $\begin{cases} 2x+3y+z=-4 \\ 3x+y+2z=5 \\ -x+2y+5z=-3 \end{cases}$

(3) $\begin{cases} 2x+y+z=8 \\ x+2y+z=7 \\ x+y+2z=9 \end{cases}$

(4) $\begin{cases} \dfrac{x}{3}+2y+\dfrac{z}{2}=-1 \\ -\dfrac{x}{2}-\dfrac{y}{2}+\dfrac{z}{4}=-3 \\ \dfrac{x}{2}+\dfrac{y}{3}+\dfrac{z}{3}=2 \end{cases}$

(5) $\begin{cases} x+2y+z=13 \\ \dfrac{x+y}{2}=\dfrac{y-z}{3}=\dfrac{z+1}{5} \end{cases}$

(6) $4x+y-z=3x+3y-2z=3x-4y+3z=10$

42 次の問いに答えよ。

(1) x, y, z が連立方程式 $\begin{cases} 4x-3y-6z=0 \\ 2x+y-8z=0 \end{cases}$ を満たすとき，$x:y:z$ を求めよ。ただし，x, y, z はいずれも0でないものとする。

(2) $\dfrac{3x-2y}{2}=\dfrac{-y+7z}{3}=\dfrac{4x+2z}{5}$ のとき，$x:y:z$ を求めよ。ただし，x, y, z はいずれも0でないものとする。

(3) 連立方程式 $\begin{cases} 3a+2b-c=9 \\ 2a-3b+2c=-5 \end{cases}$ を満たす自然数 a, b, c をそれぞれ求めよ。

43 次の問いに答えよ。

(1) A，B，C 3人の所持金を調べたら，3人の所持金の合計は1800円，BとCの所持金の和はAの所持金の4倍で，Cの所持金からBの所持金をひいた差はAの所持金に等しかった。A，B，C 3人の所持金をそれぞれ求めよ。

(2) 3けたの自然数がある。百の位の数と一の位の数の和は十の位の数の5倍で，十の位の数と一の位の数の和は百の位の数の3倍である。また，百の位の数と一の位の数を入れかえてできる3けたの自然数は，もとの3けたの自然数の2倍より69大きい。もとの3けたの自然数を求めよ。

(3) △ABCの内角について，∠Aの大きさは∠Bの大きさの2倍に等しく，∠Bの大きさの3倍は∠Cの大きさの2倍に等しいことがわかっている。3つの内角の大きさをそれぞれ求めよ。

2章の計算

1 次の連立方程式を解け。

(1) $\begin{cases} 3x-2y=1 \\ 5x+2y=23 \end{cases}$

(2) $\begin{cases} 4x+3y=1 \\ 3x-2y=-12 \end{cases}$

(3) $\begin{cases} x+2y=4 \\ y=3x-5 \end{cases}$

(4) $\begin{cases} x=2-2y \\ x=3y+7 \end{cases}$

(5) $\begin{cases} 3x=4y+1 \\ 3x+y=11 \end{cases}$

(6) $\begin{cases} 2x-7y=31 \\ 5x+4y=13 \end{cases}$

(7) $\begin{cases} x+\dfrac{1}{2}y=1 \\ \dfrac{1}{3}x+y=1 \end{cases}$

(8) $\begin{cases} \dfrac{x}{2}+\dfrac{y}{3}=30 \\ \dfrac{x}{4}-\dfrac{3}{8}y=-11 \end{cases}$

(9) $3x+4y=x+y=2$

(10) $4x+y=x-5y=2x+6$

(11) $\begin{cases} 0.7x-0.1y=-2.5 \\ -\dfrac{2}{3}x+\dfrac{1}{4}y=3 \end{cases}$

(12) $\begin{cases} 0.3x-0.2y=1.25 \\ 4x-5=-\dfrac{2}{3}y \end{cases}$

2 次の連立方程式を解け。

(1) $\begin{cases} 18x+16y=-10 \\ 3(18x+16y)+9y=-39 \end{cases}$

(2) $\begin{cases} 5(x-y)+7y=4 \\ 8x-3(x+y)=19 \end{cases}$

(3) $\begin{cases} x-3y=1 \\ 0.7(x+y)-y=1.3 \end{cases}$

(4) $\begin{cases} 3x+4y=34 \\ (3x+2):(y+3)=4:5 \end{cases}$

(5) $\begin{cases} \dfrac{1}{2}x-\dfrac{2}{3}(y+1)=3 \\ 2(x-y)=-y+8 \end{cases}$

(6) $\begin{cases} 5x-y=24 \\ \dfrac{x+y}{3}-\dfrac{y-x}{4}=1 \end{cases}$

(7) $\begin{cases} \dfrac{3x+1}{5}+\dfrac{6-y}{3}=2 \\ -3(x+y)-2(2x-y)=17 \end{cases}$

(8) $\begin{cases} 3x+4y=6 \\ \dfrac{3x+y+1}{4}=0.25x+y-3 \end{cases}$

(9) $\begin{cases} 2(x-y)+3(x+y)=13 \\ 5(x-y)-(x+y)=7 \end{cases}$

(10) $\begin{cases} \dfrac{3}{x}=\dfrac{4}{y}+18 \\ \dfrac{1}{x}-\dfrac{7}{y}=23 \end{cases}$

2章の問題

1 次の連立方程式を解け。 ⇐1

(1) $\begin{cases} 2x+y=7 \\ 3x-2y=14 \end{cases}$　(2) $\begin{cases} x-5y=4 \\ 3x-4y=1 \end{cases}$　(3) $\begin{cases} 5x+3y=4 \\ y=-x+2 \end{cases}$

(4) $\begin{cases} 4x+5=3y-2 \\ 3x+2y-3=13 \end{cases}$　(5) $3x-4y=5x-y=17$

2 次の連立方程式を解け。 ⇐1

(1) $\begin{cases} 0.1x-0.2y=1 \\ \dfrac{1}{2}x+\dfrac{1}{3}y=1 \end{cases}$　(2) $\begin{cases} \dfrac{x}{4}-\dfrac{y}{3}=1 \\ \dfrac{x}{5}-\dfrac{y}{6}=2 \end{cases}$

(3) $\begin{cases} 3x+10y=7 \\ \dfrac{x-y}{3}-\dfrac{x-5}{5}=1 \end{cases}$　(4) $\begin{cases} \dfrac{x}{2}-\dfrac{y+1}{4}=-2 \\ 3(x+2)-2(y-1)=-4 \end{cases}$

3 次の連立方程式を解け。 ⇐1

(1) $\begin{cases} 3(x+2)-4(y-1)=10 \\ 4(x+2)+3(y-1)=30 \end{cases}$　(2) $\begin{cases} 11x=38-6y \\ 11y=13-6x \end{cases}$

(3) $\begin{cases} \dfrac{2}{x}+\dfrac{1}{y}=5 \\ \dfrac{1}{x}-\dfrac{4}{y}=7 \end{cases}$　(4) $\begin{cases} 2x+2y-z=1 \\ 2x-y+2z=10 \\ -x+2y+2z=-5 \end{cases}$

4 x，y についての連立方程式 $\begin{cases} 3x+2y=1 \\ ax+by=10 \end{cases}$ と $\begin{cases} bx-ay=5 \\ 2x-3y=18 \end{cases}$ の解が一致するとき，a，b の値をそれぞれ求めよ。 ⇐1

5 A さんは午前 8 時 30 分に家を出て，200km 離れた目的地まで自動車で向かった。家から途中の休憩所まで時速 40km で走り，休憩所で 30 分間休憩し，休憩所から目的地まで時速 60km で走ったところ，午後 1 時に到着した。家から休憩所までの道のりと，そこまでにかかった時間をそれぞれ求めよ。 ⇐2

6 10％ の食塩水 800g が入った容器 A と 5％ の食塩水 500g が入った容器 B がある。容器 A から食塩水 xg，容器 B から食塩水 yg を同時に取り出し，A から取り出した食塩水 xg を B へ，B から取り出した食塩水 yg を A へそれぞれ移してよく混ぜたところ，A の食塩水の濃度は 7％，B の食塩水の濃度は 9％ になった。x と y の値をそれぞれ求めよ。 ⇐2

7 K市では，空き缶のリサイクルを推進するため，アルミ缶1個は2円，スチール缶1個は1円と交換している。T中学校では，春と秋にアルミ缶とスチール缶を集めてリサイクルに協力し，交換したお金を寄付している。春は，アルミ缶とスチール缶を合わせて4000個集め，お金と交換した。秋は春に比べて，アルミ缶の個数が20％，スチール缶の個数が10％それぞれ増えたので，秋に交換したお金の合計は春より1150円増えた。秋に集めたアルミ缶とスチール缶の個数をそれぞれ求めよ。 ⇐2

8 Aさんの家からP地までの間に峠Qがある。ある日，Aさんは家とP地の間を往復した。行きは，家から峠Qまで上り，峠QからP地まで下り，102分かかった。帰りは，P地から峠Qまで上り，峠Qから家まで下り，96分かかった。行きと帰りの上りの速さは等しく，行きと帰りの下りの速さも等しい。上りの速さと下りの速さの比が 5：6 であるとき，次の問いに答えよ。 ⇐2

(1) 行きに家から峠Qまでにかかった時間と，峠QからP地までにかかった時間をそれぞれ求めよ。

(2) 家から峠Qを通ってP地まで行く道のりは5400mである。家から峠Qまでの道のりは何mか。

9 3けたの自然数があり，百の位の数と十の位の数と一の位の数の和は16である。 ⇐2

(1) この3けたの自然数の十の位の数が5とする。百の位の数と一の位の数を入れかえると，もとの自然数より297大きくなる。もとの自然数を求めよ。

(2) 百の位の数をa，十の位の数をb，一の位の数をcとする。

① $a+2b+3c$ の値が最も大きくなるような3けたの自然数を求めよ。

② $a \leqq b \leqq c$ となる3けたの偶数は何個あるか。

進んだ問題

10 5％の食塩水Aと15％の食塩水Bがある。 ⇐2

(1) 食塩水Aと食塩水Bを混ぜて9％の食塩水200gをつくるには，A，Bをそれぞれ何gずつ混ぜればよいか。

(2) 食塩水Aと食塩水Bを混ぜて12％の食塩水をつくる予定であったが，分量をまちがえて逆にして混ぜてしまった。何％の食塩水ができたか。

(3) 食塩水Bを300g容器にとり，次の□の操作をくり返す。この操作を何回くり返したとき，はじめて1％以下の食塩水になるか。

食塩水300gから100gを捨て，同量の水を加え，よく混ぜる。

3章　不等式

1　不等式の性質

1　**不等式**

不等号＞，＜を用いて数量の大小関係を表した式を**不等式**という。

$x>a$ …… x は a より大きい

$x<a$ …… x は a より小さい（x は a 未満）

$x \geqq a$ …… x は a 以上（$x>a$ または $x=a$）

$x \leqq a$ …… x は a 以下（$x<a$ または $x=a$）

2　**不等式の性質**

$a>b$ のとき，次の性質がある。

(1)　両辺に同じ数を加えても（ひいても），不等号の向きは変わらない。

$$\boldsymbol{a+c>b+c,\quad a-c>b-c}$$

(2)　両辺に同じ**正の数**をかけても（正の数で割っても），不等号の向きは変わらない。

$$\boldsymbol{c>0} \text{ ならば，} \quad \boldsymbol{ac>bc,\quad \frac{a}{c}>\frac{b}{c}}$$

(3)　両辺に同じ**負の数**をかけると（負の数で割ると），**不等号の向きは反対になる。**

$$\boldsymbol{c<0} \text{ ならば，} \quad \boldsymbol{ac<bc,\quad \frac{a}{c}<\frac{b}{c}}$$

基本問題

1 不等式 $a>b$ について，次の計算を行った不等式を書け。

(1)　両辺に5を加える　　(2)　両辺から8をひく

(3)　両辺に3をかける　　(4)　両辺を4で割る

(5)　両辺に -1 をかける　　(6)　両辺を -6 で割る

2 次の場合について，ab の符号を答えよ。また，$\dfrac{b}{a}$ の符号を答えよ。

(1)　$a>0$，$b>0$ のとき　　(2)　$a>0$，$b<0$ のとき

(3)　$a<0$，$b>0$ のとき　　(4)　$a<0$，$b<0$ のとき

3 次の場合について，b の符号を答えよ。

(1) $ab>0$，$a>0$ のとき　　(2) $\dfrac{a}{b}<0$，$a>0$ のとき

(3) $a+b>0$，$a<0$ のとき　　(4) $ab<0$，$a>b$ のとき

不等式の基本性質

例 次のことがらはつねに正しいか。不等式の性質を使って調べてみよう。

(1) $a>b$ のとき，$2a>a+b$　　(2) $a>1$ のとき，$\dfrac{1}{a}<1$

(3) $a>b>0$ のとき，$\dfrac{1}{a}<\dfrac{1}{b}$　　(4) $a>b$ のとき，$ab>b^2$

▶ まとめ②の不等式の性質を利用して，それぞれのことがらがつねに正しいかどうかを考える。つねに正しいときは，条件式を変形して説明する。つねに正しいとは限らないときは，式が成り立たない例（**反例**）を1つあげる。

(1) $a>b$ の両辺に a を加えると，$2a>a+b$ となるから，つねに正しい。

(2) $a>1$ の両辺を正の数 a で割ると，$1>\dfrac{1}{a}$

すなわち，$\dfrac{1}{a}<1$ となるから，つねに正しい。

(3) $a>b$ の両辺を正の数 ab で割ると，$\dfrac{a}{ab}>\dfrac{b}{ab}$　　$\dfrac{1}{b}>\dfrac{1}{a}$

すなわち，$\dfrac{1}{a}<\dfrac{1}{b}$ となるから，つねに正しい。

(4) $a=2$，$b=-1$ のとき，$a>b$ であるが，$ab=2\times(-1)=-2$，
$b^2=(-1)^2=1$ であるから，$ab>b^2$ は成り立たない。
ゆえに，つねに正しいとは限らない。

⚠ $a=2$，$b=-1$ は(4)の反例である。

基本問題

4 $a>b$ のとき，次の □ にあてはまる不等号>，<を入れよ。

(1) $2a+1$ □ $2b+1$　　(2) $-3a+4$ □ $-3b+4$

(3) $5a-6$ □ $5b-6$　　(4) $\dfrac{5-a}{3}$ □ $\dfrac{5-b}{3}$

5 $a>b>0$ のとき，次の □ にあてはまる不等号>，<を入れよ。

(1) $-a$ □ $-b$　　(2) $-a^2$ □ $-ab$　　(3) a^2 □ b^2　　(4) $\dfrac{a}{b}$ □ 1

例題 1 次の問いに答えよ。

(1) $a>b$, $c>d$ のとき, $a+c>b+d$ となることを, 不等式の性質を使って説明せよ。

(2) $1<x<4$, $-3<y<2$ のとき, $2x-3y$ の値の範囲を求めよ。

解説 (1) 不等式の両辺に同じ数を加えても, 不等号の向きは変わらない。

(2) $2x-3y$ を $2x+(-3y)$ と考えて, $2x$ と $-3y$ の値の範囲をそれぞれ求めてから, (1)の性質を使う。

解答 (1) $a>b$ の両辺に c を加えると, $a+c>b+c$ ………①

$c>d$ の両辺に b を加えると, $b+c>b+d$ ………②

①, ②より, $a+c>b+c>b+d$

ゆえに, $a+c>b+d$

$$\begin{array}{rr} & a>b \\ +) & c>d \\ \hline & a+c>b+d \end{array}$$

(2) $1<x<4$ の各辺に2をかけると, $2<2x<8$ ………①

$-3<y<2$ の各辺に -3 をかけると, $9>-3y>-6$

すなわち, $-6<-3y<9$ ………②

①, ②の各辺をそれぞれ加えると, $-4<2x-3y<17$ ………(答)

⚠ (2) $2<2x<8$ の各辺から, $-9<3y<6$ の各辺をそれぞれひいて, $2-(-9)<2x-3y<8-6$ のようにして, $11<2x-3y<2$ としてはいけない。

演習問題

6 次の式の値の範囲を求めよ。

(1) $3<x<5$, $-1<y<2$ のとき, $x+3y$

(2) $-2\leqq x\leqq 3$, $-4\leqq y\leqq -1$ のとき, $4x-3y$

(3) $4\leqq x\leqq 8$, $2\leqq y\leqq 4$ のとき, $\dfrac{x}{y}$

7 2つの数 a, b の小数第2位を四捨五入すると, それぞれ 6.7, 5.3 となる。このとき, 次の問いに答えよ。

(1) a, b の値の範囲を, それぞれ不等号を使って表せ。

(2) $a+b$, $a-b$ の値の範囲を, それぞれ不等号を使って表せ。

8 $b<0$, $a+b>0$ のとき, a, b, $-a$, $-b$ を大きいものから順に並べ, 不等号を使って表せ。

進んだ問題

9 4つの数 a, b, c, d について, 次の4つの不等式が成り立つとき, a, b, c, d の符号をそれぞれ答えよ。

$abcd>0$　　$abd<0$　　$a<c$　　$b+d<0$

2　1次不等式

1　1次不等式

1つの文字についての1次式からできている不等式を，その文字についての**1次不等式**という。

不等式を成り立たせる文字の値の範囲をその**不等式の解**といい，不等式のすべての解（解の範囲）を求めることを，その**不等式を解く**という。

基本問題

10 整数 -3, -2, -1, 0, 1, 2, 3 のうち，次の不等式の解となるものをすべて求めよ。

(1)　$x+2>0$　　(2)　$3x+5<1$　　(3)　$-4\geqq x-5$

1次不等式の解法

例　次の不等式を解き，その解の範囲を数直線を使って表してみよう。

(1)　$3x+4\leqq 10$　　(2)　$x+5<4x-1$

▶ 等式と同じように，不等式の一方の辺にある項を，その符号を変えてもう一方の辺に移すことができる。これを**移項**という。

文字 x をふくむ項を左辺に，定数項を右辺に移項して整理し，$ax>b$, $ax\geqq b$ などの形にする。両辺を x の係数 a で割るとき，$a>0$ のときは不等号の向きは変わらず，$a<0$ のときは不等号の向きが反対になる。

(1)　$3x+4\leqq 10$　　4を移項する

$3x\leqq 10-4$

$3x\leqq 6$　　両辺を3で割る

ゆえに，$x\leqq 2$ ……(答)

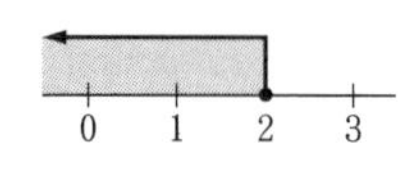

(2)　$x+5<4x-1$　　5と $4x$ を移項する

$x-4x<-1-5$

$-3x<-6$　　両辺を -3 で割る

ゆえに，$x>2$ ……(答)　　（このとき不等号の向きが反対になる）

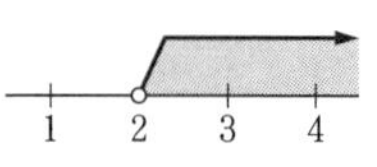

⚠ 数直線上で解の範囲を表すとき，$x=2$ をふくむ場合は ● を使って で表し，$x=2$ をふくまない場合は ○ を使って で表す。

基本問題

11 次の不等式を解き，その解の範囲を数直線を使って表せ。

(1) $x+3>3$　　(2) $x-5<4$

(3) $x+2\leqq-6$　　(4) $6x>42$

(5) $-4x\leqq12$　　(6) $-5x>-8$

例題 2 次の不等式を解け。

(1) $3(x+5)\geqq x+17$　　(2) $2(2x+1)-6(x+3)<0$

解説 かっこがついているときは，かっこをはずしてから移項する。(2)では，両辺を 2 で割ってから，かっこをはずすとよい。

解答 (1)

$3(x+5)\geqq x+17$

$3x+15\geqq x+17$　（左辺のかっこをはずす）

$3x-x\geqq17-15$　（15 と x を移項する）

$2x\geqq2$

ゆえに，　$x\geqq1$ ……(答)　（両辺を 2 で割る）

(2) $2(2x+1)-6(x+3)<0$

両辺を 2 で割って，

$2x+1-3(x+3)<0$

$2x+1-3x-9<0$　（左辺のかっこをはずす）

$-x-8<0$

$-x<8$　（-8 を移項する）

ゆえに，　$x>-8$ ……(答)　（両辺を -1 で割る）

参考 (2) 移項して，$2(2x+1)<6(x+3)$ としてから，両辺を 2 で割って，$2x+1<3(x+3)$ のように解いてもよい。

演習問題

12 次の不等式を解け。

(1) $7x<5x+16$　　(2) $8-3x\leqq2$

(3) $6x-11>3x+4$　　(4) $5x-4>7x+8$

(5) $-7x+9>5x+3$　　(6) $6+2x\leqq7x+10$

13 次の不等式を解け。

(1) $3x+8>2(3x-2)$　　(2) $24-6(3x-5)\leqq12$

(3) $3(5-2x)-4(3x-8)>11$　　(4) $4(x+3)\leqq2(-2x+1)+18$

例題 3 次の不等式を解け。

(1) $\dfrac{x-1}{4}<\dfrac{x}{3}-1$　　(2) $2x+0.3\geqq 1.2x-2.9$

解説 係数に分数や小数があるときは，両辺を何倍かして，係数を整数にしてから解くとよい。(1)は両辺に 4 と 3 の最小公倍数 12 をかける。(2)は両辺に 10 をかける。

解答 (1) $\dfrac{x-1}{4}<\dfrac{x}{3}-1$

両辺に 12 をかけて，

$3(x-1)<4x-12$

$3x-3<4x-12$

$3x-4x<-12+3$

$-x<-9$

ゆえに，　$x>9$ ………(答)

(2) $2x+0.3\geqq 1.2x-2.9$

両辺に 10 をかけて，

$20x+3\geqq 12x-29$

$20x-12x\geqq -29-3$

$8x\geqq -32$

ゆえに，　$x\geqq -4$ ………(答)

演習問題

14 次の不等式を解け。

(1) $2x-1>\dfrac{5x+2}{4}$　　(2) $x-\dfrac{x-5}{2}\geqq 1$

(3) $\dfrac{1}{3}x+2\geqq 2x-\dfrac{1}{2}$　　(4) $\dfrac{3x+1}{2}>\dfrac{2x-3}{5}$

(5) $\dfrac{3x+7}{8}-\dfrac{5-2x}{3}\leqq -1$　　(6) $\dfrac{x+4}{7}-\dfrac{1-x}{2}>\dfrac{8-x}{14}$

15 次の不等式を解け。

(1) $1.2x-3>-2x+6.6$　　(2) $1.1-0.4x\geqq x-0.3$

(3) $0.2(x+4)<0.3(-3x+1)-5$　　(4) $2.5(7-x)-5(1.8-x)\geqq 2x$

(5) $\dfrac{2x-3}{5}\leqq x+1.2$　　(6) $\dfrac{x-1}{3}-(0.2x-1)\geqq \dfrac{5}{6}$

例題 4 不等式 $14\geqq 3(5x-4)-2x$ を満たす自然数 x をすべて求めよ。

解説 与えられた不等式を解き，解の中から条件に適するものを求める。

解答

$14\geqq 3(5x-4)-2x$

$14\geqq 15x-12-2x$

$14\geqq 13x-12$

$-13x\geqq -26$

ゆえに，　$x\leqq 2$　　これを満たす自然数 x は，　$x=1,\ 2$ ………(答)

演習問題

16 次の問いに答えよ。

(1) 不等式 $2x-13<5x+8$ を満たす x のうち，絶対値が 10 以下の整数は何個あるか。

(2) x についての不等式 $3(2x+a)-2(x-2a)>6$ の解が $x=-2$ をふくむように，定数 a の値の範囲を定めよ。

(3) 不等式 $3(4-3x)\geqq 6(x-3)$ の解が，x についての不等式 $x-\dfrac{x-a}{3}\leqq\dfrac{1}{2}x-1$ の解と一致する。このとき，a の値を求めよ。

例題 5 定価 100 円の商品を 15 個以上購入したい。A 店では，購入する個数にかかわらず，定価の 7％ の値引きで販売する。B 店では，10 個までは定価で販売するが，10 個をこえると，こえた分は 1 個につき定価の 15％ の値引きをして販売する。B 店で購入したほうが安くなるのは，何個以上購入するときか。

解説 商品を x 個購入するとする。ただし，$x\geqq 15$ と考える。

A 店で購入するときの代金は，$100\times\left(1-\dfrac{7}{100}\right)\times x$ (円)

B 店で購入するときの代金は，$100\times 10+100\times\left(1-\dfrac{15}{100}\right)\times(x-10)$ (円) と表すことができる。

解答 商品を x 個（$x\geqq 15$）購入したとき，B 店で購入するほうが安くなるとすると，

$$100\times\left(1-\frac{7}{100}\right)\times x>100\times 10+100\times\left(1-\frac{15}{100}\right)\times(x-10)$$

$$93x>1000+85(x-10)$$

$$93x-85x>1000-850$$

$$8x>150 \qquad \text{ゆえに，}\quad x>\frac{150}{8}=18.75$$

x は 15 以上の整数であるから，これを満たす最小の x は，　$x=19$

（答）19 個以上

演習問題

17 次の問いに答えよ。

(1) ある整数 x を 5 倍して 6 をひいた数は，x に 1 を加えて 3 倍した数より小さい。このような x のうち，最も大きいものを求めよ。

(2) ある正の整数 x を 2 倍して 8 を加えた数は，x の 5 倍から 3 をひいた数より大きい。このような x をすべて求めよ。

18 1個350円のケーキと1個320円のケーキを合わせて15個買い，代金の合計を5000円以下にしたい。350円のケーキをできるだけ多く買うとすると，それぞれ何個買えばよいか。

19 ある店で，1冊150円のノートを売っている。このノートをまとめて11冊以上買うときは，10冊をこえた分は1冊につき2割引きになる。1冊あたりの代金が140円より安くなるには，何冊以上買えばよいか。

20 ある動物園の団体入場料は10人で6000円で，10人をこえると，こえた人数について1人あたり400円が加算される。1人あたりの入場料が500円以下になるには，何人以上で入場すればよいか。

21 A地を出発して，A地とB地の間を往復するのに，行きは分速60mで歩き，帰りは分速180mで走ったところ，合計1時間以内で往復できた。A地からB地までの道のりは何m以下か。

22 家から4km離れた駅へ行くのに，はじめは分速60mで歩いていたが，予定の電車に乗り遅れそうになったので，途中から分速80mで歩いたら，家を出てから1時間以内に駅に着くことができた。分速80mで歩いた道のりは何m以上か。

23 5%の食塩水200gに8%の食塩水を混ぜて，6%以上の食塩水をつくりたい。8%の食塩水を何g以上混ぜればよいか。

24 ある遊園地の入場券売場では，入場券の発売開始時に240人が並んでいた。その後も1分間に4人の割合で，あらたに入場券を買いにくる人が並んだ。窓口を2か所あけて売り出したところ，ちょうど12分間で並ぶ人がいなくなった。

(1) 1か所の窓口では，1分間に何人に入場券を売ることができるか。

(2) 5分以内に並ぶ人をなくすためには，窓口は何か所以上必要か。

進んだ問題

25 10%の食塩水200gと9%の食塩水150gがある。容器Aに，この2つの食塩水を何gかずつ入れ，さらに50gの水を加えて200gの食塩水をつくった。その後，容器Bに，2つの食塩水の残りすべてを入れ，さらに50gの水を加えて食塩水をつくったところ，容器Aの食塩水の濃度は，容器Bの食塩水の濃度より高くなった。容器Aに入れた10%の食塩水の重さをxgとするとき，xの値の範囲を求めよ。ただし，容器Aには10%の食塩水と9%の食塩水のどちらも必ず入れるものとする。

3 連立不等式

1 **連立不等式**

2つ以上の1次不等式を組み合わせたものを**連立1次不等式**，または**連立不等式**という。

連立不等式のすべての不等式を同時に成り立たせる文字の値の範囲をその**連立不等式の解**といい，解の範囲を求めることをその**連立不等式を解く**という。

2 **連立不等式の解き方**

① 連立不等式のそれぞれの不等式を解く。

② ①の解の共通範囲を求める。

連立不等式の解法

例 次の連立不等式を解いてみよう。

(1) $\begin{cases} 2x-1<5 & \cdots\cdots① \\ 4x+2\geqq 3x & \cdots\cdots② \end{cases}$　　(2) $\begin{cases} 3x+2>-7 & \cdots\cdots① \\ 2x-3>1 & \cdots\cdots② \end{cases}$

▶ 連立不等式のそれぞれの不等式を解き，解の共通範囲を求める。共通範囲を求めるときは，数直線を利用するとよい。共通範囲は不等式で表せるときもあるが，共通範囲がただ1つの数 a のみのときは $x=a$ が解となる。また，共通範囲がないときは，「解なし」となる。

(1) ①より，　$2x<6$

　　　　　　$x<3$ ………③

②より，　$x\geqq -2$ ………④

③，④より，　$-2\leqq x<3$ ………(答)

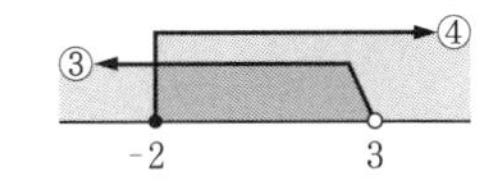

(2) ①より，　$3x>-9$

　　　　　　$x>-3$ ………③

②より，　$2x>4$

　　　　　　$x>2$ ………④

③，④より，　$x>2$ ………(答)

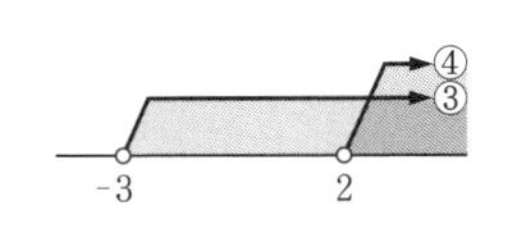

基本問題

26 次の連立不等式を解け。

(1) $\begin{cases} x+1>0 \\ x-3<0 \end{cases}$　(2) $\begin{cases} 4x<-16 \\ -3x\geqq 9 \end{cases}$　(3) $\begin{cases} x+1\geqq -1 \\ 2x<4 \end{cases}$　(4) $\begin{cases} -x\leqq 2 \\ 3x\leqq -6 \end{cases}$

例題 6 次の連立不等式を解け。

(1) $\begin{cases} 3x-2 \geqq x+4 \\ -x-3<3x-1 \end{cases}$

(2) $\begin{cases} 1.2x+0.6<0.8x-0.2 \\ -2x-4 \leqq 3x+1 \end{cases}$

(3) $\begin{cases} \dfrac{4x+5}{3} \leqq \dfrac{5x-6}{2} \\ 2x+11 \geqq 4x+3 \end{cases}$

(4) $3-2x<5x-4<\dfrac{3}{2}(x+2)$

解説 (4)は，2つの不等式 $3-2x<5x-4$ と $5x-4<\dfrac{3}{2}(x+2)$ に分ける。

解答 (1) $\begin{cases} 3x-2 \geqq x+4 & \cdots\cdots\cdots ① \\ -x-3<3x-1 & \cdots\cdots\cdots ② \end{cases}$

①より，　$2x \geqq 6$

$x \geqq 3$ ………③

②より，　$-4x<2$

$x>-\dfrac{1}{2}$ ……④

③，④より，　$x \geqq 3$ ………(答)

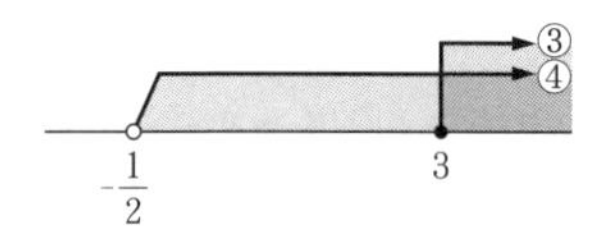

(2) $\begin{cases} 1.2x+0.6<0.8x-0.2 & \cdots\cdots\cdots ① \\ -2x-4 \leqq 3x+1 & \cdots\cdots\cdots ② \end{cases}$

①より，　$12x+6<8x-2$

$4x<-8$

$x<-2$ ………③

②より，　$-5x \leqq 5$

$x \geqq -1$ ………④

③，④の共通部分はないから，

解なし ………(答)

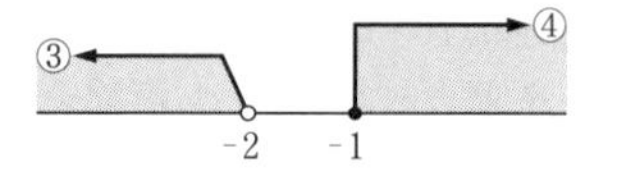

(3) $\begin{cases} \dfrac{4x+5}{3} \leqq \dfrac{5x-6}{2} & \cdots\cdots\cdots ① \\ 2x+11 \geqq 4x+3 & \cdots\cdots\cdots ② \end{cases}$

①より，　$2(4x+5) \leqq 3(5x-6)$

$-7x \leqq -28$

$x \geqq 4$ ……③

②より，　$-2x \geqq -8$

$x \leqq 4$ ………④

③，④より，　$x=4$ ………(答)

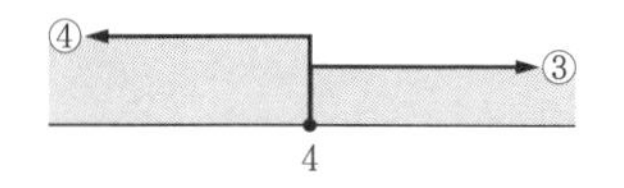

(4) $3-2x<5x-4<\dfrac{3}{2}(x+2)$ より，

$\begin{cases} 3-2x<5x-4 & \cdots\cdots\cdots ① \\ 5x-4<\dfrac{3}{2}(x+2) & \cdots\cdots\cdots ② \end{cases}$

①より，　$-7x<-7$

$x>1$ ………③

②より，　$2(5x-4)<3(x+2)$

$7x<14$

$x<2$ ………④

③，④より，　$1<x<2$ ………(答)

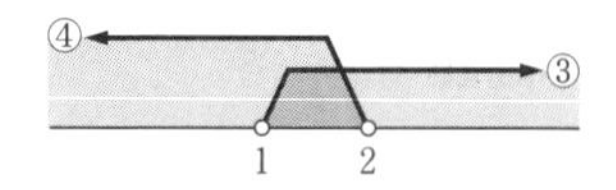

⚠ 不等式 $A<B<C$ は，$\begin{cases} A<B \\ B<C \end{cases}$ の意味であり，$\begin{cases} A<B \\ A<C \end{cases}$ とは異なる。$\begin{cases} A<B \\ A<C \end{cases}$ では，B と C の大小関係が定められていないからである。

同様に，不等式 $A>B>C$ は，$\begin{cases} A>B \\ B>C \end{cases}$ の意味である。

演習問題

27 次の連立不等式を解け。

(1) $\begin{cases} 2x+8\geqq 5x-4 \\ 3x-2\geqq -4x+12 \end{cases}$

(2) $\begin{cases} 5x+2<7x+8 \\ 6-3x>2x-14 \end{cases}$

(3) $\begin{cases} 8x-2\leqq 4x+6 \\ x-5<2-6x \end{cases}$

(4) $\begin{cases} 3x-5>5x-3 \\ 7-x\leqq 2(x+2) \end{cases}$

(5) $\begin{cases} -(x-1)\leqq 3(x+1) \\ 5x-1>-2(3-x) \end{cases}$

(6) $\begin{cases} 2x-3(2-x)\geqq 4 \\ 5x-6\geqq 7x-10 \end{cases}$

28 次の連立不等式を解け。

(1) $\begin{cases} 0.3x-0.4>-0.2x+0.1 \\ 1.2x-2.4<2x+0.8 \end{cases}$

(2) $\begin{cases} 2+0.3x\leqq x+3.4 \\ \dfrac{5x-1}{3}<x+2 \end{cases}$

(3) $\begin{cases} 0.5(x-1)\leqq -0.2(x+5) \\ \dfrac{1}{2}-\dfrac{x}{4}>-\dfrac{x-4}{7} \end{cases}$

(4) $\begin{cases} -2(3x+1)\geqq -4(x-2) \\ 2-\dfrac{x-1}{3}\geqq -\dfrac{1}{2}(5x-1) \end{cases}$

(5) $\begin{cases} \dfrac{x-8}{5}\geqq \dfrac{x-7}{7}+\dfrac{3}{5} \\ \dfrac{1-x}{4}-7\leqq 2\left(1-\dfrac{x}{3}\right) \end{cases}$

29 次の連立不等式を解け。

(1) $-1\leqq 2x-3\leqq 7$

(2) $4x-21<-3x+14\leqq 20-5x$

(3) $3(2x+5)<2(5x+1)<3x+4$

(4) $\dfrac{2x-1}{3}\leqq x+3\leqq \dfrac{1}{2}x+2$

30 連立不等式 $5(x-1)<2x+3<4(x+1)$ を満たす整数 x の値をすべて求めよ。

例題 7 りんごを箱に詰めるのに，1 箱に 5 個ずつ詰めると，りんごが 17 個余る。また，1 箱に 8 個ずつ詰めると，空(から)の箱が 2 個でき，最後の箱の中のりんごの個数は 4 個以下になる。りんごと箱の個数をそれぞれ求めよ。

解説 箱の個数を x 個とすると，りんごの個数は $(5x+17)$ 個である。8 個ずつ詰めたとき，$(x-3)$ 個の箱にりんごが 8 個ずつ入っている。

解答 箱の個数を x 個とすると，りんごの個数は $(5x+17)$ 個である。
8 個ずつ詰めたとき，8 個入っている箱は $(x-3)$ 個である。

$$8(x-3)<5x+17\leqq 8(x-3)+4$$

$8(x-3)<5x+17$ を解くと，

$3x<41$ より，　$x<\frac{41}{3}$ ………①

$5x+17\leqq 8(x-3)+4$ を解くと，

$-3x\leqq -37$ より，　$x\geqq\frac{37}{3}$ ………②

①，②より，　$\frac{37}{3}\leqq x<\frac{41}{3}$

x は自然数であるから，　$x=13$

ゆえに，箱の個数は 13 個，りんごの個数は $5\times 13+17=82$（個）である。

（答） りんご 82 個，箱 13 個

参考 最後の箱の中のりんごの個数が 1 個以上 4 個以下と考えて，
$8(x-3)+1\leqq 5x+17\leqq 8(x-3)+4$ を解いてもよい。この不等式を解くと，
$\frac{37}{3}\leqq x\leqq\frac{40}{3}$ となるが，x は自然数であるから，答は一致する。

演習問題

31 ある整数 x から 1 をひいて 4 倍した数は，もとの整数 x を 2 倍して 3 を加えた数より大きく，もとの整数 x を 3 倍して 1 を加えた数より小さい。もとの整数 x を求めよ。

32 1 本 100 円のボールペンと 1 本 70 円の鉛筆を合わせて 30 本買い，代金の合計が 2600 円以下になるようにしたい。ボールペンを鉛筆より多く買うことにすると，ボールペンと鉛筆はそれぞれ何本ずつ買えばよいか。

33 A さんが鉛筆を買いに店へ行った。1 本 60 円の鉛筆では予定していた本数より 2 本多く買えて，お金は余らない。1 本 80 円の鉛筆では A さんの予定していた本数は買えないが，1 本減らすと買うことができてお金が余る。A さんの予定していた鉛筆の本数と所持金を，考えられるすべての場合についてそれぞれ求めよ。

34 お菓子を箱に詰めるのに，1 箱に 15 個ずつ詰めると，お菓子がちょうど 5 箱分余る。また，1 箱に 18 個ずつ詰めると，空の箱が 4 個でき，最後の箱の中のお菓子の個数は 5 個以下になる。お菓子と箱の個数をそれぞれ求めよ。

35 3% の食塩水 912g に食塩を加えて，食塩水の濃度が 4% 以上 5% 以下になるようにしたい。加える食塩の重さを何 g 以上何 g 以下にすればよいか。

36 ある中学校で，中学 2 年生の男女の生徒数の比は $3:2$ である。この学年で数学のテストをしたところ，男子の平均点は女子の平均点より 7 点低かった。男子の平均点を x 点とするとき，次の問いに答えよ。

(1) 中学 2 年生の平均点を x を使って表せ。

(2) 中学 2 年生の平均点を，小数第 1 位で四捨五入して求めたところ，65 点になった。x の値の範囲を求めよ。

進んだ問題

37 x についての連立不等式 $5-x \leqq 4x < 2x+k$ について，次の問いに答えよ。

(1) $k>2$ のとき，連立不等式を解け。

(2) 連立不等式を満たす整数 x がちょうど 3 つ存在するような定数 k の値の範囲を求めよ。

38 x についての連立不等式 $\begin{cases} 6x-4>3x+5 \\ 2x-1 \leqq x+a \end{cases}$ について，次の問いに答えよ。

(1) 連立不等式の解が存在しないとき，a の値の範囲を求めよ。

(2) 連立不等式の解は存在するが，その中に整数がふくまれないとき，a の値の範囲を求めよ。

39 右の図のように，12km 離れた A 町と B 町の間に，長さ 0.4km の橋 PQ がかかっていて，A 町から P 地点までの距離は 3.6km である。兄は A 町から時速 4km で歩いて B 町へ向かった。弟は兄から x 分遅れて，B 町から時速 12km で自転車で A 町へ向かった。2 人が橋の上（P 地点，Q 地点をふくむ）で出会うためには，弟は兄から何分遅れて B 町を出発すればよいか。x の値の範囲を求めよ。

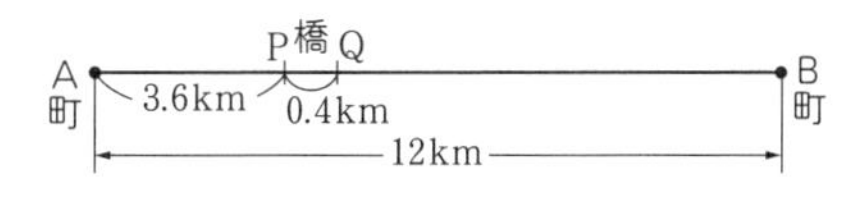

3章の計算

1 次の不等式を解け。

(1) $-2x<-6$

(2) $3x-2>4$

(3) $15\geqq 4x+7$

(4) $4x\geqq 7x-12$

(5) $9-2x\geqq x$

(6) $5x+9\geqq 2x-6$

(7) $x-5<4x+13$

(8) $0.3x-4<1.1x$

(9) $\dfrac{3}{7}x<x-4$

(10) $\dfrac{x}{3}-5>\dfrac{3}{4}x$

(11) $0.9x+2.8\geqq -0.5x$

(12) $6(x-3)\leqq 2(x+5)$

(13) $\dfrac{x+3}{2}>\dfrac{3x-1}{5}$

(14) $0.4x-0.7\geqq -1+\dfrac{x}{2}$

(15) $-2(3x-4)\leqq 9-4x$

(16) $0.4(x-0.2)\leqq 0.1+x$

(17) $\dfrac{3x-7}{12}\geqq \dfrac{2}{3}x-\dfrac{3}{4}$

(18) $\dfrac{x-7}{4}-\dfrac{2x+1}{3}<0$

(19) $2(2x+1)\geqq 5(x+2)-6$

(20) $5(2x-5)<2(3x+1)-7$

(21) $\dfrac{1}{3}x+3\geqq \dfrac{3}{5}x+\dfrac{1}{3}$

(22) $\dfrac{5}{6}x-9\leqq -\dfrac{x}{3}+\dfrac{3}{2}$

(23) $\dfrac{2x-3}{3}>\dfrac{x+1}{3}+\dfrac{1}{2}$

(24) $\dfrac{x+2}{6}-\dfrac{x-1}{8}<-x-1$

2 次の連立不等式を解け。

(1) $\begin{cases} 5x-3<7 \\ 6-3x<15 \end{cases}$

(2) $\begin{cases} 2x-5<3x-2 \\ 6x-10\leqq 2x+2 \end{cases}$

(3) $\begin{cases} 2(x-2)\geqq 5x+2 \\ 2(2x-7)<3(x-5) \end{cases}$

(4) $\begin{cases} 3x-4>5x-2 \\ -2(x-4)\leqq x+5 \end{cases}$

(5) $\begin{cases} 5x-4\geqq 2(x-5) \\ 5(3-x)>2(7-3x) \end{cases}$

(6) $6x+7<-2x-1<3x+14$

(7) $\begin{cases} 3x+3\leqq 5x+1 \\ 0.7x-0.5>0.2x+2 \end{cases}$

(8) $\begin{cases} 2x-10<6x+8 \\ \dfrac{3}{2}x+4<5-\dfrac{1}{3}x \end{cases}$

(9) $\dfrac{1}{3}x-5<-x+\dfrac{2}{3}<\dfrac{1}{2}x-\dfrac{8}{3}$

(10) $\begin{cases} 0.4x-5<0.9x-6 \\ 2.3x-1.4\leqq 0.7(2x+7) \end{cases}$

3章の問題

1 次の式の値の範囲を求めよ。 ← **1**

(1) $-1<x<2$, $2<y<4$ のとき，$2x-\dfrac{1}{2}y$

(2) $2\leqq x\leqq 3$, $4\leqq y\leqq 6$ のとき，xy と $\dfrac{x}{y}$

2 $a>b>0$, $0>c>d$ のとき，次の不等式のうち，つねに正しいものはどれか。 ← **1**

(ア) $a+c>b+d$　(イ) $a-c>b-d$　(ウ) $ac>bd$

(エ) $bd>ad$　(オ) $\dfrac{a}{d}>\dfrac{b}{c}$　(カ) $(a-b)(c-d)>0$

3 3つの数 a, b, c の小数第2位を四捨五入すると，それぞれ 5.0，6.2，8.4 となる。このとき，次の式の値の範囲を求めよ。 ← **1**

(1) $a+b$　(2) $a-b+c$

4 次の不等式を解け。 ← **2**

(1) $-3(x+4)-9(x+8)>0$　(2) $0.5(3-x)-2(0.6x+1.5)<7$

(3) $\dfrac{x-3}{5}-\dfrac{2-x}{3}>1$　(4) $\dfrac{x-2}{4}-\dfrac{2x+5}{3}\geqq\dfrac{x-1}{2}$

5 次の連立不等式を解け。 ← **3**

(1) $\begin{cases} x+5\geqq 3x+1 \\ 2x-3<x+1 \end{cases}$　(2) $\begin{cases} 4-x\geqq -4+7x \\ 5x+4>10-x \end{cases}$

(3) $\begin{cases} \dfrac{x-2}{4}+2<\dfrac{2}{3}x \\ \dfrac{1}{2}x-4>\dfrac{1}{5}x-3 \end{cases}$　(4) $\dfrac{x+5}{4}-\dfrac{3x-2}{6}\geqq x>-5(2x-1)$

6 次の問いに答えよ。 ← **2**

(1) 不等式 $\dfrac{x}{9}-\dfrac{2x-7}{6}>2$ を満たす x のうちで，最大の整数を求めよ。

(2) 不等式 $\dfrac{9-4x}{6}\geqq 4-\dfrac{3(x+10)}{8}$ を満たす x のうちで，正の整数をすべて求めよ。

(3) x についての不等式 $x+a\geqq 4x+9$ の解が $x=-1$ をふくむように，定数 a の値の範囲を定めよ。

7 原価 360 円の品物を定価の 1 割引きで売っても，原価の 2 割以上の利益をあげるには，定価を何円以上にすればよいか。 ⇦**2**

8 40 枚の絵はがきを A，B，C，D の 4 人に配る。A と B には同じ枚数ずつ配り，C には A の半分，D には A の 3 倍の枚数を配るとすると，A には最大で何枚の絵はがきを配ることができるか。ただし，絵はがきはすべて配りきれずに残ってもよいものとする。 ⇦**2**

9 ある美術館の入館料は大人 1 人 800 円，子ども 1 人 480 円である。20 人以上のときは団体料金で入館できるが，その場合は大人も子どもも 1 人 640 円である。20 人未満でも団体料金で入館できるが，その場合は 20 人とみなされる。 ⇦**2**

(1) 20 人未満の大人が入館するとき，団体料金で入館するほうが 1 人あたりの料金が安くなるのは，何人以上のときか。

(2) 大人，子ども合わせて 26 人が入館するとき，団体料金で入館するほうが 1 人あたりの料金が安くなるのは，大人が何人以上のときか。

10 ある整数 x を 8 倍しても 100 以下であるが，18 倍すると 200 をこえる。このような整数 x を求めよ。 ⇦**3**

11 ある中学校の 2 年生全員が長いすにすわるのに，1 脚に 6 人ずつすわると 7 人がすわれない。そこで，1 脚に 7 人ずつすわると，使わない長いすが 5 脚できる。長いすの数は，何脚以上何脚以下か。 ⇦**3**

12 A さんをふくむ 22 人のクラスで数学のテストをしたところ，平均点はちょうど 69.5 点であった。また，A さんを除いた 21 人の平均点は，小数第 2 位を四捨五入すると 69.2 点となった。A さんの点数として考えられるものをすべて求めよ。ただし，テストの点数は整数である。 ⇦**3**

13 200 枚の紙をあるクラスの生徒全員に配るのに，1 人に 4 枚ずつ配ると 70 枚以上余った。そこで，その余った紙をさらに 1 人に 3 枚ずつ配ると，1 枚も追加でもらえない生徒が 6 人以上いた。このクラスの生徒数を求めよ。 ⇦**3**

14 兄と弟は，合わせて 52 個のアメを持っている。兄が弟に，自分の持っているアメのちょうど $\frac{1}{3}$ をあげても，まだ兄のほうが多いが，さらに兄が弟に 3 個あげると，弟のほうが多くなる。兄は何個のアメを持っているか。 ⇦**3**

進んだ問題

15 $a>b>0$，$0>c>d$ のとき，次の不等式が成り立つことを説明せよ。 ←**1**

(1) $bc>ad$　　　(2) $\dfrac{b}{d}>\dfrac{a}{c}$

16 次の x についての 2 つの不等式について，下の問いに答えよ。 ←**3**

$$2(a+2)>2x-5 \quad \cdots\cdots ① \qquad \frac{3x-3}{4}-\frac{x-2}{2}>a \quad \cdots\cdots ②$$

(1) ①，②を満たす x の値の範囲をそれぞれ求めよ。

(2) ①，②を同時に満たす x の値がないとき，a の値の範囲を求めよ。

(3) ①，②を同時に満たす整数 x の値が 4 と 5 だけであるとき，a の値の範囲を求めよ。

17 定価が 1 個 2500 円の商品がある。この商品を A 店では 20 個までは定価で販売するが，20 個をこえる分は 1 個につき定価の 20％ 引きで販売する。B 店では 40 個までは定価の 5％ 引きで販売するが，40 個をこえる分は 1 個につき定価の 25％ 引きで販売する。このとき，A 店で買ったほうが安くなるのは，この商品を何個以上何個以下買う場合か。 ←**2**

4章　1次関数

1　関数と1次関数

1　**関数**

(1)　ともなって変わる2つの量（変数）x，yがあり，xの値を決めると，それに対応してyの値がただ1つ決まるとき，**yはxの関数である**という。

(2)　yがxの関数であるとき，xのある値pに対応するyの値qを，$x=p$のときの**関数の値**という。

(3)　yがxの関数であるとき，変数xのとりうる値の範囲を**xの変域**（関数の**定義域**（ていぎいき））といい，変数yのとりうる値の範囲を**yの変域**（関数の**値域**（ちいき））という。

例　$y=5x$ や $y=\dfrac{12}{x}$ のように，1年で学んだ比例，反比例の関係も，xの値を決めると，それに対応してyの値がただ1つ決まるから，yはxの関数である。

2　**1次関数**

(1)　yがxの1次式で表されるとき，**yはxの1次関数である**という。
1次関数は，一般に次のように表される。

$\boldsymbol{y=ax+b}$（a，bは定数，$a\neq 0$）

$y=$ **ax** $+$ **b**
↑ xに比例する部分　↑ 定数の部分

(2)　$y=ax+b$ は，xに比例する部分axと定数の部分bとの和である。

(3)　比例の関係を表す式 $y=ax$（$a\neq 0$）は，1次関数の式 $y=ax+b$ で，$b=0$ となっている特別な場合である。

例　$y=5x$ は1次関数の特別な場合であり，$y=-x+3$ は1次関数の式 $y=ax+b$（$a\neq 0$）で，$a=-1$，$b=3$ の場合であるから，$y=5x$ と $y=-x+3$ はともに1次関数である。
$y=10$ や $y=\dfrac{12}{x}$ は，yがxの1次式で表されていないから，ともに1次関数ではない。

3 **変化の割合**

(1) 一般に，x の増加量に対する y の増加量の割合を**変化の割合**という。

$$\text{(変化の割合)}=\frac{(y\text{ の増加量})}{(x\text{ の増加量})}$$

(2) 1次関数 $y=ax+b$ では，変化の割合は一定で，a に等しい。

(3) 1次関数では，変化の割合は x の値が1だけ増加するときの y の増加量である。

変化の割合

例 1次関数 $y=\frac{x}{3}-2$ は，$y=\frac{1}{3}\times x-2$ と表せるから，変化の割合は $\frac{1}{3}$ である。x の値が1から7まで増加するときの y の増加量を求めてみよう。

▶ $\text{(変化の割合)}=\frac{(y\text{ の増加量})}{(x\text{ の増加量})}$ より，

(y の増加量)＝(変化の割合)×(x の増加量) である。

x の増加量は $7-1=6$ であるから，y の増加量は，$\frac{1}{3}\times6=2$ （答） 2

基本問題

1 次の2つの量 x，y について，y を x の式で表せ。また，y が x の1次関数であるものを選べ。

(1) 長さ100cmのひもを $x$cm 使うと，残りの長さは $y$cm である。

(2) 底辺の長さが $x$cm，高さが $y$cm の三角形の面積は 10cm^2 である。

(3) 20Lの水が入っている水そうに，毎分5Lの割合で x 分間水を入れると，水の量は yL になる。

(4) 分速60mで x 分間歩くと，歩いた道のりは ym である。

(5) 半径 $x$cm の円の面積は $y\text{cm}^2$ である。

2 次の1次関数の変化の割合を求めよ。また，x の増加量が3のときの y の増加量を求めよ。

(1) $y=3x$　(2) $y=-4x+7$　(3) $y=\frac{2}{5}x-\frac{1}{3}$

(4) $y=\frac{x}{4}+1$　(5) $y=-x+\frac{2}{3}$

3 次の1次関数の式を求めよ。

(1) 変化の割合が3で，定数の部分が5である1次関数

(2) x に比例する部分の比例定数が -2 で，定数の部分が4である1次関数

例題 1 y は x の1次関数で，$x=-2$ のとき $y=-8$，$x=4$ のとき $y=10$ である。このとき，y を x の式で表せ。

解説 y は x の1次関数であるから，$y=ax+b$ $(a \neq 0)$ とおいて，定数 a と b の値を求める。または，変化の割合を求めることで x の係数 a を求めることもできる。

解答 y は x の1次関数であるから，$y=ax+b$ $(a \neq 0)$ とおける。

$x=-2$ のとき $y=-8$ より，

$-8=-2a+b$ ………①

$x=4$ のとき $y=10$ より，

$10=4a+b$ ………②

①，②より，　$a=3$，$b=-2$

ゆえに，　$y=3x-2$ ………(答)

別解 変化の割合は，$\dfrac{10-(-8)}{4-(-2)}=\dfrac{18}{6}=3$ であるから，$y=3x+b$ とおける。

$x=-2$ のとき $y=-8$ より，

$-8=3\times(-2)+b$

よって，　$b=-2$

ゆえに，　$y=3x-2$ ………(答)

演習問題

4 y は x の1次関数で，$x=-4$ のとき $y=5$，$x=8$ のとき $y=-1$ である。このとき，y を x の式で表せ。

5 y は x の1次関数で，x が2だけ増加するとき，y は3だけ増加する。また，$x=6$ のとき $y=8$ である。このとき，y を x の式で表せ。

6 (1)，(2)の関数について，x の値が①，②のように変化するときの変化の割合をそれぞれ求めよ。

① 1から4まで　　　② -6 から -2 まで

(1) $y=2x-3$

(2) $y=\dfrac{12}{x}$

例題 2 右の表は，定形外郵便物（規格内）の重量と郵便料金との関係を表したものである。郵便物の重量が x g のときの料金を y 円とすると，y は x の関数になる。

(1) この関数のグラフをかけ。ただし，x の変域は $0<x\leqq 500$ とする。

(2) $x=120$ のときの y の値を求めよ。

(3) $y=250$ のときの x の変域を求めよ。

重量	料金
50 g 以内	120 円
100 g 以内	140 円
150 g 以内	210 円
250 g 以内	250 円
500 g 以内	390 円

解説 y が簡単な x の式で表すことができないようなときは，グラフをかくと x と y の関係が見やすくなる。グラフをかくときは，端点に注意する。

解答 (1) $x=50$，100，150，250，500 のときの y の値を求めてグラフをかく。

（答） 右の図

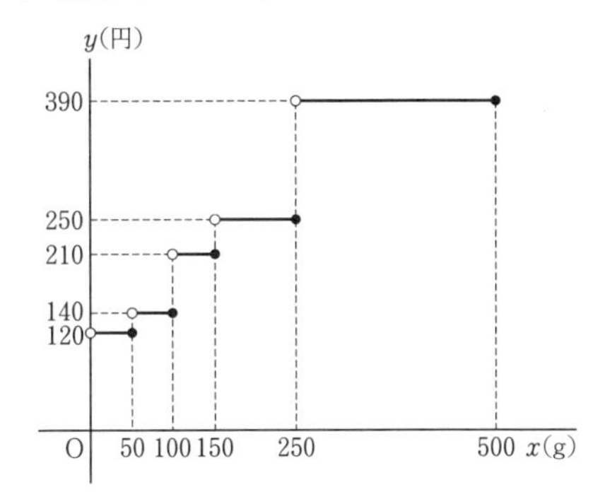

(2) グラフより，

$y=210$ ………（答）

(3) グラフより，

$150<x\leqq 250$ ………（答）

演習問題

7 次のことがらについて，y を x の式で表せ。また，x，y の変域をそれぞれ求めよ。

(1) 周の長さが 50cm の長方形の縦の長さが x cm のとき，横の長さは y cm である。

(2) 地上から高度 10km 以下では，高度が 1km 増すと気温は 6℃ だけ低くなる。地上の気温が 15℃ のとき，高度 x km の上空の気温は y℃ である。ただし，高度は 10km 以下について考える。

(3) 音速は気温が 0℃ のとき秒速 331m であり，気温が 5℃ 上がると秒速 3m だけ増加する。気温が x℃ のときの音速は秒速 y m である。ただし，気温は -5℃ 以上 40℃ 以下について考える。

8 3000m の散歩コースを分速 100m で1周した。出発してから x 分後の残りの道のりを y m とする。

(1) x と y の関係を表す右の表の空らんをうめよ。

x	5		25	
y		2000		0

(2) y を x の式で表せ。

(3) x, y の変域をそれぞれ求めよ。

9 右の表は，定形外郵便物（規格外）の重量と郵便料金との関係を表したものである。郵便物の重量が x g のときの料金を y 円とすると，y は x の関数になる。

重量	料金
50g 以内	200 円
100g 以内	220 円
150g 以内	300 円
250g 以内	350 円
500g 以内	510 円

(1) この関数のグラフをかけ。ただし，x の変域は $0<x\leqq 500$ とする。

(2) $x=70$, 300 のときの y の値をそれぞれ求めよ。

(3) $y=350$ のときの x の変域を求めよ。

進んだ問題

10 摂氏 x（℃）と華氏 y（℉）は2種類の温度の表記である。y は x の1次関数で，$x=20$ のとき $y=68$, $x=25$ のとき $y=77$ である。

(1) y を x の式で表せ。

(2) 摂氏が1℃ 上昇すると華氏は何℉ 上昇するか。

(3) 華氏を用いる利点と欠点として考えられるものを，次のア～エからそれぞれ選べ。

ア．華氏よりも摂氏のほうが，温度の変化を細かく表現できる。

イ．摂氏よりも華氏のほうが，温度の変化を細かく表現できる。

ウ．0℃ 以上の場合，華氏よりも摂氏のほうが，あつかう値が大きくなりがちである。

エ．0℃ 以上の場合，摂氏よりも華氏のほうが，あつかう値が大きくなりがちである。

(4) 華氏は体温をおよそ 100℉ と表せるように考案された。$x=35$ のときの y の値を求めよ。

11 y が x の1次関数であり，z が y の1次関数であるとき，次の問いに答えよ。

(1) z は x の1次関数であることを示せ。

(2) x の増加量が2のとき，y の増加量は -6 である。また，x の増加量が -4 のとき，z の増加量は7である。y の増加量が8のときの z の増加量を求めよ。

2 1次関数のグラフ

1 1次関数のグラフ

(1) 1次関数 $y=ax+b$ のグラフは，$y=ax$ のグラフを，y 軸の正の方向に b だけ平行移動させた直線である。

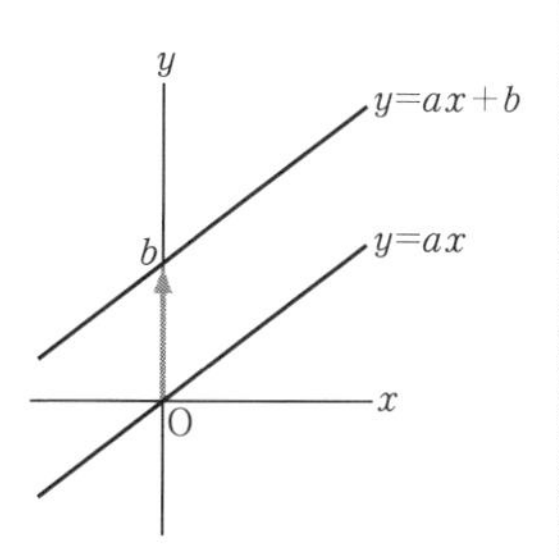

(2) **1次関数 $y=ax+b$ のグラフ**

① **傾き**が a，**y 切片**が b の直線

② $a>0$ のとき
グラフは右上がりの直線

$a<0$ のとき
グラフは右下がりの直線

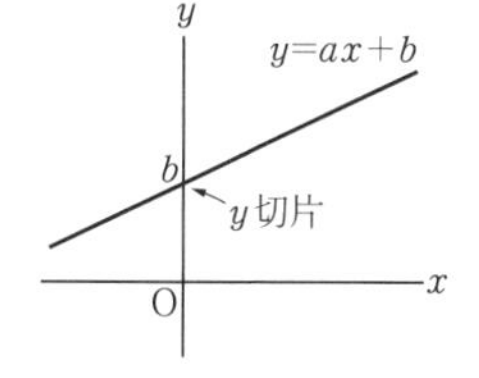

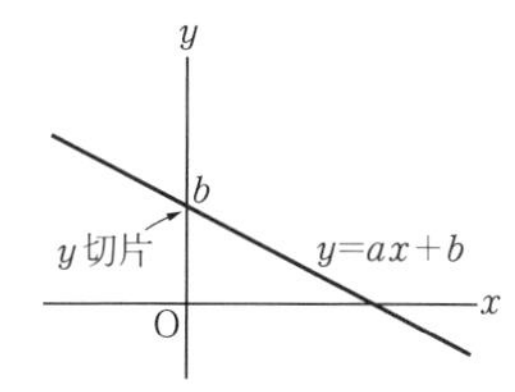

⚠ 1次関数のグラフと x 軸との交点の x 座標，y 軸との交点の y 座標を，それぞれそのグラフ（直線）の **x 切片**，**y 切片**という。単に**切片**というときは y 切片を指すのがふつうで，y 切片を省略して切片ということもある。

(3) 1次関数 $y=ax+b$ のグラフである直線を ℓ とするとき，$y=ax+b$ を直線 ℓ の式といい，直線 ℓ を**直線 $y=ax+b$** という。

(4) 1次関数 $y=ax+b$ の変化の割合 a は，x の値が1だけ増加するときの y の増加量であり，その1次関数のグラフの傾きと等しい。

(変化の割合)＝(傾き)＝a

2 2直線の位置関係

2直線 ℓ，m の式がそれぞれ $y=ax+b$，$y=cx+d$ のとき，

① $a=c$，$b=d$ ならば，ℓ と m は**重なる**（一致する）。

② $a=c$，$b\neq d$ ならば，ℓ と m は**平行**である（$\ell /\!/ m$）。

③ $a\neq c$ ならば，ℓ と m は**交わる**。

1次関数のグラフの形

例 1次関数 $y=ax+b$ のグラフが次の(1)～(3)のようになるのは，a，b の値がどのようなときだろうか。下の㋐～㋕から選んでみよう。

(1)

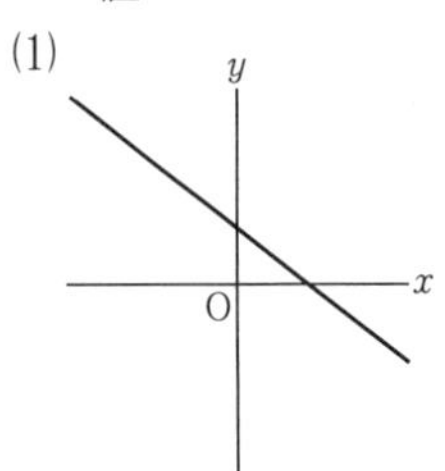

(2)

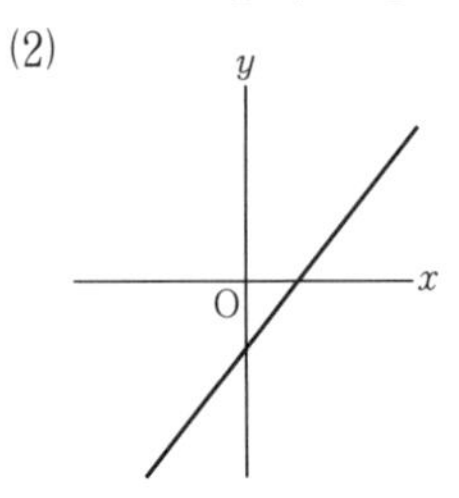

(3)

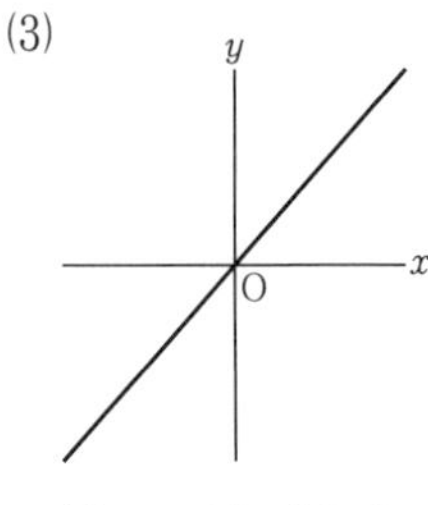

㋐ $a>0$，$b>0$　㋑ $a>0$，$b<0$　㋒ $a<0$，$b>0$

㋓ $a<0$，$b<0$　㋔ $a>0$，$b=0$　㋕ $a<0$，$b=0$

▶ 右上がりのグラフは $a>0$，右下がりのグラフは $a<0$ である。また，y 切片の符号を見れば，b の正負もわかる。

(1)のグラフで，傾きは負，y 切片は正であるから，㋒である。………(答)

(2)のグラフで，傾きは正，y 切片は負であるから，㋑である。………(答)

(3)のグラフで，傾きは正，y 切片は0であるから，㋔である。………(答)

参考 ㋐，㋓，㋕のグラフの例は，次のようになる。

㋐

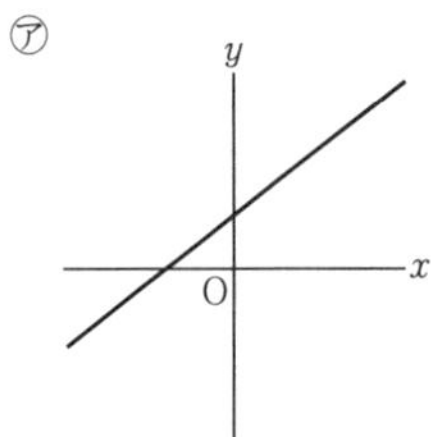

㋓

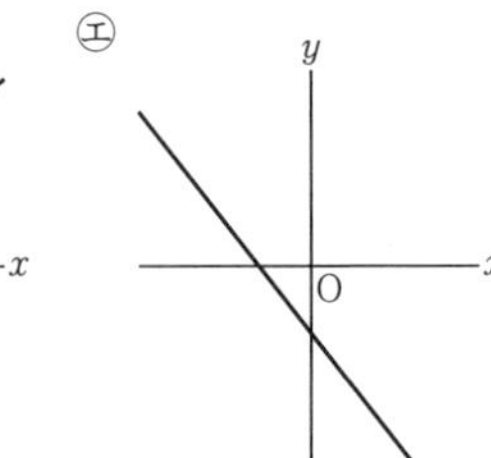

㋕

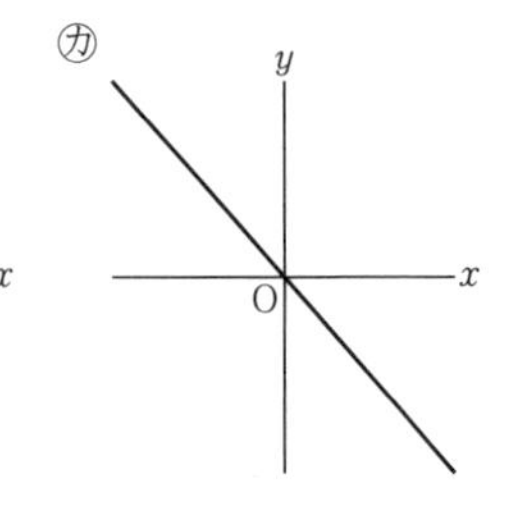

基本問題

12 1次関数 $y=3x-2$ について，次の x と y の対応の表を完成させ，そのグラフをかけ。

x	…	-3	-2	-1	0	1	2	3	…
y	…								…

13 次の1次関数について，グラフの傾きと y 切片をそれぞれ求めよ。また，そのグラフをかけ。

(1) $y=x-2$　(2) $y=-x+3$　(3) $y=-2x+4$　(4) $y=-\frac{1}{2}x-2$

14 次の文は，右のグラフで表される 2 つの 1 次関数 $y=ax+b$ と $y=cx+d$ について述べたものである。$\boxed{}$ にあてはまる不等号＞，＜を入れよ。

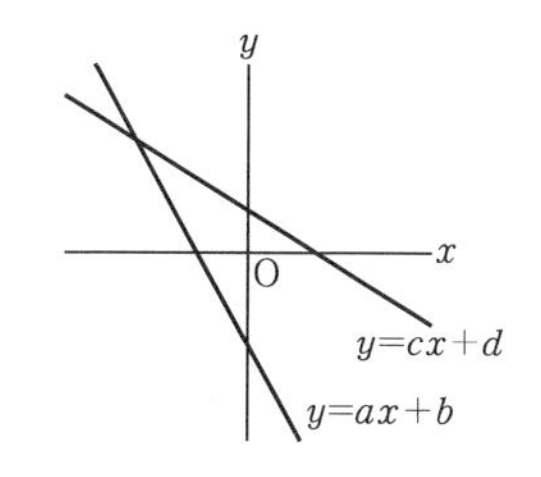

a，b，c，d の符号について，a $\boxed{(ア)}$ 0，b $\boxed{(イ)}$ 0，c $\boxed{(ウ)}$ 0，d $\boxed{(エ)}$ 0 である。

また，a と c，b と d の大小について，a $\boxed{(オ)}$ c，b $\boxed{(カ)}$ d である。

15 次の直線のうち，右上がりの直線はどれか。また，たがいに平行な直線はどれとどれか。

(ア) $y=-3x$　　(イ) $y=\dfrac{1}{2}x-3$　　(ウ) $y=-\dfrac{1}{2}x+5$

(エ) $y=\dfrac{1}{2}x+3$　　(オ) $y=-3x-5$　　(カ) $y=3x+4$

16 次の直線の式を求めよ。

(1) 原点を通り，傾きが $\dfrac{3}{4}$ の直線

(2) 直線 $y=5x$ を y 軸の正の方向に 7 だけ平行移動させた直線

(3) 傾きが $-\dfrac{2}{3}$，y 切片が 6 の直線

(4) 直線 $y=-\dfrac{5}{4}x$ に平行で，点 (0, −3) を通る直線

例題 3 次の 1 次関数のグラフをかけ。

(1) $y=-\dfrac{2}{3}x+3$　　(2) $y=\dfrac{1}{2}x-\dfrac{3}{2}$

解説 (1) グラフをかく方法には，(i) 傾きと y 切片を使う方法，(ii) 適当な 2 点をとって結ぶ方法の 2 通りがある。

(i) y 切片が 3 であるから，y 軸上の点 (0, 3) を通る。傾きが $-\dfrac{2}{3}$ であるから，x の値が 1 増加すると，y の値は $-\dfrac{2}{3}$ 増加 $\left(\dfrac{2}{3}\text{減少}\right)$ する。よって，x の値が 3 増加すると，y の値は 2 減少するから，点 (0, 3) から x 軸の正の方向に 3，y 軸の負の方向に 2 進んだ点 (3, 1) を通る。この 2 点を通る直線をひく。

(ii) $x=0$ のとき $y=3$，$x=3$ のとき $y=1$ となるから，2 点 (0, 3)，(3, 1) を通る直線をひく。

(2) y 切片が $-\dfrac{3}{2}$ であるから，(1)と同様に点 $\left(0,\ -\dfrac{3}{2}\right)$ を通る直線をひく方法もあるが，座標が整数となるような x，y の値の組を 2 組見つけると，グラフがかきやすい。$x=-3$ のとき $y=-3$，$x=3$ のとき $y=0$ となるから，2 点 $(-3,\ -3)$，$(3,\ 0)$ を通る直線をひく。

解答

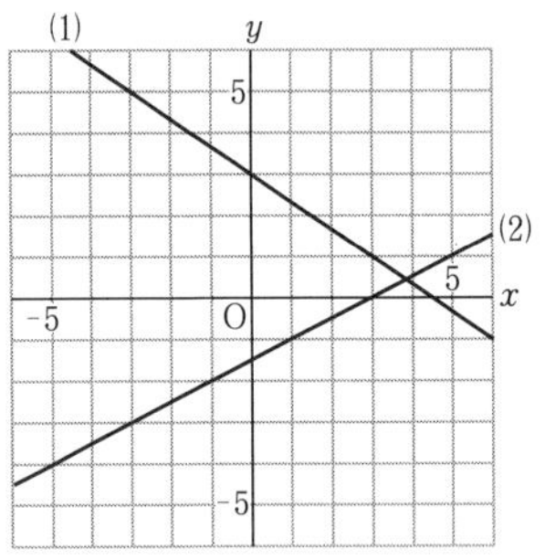

⚠ (1) (ii)のように 2 点を結ぶ方法を使う場合，y 切片が整数のときは y 切片を使うのが簡単である。一方で，(2)のように y 切片が整数でないときは，x 座標，y 座標がともに整数である点を使うと，正確なグラフをかきやすい。

演習問題

17 次の 1 次関数のグラフをかけ。

(1) $y=-\dfrac{1}{3}x+5$　　(2) $y=\dfrac{2}{3}x-3$　　(3) $y=-\dfrac{3}{5}x-1$

(4) $y=-\dfrac{3}{4}x+\dfrac{1}{2}$　　(5) $y=\dfrac{3}{5}x+\dfrac{9}{5}$

18 次の図に示された直線㋐～㋕の傾きと y 切片をそれぞれ求めよ。また，その直線の式を求めよ。

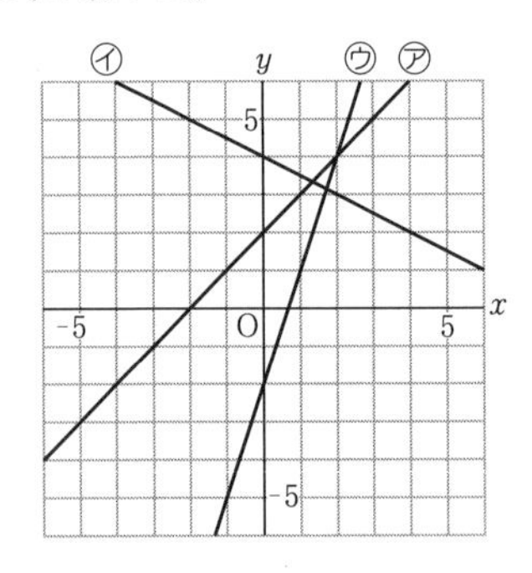

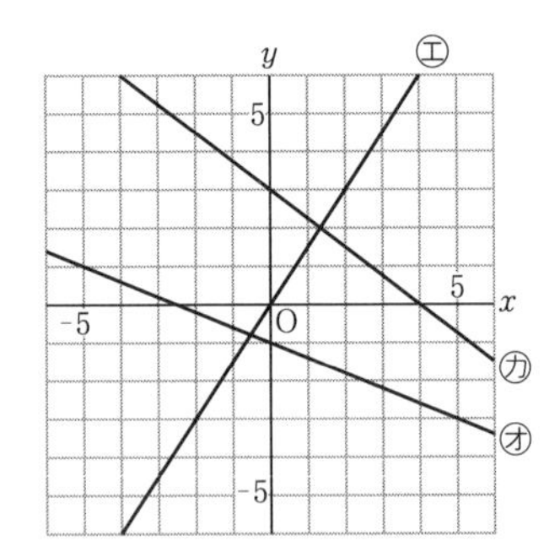

19 次の点が直線 $y=-2x+4$ 上にあるとき，a の値を求めよ。

(1) $(6,\ a)$　　(2) $(a,\ 10)$　　(3) $(a-2,\ 2a+1)$

例題 4 次の条件を満たす直線の式を求めよ。

(1) 傾きが 2 で，点 $(1,\ -2)$ を通る。

(2) 2 点 $(1,\ 7)$，$(4,\ -2)$ を通る。

解説 (1) 傾きと 1 つの点の座標が与えられた直線の式を求めることと，変化の割合と 1 組の x，y の値が与えられた 1 次関数を求めることは同じである。ここでは，$y=2x+b$ とおいて，b についての方程式をつくる。

(2) 2 点の座標が与えられた直線の式を求めることと，2 組の x，y の値が与えられた 1 次関数を求めることは同じである。先に傾き（変化の割合）を求めてから(1)と同様にして求める方法と，$y=ax+b$ とおいて，a，b についての連立方程式をつくる方法の 2 通りの解答が考えられる。

解答 (1) 傾きが 2 であるから，この 1 次関数は，$y=2x+b$ とおける。

点 $(1,\ -2)$ を通るから，

$$-2=2\times1+b$$

よって，　$b=-4$

ゆえに，　$y=2x-4$

（答） $y=2x-4$

(2) 2 点 $(1,\ 7)$，$(4,\ -2)$ を通る直線の傾きは，

$$\frac{-2-7}{4-1}=-3$$

であるから，この直線の式は，$y=-3x+b$ とおける。

点 $(1,\ 7)$ を通るから，

$$7=-3\times1+b$$

よって，　$b=10$

ゆえに，　$y=-3x+10$

（答） $y=-3x+10$

別解 (2) 求める直線の式を，$y=ax+b$ とおくと，

点 $(1,\ 7)$ を通るから，

$$7=a+b \quad \cdots\cdots\cdots①$$

点 $(4,\ -2)$ を通るから，

$$-2=4a+b \quad \cdots\cdots\cdots②$$

①，②を連立させて解くと，

$$a=-3,\ b=10$$

ゆえに，　$y=-3x+10$　　（答） $y=-3x+10$

演習問題

20 次の条件を満たす直線の式を求めよ。

(1) 傾きが-2で，点$(2,\ 0)$を通る。

(2) 直線 $y=-4x+3$ に平行で，点$\left(-\dfrac{3}{2},\ -3\right)$を通る。

21 次の条件を満たす直線の式を求めよ。

(1) 2点$(0,\ 6)$と$(-2,\ 4)$を通る。

(2) y切片が12で点$(-4,\ 2)$を通る。

22 次の2点を通る直線の式を求めよ。

(1) $(-1,\ 5)$，　$(3,\ -1)$

(2) $(-4,\ -9)$，　$(2,\ -6)$

(3) $\left(\dfrac{1}{6},\ \dfrac{1}{2}\right)$，　$\left(2,\ -\dfrac{4}{3}\right)$

23 右の図に示された直線㋐～㋒の式を求めよ。

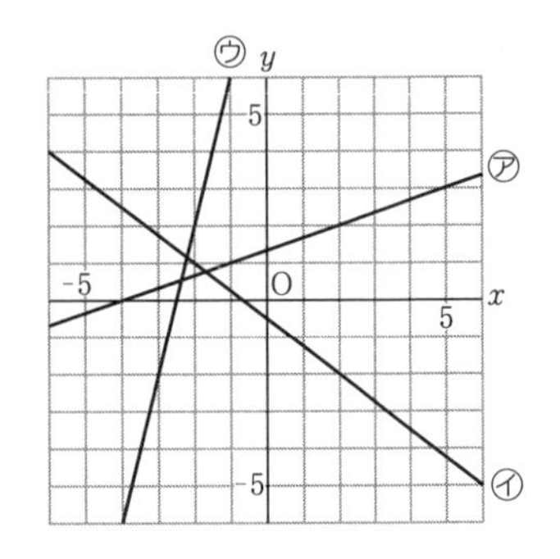

24 次の問いに答えよ。

(1) 2点$(0,\ 4)$，$(2,\ -2)$を通る直線上に点$(10,\ a)$があるとき，aの値を求めよ。

(2) 2点$(a,\ 4)$，$(1,\ 1)$を通る直線上に点$(-2,\ -8)$があるとき，aの値を求めよ。

(3) 3点$(6,\ -6)$，$(a,\ -2)$，$(-3,\ -12)$が一直線上にあるとき，aの値を求めよ。

25 kを0でない定数とするとき，2点$(-1,\ 2)$，$(-1+2k,\ 2+k)$を通る直線の式を求めよ。

例題 5 次の問いに答えよ。

(1) 1次関数 $y=-2x+6$ において，x の変域が $-3 \leqq x < 5$ のとき，y の変域を求めよ。

(2) 1次関数 $y=ax+b$ において，x の変域が $-2 \leqq x \leqq 1$ のとき，y の変域は $1 \leqq y \leqq 7$ である。a，b の値をそれぞれ求めよ。

解説 (1)はグラフをかいて y の変域を求める。(2)のように，変化の割合（傾き）が文字のときは，グラフが右上がりであるときと右下がりであるときに分けて考える。

解答 (1) $y=-2x+6$ のグラフは，右の図のようになる。

$x=-3$ のとき $y=12$，$x=5$ のとき $y=-4$ であるから，x の変域が $-3 \leqq x < 5$ のとき，y の変域は $-4 < y \leqq 12$ となる。

（答） $-4 < y \leqq 12$

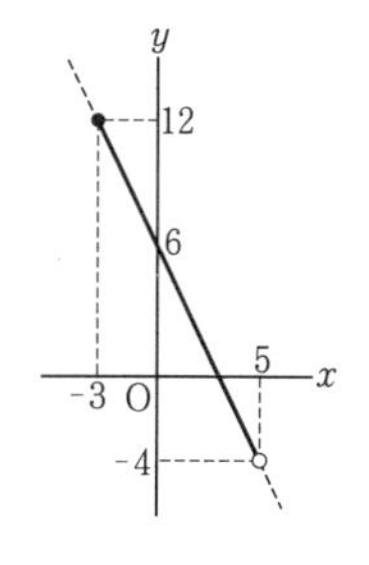

(2) $y=ax+b$ のグラフは，$a>0$ のときは右上がりの直線，$a<0$ のときは右下がりの直線である。

(i) $a>0$ のとき

2点 $(-2,\ 1)$，$(1,\ 7)$ を通る。

よって，$\begin{cases} 1=-2a+b \\ 7=a+b \end{cases}$

ゆえに，$a=2$，$b=5$

(ii) $a<0$ のとき

2点 $(-2,\ 7)$，$(1,\ 1)$ を通る。

よって，$\begin{cases} 7=-2a+b \\ 1=a+b \end{cases}$

ゆえに，$a=-2$，$b=3$

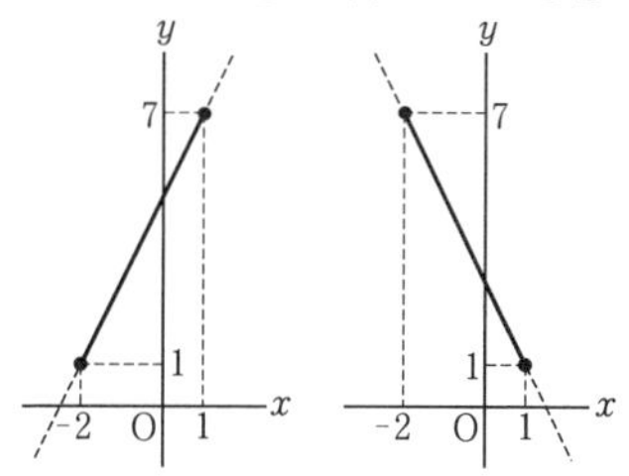

（答） $a=2$，$b=5$ または，$a=-2$，$b=3$

⚠ 変域を求めるとき，(1)のような場合，x の変域と y の変域の不等号の対応に注意する。

演習問題

26 (　　) の中に示された x の変域で，次の1次関数のグラフをかけ。また，そのときの y の変域を求めよ。

(1) $y=3x-2$ $(x \leqq 2)$

(2) $y=-\frac{1}{2}x+4$ $(-1 < x \leqq 6)$

27 1次関数 $y=-\frac{3}{2}x+5$ について，次の問いに答えよ。

(1) x の変域が $-2<x\leqq 4$ のとき，y の変域を求めよ。

(2) y の変域が $y>2$ のとき，x の変域を求めよ。

28 次の1次関数について，a，b の値をそれぞれ求めよ。

(1) 1次関数 $y=2x+3$ において，x の変域が $a\leqq x\leqq 1$ のとき，y の変域は $-1\leqq y\leqq b$ である。

(2) 1次関数 $y=-3x-2$ において，x の変域が $-2<x<a$ のとき，y の変域は $-4<y<b$ である。

29 次の問いに答えよ。

(1) 1次関数 $y=ax+b$ において，x の変域が $-2\leqq x\leqq 8$ のとき，y の変域は $-2\leqq y\leqq 3$ である。a，b の値をそれぞれ求めよ。

(2) 1次関数 $y=ax+1$ において，x の変域が $-3\leqq x\leqq 2$ のとき，y の変域は $-2\leqq y\leqq \frac{11}{2}$ である。a の値を求めよ。

(3) 1次関数 $y=ax+b$ において，x の変域が $-2<x\leqq 1$ のとき，y の変域は $-1\leqq y<8$ である。a，b の値をそれぞれ求めよ。

(4) 1次関数 $y=ax+2$ において，x の変域が $-2\leqq x\leqq b$ のとき，y の変域は $-1\leqq y\leqq 4$ である。a，b の値をそれぞれ求めよ。

進んだ問題

30 次の直線が2点A(1, 1)，B(4, 2)の間を通るように，a，b の値の範囲をそれぞれ定めよ。ただし，2点A，Bを通る場合はふくまないものとする。

(1) $y=ax-3$　　(2) $y=x+b$

31 直線 $y=a(x-2)$ について，次の問いに答えよ。

(1) この直線は，傾き a がどのような値をとっても，つねにある決まった点を通る。その点の座標を求めよ。

(2) この直線が，2点A(3, 5)，B(5, 2)を両端とする線分ABと交わるとき，a の値の範囲を求めよ。ただし，2点A，Bを通る場合もふくむものとする。

研究 直線の平行移動・対称移動

1 直線を x 軸（y 軸）方向に**平行移動**しても，傾きは**変わらない**。
2 直線を x 軸（y 軸）について**対称移動**すると，傾きの**符号が逆になる**。
3 直線を**原点について対称移動**すると，x 軸について対称移動した後，y 軸について対称移動することと同じであるから，傾きは**変わらない**。

例題 6 直線 $y=2x+3$ を，次のように移動した直線の式を求めよ。
(1) y 軸の正の方向に 3 だけ平行移動
(2) x 軸の正の方向に 4 だけ平行移動
(3) y 軸について対称移動
(4) x 軸について対称移動
(5) 原点について対称移動

解説 平行移動では，傾きは変わらない。また，x 軸，y 軸についての対称移動では，傾きの符号が逆になる。原点についての対称移動では，傾きは変わらない。

解答 (1) 直線 $y=2x+3$ の傾きは 2，y 切片は 3 である。
平行移動によって傾きは変わらず 2 のままである。
y 切片は 6 になるから，求める直線の式は，

$$y=2x+6 \quad \cdots\cdots\cdots(答)$$

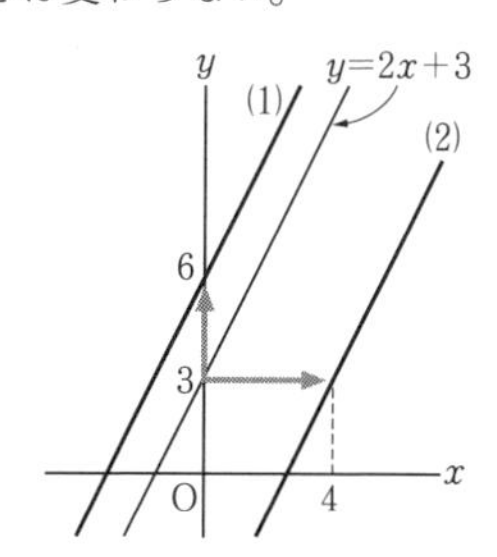

(2) 平行移動によって傾きは変わらず 2 のままである。
また，直線 $y=2x+3$ 上の点 $(0,\ 3)$ は，移動後，点 $(4,\ 3)$ に移る。求める直線の式を $y=2x+b$ とおくと，点 $(4,\ 3)$ を通るから，

$$3=2\times4+b \qquad よって, \quad b=-5$$

ゆえに，求める直線の式は，

$$y=2x-5 \quad \cdots\cdots\cdots(答)$$

(3) y 軸についての対称移動では，傾きの符号が逆になるから，-2 になる。
また，y 切片は変わらず 3 のままである。
ゆえに，求める直線の式は，

$$y=-2x+3 \quad \cdots\cdots\cdots(答)$$

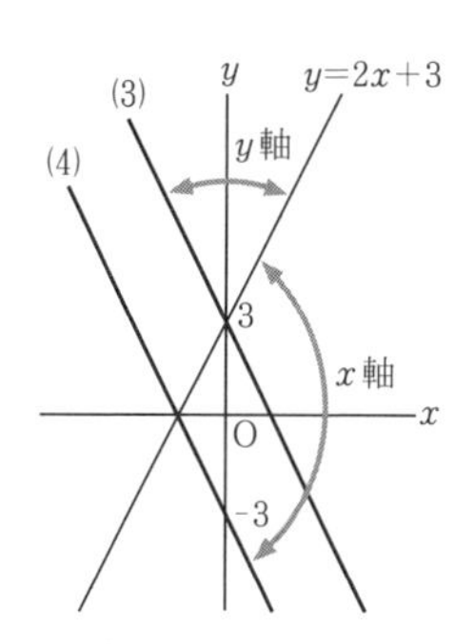

(4) x 軸についての対称移動では，傾きの符号が逆になるから，-2 になる。
また，y 切片も符号が逆になるから，-3 になる。
ゆえに，求める直線の式は，

$$y=-2x-3 \quad \cdots\cdots\cdots(答)$$

(5) 原点についての対称移動によって傾きは変わらず2のままである。

また，直線 $y=2x+3$ 上の点 $(0,\ 3)$ は，原点についての対称移動により，$(0,\ -3)$ に移る。

ゆえに，求める直線の y 切片は -3，傾きは 2 であるから，

$$y=2x-3 \quad \cdots\cdots\cdots(答)$$

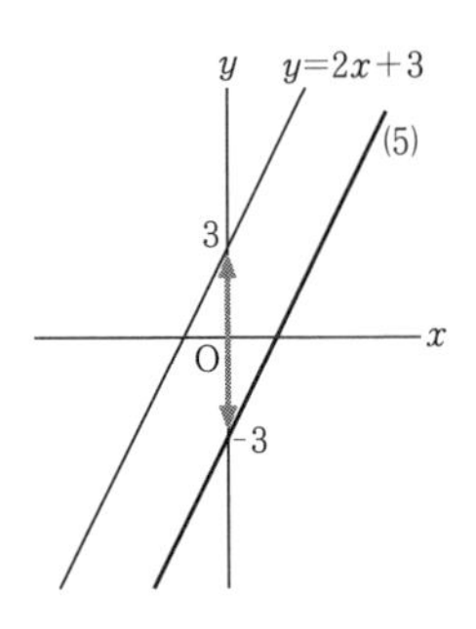

研究問題

32 直線 $y=3x-2$ を，次のように移動した直線の式を求めよ。

(1) y 軸の負の方向に5だけ平行移動

(2) x 軸の負の方向に3だけ平行移動

(3) y 軸について対称移動

(4) x 軸について対称移動

(5) 原点について対称移動

33 直線 $y=-3x+1$ を，次のように移動した直線の式を求めよ。

(1) x 軸の負の方向に2だけ平行移動し，さらにそれを y 軸の正の方向に4だけ平行移動

(2) y 軸について対称移動し，さらにそれを x 軸の正の方向に3だけ平行移動

(3) x 軸の正の方向に3だけ平行移動し，さらにそれを y 軸について対称移動

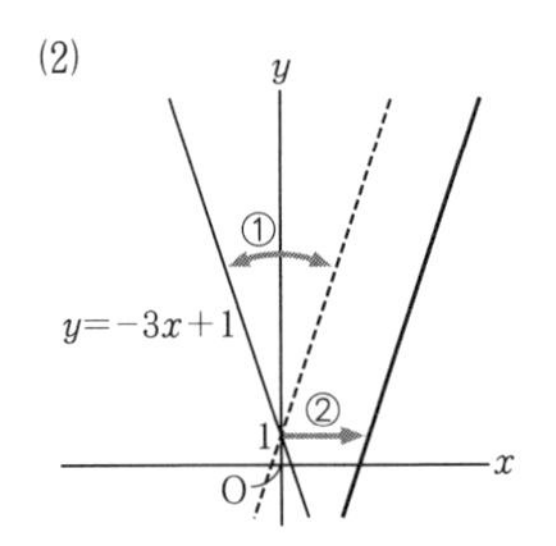

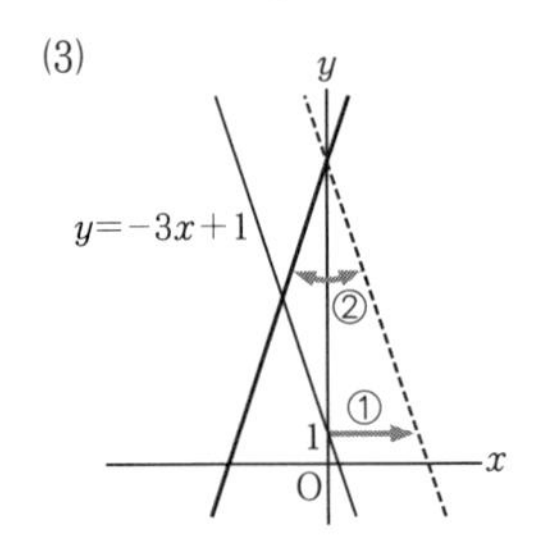

34 2点 A(3, 0)，B(3, 2) と原点Oを頂点とする直角三角形OABを，Oを中心として反時計まわりに90°回転した図形を △OA′B′ とする。

(1) 点B′ の座標を求めよ。

(2) 直線 $y=\dfrac{2}{3}x$ を，原点を中心として反時計まわりに90°回転した直線の式を求めよ。

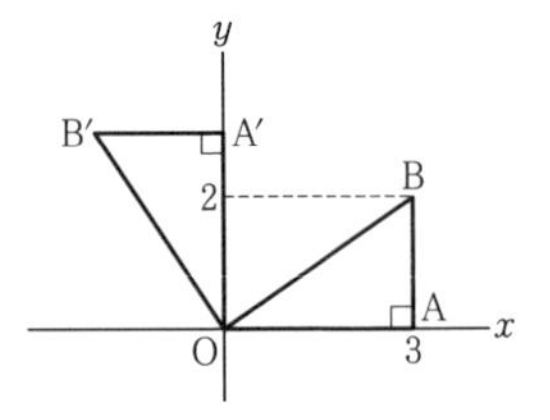

3 2元1次方程式のグラフ

1 2元1次方程式のグラフ

2元1次方程式 $ax+by+c=0$ は，次の(1)〜(3)のいずれかの形に変形することができ，そのグラフは直線である。これを，2元1次方程式 $ax+by+c=0$ のグラフ，または**直線 $\boldsymbol{ax+by+c=0}$** という。

(1) $a\neq0$，$b\neq0$ のとき，$\boldsymbol{y=mx+n}$ （1次関数）

(2) $a=0$，$b\neq0$ のとき，$\boldsymbol{y=p}$

(3) $a\neq0$，$b=0$ のとき，$\boldsymbol{x=q}$

(1)

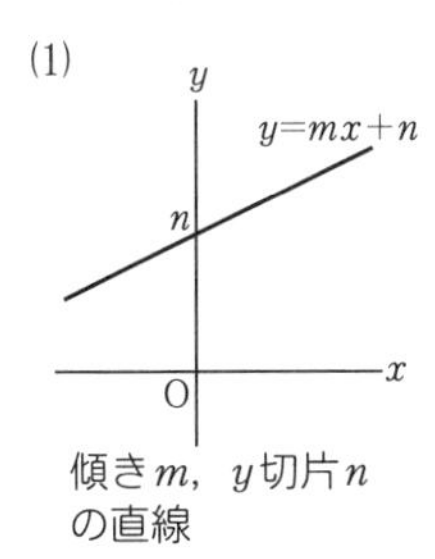

傾きm，y切片nの直線

(2)

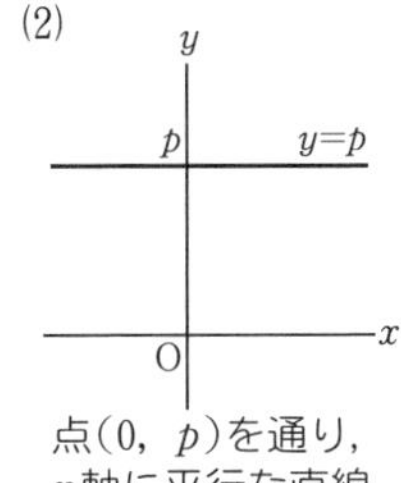

点$(0,\ p)$を通り，x軸に平行な直線

(3)

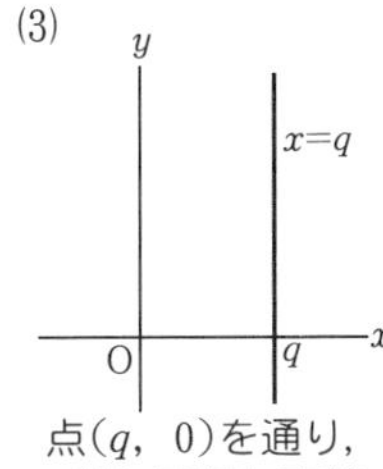

点$(q,\ 0)$を通り，y軸に平行な直線

方程式のグラフ

例 次の方程式①〜③のグラフをかいてみよう。

① $3x+2y-4=0$

② $3y+9=0$

③ $2x-4=0$

▶ ① 変形すると $y=-\dfrac{3}{2}x+2$ より，傾きが $-\dfrac{3}{2}$，y 切片が2である直線を表している。

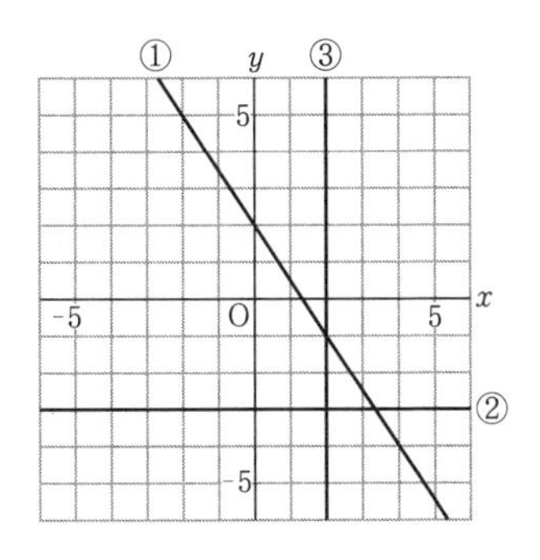

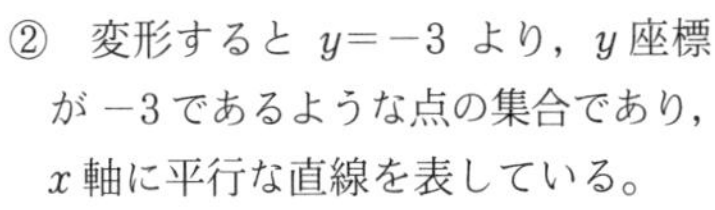

② 変形すると $y=-3$ より，y 座標が -3 であるような点の集合であり，x 軸に平行な直線を表している。

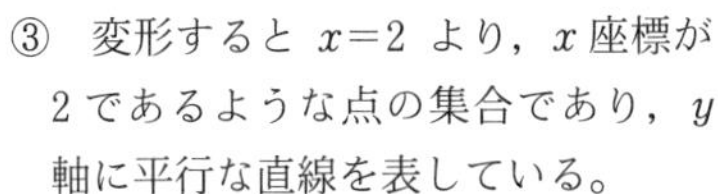

③ 変形すると $x=2$ より，x 座標が2であるような点の集合であり，y 軸に平行な直線を表している。

グラフはそれぞれ右の図のようになる。………(答)

基本問題

35 次の直線の式を $y=mx+n$ の形に変形せよ。また，その傾きと y 切片をそれぞれ求めよ。

(1) $x-y+2=0$　　(2) $3x+5y=0$

(3) $-x+4y+2=0$　　(4) $-5x+4y=6$

36 次の方程式のグラフをかけ。

(1) $x+y-2=0$　　(2) $3x-4y=4$

(3) $y-5=0$　　(4) $2x+6=0$

37 次の直線の中で，たがいに平行なものはどれとどれか。

(ア) $y=\frac{1}{2}x+5$　　(イ) $x+2y-1=0$　　(ウ) $4x-2y=5$

(エ) $3x-1=0$　　(オ) $-2x+y-3=0$　　(カ) $2x=-3$

(キ) $y=-5$　　(ク) $4x-8y+7=0$　　(ケ) $-3y+9=0$

例題 7 次の2直線が平行になるような a の値を求めよ。

$ax-2y+3=0$　　$(a-1)x+y-4=0$

解説 2直線の式を $y=mx+n$ の形に変形し，傾き m を等しくする。

解答 $ax-2y+3=0$ を変形すると，

$$y=\frac{a}{2}x+\frac{3}{2}$$

$(a-1)x+y-4=0$ を変形すると，

$$y=-(a-1)x+4$$

y 切片が異なるので，平行になるためには傾きが等しくなればよいから，

$$\frac{a}{2}=-(a-1)$$

ゆえに，　$a=\frac{2}{3}$　　(答) $a=\frac{2}{3}$

演習問題

38 次の直線の式を求めよ。

(1) 点 $(-3,\ 4)$ を通り，x 軸に平行な直線と y 軸に平行な直線

(2) 次の2点を通る直線

① $(-2,\ 7)$，$(5,\ 7)$　　② $(-4,\ -5)$，$(-4,\ -8)$

39 次の２直線が平行になるような a の値を求めよ。

(1)　$ax-4y+6=0$,　$(2a-1)x+2y-7=0$

(2)　$y=3x+1$,　$2x-ay+3=0$

(3)　$(2a+5)x+4y-1=0$,　$y=3$

40 直線 $\dfrac{x}{a}+\dfrac{y}{b}=1$ について，次の問いに答えよ。

(1)　直線 $\dfrac{x}{a}+\dfrac{y}{b}=1$ は２点 $(a,\ 0)$，$(0,\ b)$ を通ることを説明せよ。

(2)　(1)を利用して，次の直線のグラフをかけ。

①　$\dfrac{x}{4}+\dfrac{y}{2}=1$

②　$4x-3y-12=0$

(3)　次の２点を通る直線の式を求めよ。

①　$(3,\ 0)$,　$(0,\ 6)$

②　$(4,\ 0)$,　$(0,\ -6)$

参考　$a\neq0$, $b\neq0$ のとき，２点 $(a,\ 0)$，$(0,\ b)$ を通る直線は，$\boldsymbol{\dfrac{x}{a}+\dfrac{y}{b}=1}$ で表され，これを**直線の切片形**という。
a は x 切片，b は y 切片を表す。

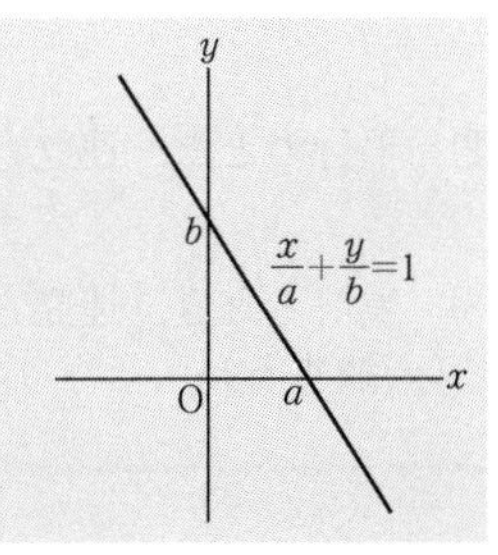

4　連立方程式とグラフ

1　連立方程式の解とグラフの交点

(1)　1次関数 $y=mx+n$，$y=m'x+n'$ のグラフの交点の x 座標は，
1次方程式 $mx+n=m'x+n'$ の解である。

(2)　連立方程式 $\begin{cases} ax+by=c \\ a'x+b'y=c' \end{cases}$ の解は，
2直線 $ax+by=c$，$a'x+b'y=c'$ の交点の x 座標，y 座標である。

(3)　2直線 $ax+by=c$，$a'x+b'y=c'$ の交点の x 座標，y 座標は，
連立方程式 $\begin{cases} ax+by=c \\ a'x+b'y=c' \end{cases}$ の解である。

2　グラフの位置関係と連立方程式の解

2直線 $ax+by=c$，$a'x+b'y=c'$ が

(1)　交わるとき，連立方程式 $\begin{cases} ax+by=c \\ a'x+b'y=c' \end{cases}$ は1組の解をもつ。

(2)　平行のとき，連立方程式 $\begin{cases} ax+by=c \\ a'x+b'y=c' \end{cases}$ は解をもたない。

(3)　重なるとき，連立方程式 $\begin{cases} ax+by=c \\ a'x+b'y=c' \end{cases}$ の解は無数にある。
（一致する）

基本問題

41 右の図に適当なグラフをかき加えて，次の連立方程式の解を求めよ。

(1)　$\begin{cases} 3x-2y=4 \\ x+y=-2 \end{cases}$

(2)　$\begin{cases} 3x-2y=4 \\ x-2y=8 \end{cases}$

(3)　$\begin{cases} 3x-2y=4 \\ y-1=0 \end{cases}$

(4)　$\begin{cases} 3x-2y=4 \\ x-4=0 \end{cases}$

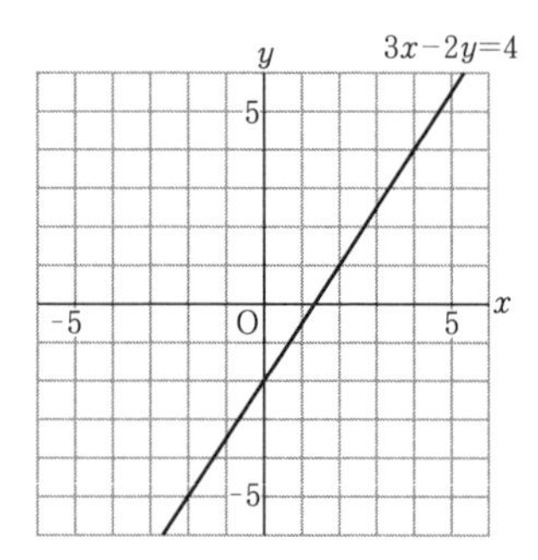

42 次の2直線の交点の座標を求めよ。

(1) $y=-2x+5,\quad y=-1$

(2) $y=4x-3,\quad x=-\dfrac{3}{2}$

(3) $y=-\dfrac{1}{2}x+2,\quad y=3x-5$

(4) $5x-2y-3=0,\quad 3x+4y+19=0$

例題 8 3直線 $y=-3x+2$, $y=2x-18$, $y=ax-9$ が1点で交わるとき，a の値を求めよ。

解説 直線 $y=-3x+2$ と直線 $y=2x-18$ の交点を求め，その点を直線 $y=ax-9$ が通るようにすればよい。

解答 $\begin{cases} y=-3x+2 \\ y=2x-18 \end{cases}$ を解くと，　$x=4$, $y=-10$

よって，3直線は点 $(4,\ -10)$ で交わる。

$y=ax-9$ が点 $(4,\ -10)$ を通るから，

$$-10=4a-9$$

ゆえに，　$a=-\dfrac{1}{4}$ ………(答)

演習問題

43 次の問いに答えよ。

(1) 2つの1次関数 $y=-5x+7$, $y=ax+4$ のグラフの交点の x 座標が3であるとき，a の値を求めよ。

(2) 2直線 $y=2ax-b$, $y=-ax+3b$ の交点の座標が $(2,\ 5)$ であるとき，a, b の値をそれぞれ求めよ。

44 3直線 $2x+3y-5=0$, $x-ay+7=0$, $3x-4y+18=0$ が1点で交わるとき，a の値を求めよ。

45 次の連立方程式の中で，解がただ1組存在するもの，解が無数にあるもの，解が存在しないものはそれぞれどれか。

(ア) $\begin{cases} x-2y=-2 \\ y=\dfrac{1}{2}x+1 \end{cases}$　　(イ) $\begin{cases} 5x+y=3 \\ 2x-3y=1 \end{cases}$　　(ウ) $\begin{cases} -x+2y=3 \\ 3x-6y=12 \end{cases}$

例題 9 2直線 $4x+3y-24=0$ ……①, $x-2y+5=0$ ……② がある。直線①と y 軸との交点をA, 直線②と x 軸との交点をB, 2直線①, ②の交点をCとする。

(1) 3点A, B, Cの座標をそれぞれ求めよ。

(2) △ABCの面積を求めよ。ただし, 座標軸の1目もりを1cmとする。

解説 y 軸, x 軸との交点を求めるときは, それぞれ $x=0$, $y=0$ を直線の式に代入する。2直線①, ②の交点を求めるときは, ①, ②を連立させて連立方程式を解く。

解答 (1) ①に $x=0$ を代入すると,

$$3y-24=0$$

よって, $y=8$

ゆえに, 直線①と y 軸との交点Aは (0, 8)

②に $y=0$ を代入すると,

$$x+5=0$$

よって, $x=-5$

ゆえに, 直線②と x 軸との交点Bは (−5, 0)

①, ②を連立させて $\begin{cases} 4x+3y-24=0 & \cdots\cdots① \\ x-2y+5=0 & \cdots\cdots② \end{cases}$ を解く。

①−②×4より, $11y-44=0$

よって, $y=4$ ………③

③を②に代入すると, $x-2\times4+5=0$

よって, $x=3$

ゆえに, 2直線①, ②の交点Cは (3, 4)

(答) A(0, 8), B(−5, 0), C(3, 4)

(2) △ABCを図示すると, 右の図のようになる。

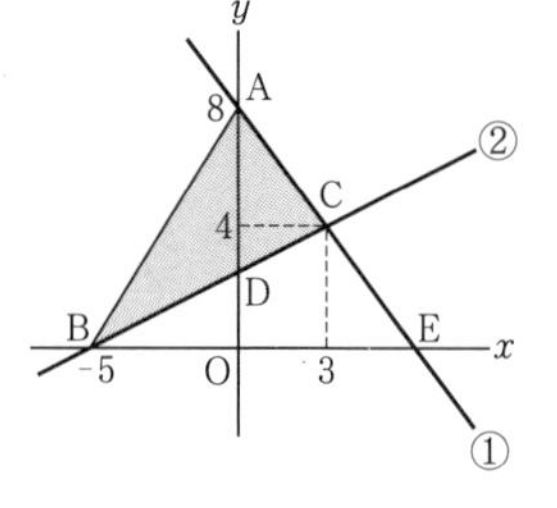

直線②と y 軸との交点をDとすると, $\mathrm{D}\left(0,\ \dfrac{5}{2}\right)$

$$\triangle\mathrm{ABC}=\triangle\mathrm{ABD}+\triangle\mathrm{ADC}$$

$$=\frac{1}{2}\times\left(8-\frac{5}{2}\right)\times5+\frac{1}{2}\times\left(8-\frac{5}{2}\right)\times3$$

$$=\frac{55}{4}+\frac{33}{4}=22$$

(答) $22\,\mathrm{cm}^2$

参考 (2)で, 直線①と x 軸との交点をEとすると, E(6, 0)

$$\triangle\mathrm{ABC}=\triangle\mathrm{ABE}-\triangle\mathrm{CBE}=\frac{1}{2}\times\{6-(-5)\}\times8-\frac{1}{2}\times\{6-(-5)\}\times4$$

これを利用して求めてもよい。

演習問題

46 次の三角形の面積を求めよ。ただし，座標軸の 1 目もりを 1cm とする。

(1) 2 直線 $x-y+3=0$，$3x+2y+4=0$ と y 軸で囲まれる三角形

(2) 直線 $x+2y-8=0$ ……① と x 軸の交点 A，直線 $5x-4y-12=0$ ……② と y 軸の交点 B，2 直線①，②の交点 C を頂点とする △ABC

47 点 A(0, 4) と 2 直線 $x-2y+3=0$ ……①，$x+3y-7=0$ ……② がある。2 直線①，②の交点を B とし，直線②上に点 C，直線①上に点 D をとって，平行四辺形 ABCD をつくる。

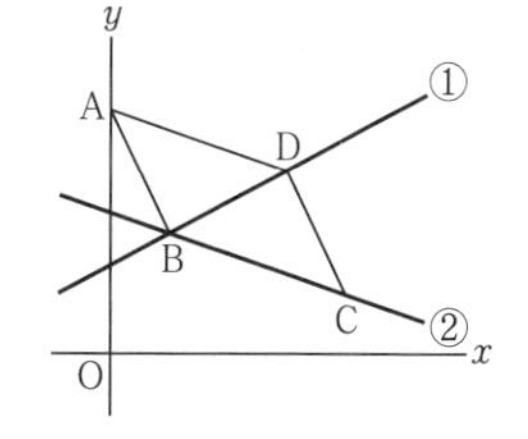

(1) 点 A を通り，直線②に平行な直線の式を求めよ。

(2) 2 点 D，C の座標をそれぞれ求めよ。

進んだ問題

48 右の図のように，2 点 A(2, 5)，B(7, 1) があるとき，次の問いに答えよ。

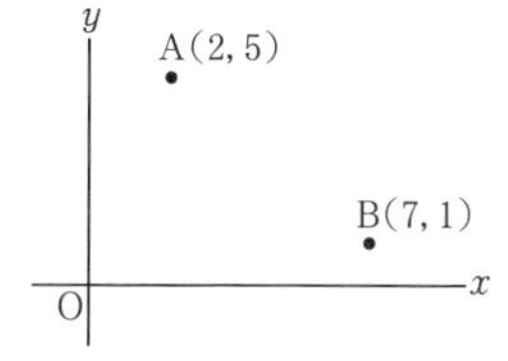

(1) x 軸について点 B と対称な点を Q とする。点 Q の座標と直線 AQ の式をそれぞれ求めよ。

(2) x 軸上に点 P をとり，線分の長さの和 AP+PB が最小となるようにする。このとき，点 P の座標を求めよ。

5　1次関数とグラフの応用

例題 10　ばねののびは，ばねに下げたおもりの重さに比例する。右の図は，あるばねにおもりを下げたときのおもりの重さとばねの長さの関係を表したグラフである。
ただし，このばねは 120g までのおもりを下げることができるものとする。

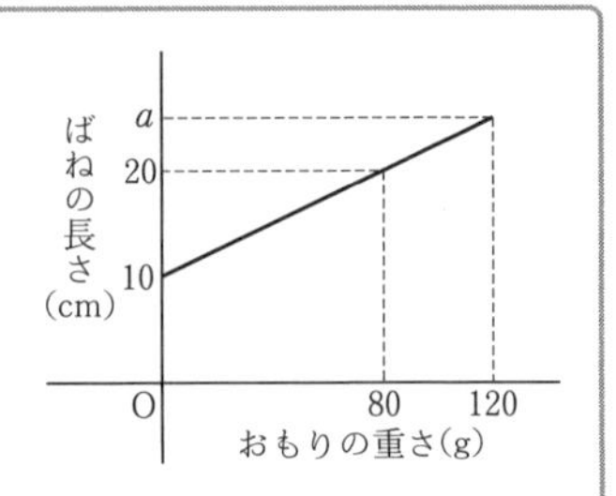

(1)　おもりを下げていないときのばねの長さは何 cm か。

(2)　おもりの重さが xg のときのばねの長さを $y$cm として，y を x の式で表せ。

(3)　グラフの a の値を求めよ。

(4)　ばねの長さが 16cm になるのは，何 g のおもりを下げたときか。

解説　(2)　グラフの傾きは，おもりの重さ 1g につき，ばねが何 cm のびるかを表している。

(3)　$x=120$ のときの y の値を求めればよい。

(4)　$y=16$ のときの x の値を求めればよい。

解答　(1)　グラフより，おもりの重さが 0g のときのばねの長さは 10cm である。

（答）　10cm

(2)　グラフより，おもり 80g に対するばねののびは 10cm であるから，おもり 1g につき，ばねは $\frac{10}{80}$cm，すなわち，$\frac{1}{8}$cm のびる。

これと(1)より，求める式は，

$$y=\frac{1}{8}x+10$$

（答）　$y=\frac{1}{8}x+10$

(3)　$x=120$ のとき，

$$y=\frac{1}{8}\times120+10=25$$

ゆえに，　$a=25$

（答）　25

(4)　$y=16$ のとき，

$$16=\frac{1}{8}x+10$$

ゆえに，　$x=48$

この値は，つるすことのできる最大の重さ 120g より小さいから，問題に適する。

（答）　48g

演習問題

49 50L まで入る水そうに，はじめに何Lかの水が入っていた。この水そうに一定の割合で水を入れていくと，水そう内の水の量は 4 分後には 12L，8 分後には 20L になった。

(1) はじめに水そうに入っていた水の量は何Lか。

(2) 水を入れはじめてから x 分後の水そう内の水の量を yL として，y を x の式で表せ。

(3) 水そう内の水の量が 46L になるのは，水を入れはじめてから何分後か。

50 図 1 のような 50L まで水が入る水そうと 2 本の給水管 A，B がある。この水そうに，空(から)の状態から給水管 A，B の両方で 3 分間水を入れ，その後 B を閉じて A だけで 5 分間水を入れると満水になった。このとき，水を入れはじめてからの時間 x 分と，入った水の量 yL の関係をグラフに表すと，図 2 のようになった。

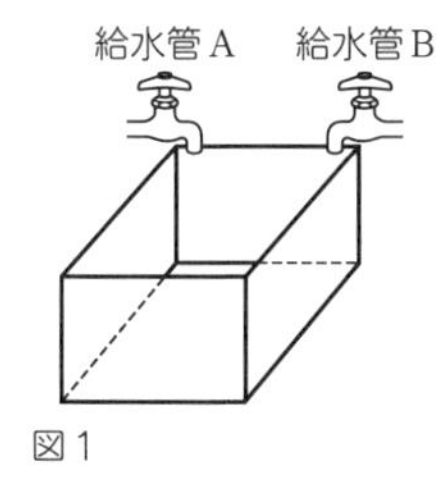

図1

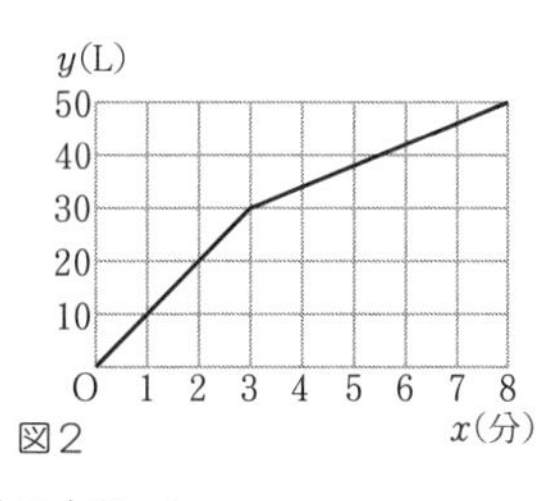

図2

(1) 給水管 A から 1 分間に出る水の量は何Lか。

(2) この水そうに給水管 B だけで水を入れると，空の状態から満水になるまでに何分かかるか。

(3) この水そうに，最初は給水管 B だけで水を入れ，その後 A，B の両方で水を入れると，空の状態から満水になるまでに 7 分かかった。このとき，水を入れはじめてからの時間 x 分と，入った水の量 yL の関係をグラフに表せ。

51 時計が 3 時を指している。3 時 x 分（$0 \leqq x \leqq 30$）における時計の短針と長針のつくる角を y 度とする。

(1) 時計の短針と長針が重なるときの x の値を求めよ。

(2) 長針が短針に追い着くまでの間について，y を x の式で表せ。

(3) 長針が短針を追いこした後について，y を x の式で表せ。

(4) $0 \leqq x \leqq 30$ とする。x と y の関係を表すグラフをかけ。

(5) $y=60$ となるときの x の値をすべて求めよ。

例題 11 P駅とR駅の間の距離は30kmあり，その間にQ駅がP駅から12km離れたところにある。右の図は，午前9時にP駅を出発した電車Aと，午前9時10分にR駅を出発した電車Bの運行のようすを表したグラフである。電車A，Bはともに一定の同じ速さで走り，Q駅で5分間停車する。

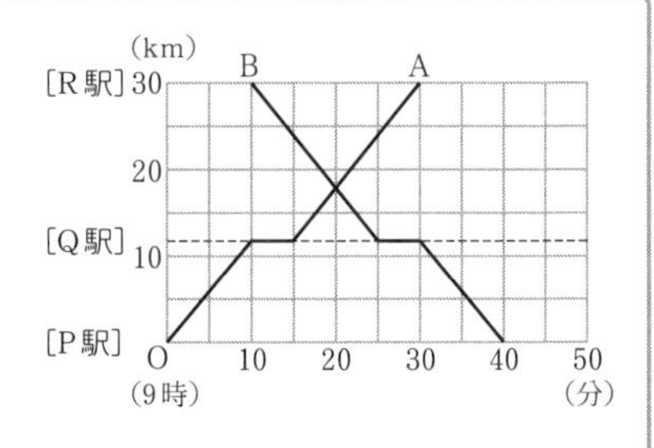

(1) 電車A，Bの速さは分速何kmか。

(2) 電車Bの午前9時x分におけるP駅からの距離を$y$kmとするとき，yをxの式で表せ。ただし，$10 \leqq x \leqq 25$ とする。

(3) P駅を午前9時5分に出発し，Q駅に停車しないで，時速90kmでR駅まで行く臨時電車Cを走らせるとき，電車Cの運行のようすを表したグラフを上の図にかき加えよ。また，電車Cが電車A，Bと出会う時刻をそれぞれ求めよ。

解説 問題の図のように，時間と距離の関係を1つのグラフに表した図を**ダイヤグラム**という。速さや距離などに関する問題を解くときは，ダイヤグラムをかくとわかりやすい。この図では，直線の傾きが分速を表している。

解答 (1) 電車Aは10分間で12km離れたQ駅に到着するから，

$$12 \div 10 = \frac{6}{5}$$

ゆえに，電車A，Bの速さは分速$\frac{6}{5}$kmである。 (答) 分速$\frac{6}{5}$km

(2) 電車Bは午前9時10分にR駅を出発して，午前9時25分にQ駅に到着する。

(1)より，電車Bの式は $y = -\frac{6}{5}x + b$ とおける。

$x = 10$ のとき $y = 30$ であるから，

$$30 = -\frac{6}{5} \times 10 + b \qquad よって， \quad b = 42$$

ゆえに， $y = -\frac{6}{5}x + 42$ (答) $y = -\frac{6}{5}x + 42$

(3) 電車Cの速さは，時速90km＝分速$\frac{3}{2}$km であるから，30km離れたR駅までは $30 \div \frac{3}{2} = 20$（分）で走る。よって，午前9時5分にP駅を出発して，午前9時25分にR駅に到着するから，その運行のようすは次ページのグラフのようになる。

電車Cの午前9時x分におけるP駅からの距離を$y$kmとすると，

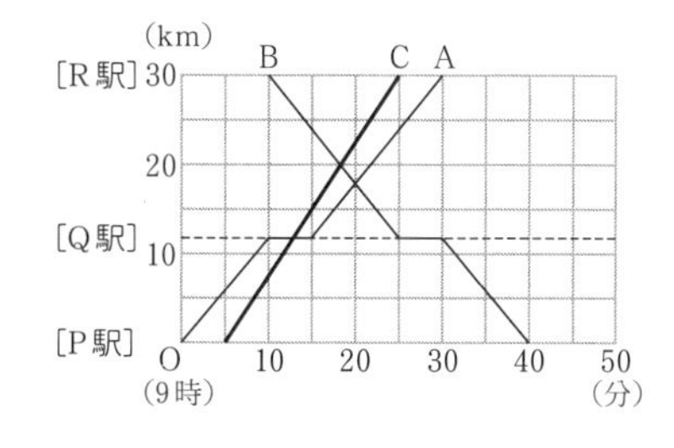

$y=\frac{3}{2}x+c$ とおける。

$x=5$ のとき $y=0$ であるから，

$$0=\frac{3}{2}\times5+c$$

$$c=-\frac{15}{2}$$

よって，　$y=\frac{3}{2}x-\frac{15}{2}$

電車Cが電車Aと出会うのは，電車AがQ駅に停車中のときである。

$y=\frac{3}{2}x-\frac{15}{2}$ と $y=12$ を連立させて，

$$\frac{3}{2}x-\frac{15}{2}=12 \qquad \text{ゆえに，} \quad x=13$$

電車Cが電車Bと出会うのは，$10\leqq x\leqq25$ のときである。

$y=\frac{3}{2}x-\frac{15}{2}$ と $y=-\frac{6}{5}x+42$ を連立させて，

$$\frac{3}{2}x-\frac{15}{2}=-\frac{6}{5}x+42 \qquad \text{ゆえに，} \quad x=\frac{55}{3}=18\frac{1}{3}$$

（答）　グラフは上の図
電車Aと出会う時刻は午前9時13分
電車Bと出会う時刻は午前9時18分20秒

演習問題

52 Aさんの家からBさんの家までの道のりは4kmであり，その道の途中に公園がある。AさんはBさんの家に行くために午前10時に家を出発した。右の図は，AさんがBさんの家に着くまでのようすを，経過時間をx分，Aさんの家からの道のりを$y$kmとして表したグラフである。

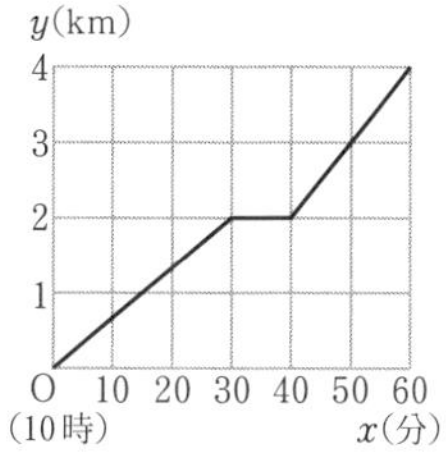

(1)　Aさんは途中，公園で休んでいる。休んだ時間は何分間か。また，Aさんの家から公園までの道のりは何kmか。

(2)　$0\leqq x\leqq30$ におけるAさんの歩く速さは時速何kmか。

(3)　$40\leqq x\leqq60$ のとき，グラフで表されているxとyの関係を式で表せ。

(4)　BさんがAさんをむかえに行くために午前10時30分に家を出発し，時速4.8kmで歩いた場合，2人が出会う時刻を求めよ。

53 兄と弟が一緒に家を出て，分速 60m で学校へ向かった。兄は途中で忘れ物に気づき，それまでよりも速い速さで家にもどり，忘れ物を取ってすぐ学校へ向かった。弟は，兄と別れてからも同じ速さで学校へ向かい，先に学校に着いた。

右の図は，2 人が一緒に家を出てからの時間と，2 人の間の距離の関係を表したグラフである。ただし，家から学校までの道路は一直線であり，兄が家にもどりはじめてから学校に着くまでの速さは一定であった。

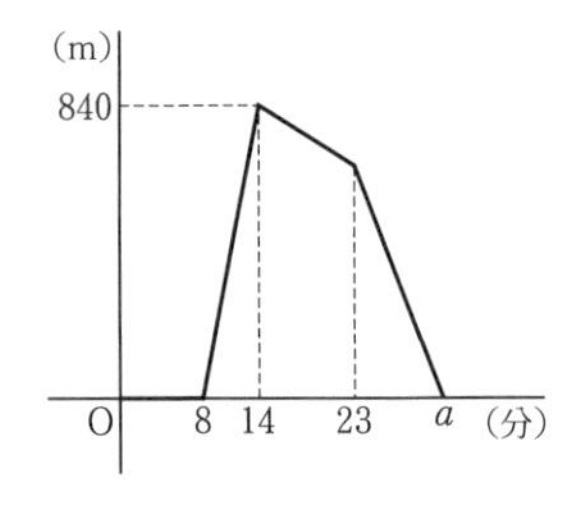

(1) 家にもどりはじめてからの兄の速さは，分速何 m か。

(2) 2 人の間の距離がはじめて 560m になったのは，2 人が一緒に家を出てから何分後か。

(3) グラフの a の値を求めよ。

(4) 2 人が一緒に家を出発してから兄が学校に着くまでの時間と，家と兄との距離，家と弟との距離を表すダイヤグラムを，同じ座標軸を使ってかけ。

例題 12 右の図のように，O(0, 0)，A(8, 0)，B(6, 3)，C(0, 4) を頂点とする四角形 OABC がある。

2 点 P，Q は頂点 C を同時に出発し，ともに辺 CO，OA 上を頂点 A まで進み，A に着いた後は静止する。点 P は秒速 2cm で，点 Q は秒速 1cm で進む。2 点 P，Q が頂点 C を出発してから t 秒後の線分 BP，BQ と座標軸で囲まれる図形の面積を S cm² とする。ただし，座標軸の 1 目もりを 1cm とする。

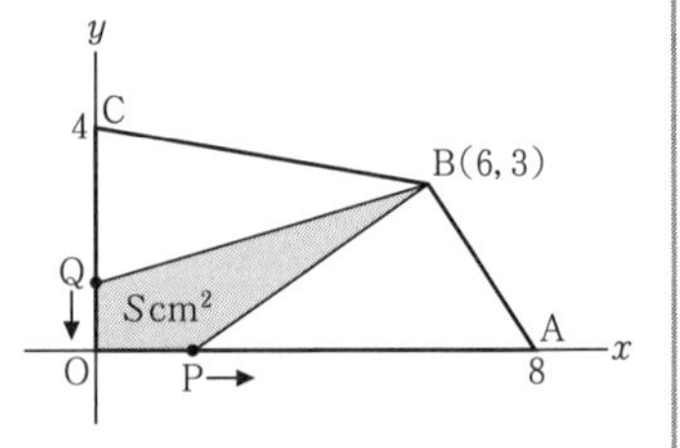

(1) $t=3$ のときの S の値を求めよ。

(2) 次の場合について，S を表す式をつくれ。

① $0<t<2$ のとき　② $2\leqq t<4$ のとき

③ $4\leqq t<6$ のとき　④ $6\leqq t<12$ のとき

(3) t と S の関係を表すグラフをかけ。また，S の値が最大になるときの t の値を求めよ。

解説 (1) $t=3$ のとき，点 P は $(2,\ 0)$，点 Q は $(0,\ 1)$ にある。

(2) ① 2 点 P，Q はともに辺 CO 上にあり，$PQ=2t-t=t$ (cm) である。

② 点 P は辺 OA 上，点 Q は辺 CO 上にあり，$OP=2t-4$ (cm)，$OQ=4-t$ (cm) である。

③ 2 点 P，Q はともに辺 OA 上にあり，$PQ=2t-t=t$ (cm) である。

④ 点 P は頂点 A に静止していて，点 Q は辺 OA 上にあり，$PQ=(4+8)-t=12-t$ (cm) である。

解答 (1) 3 秒間で点 P は 6cm，点 Q は 3cm 進むから，P は $(2,\ 0)$，Q は $(0,\ 1)$ にある。

$$S=\triangle OPB+\triangle OQB=\frac{1}{2}\times2\times3+\frac{1}{2}\times1\times6=6$$

（答） $S=6$

(2) ① 2 点 P，Q はともに辺 CO 上にあるから，

$$S=\triangle PQB=\frac{1}{2}\times(2t-t)\times6$$
$$=3t$$

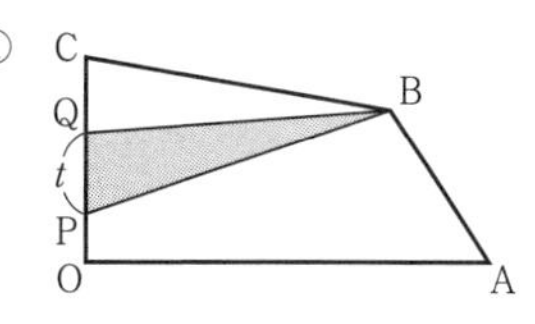

② 点 P は辺 OA 上，点 Q は辺 CO 上にあるから，

$$S=\triangle OPB+\triangle OQB$$
$$=\frac{1}{2}\times(2t-4)\times3+\frac{1}{2}\times(4-t)\times6$$
$$=6$$

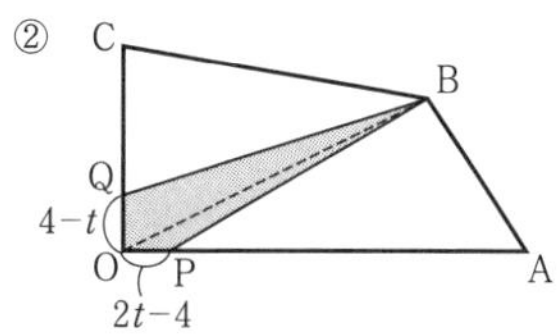

③ 2 点 P，Q はともに辺 OA 上にあるから，

$$S=\triangle PQB=\frac{1}{2}\times(2t-t)\times3$$
$$=\frac{3}{2}t$$

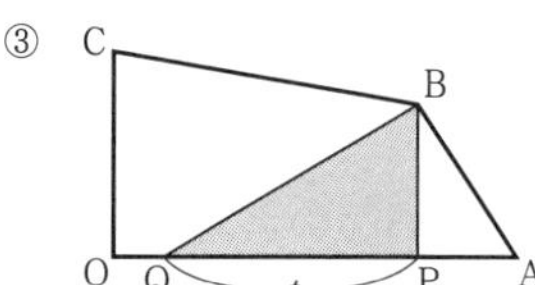

④ 点 P は頂点 A に静止していて，点 Q は辺 OA 上にあるから，

$$S=\triangle AQB=\frac{1}{2}\times(12-t)\times3$$
$$=-\frac{3}{2}t+18$$

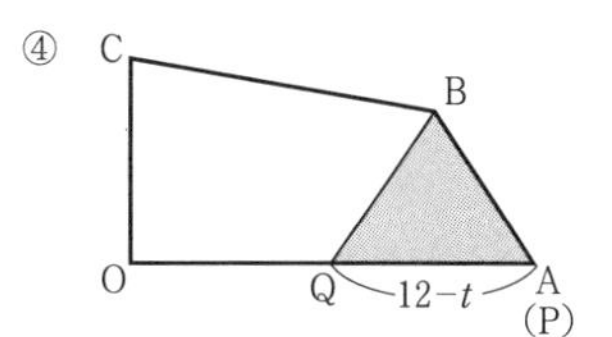

（答） ① $S=3t$ ② $S=6$

③ $S=\frac{3}{2}t$ ④ $S=-\frac{3}{2}t+18$

(3) (2)より，グラフは右の図のようになる。
また，グラフより S の値が最大になるときの t の値は， $t=6$

（答） グラフは右の図，$t=6$

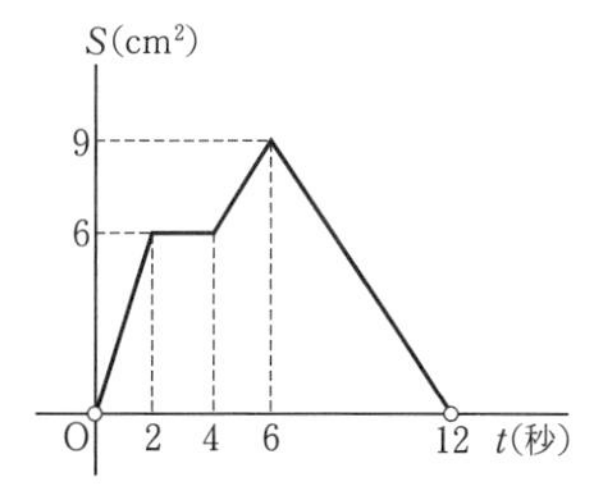

演習問題

54 右の図のように，$AB=4\text{cm}$，$AD=6\text{cm}$ の長方形 ABCD がある。点 P は頂点 A を出発し，辺 AD 上を頂点 D まで動く。点 Q は頂点 C を出発し，辺 BC 上を頂点 B まで動いた後，C にもどってくる。点 P は秒速 1cm，点 Q は秒速 2cm で動く。2 点 P，Q が同時に出発してから x 秒後（$0<x\leqq6$）の四角形 ABQP の面積を $y\text{cm}^2$ とする。

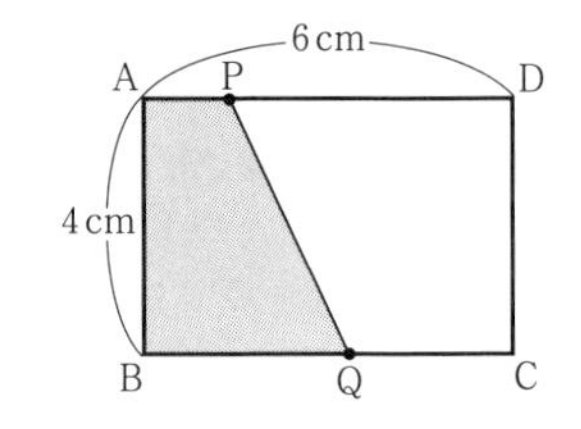

(1) $x=1$ のときの y の値を求めよ。

(2) x の変域が $0<x\leqq3$ のとき，y を x の式で表せ。

(3) y の変域が $15\leqq y\leqq24$ のとき，x の変域を求めよ。

55 右の図のような台形 ABCD がある。点 P は頂点 B を出発し，頂点 C，D を通り，頂点 A まで台形の辺上を秒速 1cm で進む。点 P が頂点 B を出発してから x 秒後（$0<x<17$）の △ABP の面積を $y\text{cm}^2$ とする。

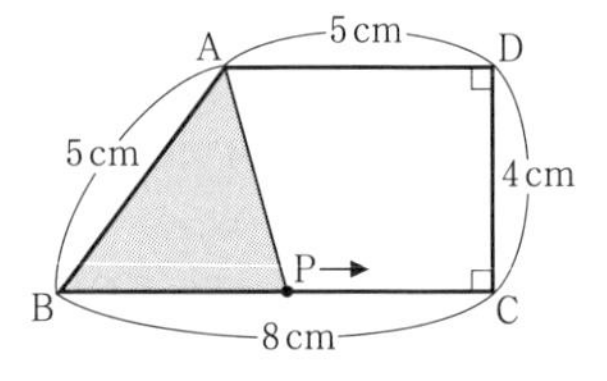

(1) 点 P が次の辺上にあるとき，x の変域を求め，y を x の式で表せ。

① 辺 BC　② 辺 CD　③ 辺 DA

(2) x と y の関係を表すグラフをかけ。

(3) $y=14$ となる x の値をすべて求めよ。

56 右の図のように，1 辺の長さが 12cm の正方形から，1 辺の長さが 6cm の正方形を切り取ってできた図形 ABCDEF がある。この図形の辺上を 2 点 P，Q が動く。点 P は頂点 A を，点 Q は頂点 F を同時に出発し，点 P は辺 AB，BC 上を頂点 C まで秒速 4cm で動き，点 Q は辺 FE，ED 上を頂点 D まで秒速 2cm で動く。2 点 P，Q が出発してから x 秒後の △APQ の面積を $y\text{cm}^2$ とする。

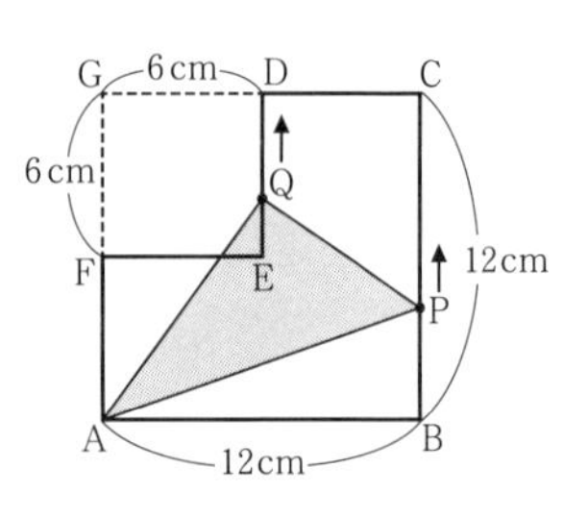

(1) x の変域が次の①，②のとき，y を x の式で表せ。

① $0<x\leqq3$ のとき　② $3<x\leqq6$ のとき

(2) $0<x\leqq6$ のとき，x と y の関係を表すグラフをかけ。

例題 13 右の図のように，O(0, 0)，A(6, 0)，B(4, 6)，C(0, 3) を頂点とする四角形 OABC がある。

(1) 直線 AB の式を求めよ。

(2) 四角形 OABC と △OAD の面積が等しくなるように，線分 AB の延長上に点 D をとるとき，点 D の座標を求めよ。

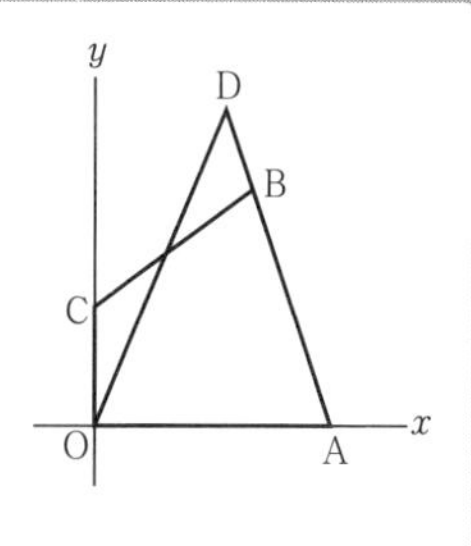

解説 (2) 点 O と B を結び，直線 OB の式を求める。(四角形 OABC)＝△OAD のとき，(四角形 OABC)－△OAB＝△OAD－△OAB であるから，△OBC＝△OBD となる。このとき，底辺が共通であるから，高さが等しくなる。

解答 (1) 直線 AB の式を $y=ax+b$ とおくと，2 点 A(6, 0)，B(4, 6) を通るから，

$$\begin{cases} 0=6a+b \\ 6=4a+b \end{cases} \quad \text{よって，} \quad a=-3,\ b=18$$

ゆえに，　$y=-3x+18$　　　　(答) $y=-3x+18$

(2) 点 O と B を結ぶと，直線 OB の式は，B(4, 6) より，

$$y=\frac{3}{2}x \quad \cdots\cdots\cdots ①$$

(四角形 OABC)＝△OAD より，　△OBC＝△OBD

底辺が共通であるから，高さが等しいためには，

OB // CD

となる。

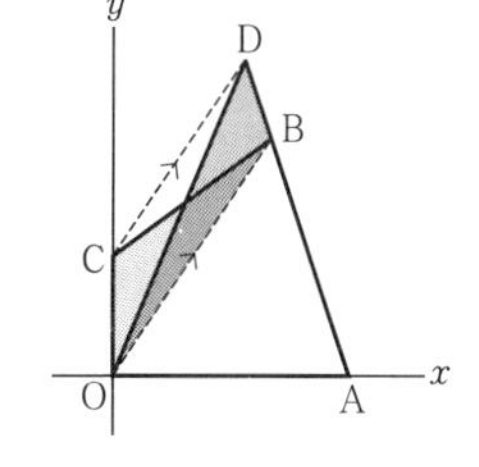

点 C(0, 3) を通り直線①に平行な直線の式は，

$$y=\frac{3}{2}x+3 \quad \cdots\cdots\cdots ②$$

直線②と直線 AB との交点が D であるから，

$$\frac{3}{2}x+3=-3x+18 \qquad \text{よって，} \quad x=\frac{10}{3}$$

ゆえに，　$y=8$　　　　(答) $\mathrm{D}\left(\frac{10}{3},\ 8\right)$

演習問題

57 右の図で，2 直線①，②の式はそれぞれ

$y=-2x+10$，$y=\frac{1}{3}x+3$ である。

(1) 3 点 A，B，C の座標をそれぞれ求めよ。

(2) 点 A を通り，△ABC の面積を 2 等分する直線の式を求めよ。

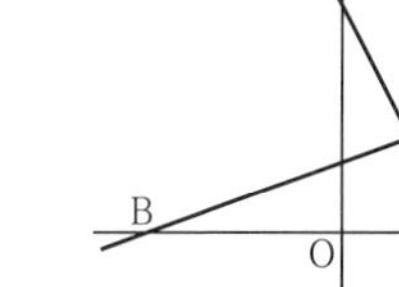

58 右の図のように，4点O(0, 0)，A(8, 0)，B(6, 8)，C(1, 4) を頂点とする四角形OABCがある。頂点Bを通る直線ℓで四角形OABCの面積を2等分したい。次の順で，直線ℓの式を求めよ。

(1) 頂点Cを通り，対角線OBに平行な直線の式を求めよ。

(2) (1)の直線がx軸と交わる点の座標を求めよ。

(3) 直線ℓの式を求めよ。

59 右の図のように，2直線 $y=3x$，$y=-x+8$ とx軸で囲まれた△AOBがある。△AOBの内側にある四角形PQRSは長方形で，辺QRがx軸上にあり，点Pは直線 $y=3x$ 上に，点Sは直線 $y=-x+8$ 上にある。

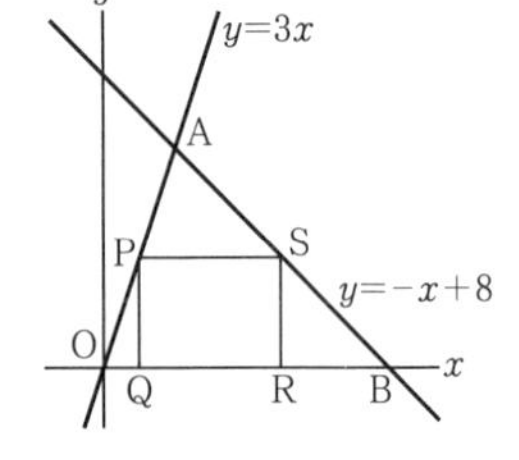

(1) 点Aの座標を求めよ。

(2) 点Qのx座標をtとする。点Sの座標をtを使って表せ。

(3) 次の場合について，点Pの座標を求めよ。

① 四角形PQRSが正方形のとき

② SQ // AO のとき

進んだ問題

60 座標平面上で2つの直線 $y=ax+1$ ……① と $y=b(x-1)$ ……② を考える。ただし，座標軸の1目もりを1cmとする。

(1) 直線②は，bがどのような値をとっても，つねにある決まった点を通る。その点の座標を求めよ。

(2) aを $-1 \leqq a \leqq 1$ の範囲で動かしたときに直線①が通る部分と，bを $\frac{5}{3} \leqq b \leqq 3$ の範囲で動かしたときに直線②が通る部分が重なってできる図形の面積を求めよ。

(3) aを $-1 \leqq a \leqq 1$ の範囲で動かしたときに直線①が通る部分と，bを $c \leqq b \leqq 3$ の範囲で動かしたときに直線②が通る部分が重なってできる図形の面積が 7cm^2 となるような，cの値を求めよ。ただし，$1<c<3$ とする。

4章の問題

1 次の1次関数を求めよ。 ←**1**

(1) 変化の割合が $\frac{3}{2}$ で，$x=4$ のとき $y=-1$ である1次関数

(2) x の増加量が4のときの y の増加量が -12 で，$x=-2$ のとき $y=5$ である1次関数

(3) $x=-3$ のとき $y=-1$，$x=2$ のとき $y=9$ である1次関数

2 次の直線の式を求めよ。 ←**2**

(1) 傾きが -4 で，点 $(3,\ -9)$ を通る直線

(2) 2点 $(-3,\ 4)$，$(7,\ -4)$ を通る直線

(3) 点 $(-6,\ 5)$ を通り，y 軸に平行な直線

(4) 2点 $(6,\ 0)$，$(0,\ 8)$ を通る直線

(5) 直線 $3x-4y-5=0$ に平行で，点 $(2,\ -1)$ を通る直線

3 右の図に示された㋐～㋓の直線の式を求めよ。 ←**2**

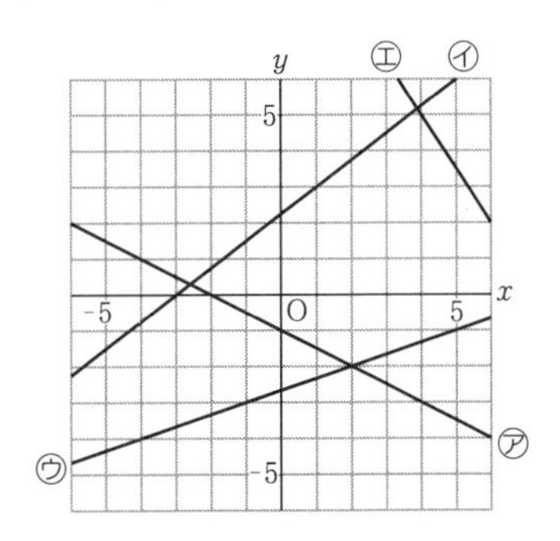

4 次の問いに答えよ。 ←**2**

(1) 1次関数 $y=ax+b$ において，x の変域が $1<x<4$ のとき，y の変域は $-2<y<7$ である。a，b の値をそれぞれ求めよ。

(2) 1次関数 $y=ax+3$ において，x の変域が $-1 \leqq x \leqq 2$ のとき，y の変域は $-1 \leqq y \leqq 5$ である。a の値を求めよ。

(3) 2つの1次関数 $y=ax+2$ $(a>0)$，$y=-3x+b$ において，x の変域が $-3 \leqq x \leqq 4$ のとき，y の変域は一致する。a，b の値をそれぞれ求めよ。

5 3直線 $y=\frac{1}{3}x+2$，$x=-1$，$x=3$ と x 軸で囲まれた部分の面積を求めよ。
ただし，座標軸の1目もりを1cm とする。 ←**3**

6 3 直線 $x-2y+2=0$ ……①，$ax+2y+10=0$ ……②，$2x+y-16=0$ ……③ が 1 点 A で交わるとき，次の問いに答えよ。 ←**4**

(1) a の値を求めよ。

(2) 3 直線①，②，③と x 軸との交点をそれぞれ B，C，D とするとき，△ABC と △ACD の面積の比を求めよ。

7 ある家庭のガスの使用量と料金は，右の表のようであった。料金の計算方法は次のとおりである。

(i) 使用量が 4m^3 以下の場合は，基本料金 a 円である。

(ii) 使用量が 4m^3 をこえた場合は，こえた量に比例する金額を基本料金 a 円に加算する。 ←**5**

	使用量(m^3)	料金(円)
1 月	16	2830
2 月	19	3220
3 月	23	

(1) a の値を求めよ。

(2) 使用量が $x\text{m}^3$ のときの料金を y 円とする。$x>4$ のとき，y を x の式で表せ。

(3) 3 月の料金はいくらか。

8 右の図のような台形 ABCD がある。点 P は頂点 D を出発し，秒速 1cm で辺上を動き，頂点 A，B を通って頂点 C に到着したところで停止する。点 P が頂点 D を出発してから x 秒後 $(0<x<17)$ の △DPC の面積を $y\text{cm}^2$ とする。 ←**5**

(1) x と y の関係を表すグラフをかけ。

(2) △DPC の面積が最大になるのは，点 P が頂点 D を出発してから何秒後か。

(3) $y=7$ となるときの x の値をすべて求めよ。

9 右の図のように，4 点 O(0，0)，A(2，4)，B(6，0)，P(2，0) がある。PQ は，△AOB の面積を 2 等分する線分である。このとき，点 Q の座標を求めよ。 ←**5**

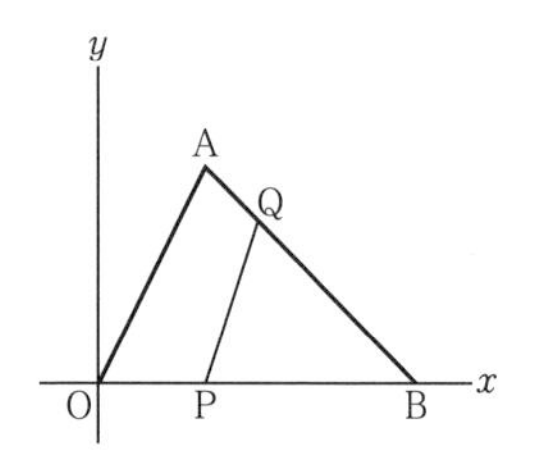

10 右の図のように，1 辺の長さが 6cm の正方形 OABC と直線 ℓ があり，直線 ℓ は辺 BC と交わっている。直線 ℓ の式を $y=\frac{3}{2}x+a$ とし，直線 ℓ と x 軸，辺 BC との交点をそれぞれ P，Q とする。 ←5

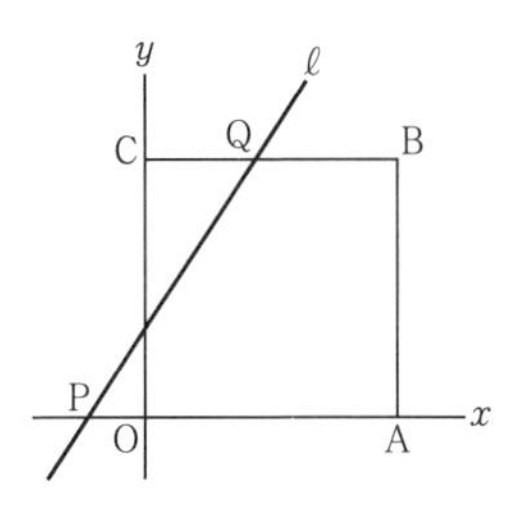

(1) 直線 ℓ が頂点 B を通るとき，△ABP の面積を求めよ。

(2) 直線 ℓ によって，正方形 OABC の面積が 2 等分されるとき，a の値を求めよ。

(3) 2 つの線分 OP，BQ の長さの和が 8cm となるような a の値を求めよ。

進んだ問題

11 座標平面上に 3 点 A(4，1)，B(−2，4)，C$\left(1,\ \frac{1}{4}\right)$ があり，直線 $y=x$ と直線 AB との交点を D とする。 ←5

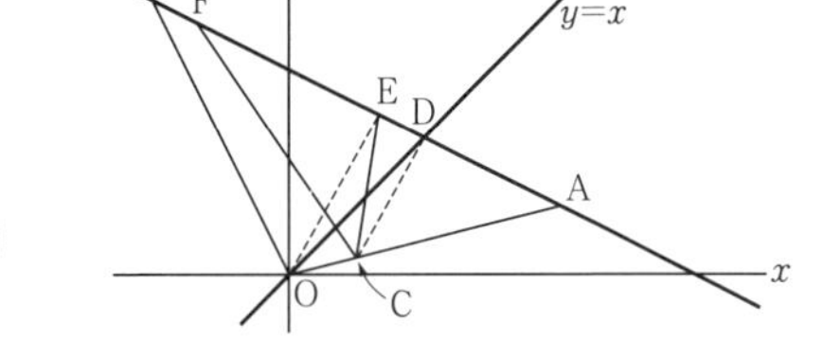

(1) 点 D の座標を求めよ。

(2) △OAD の面積を求めよ。ただし，座標軸の 1 目もりを 1cm とする。

(3) 線分 AB（両端を除く）上に点 E，F をとり，△CAE と △CEF と四角形 OCFB の面積が等しくなるようにする。このとき，2 点 E，F の座標をそれぞれ求めよ。

5章　図形の性質の調べ方

1　証明と定理

1　**定義**

ことばや記号の意味・内容を，はっきりと説明したものを**定義**という。

例　正三角形の定義は「3つの辺の長さが等しい三角形」である。

2　**命題**

正しい（**真**）か正しくない（**偽**）かがはっきり定められる文章や式を**命題**という。

(1)　**命題の仮定・結論**　命題が「p ならば，q である」という形に書き表されるとき，p をその命題の**仮定**，q をその命題の**結論**という。このとき，その命題を記号 $\Longrightarrow$ を使って「$p \Longrightarrow q$」と表すこともある。

(2)　**命題の逆**　命題「$p \Longrightarrow q$」に対して命題「$q \Longrightarrow p$」を，もとの命題の**逆**という。もとの命題が正しくても，その命題の逆が正しいとは限らない。

(3)　**命題の反例**　命題「$p \Longrightarrow q$」が正しくないことを示すには，「p であるが q でない」もの（**反例**）を1つ見つければよい。

3　**証明**

(1)　**公理**　あらかじめ正しいとされている，推論の基礎となることがらを**公理**という。

例　$A=B$，$B=C$　ならば　$A=C$

$A=B$，$C=D$　ならば　$A+C=B+D$

$A=B$　ならば　$A-C=B-C$

異なる2点を通る直線はただ1つだけある。

直線 ℓ 上にない1点を通り，直線 ℓ に平行な直線はただ1つだけある。

(2)　**証明**　すでに正しいとわかっていることがらや公理を根拠にして，あることがらが成り立つわけを示すことを**証明**という。

(3)　**定理**　証明されたことがらのうち，それ以降の証明でよく使われる重要なものを**定理**という。

例　正三角形の3つの角はすべて等しい。

(4) **三段論法** 「$p \Longrightarrow q$」,「$q \Longrightarrow r$」がともに正しいとするとき,「$p \Longrightarrow r$」も正しい。このような推論の方法を**三段論法**という。

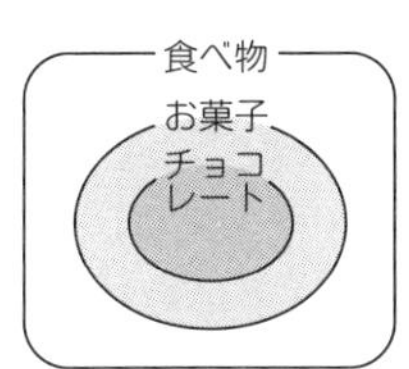

例 チョコレートはお菓子である。
お菓子は食べ物である。
よって,チョコレートは食べ物である。

基本問題

1 次の用語の定義としてふさわしいものを,下のア〜ウから選べ。

(1) 二等辺三角形　(2) 直角三角形　(3) 平行四辺形

ア. 2組の対辺がそれぞれ平行である四角形
イ. 1つの角が90°である三角形
ウ. 2つの辺の長さが等しい三角形

2 次の命題が正しいか正しくないかを答え,正しくないときは,反例を1つあげよ。

(1) 犬は動物である。　(2) 動物は犬である。
(3) 2の倍数は4の倍数である。　(4) 4の倍数は2の倍数である。

3 素数の定義は「約数が1とその数自身の2個しかない自然数」である。

(1) この定義に基づいて,10以下の素数をすべて答えよ。
(2) 命題「すべての素数は奇数である」は正しいか正しくないかを答え,正しくないときは,反例をあげよ。

例題 1 次の命題の仮定と結論をいえ。また,その逆をつくれ。

(1) 3の倍数は9の倍数である。
(2) 長方形の対角線の長さは等しい。

解説 命題を述べるとき,文中から「…であるならば」という表現が省略されることがある。たとえば,(1)をていねいに述べれば,「ある数が3の倍数であるならば,その数は9の倍数である」となる。

解答 (1) (仮定) ある数が3の倍数である。　(結論) その数は9の倍数である。
(逆) 9の倍数は3の倍数である。

(2) (仮定) ある四角形が長方形である。
(結論) その四角形の対角線の長さは等しい。
(逆) 対角線の長さが等しい四角形は長方形である。

演習問題

4 次の命題の仮定と結論をいえ。また，その逆をつくれ。

(1) $3x-5=4$ ならば，$x=3$ である。

(2) パンダは，ほ乳類である。

(3) 4の倍数は偶数である。

5 次の命題の逆をつくり，それが正しいか正しくないかを答え，正しくないときは，反例を1つあげよ。

(1) $x>0$ ならば，$x>1$ である。

(2) 東京都に住んでいる人は本州に住んでいる。

(3) 正方形の4つの内角はすべて直角である。

(4) $a>0$ かつ $b>0$ ならば，$ab>0$ である。

(5) 富士山は日本でいちばん高い山である。

6 三段論法として正しくなるように，次の［　　］にあてはまる文を入れて，①と②が正しいとするとき，③が導かれるようにせよ。

(1) ① ソクラテスは人間である。
② 人間は思考をする。
③ よって，［　　　　　　　　　　　　　　　　］

(2) ① 素数は自然数である。
② 自然数は整数である。
③ よって，［　　　　　　　　　　　　　　　　］

7 次の(ア)〜(エ)のうち，三段論法として正しいもの，すなわち①と②が正しいとするとき，③が導かれるものを選べ。

(ア) ① カブトムシは昆虫である。
② 昆虫は節足動物である。
③ よって，カブトムシは節足動物である。

(イ) ① 野球部員はいまグラウンドにいる。
② いまグラウンドにいる人は全員走っている。
③ よって，いま走っている人は野球部員である。

(ウ) ① A級問題集を持っている人はよく勉強する。
② PさんはA級問題集を持っている。
③ よって，Pさんはよく勉強する。

(エ) ① 6の倍数を2倍すると，12の倍数になる。
② 6の倍数は3の倍数である。
③ よって，3の倍数を2倍すると，12の倍数になる。

例題 2 右の図のように，2 直線 AB，CD が点 O で交わるとき，∠AOC＝∠BOD であることを証明せよ。

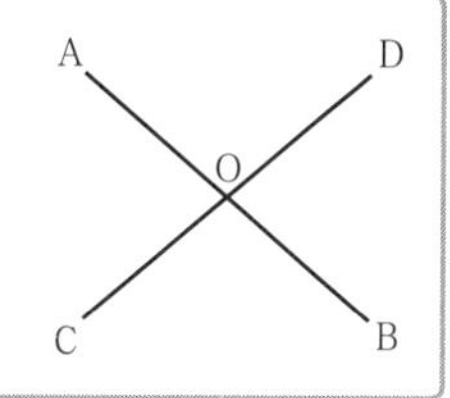

解説 仮定は「2 直線 AB，CD が点 O で交わる」，結論は「∠AOC＝∠BOD」である。
「$A=B$ ならば $A-C=B-C$」と「1 直線のつくる角は 180°である」を使って示す。

証明 ∠AOB＝∠COD（＝180°）より，

　　∠AOB－∠COB＝∠COD－∠COB

また，　∠AOC＝∠AOB－∠COB

　　∠BOD＝∠COD－∠COB

ゆえに，　∠AOC＝∠BOD

演習問題

8 右の図のように，一直線上に 4 点 A，B，C，D があり，AB＝CD のとき，AC＝BD であることを証明せよ。

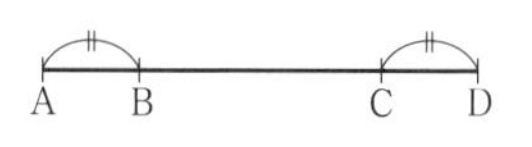

9 右の図のように，線分 AB の中点を M とし，AC＝DB のとき，M は線分 CD の中点であることを証明せよ。

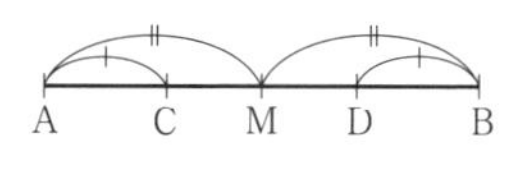

10 右の図で，∠AOC＝∠BOD のとき，∠AOB＝∠COD であることを証明せよ。

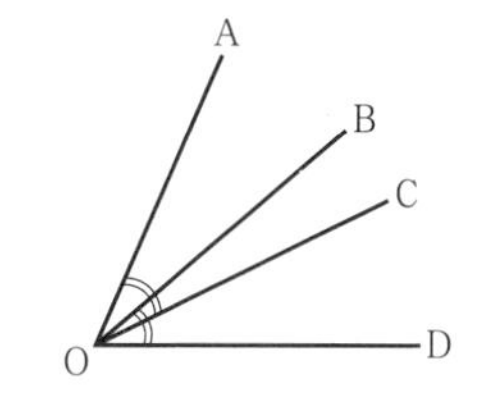

11 右の図で，点 O は直線 AC 上にあり，OP，OQ は，それぞれ ∠AOB，∠BOC の二等分線である。このとき，∠POQ＝90° であることを証明せよ。

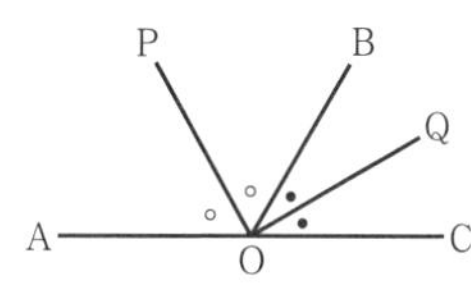

2 平行線と角

1 **対頂角**

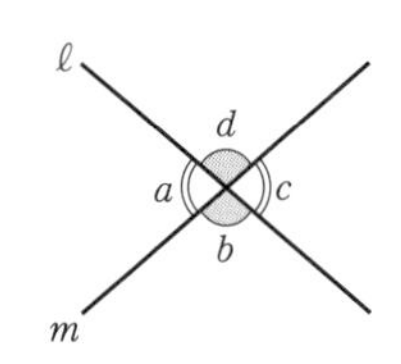

2つの直線が交わるとき，右の図の $\angle a$ と $\angle c$，$\angle b$ と $\angle d$ のように，向かい合う角を**対頂角**という。

対頂角は等しい。　（→p.105，例題2）

2 **2直線に1つの直線が交わってできる角**

(1) **同位角**

右の図の $\angle a$ と $\angle e$，$\angle b$ と $\angle f$，$\angle c$ と $\angle g$，$\angle d$ と $\angle h$ のような位置関係にある2つの角を**同位角**という。

(2) **錯角**

右の図の $\angle c$ と $\angle e$，$\angle d$ と $\angle f$ のような位置関係にある2つの角を**錯角**という。

(3) **同側内角**（どうそく）

右の図の $\angle c$ と $\angle f$，$\angle d$ と $\angle e$ のような位置関係にある2つの角を**同側内角**という。

3 **平行線の性質**

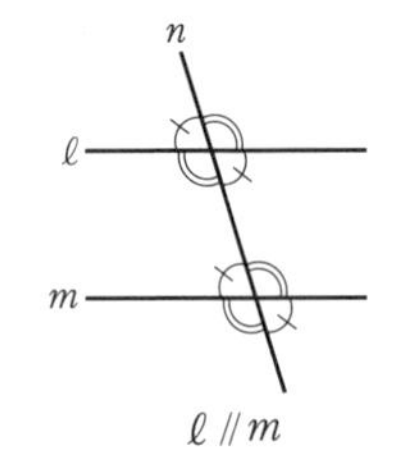

平行な2直線に1つの直線が交わるとき，次のことが成り立つ。

(1) 同位角は等しい。
(2) 錯角は等しい。
(3) 同側内角の和は180°（2∠R）である。

⚠ ∠R は直角（90°）を表す記号である。

4 **平行線になるための条件**

2直線に1つの直線が交わるとき，次のいずれか1つの条件が成り立てば，その2直線は平行である。

(1) 同位角が等しい。
(2) 錯角が等しい。
(3) 同側内角の和が180°（2∠R）である。

平行線の性質

例 右の図で，$\ell /\!/ m$ のとき，$\angle a$，$\angle b$，$\angle c$ の大きさをそれぞれ求めてみよう。

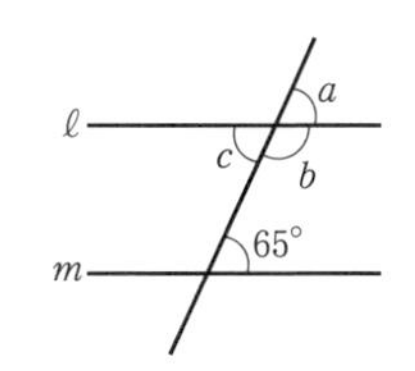

▶ $\ell /\!/ m$ であるから，

$\angle a = 65°$（同位角）

$\angle b + 65° = 180°$（同側内角）

ゆえに，　$\angle b = 180° - 65° = 115°$

また，　$\angle c = 65°$（錯角）

（答）　$\angle a = 65°$，$\angle b = 115°$，$\angle c = 65°$

⚠ 平行線の性質を使うときは，どの性質を使ったのかがわかるように，（錯角），（同位角），（同側内角）などと書き入れるとよい。

参考 $\angle c$ は $\angle a$ の対頂角であることから，$\angle c = \angle a = 65°$ としてもよい。

基本問題

12 右の図で，x の値を求めよ。

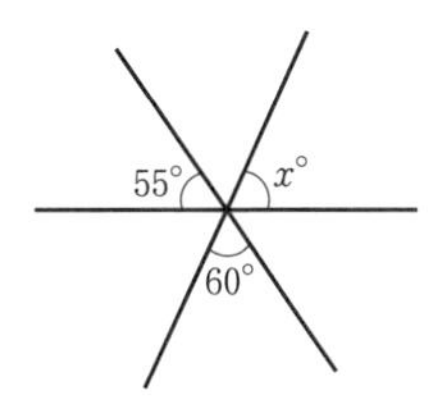

13 右の図で，次の問いに答えよ。

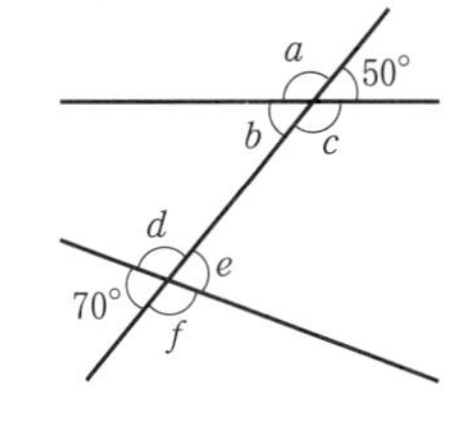

(1) $\angle c$ と対頂角の位置にある角と，その大きさをそれぞれ求めよ。

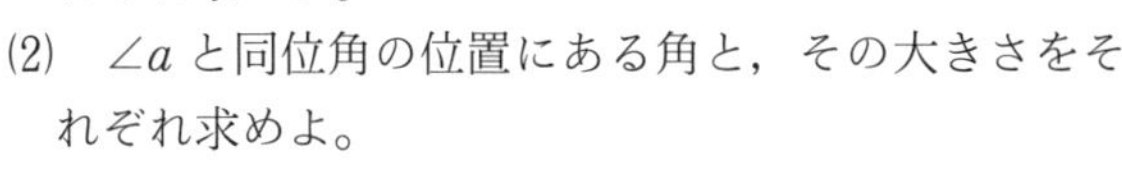

(2) $\angle a$ と同位角の位置にある角と，その大きさをそれぞれ求めよ。

(3) $\angle b$ と錯角の位置にある角と，その大きさをそれぞれ求めよ。

(4) $\angle d$ と同側内角の位置にある角と，その大きさをそれぞれ求めよ。

14 右の図で，$\ell /\!/ m$ のとき，$\angle a$，$\angle b$，$\angle c$，$\angle d$ の大きさをそれぞれ求めよ。

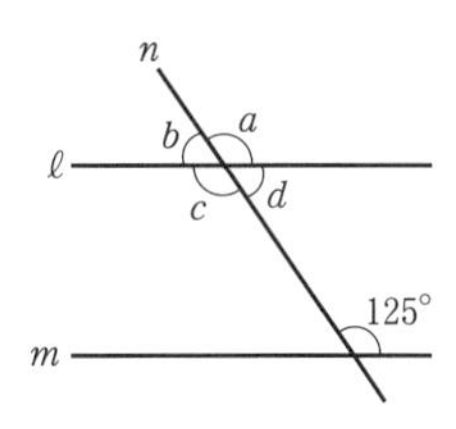

15 右の図で，平行な直線はどれとどれか。記号 $/\!/$ を使って表せ。

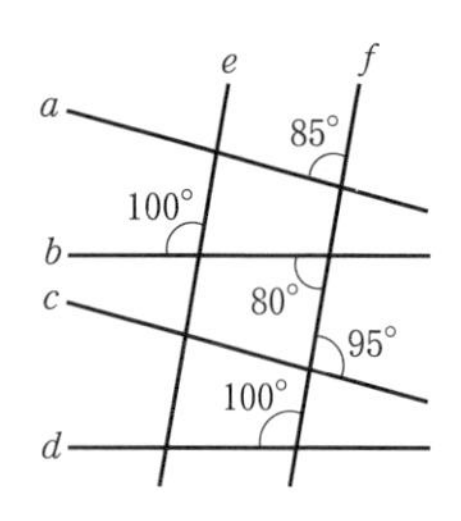

16 右の図を利用して，$\ell /\!/ m$ かつ $m /\!/ n$ ならば，$\ell /\!/ n$ であることを証明せよ。

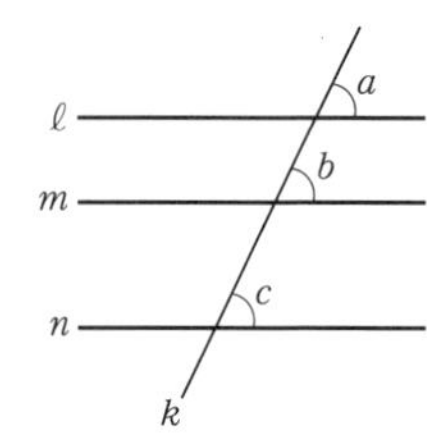

例題 3 右の図で，AB $/\!/$ CD のとき，x の値を求めよ。

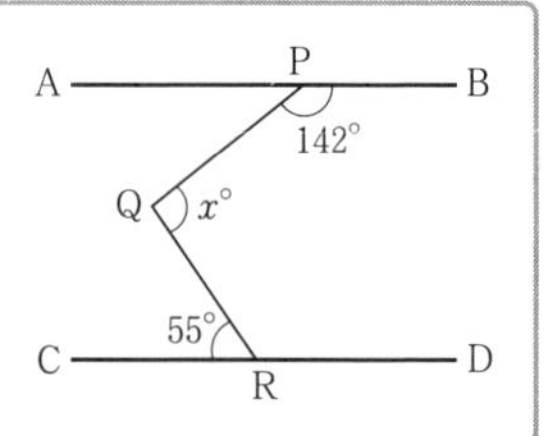

解説 点 Q を通る平行線をひいて，上下の平行線の組に分けて考えればよい。

解答 右の図のように，点 Q を通り直線 AB に平行な半直線 QS をひく。

AB $/\!/$ QS であるから，

$\angle BPQ + \angle PQS = 180°$（同側内角）

よって，　$\angle PQS = 180° - \angle BPQ$

$= 180° - 142° = 38°$

QS $/\!/$ CD であるから，

$\angle SQR = \angle QRC$（錯角）

よって，　$\angle SQR = 55°$

ゆえに，　$x = 38 + 55 = 93$

（答）$x = 93$

⚠ この解答での半直線 QS のように，問題を解くためにあとからかき加えた線を**補助線**という。

演習問題

17 次の図で，$\ell // m$ のとき，x の値を求めよ。

(1)

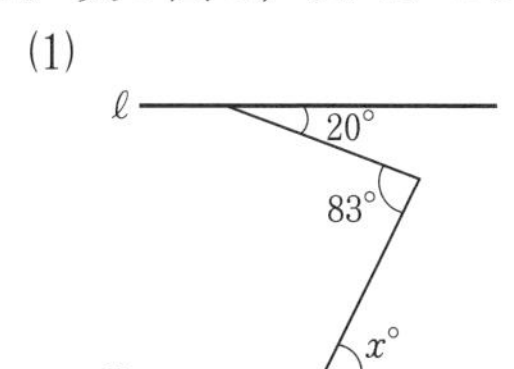

(2)

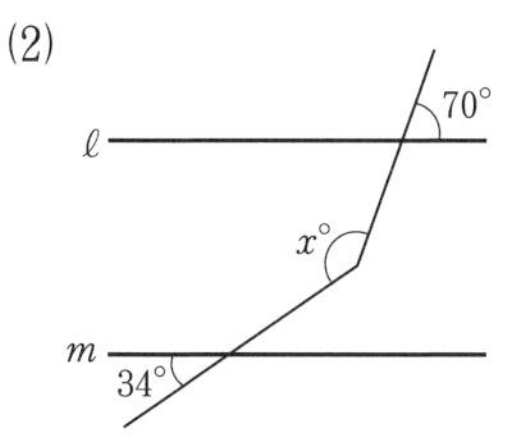

(3)

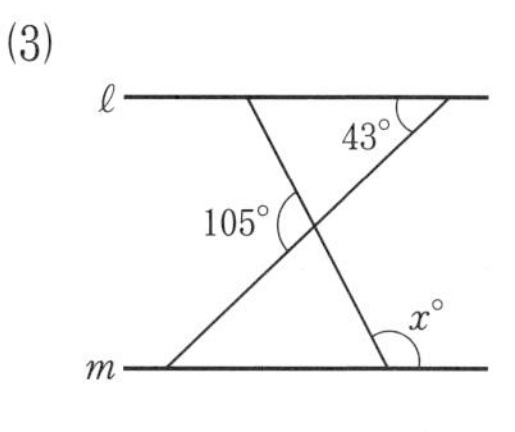

(4)

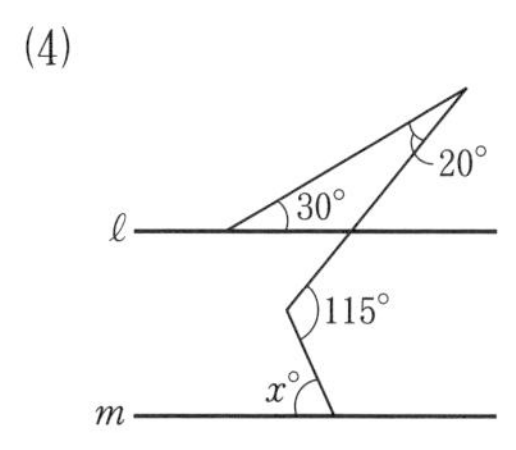

(5)

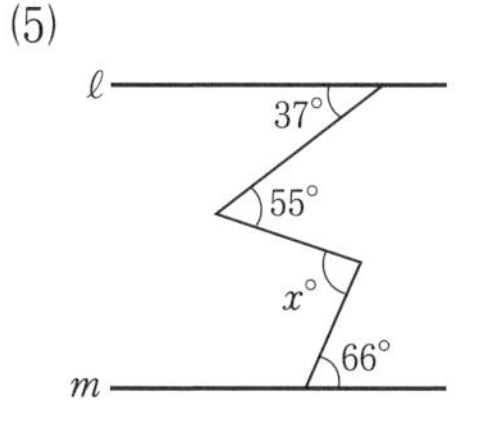

(6)

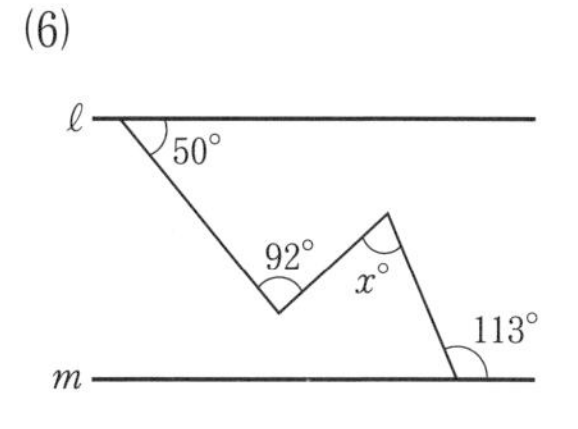

18 右の図で，$AB // ED$，$AE // BC$ のとき，x の値を求めよ。

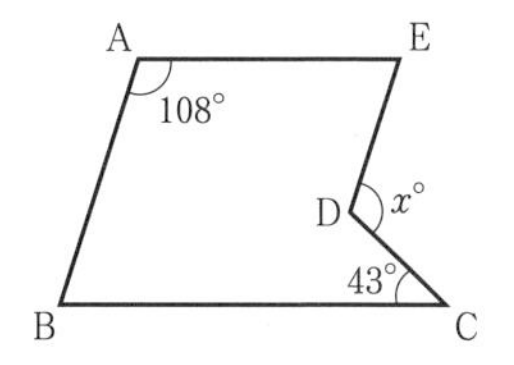

例題 4 右の図で，$AB // CD$，EP は $\angle AEF$ の二等分線，FQ は $\angle EFD$ の二等分線である。このとき，$EP // FQ$ であることを証明せよ。

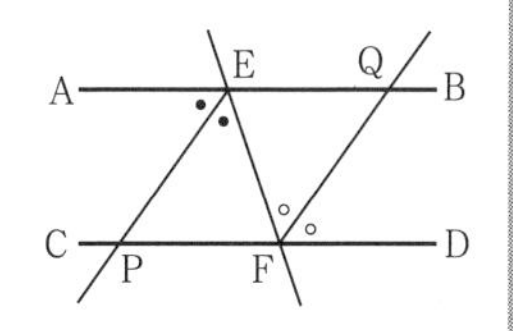

解説 $EP // FQ$ を示すには，平行線になるための条件のいずれか 1 つを導く。この例題では，錯角が等しいことから平行を導く。

証明 EP は $\angle AEF$ の二等分線であるから，

$$\angle PEF = \frac{1}{2}\angle AEF$$

FQ は $\angle EFD$ の二等分線であるから，

$$\angle EFQ = \frac{1}{2}\angle EFD$$

$AB // CD$（仮定）より，　$\angle AEF = \angle EFD$（錯角）

よって，　$\angle PEF = \angle EFQ$

錯角が等しいから，　$EP // FQ$

平行線になるための条件
① 同位角が等しい
② 錯角が等しい
③ 同側内角の和が 180° である

演習問題

19 右の図で，AB // CD，PQ⊥AB のとき，PQ⊥CD であることを証明せよ。

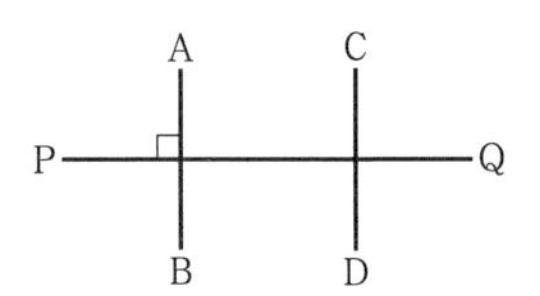

20 右の図のように，紙テープを折り曲げると，$a=b$ となることを証明せよ。

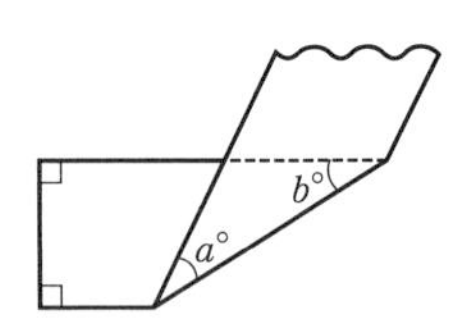

21 次の図で，a // b，c // d のとき，x と y の関係を求めよ。

(1)

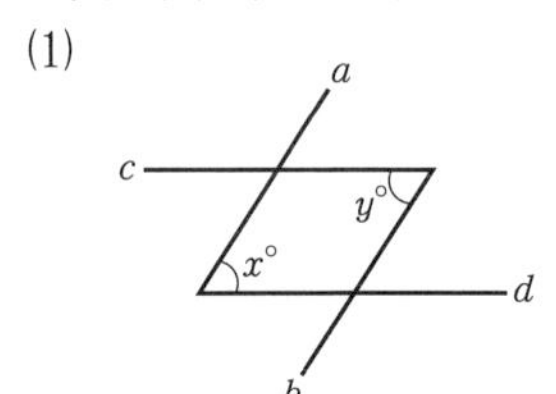

(2)

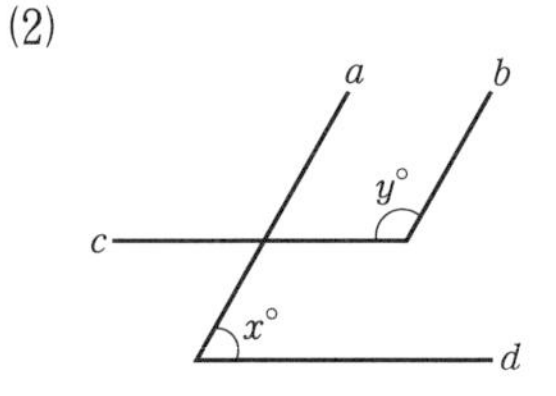

22 右の図で，∠B＝∠C，AE // BC のとき，AE は ∠DAC の二等分線であることを証明せよ。

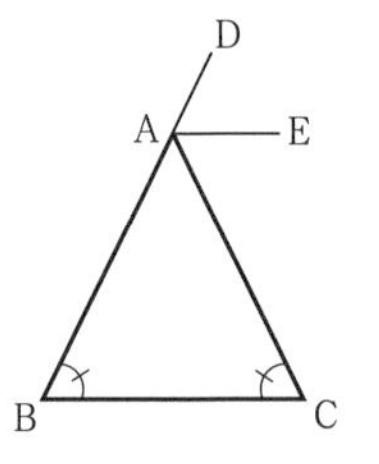

23 次の図で，三角形の内角の和は 180° となることを証明せよ。ただし，(1)では DE // BC，(2)では AE // BC である。

(1)

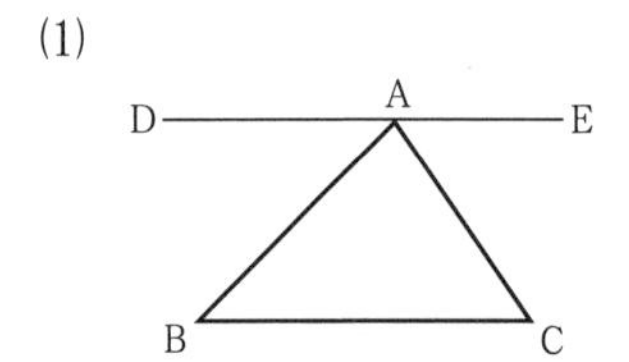

(2)

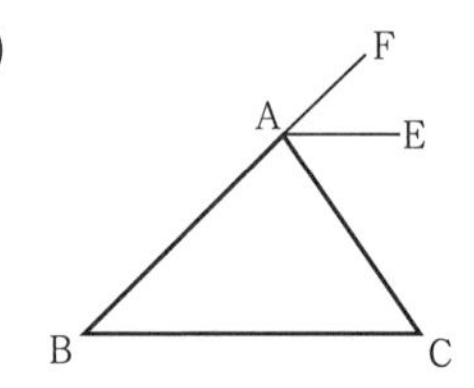

24 右の図で，AB // CD のとき，$a-b+c$ の値を求めよ。

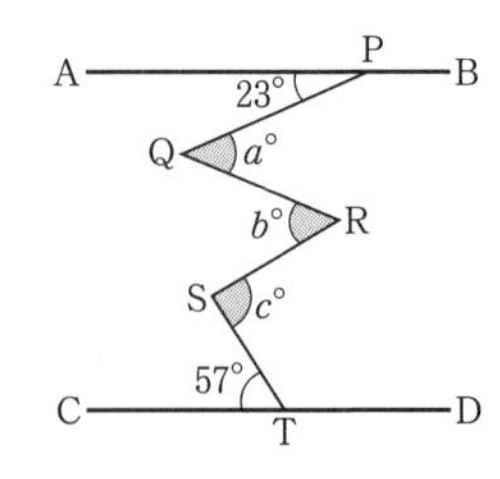

直角を 90° とする理由

直角といえば，「90°」であると教えられてきたが，この 90 という数を不思議に思った読者もいるだろう。むしろ，100 のほうがきりがよいので，90° のかわりに 100 を使って，別の単位で表してもよいはずである。はたして，直角に対応する数が 90 である必要がほんとうにあるだろうか。

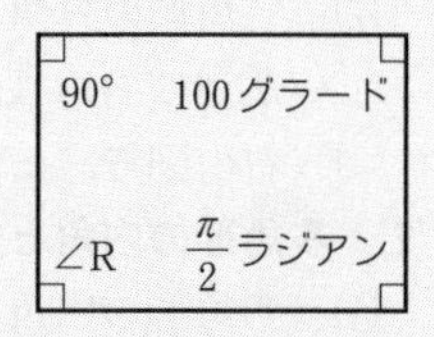

角には，さまざまな表現方法がある。18 世紀末のフランスでは，角を 10 進法の体系にしようと「グラード」という単位が考案された。この単位を使うと，直角は「100 グラード」であり，一直線を表すことばは 100 グラードの 2 倍の「200 グラード」になる。しかし，ここで初めて聞いた読者も多いように，この単位は普及しなかった。また，直角は「∠R」と表すこともある。この表現は，比例の考え方にしたがって，直角の 2 倍は「2∠R」，直角の 4 倍は「4∠R」と表される。さらに，高校では，角の表現として弧度法（ラジアン）という方法が使われる。弧度法の単位はラジアンで表し，1 ラジアンは $\frac{180°}{\pi}$ である。これらは，いずれも 90 という数値と直角とを切り離す表現方法である。

このように，角にはさまざまな表現方法があるにもかかわらず，直角が「90°」として定着したのはなぜだろうか。その最も有力な説が 60 進法を好んで用いた古代メソポタミア文明の影響である。紀元前のメソポタミアでは，1 回転を意味する直角の 4 倍に対し，1 年間の周期 365 日に近い 360 という数が割りあてられた。したがって，直角はその 4 分の 1 の「90°」になる。直角の 4 倍を「365°」としなかった数学的な理由は，365（$=5\times73$）が 360（$=2\times2\times2\times3\times3\times5$）に比べ，約数が少ないからである。次節の「多角形の角」で計算するように，直角の 4 倍が 360° であるため，$n=3, 4, 5, 6, 8, 9, 10, 12, 15, \cdots$ に対して，正 n 角形の 1 つの内角は，整数値で表現できる。もし，直角の 4 倍を「365°」と決めてしまっていたら，内角が整数値になる正多角形は，正 5 角形，正 73 角形，正 365 角形の 3 つしかなく，とても不便になったことだろう。

直角が「90°」として，日常生活の中で慣れ親しまれるようになったことで，幾何学的に興味深い直角の 3 分の 1 の大きさや，5 分の 1 の大きさに整数が割りあてられているのは，ありがたいことである。

3 多角形の角

1 三角形の内角と外角

(1) 三角形の内角の和は **180°**（2∠R）である。

(2) 三角形の外角は，それと隣り合わない2つの内角（**内対角**）の和に等しい。

右の図で，∠A＋∠B＝∠ACD

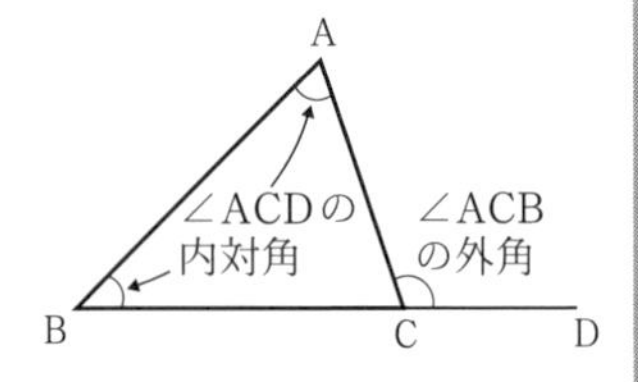

2 多角形の内角と外角

(1) 四角形の内角の和は **360°** である。

(2) n 角形の内角の和は $\boldsymbol{(n-2)\times180°}$ である。

(3) n 角形の外角の和は，n に関係なく，つねに **360°** である。

3 多角形の対角線

多角形の隣り合わない頂点を結ぶ線分を，その多角形の**対角線**という。

n 角形の対角線の本数は $\boldsymbol{\frac{1}{2}n(n-3)}$ 本である。

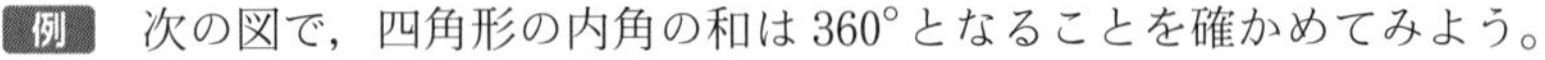

四角形の内角の和

例 次の図で，四角形の内角の和は 360°となることを確かめてみよう。

(1)

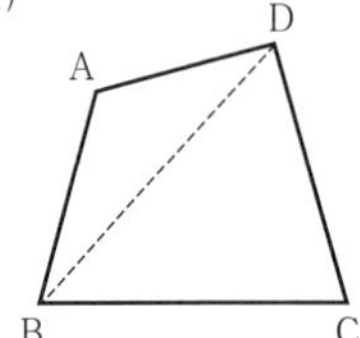

(2)

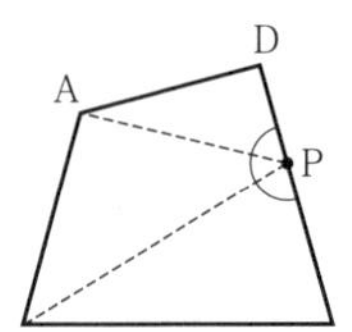

(3)

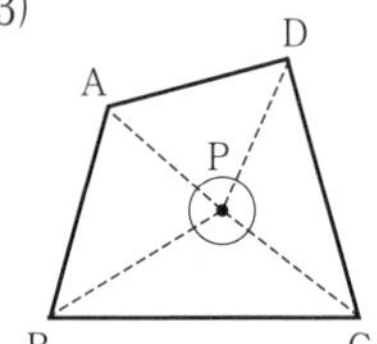

▶ (1) 2つの三角形 △ABD，△BCD の内角の和が，四角形 ABCD の内角の和と等しいから，

$$180°+180°=360°$$

(2) 3つの三角形 △APD，△ABP，△BCP の内角の和から頂点 P に集まる角の和 180°をひけば，四角形 ABCD の内角の和になるから，

$$180°\times3-180°=360°$$

(3) 4つの三角形 △ABP，△BCP，△CDP，△DAP の内角の和から頂点 P に集まる角の和 360°をひけば，四角形 ABCD の内角の和になるから，

$$180°\times4-360°=360°$$

基本問題

25 次の図で，x の値を求めよ。

(1)

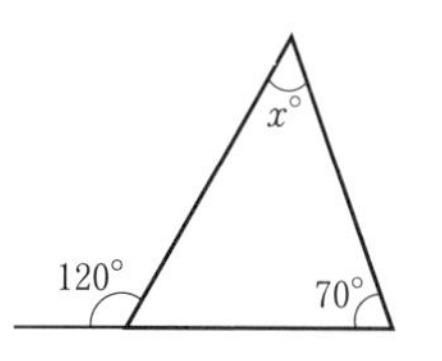

(2)

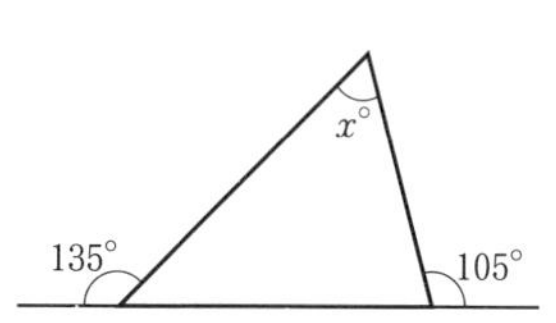

26 右の図を利用して，六角形の内角の和を求めよ。

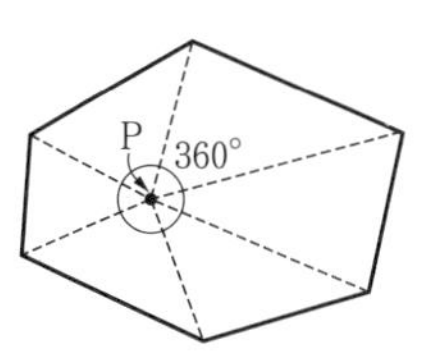

27 次の □ に適切な式を入れ，n 角形の対角線の本数が $\frac{1}{2}n(n-3)$ 本であることの証明を完成せよ。

（仮定）ある多角形が n 角形である。

（結論）その多角形の対角線の本数は $\frac{1}{2}n(n-3)$ 本である。

（証明）n 角形の 1 つの頂点からは [(ア)] 本ずつの対角線がひける。
よって，n 個の頂点から，合わせて [(イ)] 本の対角線がひけるが，対角線は 2 つの頂点を結んでできるので，この数え方は 1 本の対角線を重複して 2 回ずつ数えている。
ゆえに，n 角形の対角線の本数は [(ウ)] 本となる。

28 次の多角形の内角の和と対角線の本数をそれぞれ求めよ。

(1)　五角形　　(2)　七角形　　(3)　十二角形

29 正九角形について，次の問いに答えよ。

(1)　正九角形の外角の和を求めよ。

(2)　正九角形の 1 つの外角の大きさを求めよ。

(3)　(2)を利用して，正九角形の 1 つの内角の大きさを求めよ。

30 次の図で，x の値を求めよ。

(1)

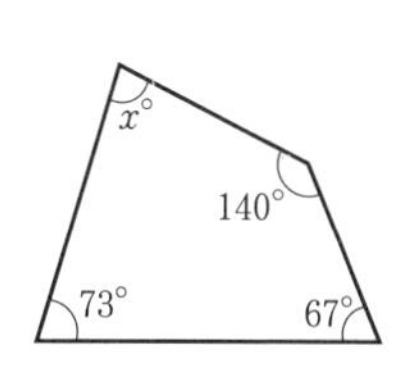

(2)

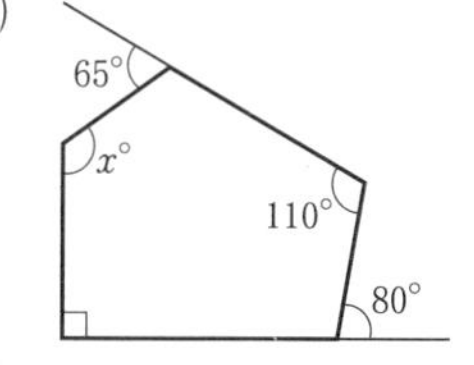

(3)

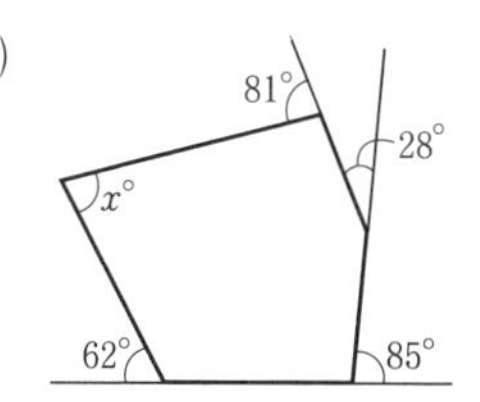

例題 5 次の問いに答えよ。

(1) 図1で，x の値を求めよ。

(2) 図2で，印をつけた角の和を求めよ。

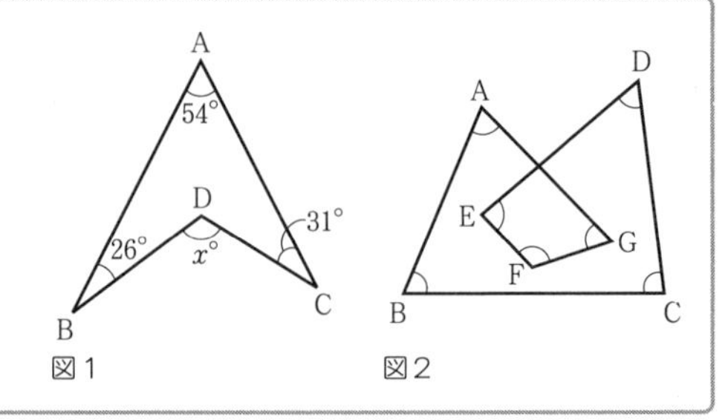

解説 補助線をひいて求める。

(1) 線分BDを延長するか，または半直線ADをひくなどの方法によって2つの三角形に分ける。

(2) 点AとD，点EとGをそれぞれ結び，四角形ABCDと△EFGの内角の和に注目する。

解答 (1) 線分BDを延長し，線分ACとの交点をEとする。

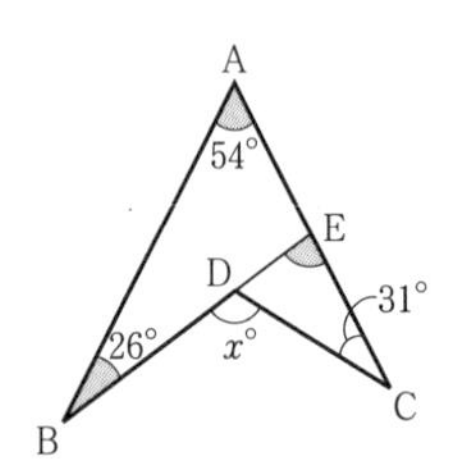

△ABEで，　∠DEC＝∠A＋∠B＝54°＋26°

　　　　　　　　　＝80°（内対角の和）

△DCEで，　x＝80＋31＝111（内対角の和）

（答）　x＝111

(2) 点AとD，点EとGを結ぶ。

線分AGとDEとの交点をHとする。

△HDAと△HEGにおいて，

∠AHD＝∠GHE（対頂角）

1つの内角が等しいから，他の2つの内角の和は等しい。

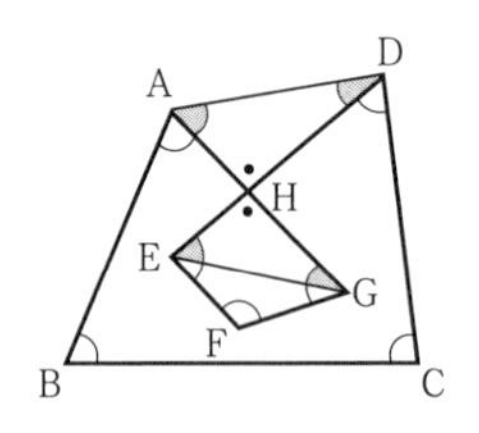

よって，　　∠HAD＋∠HDA＝∠HEG＋∠HGE

ゆえに，求める角の和は，四角形ABCDと△EFGの内角の和に等しいから，

360°＋180°＝540°

（答）　540°

別解 (1) 線分ADの延長上に点Fをとる。

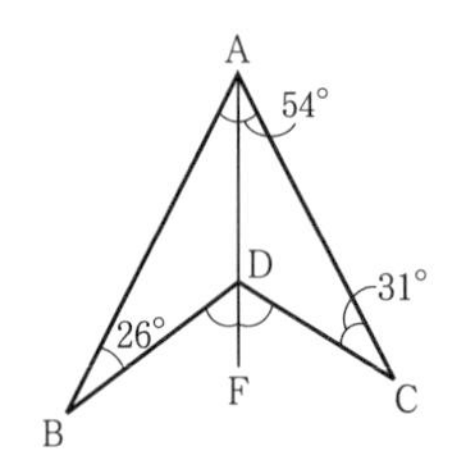

△ABDで，　∠BDF＝∠BAD＋∠B（内対角の和）

△ADCで，　∠CDF＝∠CAD＋∠C（内対角の和）

ゆえに，　　∠BDC＝∠BDF＋∠CDF

　　　　　　　　＝∠BAD＋∠B＋∠CAD＋∠C

　　　　　　　　＝∠BAC＋∠B＋∠C

すなわち，　x＝54＋26＋31＝111

（答）　x＝111

(2) 点AとDを結ぶ。

線分AGとDEとの交点をHとする。

四角形ABCDで，

$$\angle BAD+\angle B+\angle C+\angle ADC=360^\circ$$

四角形EFGHで，

$$\angle E+\angle F+\angle G+\angle EHG=360^\circ$$

△AHDで，　$\angle DAH+\angle AHD+\angle HDA=180^\circ$

また，　$\angle EHG=\angle AHD$（対頂角）

よって，求める角の和は，四角形ABCDと四角形EFGHの内角の和から，△AHDの内角の和をひけばよい。

ゆえに，　$360^\circ\times2-180^\circ=540^\circ$　　（答）540°

演習問題

31 次の図で，x の値を求めよ。

(1)

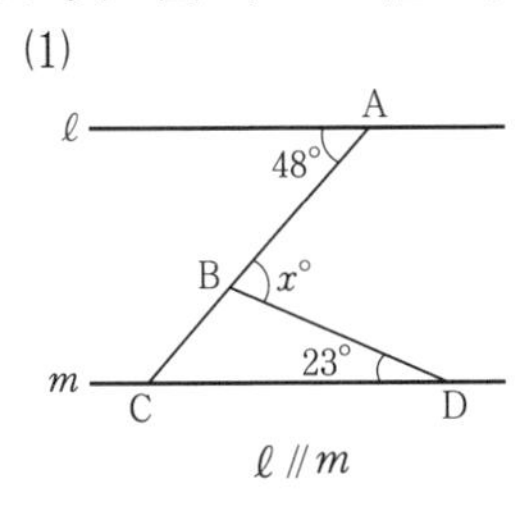

ℓ // m

(2)

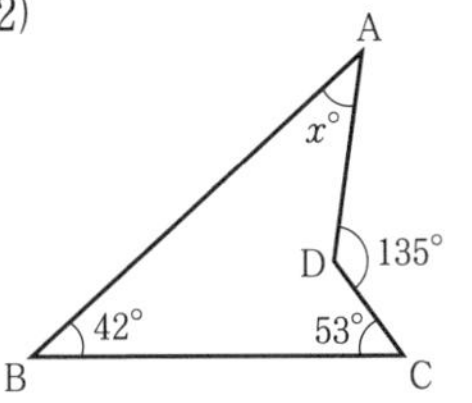

(3)

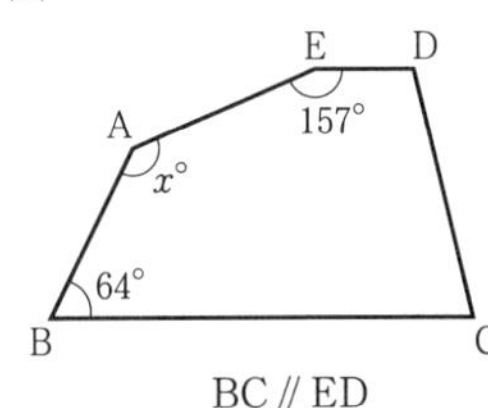

BC // ED

32 次の図で，印をつけた角の和を求めよ。

(1)

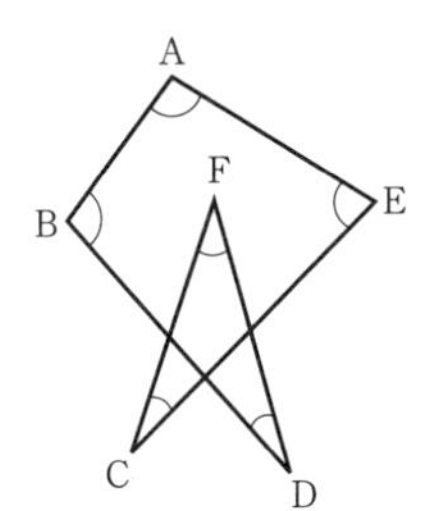

(2)

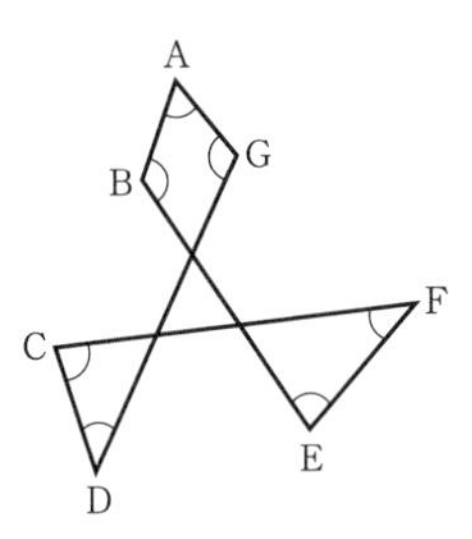

33 次の図で，印をつけた角の和を求めよ。

(1)

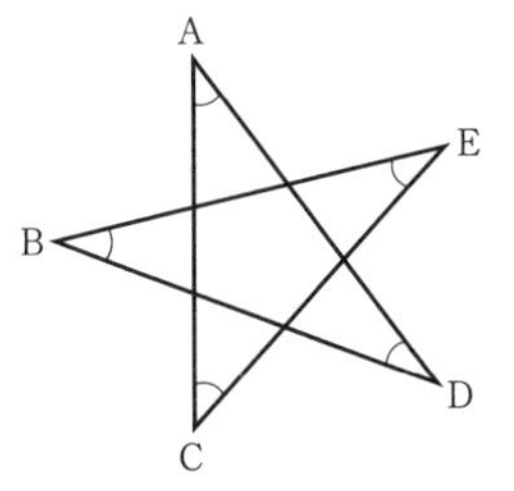

(2)

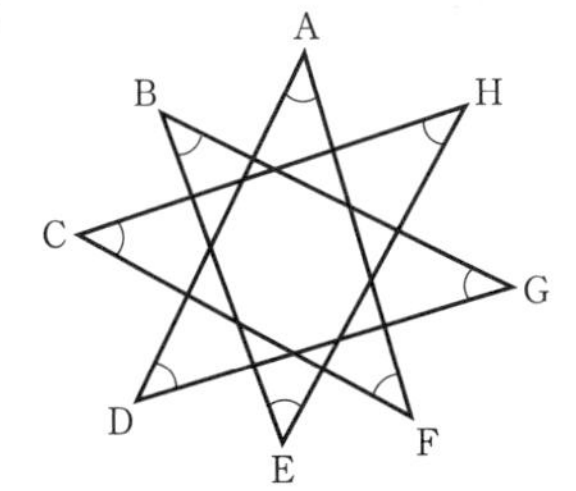

34 右の表は，正多角形の1つの内角，1つの外角の大きさと対角線の本数を示したものである。表の空らんをうめよ。

正多角形	1つの内角	1つの外角	対角線の本数
正八角形			
		36°	
	156°		

35 右の図で，∠ABD＝∠DBC，∠BDC＝∠CDE とするとき，∠ABC の大きさを求めよ。

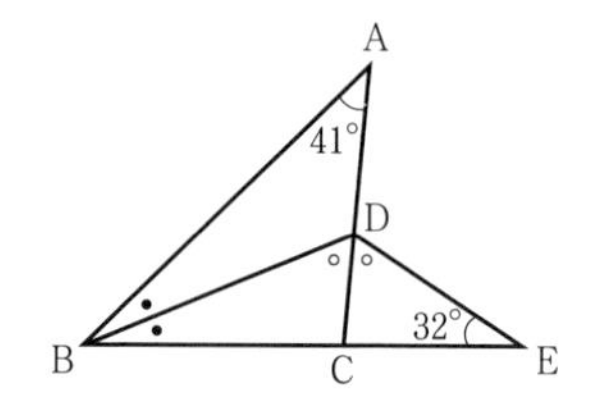

36 右の図のように，△ABC を，頂点 B を中心として矢印の向きに 23°回転すると，△A′BC′ になった。∠A の大きさを求めよ。

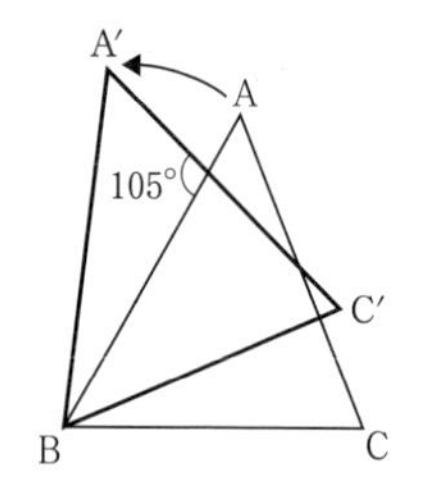

37 右の図で，五角形 ABCDE は正五角形であり，2直線 ℓ，m は平行である。このとき，x の値を求めよ。

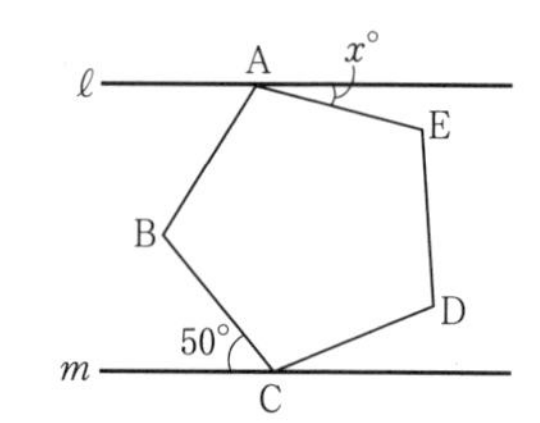

38 右の図のように，△ABC の ∠B の二等分線が ∠C の二等分線と交わる点を P，∠C の外角の二等分線と交わる点を Q とする。∠BPC，∠BQC の大きさをそれぞれ求めよ。

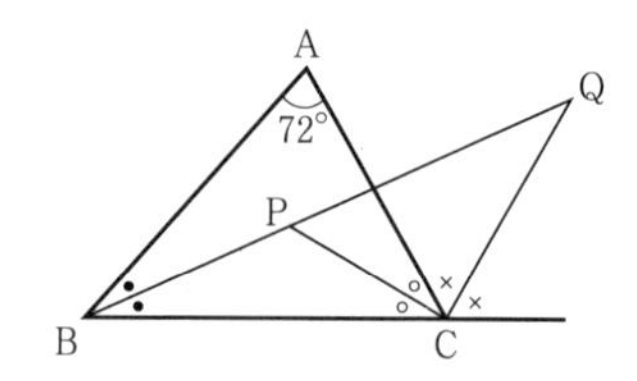

進んだ問題

39 右の図で，∠A＝67°，∠D＝81° であり，EB，EC はそれぞれ ∠ABD，∠ACD の二等分線である。∠E の大きさを求めよ。

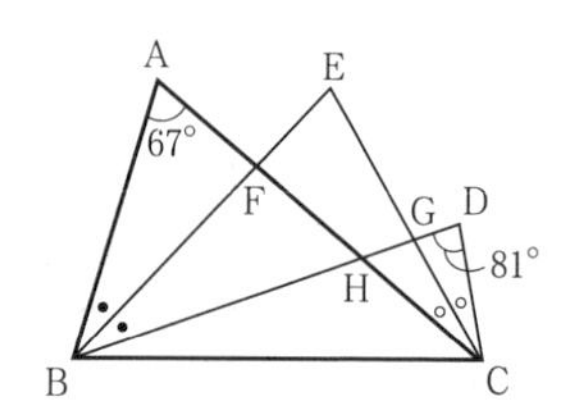

5章の問題

1 三段論法として正しくなるように，次の［　　］にあてはまる文を入れて，①と②が正しいとするとき，③が導かれるようにせよ。 ← 1

(1) ①　P さんは A チームのメンバーである。
　②　A チームのメンバーはゼッケンをつけている。
　③　よって，［　　　　　　　　　　　　　　　　］

(2) ①　すべての鳥は卵からかえる。
　②　［　　　　　　　　　　　　　　　　］
　③　よって，ペンギンは卵からかえる。

(3) ①　12 の倍数は 6 の倍数である。
　②　［　　　　　　　　　　　　　　　　］
　③　よって，12 の倍数は 2 の倍数である。

2 次の命題の逆をつくり，それが正しいか正しくないかを答え，正しくないときは，反例を 1 つあげよ。 ← 1

(1)　$a>b$ ならば，$a^2>b^2$ である。

(2)　一の位の数が 0 か 5 である整数は 5 の倍数である。

(3)　△ABC が正三角形ならば，∠A＝60° である。

3 線分 AB の延長上に点 C があり，線分 AC，BC の中点をそれぞれ M，N とする。このとき，$MN=\frac{1}{2}AB$ であることを証明せよ。 ← 1

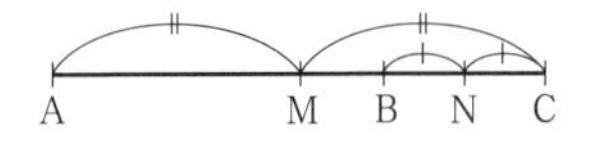

4 次の図で，$\ell // m$ のとき，x の値を求めよ。 ← 2

(1)

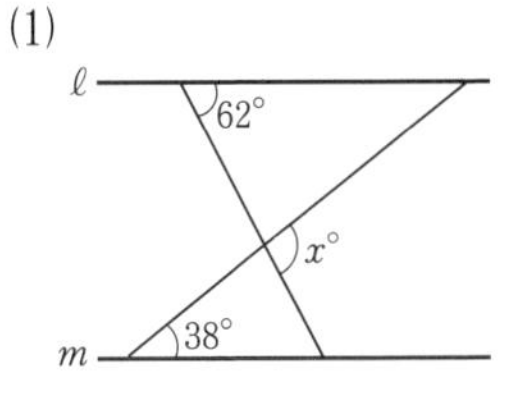

(2)

(3)

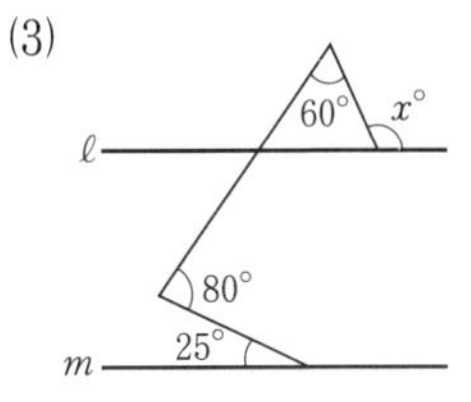

5 正多角形の 1 つの内角と外角の比が 8：1 であるとき，この図形は正何角形か。 ← 3

6 次の問いに答えよ。 ←3

(1) 右の図のように，長方形 ABCD を，線分 PQ を折り目として折り曲げたとき，x の値を求めよ。

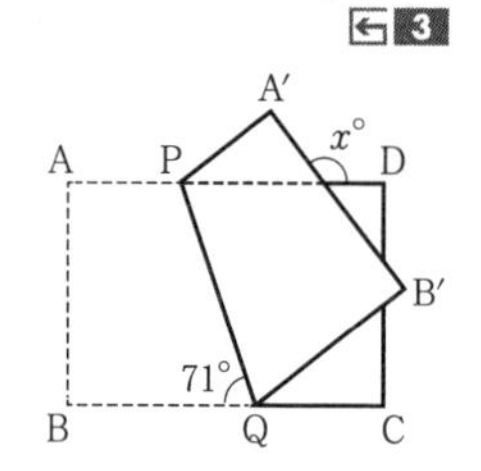

(2) 右の図のように，長方形 ABCD を，線分 PQ，RS を折り目として折り曲げたとき，x の値を求めよ。

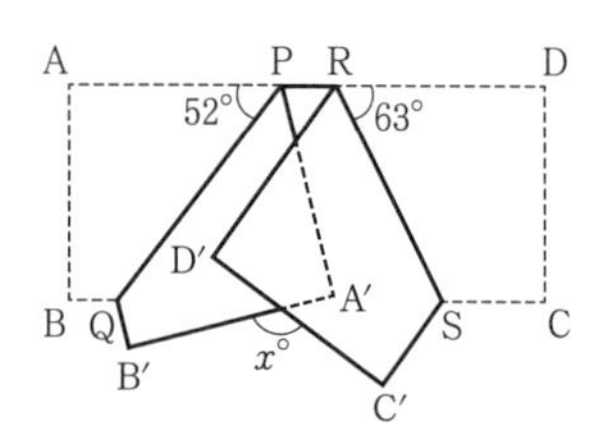

7 右の図で，印をつけた角の和を求めよ。 ←3

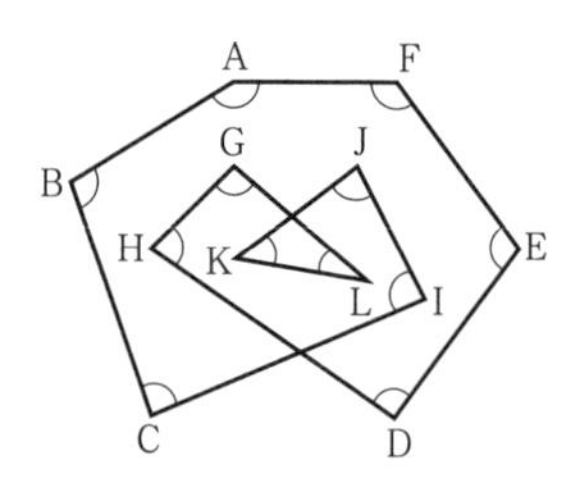

進んだ問題

8 右の図で，AG は ∠BAC の二等分線，EG は ∠BED の二等分線である。∠AGE の大きさを求めよ。 ←3

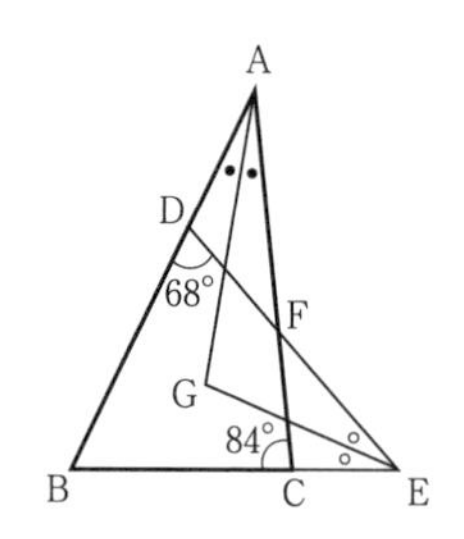

9 右の図で，線分 BD の長さが 1cm であるとき，線分 AC の長さと線分 CD の長さの差を求めよ。

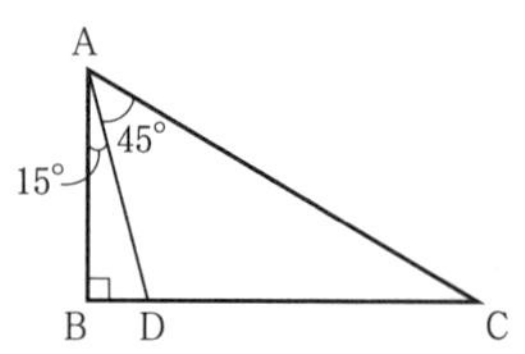

6章 三角形の合同

1 三角形の合同

1 **合同**

2つの図形があって，一方の図形を移動して他方の図形にぴったりと重ね合わせることができるとき，この2つの図形は**合同**であるという。

重ね合わせることができる頂点，辺，角をそれぞれ**対応する頂点**（**対応点**），**対応する辺**（**対応辺**），**対応する角**（**対応角**）という。

図形FとF′が合同であるとき，記号≡を使って **F≡F′** と表す。

例 下の図で，4つの三角形はすべて合同である。
△ABC≡△DEF（平行移動）
△DEF≡△GHF（点Fを中心とする回転移動）
△GHF≡△GJI（直線ℓを軸とする対称移動）

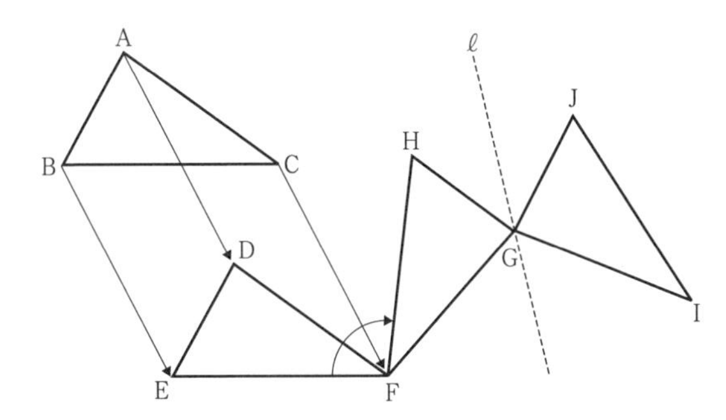

⚠ 合同な図形を頂点の記号を使って表すとき，対応する頂点が周にそって同じ順に並ぶように書く。たとえば，上の図で「△ABC≡△EFD」とは書かない。

2 **多角形の合同**

(1) 合同な2つの多角形において，対応する辺の長さは等しく，対応する角の大きさは等しい。

(2) 辺数の等しい2つの多角形において，辺の長さが順にそれぞれ等しく，それらにはさまれる角の大きさがそれぞれ等しいならば，この2つの多角形は合同である。

3 三角形の合同条件

次のいずれか1つの条件が成り立てば，2つの三角形は合同である。

(1) 2組の辺とその間の角がそれぞれ等しい。**（2辺夾角（きょうかく）の合同）**

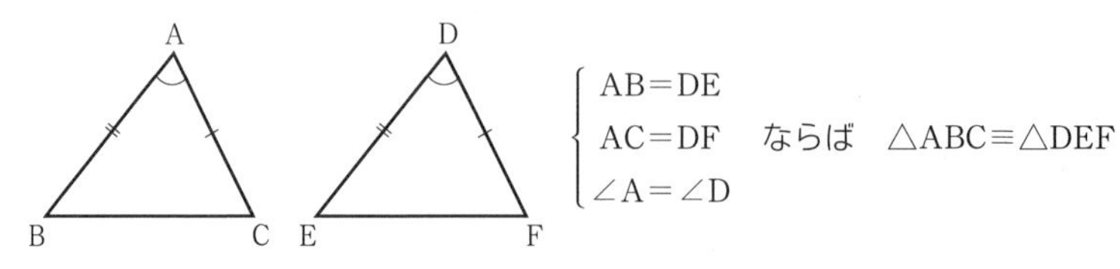

(2) 2組の角とその間の辺がそれぞれ等しい。**（2角夾辺（きょうへん）の合同）**

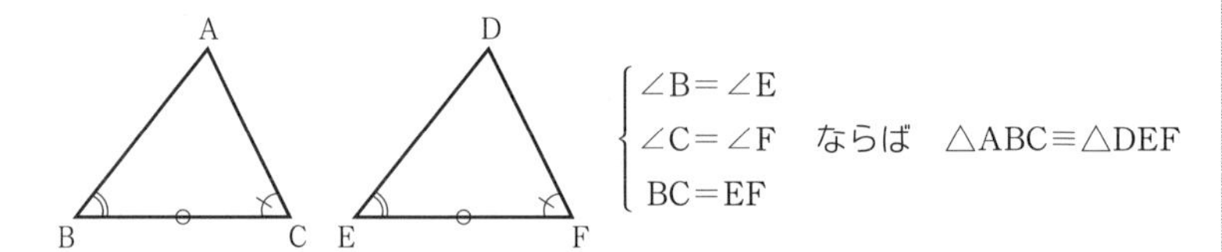

(2)′ 2組の角とその1つの対辺がそれぞれ等しい。**（2角1対辺の合同）**

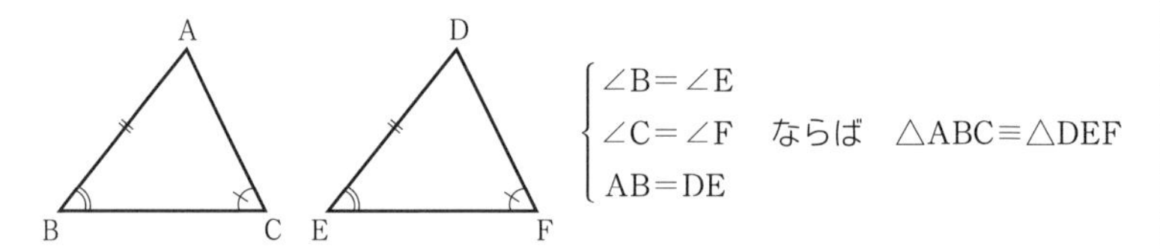

(3) 3組の辺がそれぞれ等しい。**（3辺の合同）**

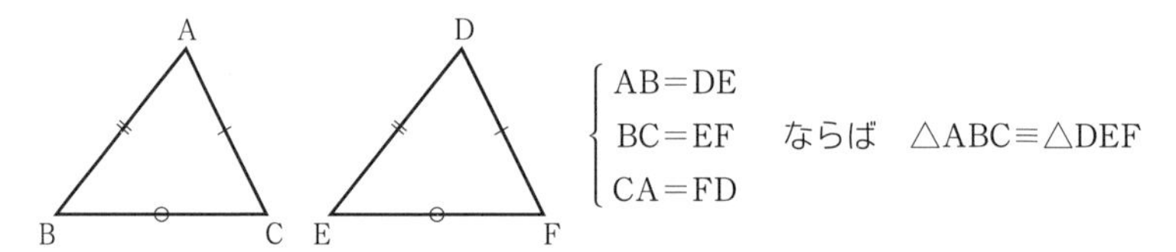

⚠ 1つの三角形において，角と向かい合う辺をその角の**対辺**といい，辺と向かい合う角をその辺の**対角**という。

2角1対辺の合同

例　三角形の合同条件「2角1対辺の合同」は「2角夾辺の合同」と本質的に同じであることを確かめてみよう。

▶ 右の図の △ABC と △DEF で，2組の角とその1つの対辺が等しいとする。

$$\begin{cases} \angle B=\angle E \quad \cdots\cdots\text{①} \\ \angle C=\angle F \quad \cdots\cdots\text{②} \\ AB=DE \quad \cdots\cdots\text{③} \end{cases}$$

このとき，　$\angle A=180°-\angle B-\angle C$

　　　　　　$\angle D=180°-\angle E-\angle F$

①，②より，　$\angle A=\angle D \quad \cdots\cdots$④

よって，
$$\begin{cases} \angle A=\angle D \ (\text{④}) \\ \angle B=\angle E \ (\text{①}) \\ AB=DE \ (\text{③}) \end{cases}$$

であり，2角夾辺の合同条件が満たされることがわかる。

⚠ 本書では「2角1対辺の合同」を三角形の合同条件として利用してよい。

基本問題

1 次の図の △ABC と △DEF の関係を表す式として正しいものを，(ア)〜(エ)からすべて選べ。

(ア)　△ABC≡△DEF

(イ)　△ABC≡△DFE

(ウ)　△BAC≡△DEF

(エ)　△BAC≡△FDE

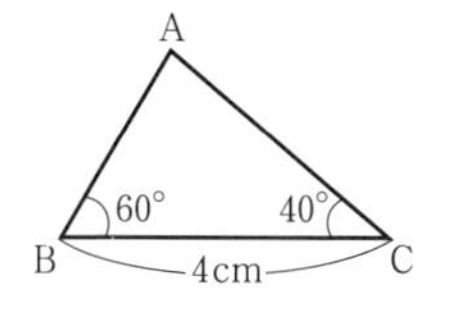

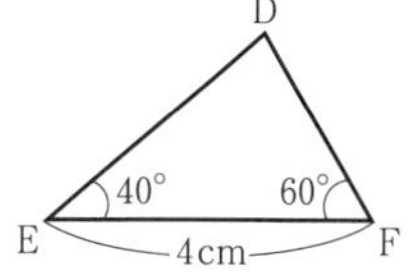

2 次の図の中で，合同な三角形はどれとどれか。対応する頂点に注意して，記号≡を使って表せ。また，そのときの合同条件を書け。

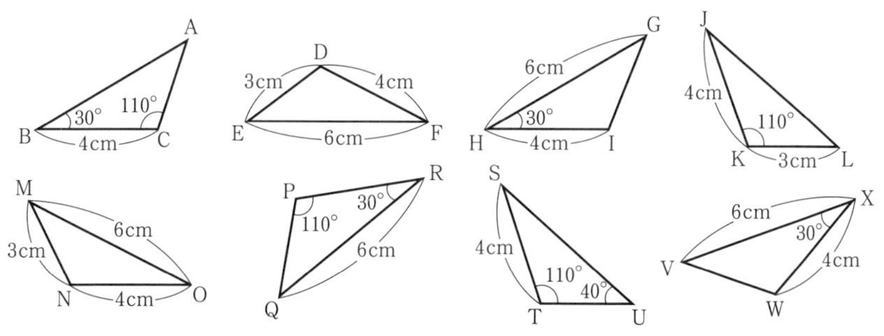

3 右の図で，$\triangle ABC \equiv \triangle DBE$，$AB = 8$cm，
$BC = 5$cm とする。線分 AE の長さを求めよ。

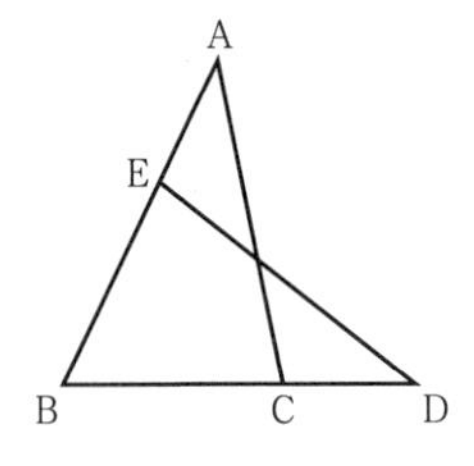

4 $\triangle ABC \equiv \triangle DEF$ を示すのに，次の条件がわかっている。このとき，あと 1 つどのような条件がわかればよいか。考えられるものをすべて答えよ。また，そのときの合同条件を書け。

(1) $AB = DE$，　$AC = DF$

(2) $AB = DE$，　$\angle B = \angle E$

例題 1 $\triangle ABC \equiv \triangle A'B'C'$ のとき，辺 BC，B′C′ の中点をそれぞれ M，M′ とすると，$AM = A'M'$ であることを証明せよ。

解説 仮定は「$\triangle ABC \equiv \triangle A'B'C'$，$BM = \frac{1}{2}BC$，$B'M' = \frac{1}{2}B'C'$」

結論は「$AM = A'M'$」

である。

合同な三角形で，対応する辺と対応する角はそれぞれ等しいことを利用する。

また，$AM = A'M'$ であるためには，どの 2 つの三角形の合同を示せばよいかを考える。

証明 $\triangle ABM$ と $\triangle A'B'M'$ において，

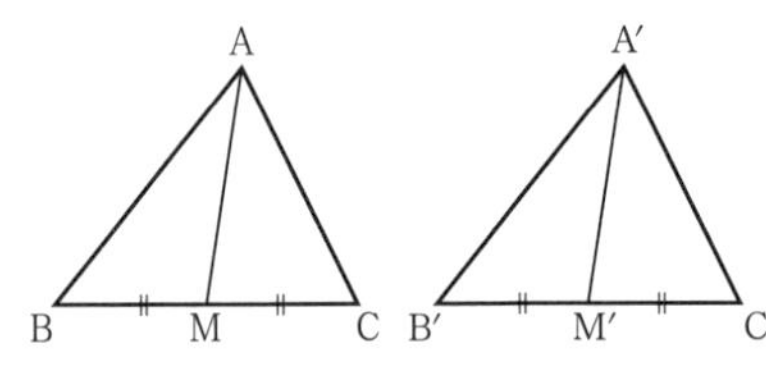

$\triangle ABC \equiv \triangle A'B'C'$（仮定）より，

$AB = A'B'$ ………①

$\angle B = \angle B'$ ………②

$BC = B'C'$

$BM = \frac{1}{2}BC$，$B'M' = \frac{1}{2}B'C'$（ともに仮定）より，

$BM = B'M'$ ………③

①，②，③より，

$\triangle ABM \equiv \triangle A'B'M'$（2 辺夾角）

ゆえに，　$AM = A'M'$

演習問題

5 右の図で，AO＝CO，BO＝DO とするとき，△ABO≡△CDO であることを証明せよ。

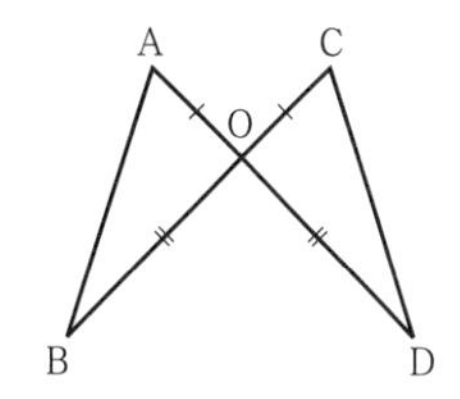

6 △ABC において，AB＝AC で，辺 AB，AC の中点をそれぞれ M，N とするとき，∠ABN＝∠ACM であることを証明せよ。

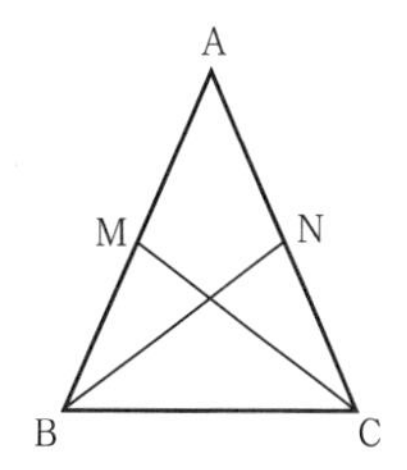

7 △ABC≡△DEF，△DEF≡△GHI のとき，△ABC≡△GHI であることを証明せよ。

8 右の図の AD∥BC の台形 ABCD で，辺 CD の中点を E とし，線分 AE の延長と辺 BC の延長との交点を F とする。このとき，AD＝CF であることを証明せよ。

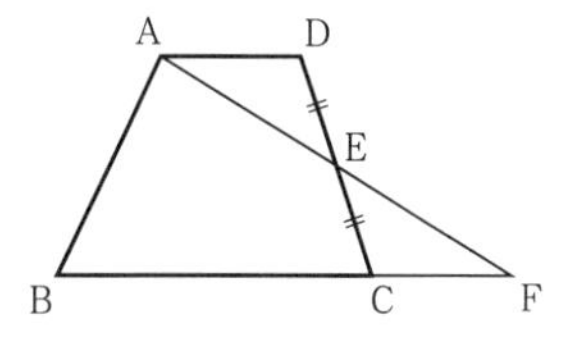

9 右の図のように，長方形の紙片 ABCD を，対角線 BD を折り目として折り曲げたとき，頂点 A の移動した点を E とする。このとき，△BEC≡△DCE であることを証明せよ。

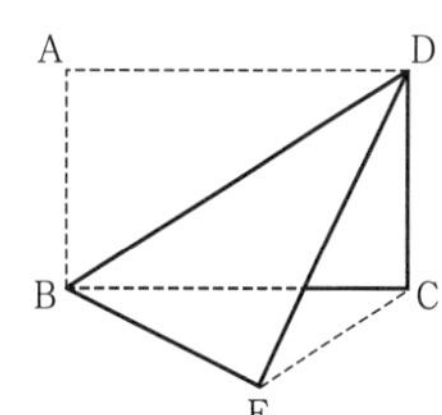

10 △ABC≡△A′B′C′ のとき，∠A，∠A′ の二等分線と，辺 BC，B′C′ との交点をそれぞれ D，D′ とすると，AD＝A′D′ であることを証明せよ。

11 右の図の四角形 ABCD と四角形 EFGH は，ともに正方形である。このとき，△AEH≡△BFE であることを証明せよ。

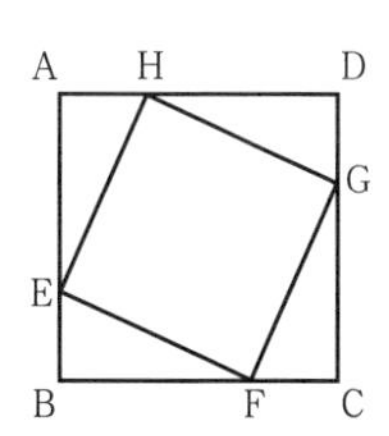

12 次の多角形のうち，つねに合同であるものを，(ア)〜(オ)からすべて選べ。

(ア)　1辺の長さが3cmの2つの正方形

(イ)　1辺の長さが3cmの2つのひし形

(ウ)　1辺の長さが3cmの2つの正六角形

(エ)　すべての辺の長さが3cmの2つの五角形

(オ)　3つの角が40°，60°，80°の2つの三角形

13 右の図の四角形ABCDと四角形A′B′C′D′で，AB＝A′B′，BC＝B′C′，∠A＝∠A′，∠B＝∠B′，∠C＝∠C′である。このとき，四角形ABCDと四角形A′B′C′D′は合同であることを証明せよ。

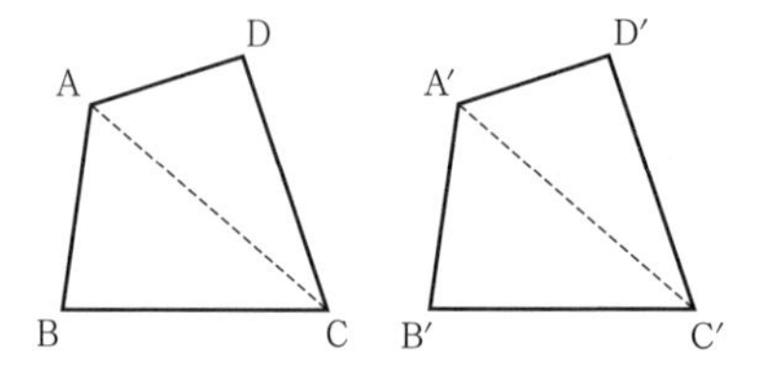

進んだ問題

14 右の図で，AB＝CD，AD＝BCとするとき，△ABO≡△CDOであることを証明せよ。

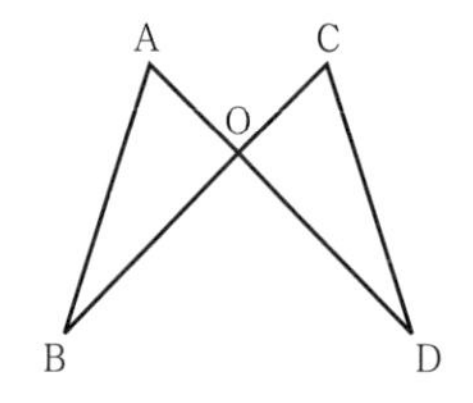

2 三角形の性質

1 二等辺三角形

(1) **定義**　2つの辺の長さが等しい三角形を**二等辺三角形**という。長さの等しい2つの辺の間の角を**頂角**，頂角に向かい合う辺を**底辺**，底辺の両端の角を**底角**という。

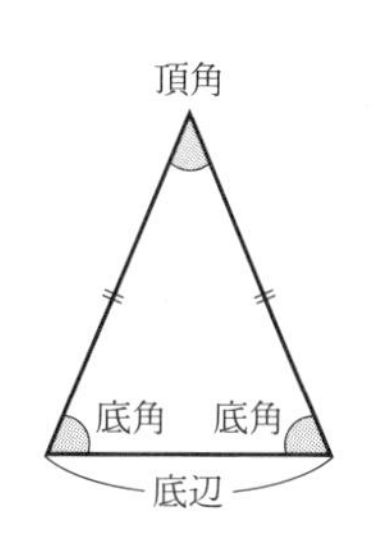

(2) **定理**

① 二等辺三角形の2つの底角は等しい。

② 2つの角が等しい三角形は二等辺三角形である。

(3) **関連する定理**

① 線分ABの垂直二等分線上の点Pは，2点A，Bから等距離にある。

② 2点A，Bから等距離にある点Pは，線分ABの垂直二等分線上にある。

③ 二等辺三角形の頂角の二等分線は，底辺を垂直に2等分する。

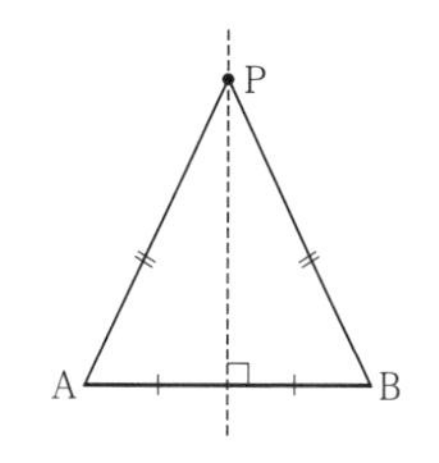

⚠ 二等辺三角形では，

(i) 底辺の垂直二等分線

(ii) 頂角の頂点からひいた中線

(iii) 頂角の二等分線

(iv) 頂角の頂点から底辺にひいた垂線

はすべて一致して，二等辺三角形の対称軸となる。

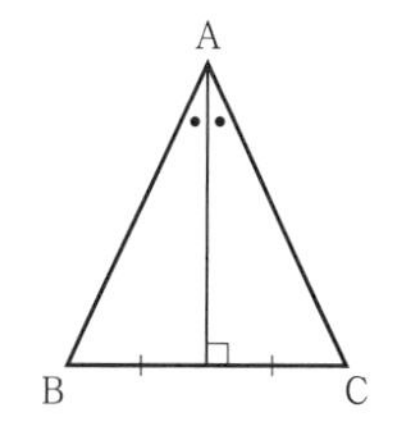

2 正三角形

(1) **定義**　3つの辺の長さが等しい三角形を**正三角形**という。

(2) **定理**

① 正三角形の3つの角は等しい（60°である）。

② 3つの角が等しい（60°である）三角形は正三角形である。

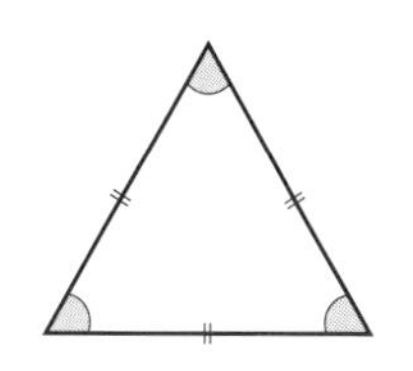

3 直角三角形

(1) **定義**　1つの角が直角である三角形を**直角三角形**という。直角に対する辺を**斜辺**という。

⚠ 直角をはさむ2つの辺の長さが等しい直角三角形を**直角二等辺三角形**という。

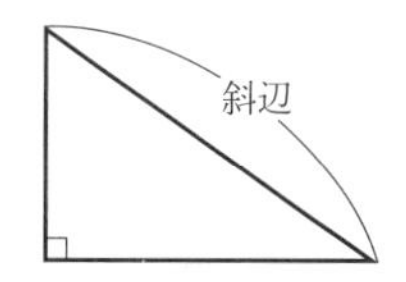

(2) **直角三角形の合同条件**　次のいずれか1つの条件が成り立てば，2つの直角三角形は合同である。

① 斜辺と1つの鋭角がそれぞれ等しい。**（斜辺と1鋭角の合同）**

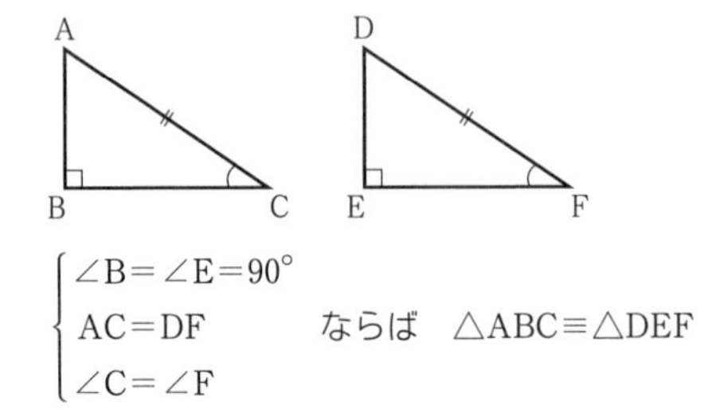

$\begin{cases} \angle B = \angle E = 90^\circ \\ AC = DF \\ \angle C = \angle F \end{cases}$ ならば　$\triangle ABC \equiv \triangle DEF$

② 斜辺と他の1辺がそれぞれ等しい。**（斜辺と1辺の合同）**

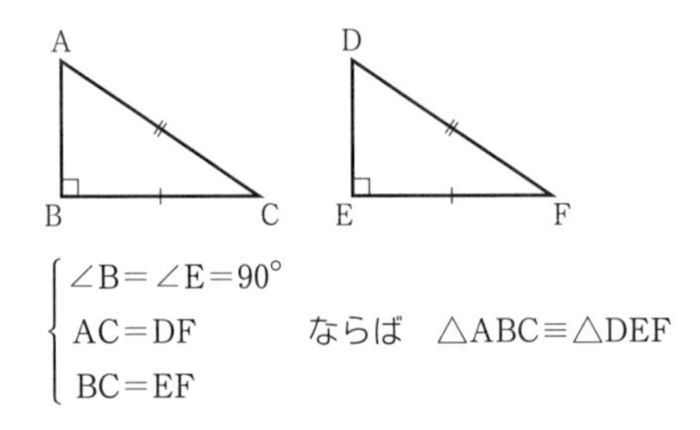

$\begin{cases} \angle B = \angle E = 90^\circ \\ AC = DF \\ BC = EF \end{cases}$ ならば　$\triangle ABC \equiv \triangle DEF$

⚠ 90°より小さい角を**鋭角**，90°より大きい角を**鈍角**という。

(3) **関連する定理**

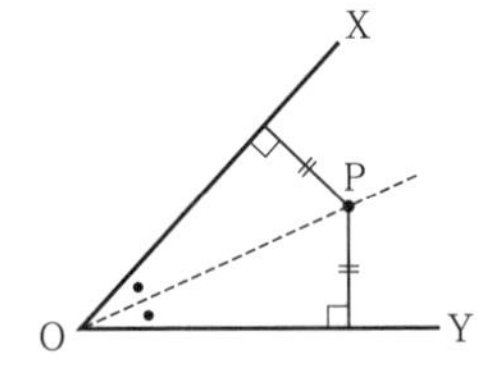

① ∠XOYの二等分線上の点Pは，2辺OX，OYから等距離にある。

② ∠XOYの2辺OX，OYから等距離にある点Pは，∠XOYの二等分線上にある。

4 鋭角三角形と鈍角三角形

3つの角がすべて90°より小さい三角形を**鋭角三角形**，1つの角が90°より大きい三角形を**鈍角三角形**という。

基本問題

15 次の図で，x の値を求めよ。

(1) 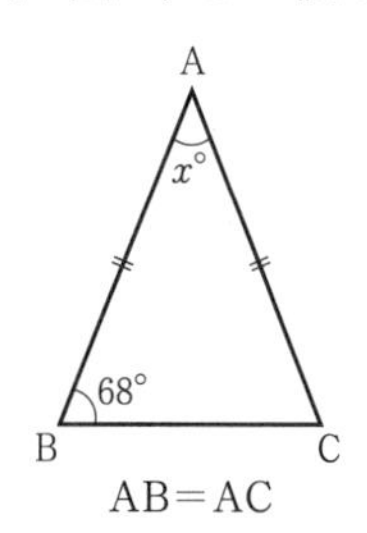

AB＝AC

(2) 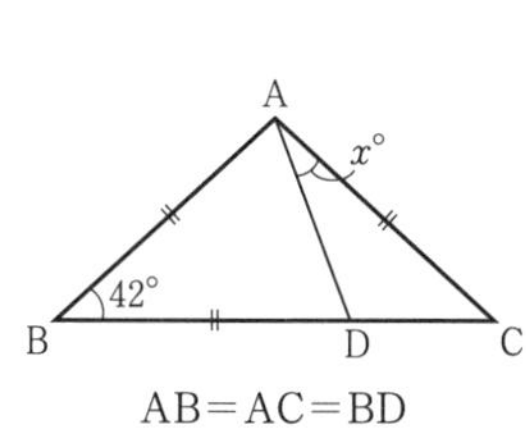

AB＝AC＝BD

(3) 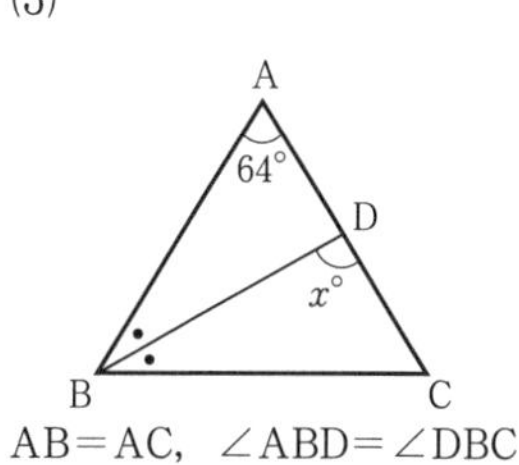

AB＝AC，∠ABD＝∠DBC

16 AB＝AC の二等辺三角形 ABC で，∠B＝∠C であることを，△ABC と△ACB の合同を使って証明せよ。

17 △ABC≡△DEF を示すのに，次の条件がわかっている。このとき，あと 1 つどのような条件がわかればよいか。考えられるものをすべて答えよ。また，そのときの合同条件を書け。

(1) ∠A＝∠D＝90°，　BC＝EF

(2) ∠A＝∠D＝90°，　AB＝DE

例題 2 右の図で，AB＝AC，CD＝CE，AB // CE であるとき，DE // BC であることを証明せよ。

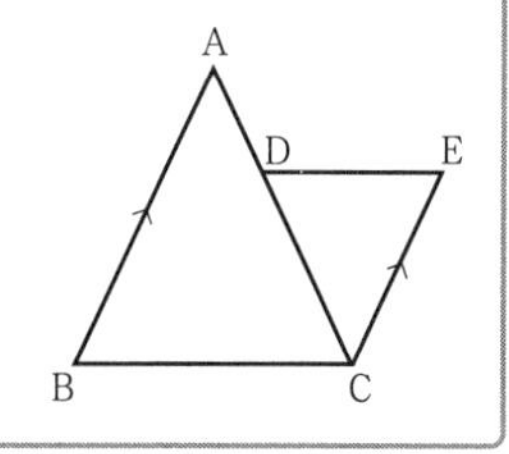

解説 二等辺三角形の底角が等しいことを利用する。

証明 AB // CE（仮定）より，　∠A＝∠ACE（錯角）………①

△ABC で，AB＝AC（仮定）より，

∠B＝∠ACB

よって，　$\angle ACB=\frac{1}{2}(180°-\angle A)$　………②

△CDE で，CD＝CE（仮定）より，

∠CDE＝∠E

よって，　$\angle CDE=\frac{1}{2}(180°-\angle ACE)$　………③

①，②，③より，　∠ACB＝∠CDE

錯角が等しいから，　DE // BC

演習問題

18 右の図の平行四辺形 ABCD で，AB＝4cm，AD＝7cm，∠ABE＝∠EBC とする。線分 ED の長さを求めよ。

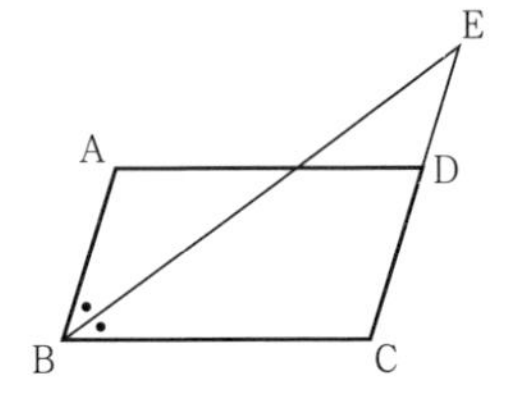

19 次の図で，x の値を求めよ。

(1)

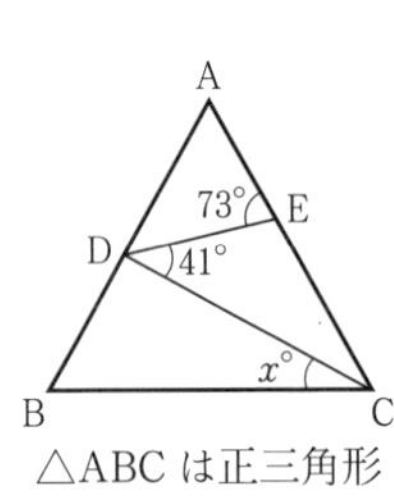

△ABC は正三角形

(2)

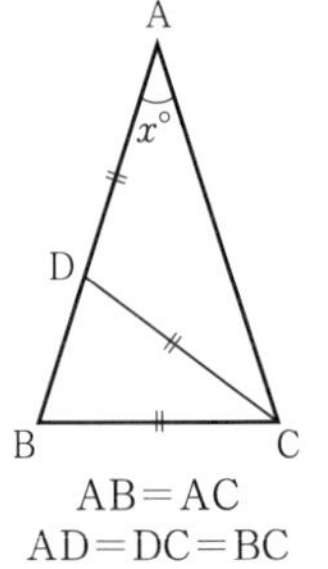

AB＝AC
AD＝DC＝BC

(3)

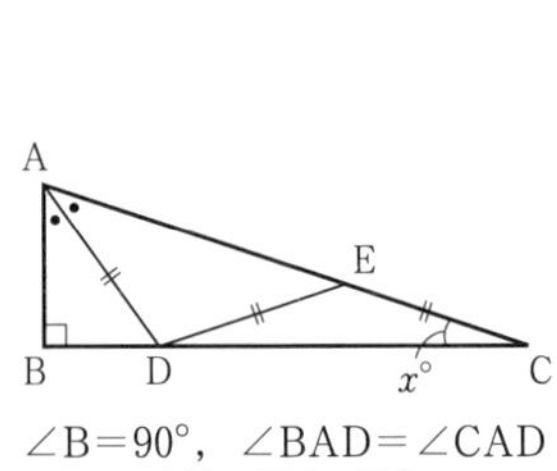

∠B＝90°，∠BAD＝∠CAD
AD＝DE＝EC

20 △ABC の辺 BC の中点を M とするとき，AM＝BM＝CM ならば，∠BAC は直角であることを証明せよ。

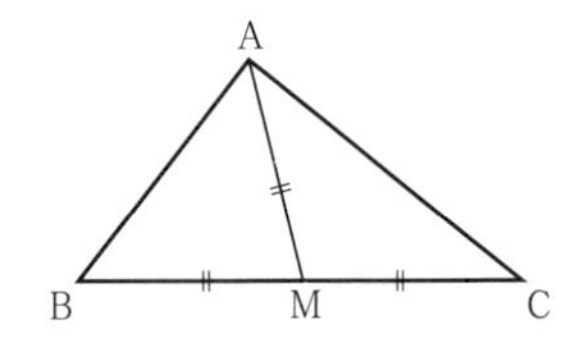

21 右の図で，四角形 ABCD は正方形である。辺 AD 上に点 P をとり，頂点 A，C から線分 BP に垂線 AQ，CR をひくとき，AQ＝BR であることを証明せよ。

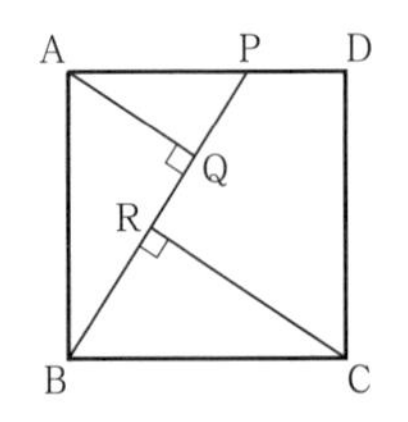

22 右の図のように，∠BAC＝45° の △ABC の頂点 A，B から対辺にひいた垂線をそれぞれ AP，BQ とし，その交点を R とする。このとき，△ARQ≡△BCQ であることを証明せよ。

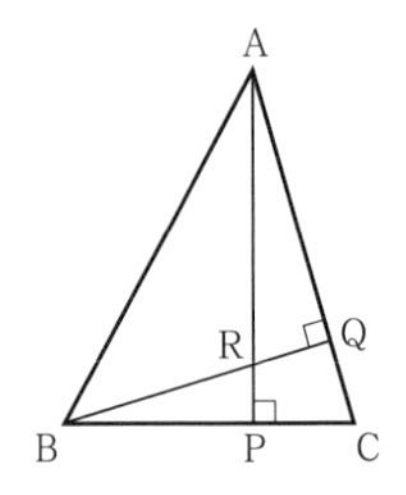

23 右の図のように，△ABC の ∠B の二等分線と，∠C の二等分線との交点を D とする。点 D を通り辺 BC に平行な直線をひき，辺 AB，AC との交点をそれぞれ E，F とするとき，EF＝EB＋FC であることを証明せよ。

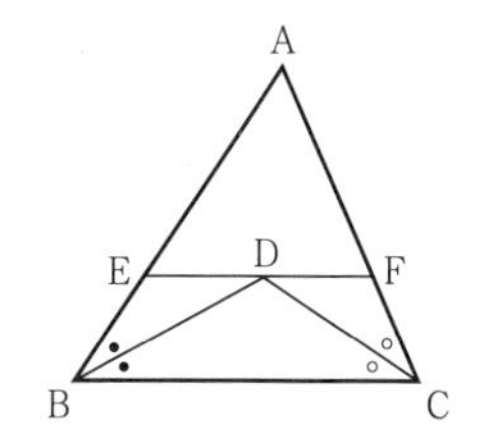

24 右の図で，AB＝AC，CE＝CF とする。

(1) b を a を使って表せ。

(2) EB＝ED のとき，a の値を求めよ。

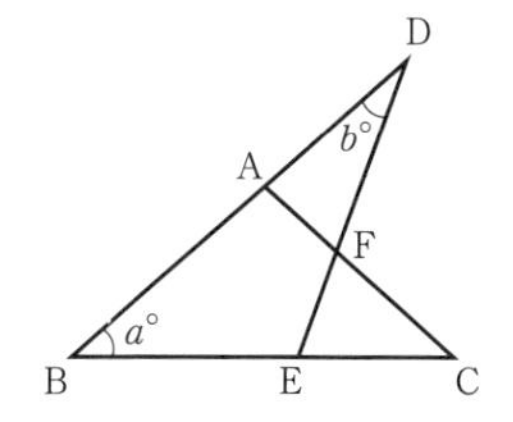

25 右の図のような，1 辺の長さが 3cm の正五角形 ABCDE がある。

(1) ∠ADE，∠AFE，∠AEF の大きさをそれぞれ求めよ。

(2) 線分 AF の長さを求めよ。

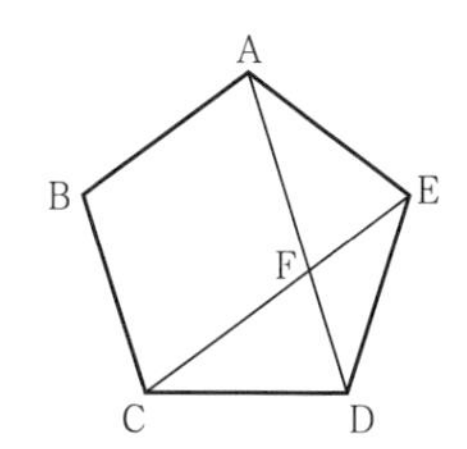

例題 3 右の図のように，△ABC の辺 AB 上の点 D を通り辺 BC に平行な直線と，辺 AC との交点を E とする。このとき，∠ADE＝∠EDC ならば，△DBC は二等辺三角形であることを証明せよ。

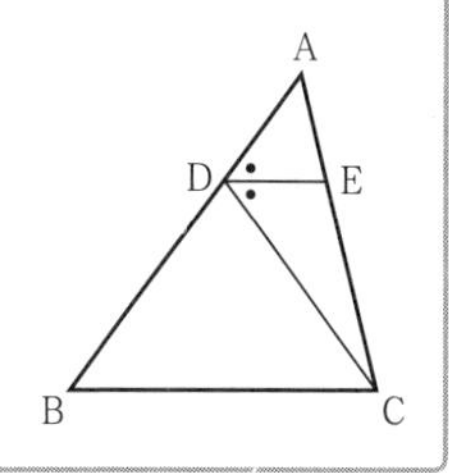

解説 2 つの角が等しい三角形は二等辺三角形であることを利用する。

証明 DE // BC（仮定）より，

∠ADE＝∠DBC（同位角）

∠EDC＝∠DCB（錯角）

∠ADE＝∠EDC（仮定）より，

∠DBC＝∠DCB

ゆえに，△DBC は DB＝DC の二等辺三角形である。

演習問題

26 次の定理を証明せよ。

(1) 線分 AB の垂直二等分線上の点を P とするとき，AP＝BP である。

(2) 線分 AB 上にない点 P が AP＝BP を満たすとき，P は線分 AB の垂直二等分線上にある。

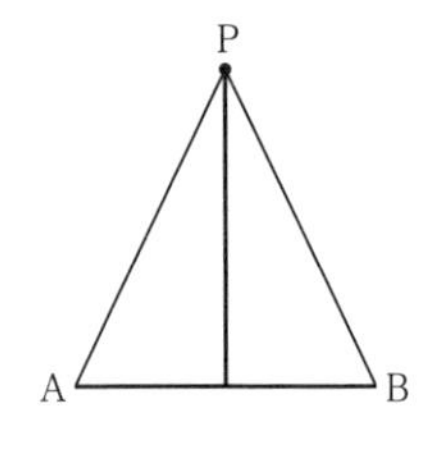

27 右の図のように，線分 AB の垂直二等分線上に 2 点 P，Q をとるとき，△PAQ≡△PBQ であることを証明せよ。

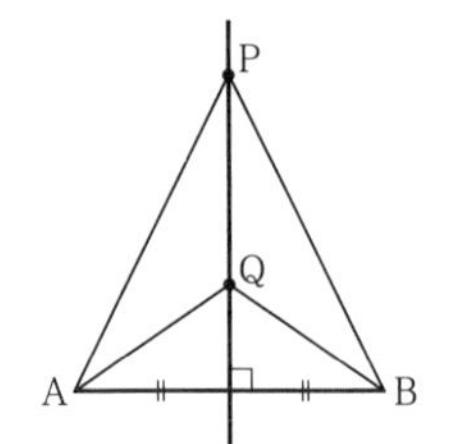

28 右の図で，AB＝AC，AD＝AE とするとき，△FBC は二等辺三角形であることを証明せよ。

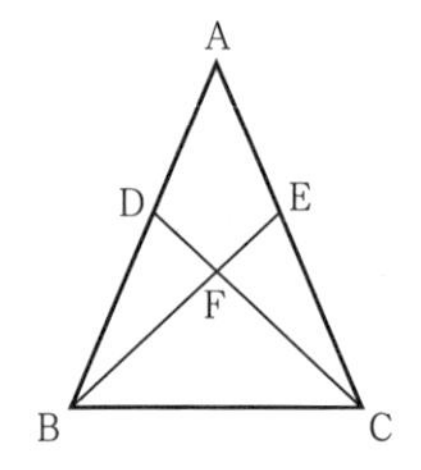

29 右の図で，△ABC，△ADE はともに直角二等辺三角形である。このとき，EC＝DB であることを証明せよ。

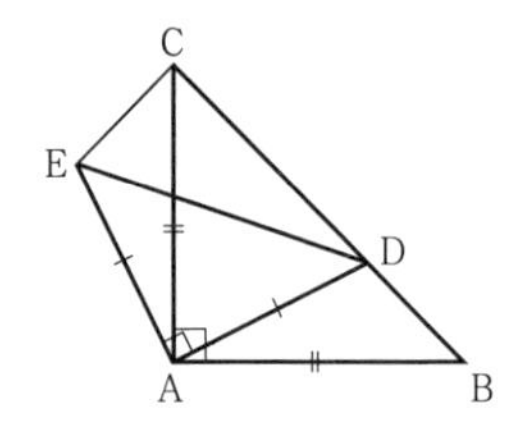

30 右の図で，AB＝AC の二等辺三角形 ABC を頂点 A を中心として回転させると △AB′C′ になるとき，AD＝AE であることを証明せよ。

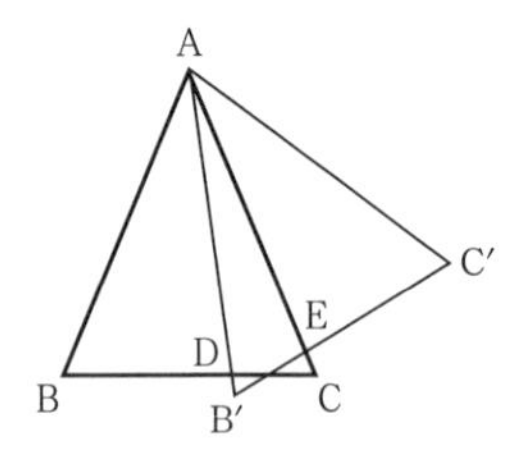

31 右の図で，$\triangle$ABC は $\angle$ACB＝90° の直角三角形で，点 E は辺 AB 上にあり，$\triangle$ABC≡$\triangle$DEC である。辺 AB の延長と辺 DC の延長との交点を F とするとき，EF＝ED であることを証明せよ。

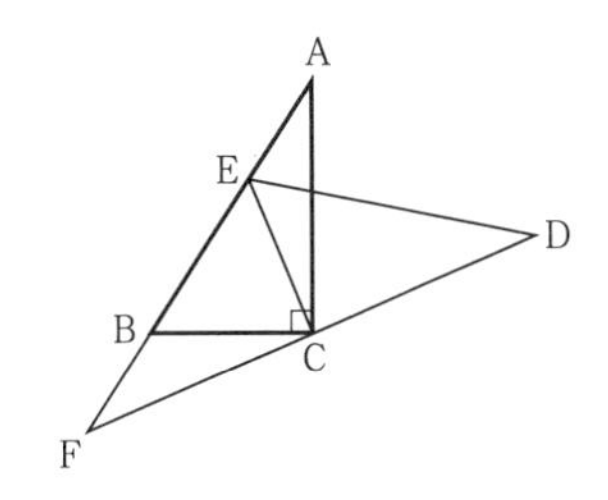

32 右の図のように，AB＝AC の二等辺三角形 ABC の 3 辺 BC，CA，AB 上にそれぞれ点 P，Q，R を，BP＝CQ，PC＝RB となるようにとる。

(1) $\triangle$PQR は二等辺三角形であることを証明せよ。

(2) $\angle$A＝52° のとき，$\angle$PQR を求めよ。

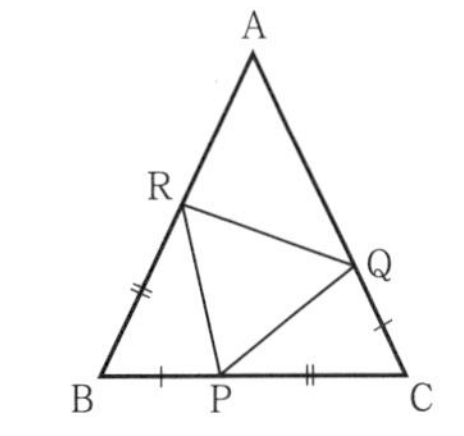

例題 4 右の図のように，2 つの合同な正方形 ABCD，BEFG がある。辺 AD と EF との交点を P とするとき，BP は $\angle$ABE の二等分線であることを証明せよ。

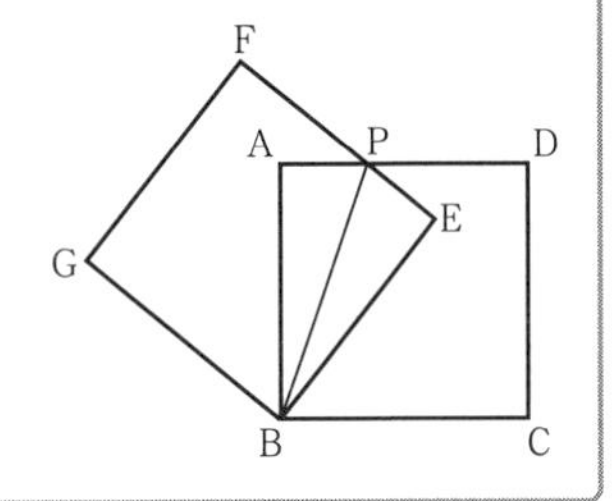

解説 直角三角形の合同条件を利用して $\triangle$ABP≡$\triangle$EBP を示せばよい。

証明 仮定より，四角形 ABCD と四角形 BEFG は合同な正方形であるから，

$\triangle$ABP と $\triangle$EBP において，

　　$\angle$A＝$\angle$E＝90°

　　AB＝EB

また，　BP は共通

よって，　$\triangle$ABP≡$\triangle$EBP（斜辺と 1 辺）

ゆえに，　$\angle$ABP＝$\angle$EBP

すなわち，BP は $\angle$ABE の二等分線である。

⚠ 直角三角形の合同条件を利用するときは，2 つの三角形が直角三角形であることを明示する必要がある。上の証明では，「＝90°」という表現は必要である。

演習問題

33 右の図のように，AB＝AC の二等辺三角形 ABC の頂点 B，C から，それぞれの対辺にひいた垂線を BD，CE とするとき，AD＝AE であることを証明せよ。

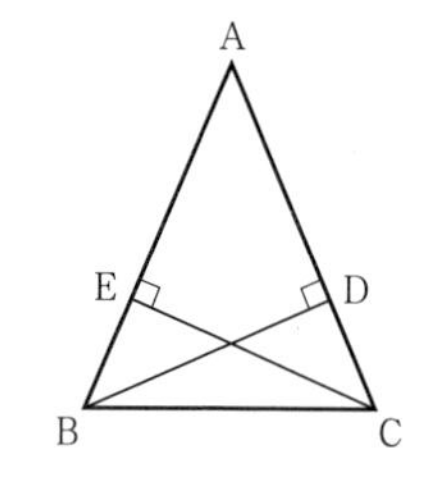

34 次の定理を証明せよ。

(1) 点 P が ∠XOY の二等分線上にあるとき，P から 2 辺 OX，OY にひいた垂線 PA，PB の長さは等しい。

(2) ∠XOY の内部の点 P から 2 辺 OX，OY にひいた垂線 PA，PB の長さが等しいとき，P は ∠XOY の二等分線上にある。

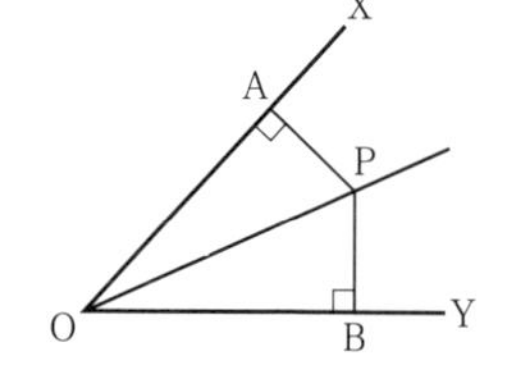

35 右の図のように，△ABC の ∠A の二等分線と辺 BC との交点 D から，辺 AB，AC にひいた垂線をそれぞれ DE，DF とするとき，AD⊥EF であることを証明せよ。

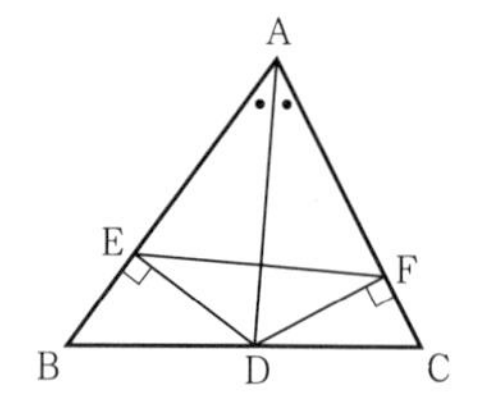

36 正方形 ABCD の対角線 AC 上に点 M を，AM＝AB となるようにとる。点 M を通り対角線 AC に垂直な直線と，辺 BC との交点を N とするとき，BN＝NM＝MC であることを証明せよ。

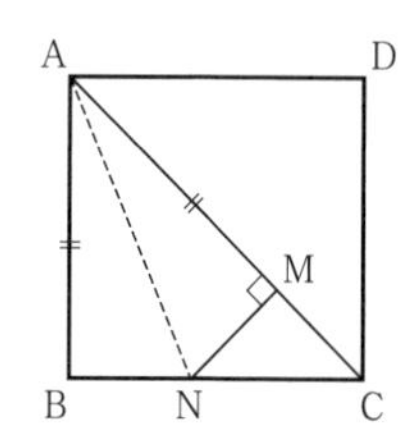

37 正方形 ABCD の辺 AB 上に点 P を，辺 BC の延長上に点 Q をとり，DP＝DQ とする。

(1) △DPQ は直角二等辺三角形であることを証明せよ。

(2) ∠ADP＝28° のとき，∠BQP の大きさを求めよ。

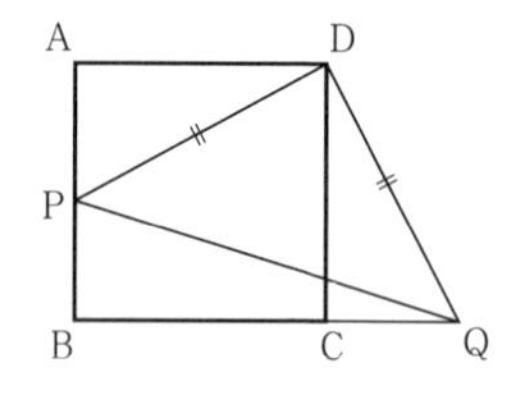

例題 5 右の図のように，正三角形 ABC の 3 辺 AB，BC，CA 上にそれぞれ点 D，E，F を，AD＝BE＝CF となるようにとるとき，△DEF は正三角形であることを証明せよ。

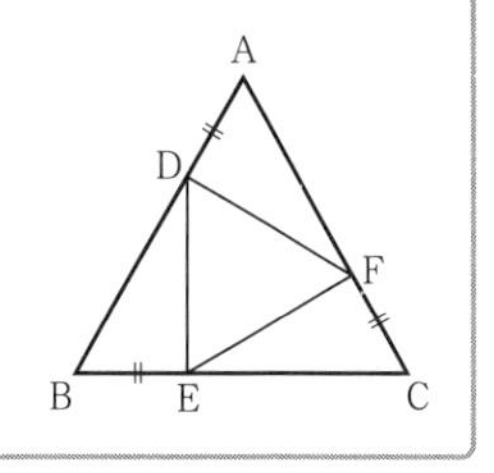

解説 正三角形であるためには，3 辺の長さが等しい，3 つの角の大きさが等しい，二等辺三角形で 1 つの角が 60° である，などのいずれか 1 つを示せばよい。

証明 △ADF と △BED において，

△ABC は正三角形であるから，

∠A＝∠B（＝60°）………①

CA＝AB

また，　FA＝CA－CF

DB＝AB－AD

CF＝AD（仮定）

よって，　FA＝DB ………②

①，②と AD＝BE（仮定）より，

△ADF≡△BED（2 辺夾角）

ゆえに，　DF＝ED

同様に，△BED≡△CFE（2 辺夾角）より，

ED＝FE

ゆえに，DF＝ED＝FE となり，△DEF は正三角形である。　（＊）

参考 (＊)部分は次のように示してもよい。

△ADF で，　∠ADF＋∠DFA＝180°－∠A＝120°

また，∠DFA＝∠EDB より，

∠ADF＋∠EDB＝120°

よって，　∠FDE＝60°

ゆえに，△DEF は頂角が 60° の二等辺三角形であるから，正三角形である。

演習問題

38 右の図のように，正三角形 ABC の 3 辺 AB，BC，CA の延長上にそれぞれ点 D，E，F を，BD＝CE＝AF となるようにとるとき，△DEF は正三角形であることを証明せよ。

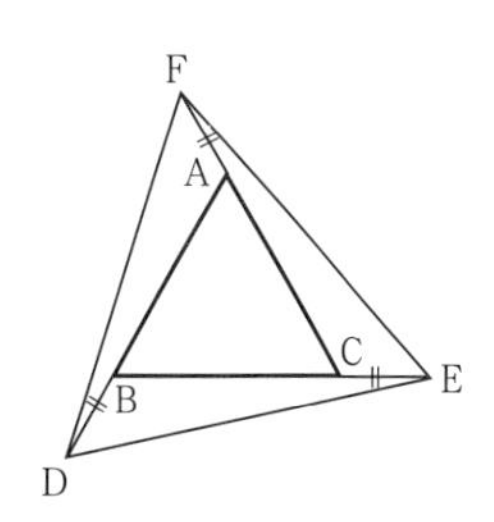

39 右の図は，正方形ABCDの外側に辺BC，CDをそれぞれ1辺とする正三角形BEC，CFDをつくったものである。

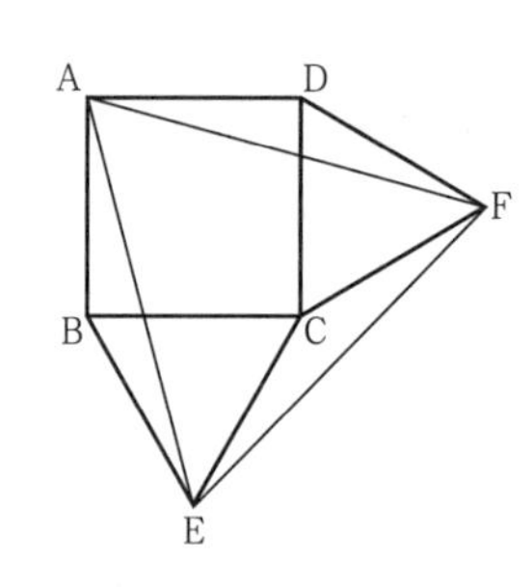

(1) △AEFは正三角形であることを証明せよ。

(2) 正方形ABCDの1辺の長さが6cmのとき，正方形ABCD，正三角形BEC，CFDの面積の和から△AEFの面積をひいた値を求めよ。

40 右の図のように，正三角形ABCの辺AB，AC上にそれぞれ点D，Eを，BD＝AE となるようにとるとき，∠CFBの大きさを求めよ。

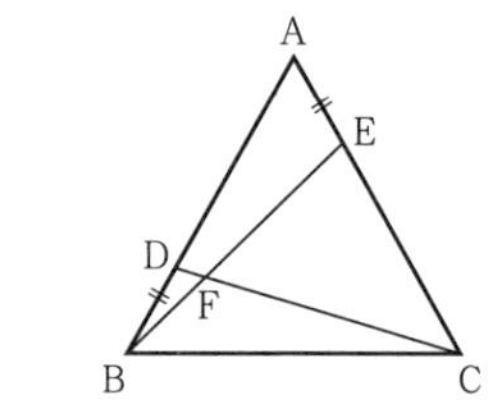

41 右の図で，△ABC，△ADEがともに正三角形であるとき，AC＝DC＋CE であることを証明せよ。ただし，点Dは辺BC上にあるものとする。

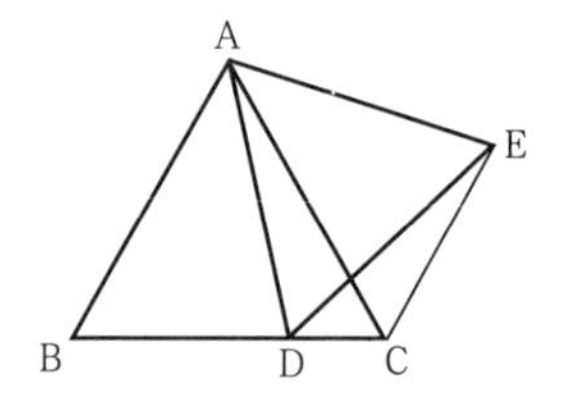

進んだ問題

42 右の図で，AB＝AC，CD⊥AB，BD＝DE，EF // BC である。このとき，∠FBC＝2∠DCB であることを証明せよ。

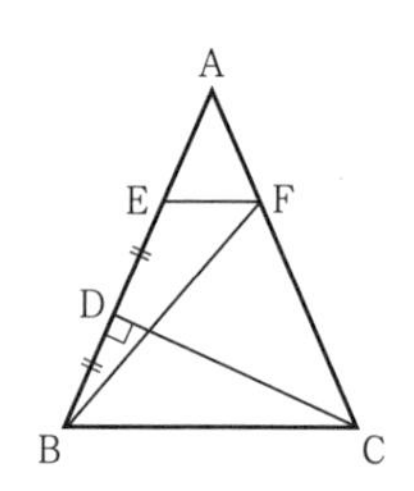

43 右の図のように，正方形ABCDの辺BC上に点Eをとり，∠EADの二等分線と辺CDとの交点をFとする。

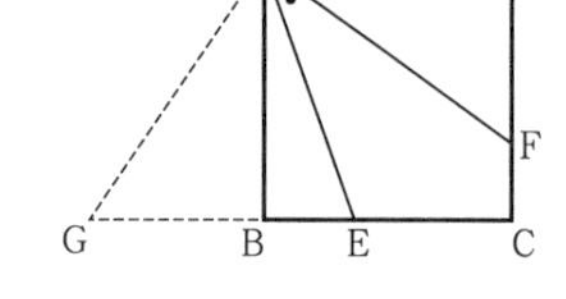

(1) 辺BCのBの方向への延長上にDF＝GBとなる点Gをとる。△AGB≡△AFD であることを証明せよ。

(2) △AGEが二等辺三角形であることを証明せよ。

(3) DF＝AE－BE であることを証明せよ。

研究 2組の辺とその1つの対角がそれぞれ等しい2つの三角形

2組の辺とその1つの対角がそれぞれ等しい2つの三角形には，次の2つの場合がある。

(1) 合同である。

(2) もう1つの対角がたがいに補角（2つの角の和が180°）である。

たとえば，△ABC と △A′B′C′ において，

$$AB=A'B',\quad AC=A'C',\quad \angle B=\angle B'$$

のとき，次の2つの場合がある。

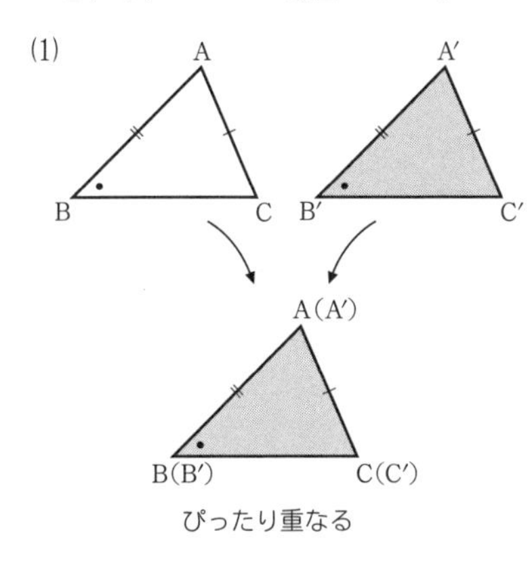

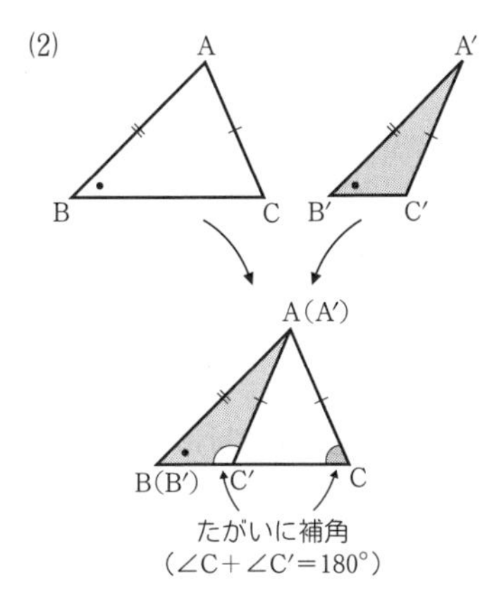

⚠ (2)の場合もあるため，「2辺1対角」という三角形の合同条件はない。

⚠ ∠B（＝∠B′）が直角または鈍角ならば，∠C，∠C′ はともに鋭角になり，たがいに補角にはならないから，△ABC と △A′B′C′ は必ず合同になる。
また，AB<AC（A′B′<A′C′）のときも，∠C，∠C′ はともに ∠B（＝∠B′）より小さく，たがいに補角にはならないから，△ABC と △A′B′C′ は必ず合同になる。

研究問題

44 △ABC と △A′B′C′ は，次のそれぞれの場合に合同であるといえるか。

(1) ∠B＝∠B′＝40°，AB＝A′B′＝7cm，AC＝A′C′＝5cm

(2) ∠A＝∠A′＝100°，AB＝A′B′＝7cm，BC＝B′C′＝9cm

(3) ∠B＝∠B′＝40°，AB＝A′B′＝7cm，AC＝A′C′＝9cm

6章の問題

1 次の図で，x の値を求めよ。 ←2

(1)

AB＝AC, $\ell /\!/ m$

(2)

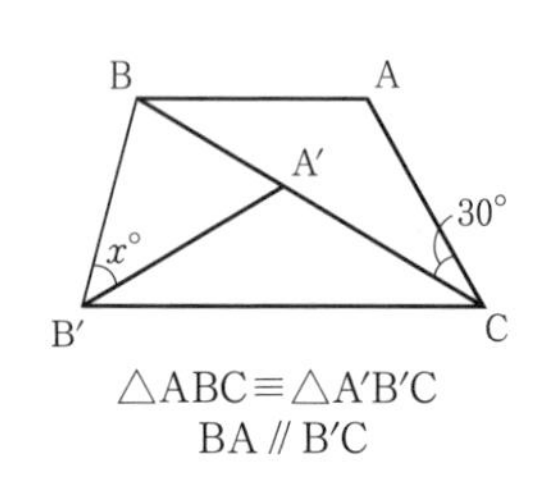

△ABC≡△A′B′C
BA // B′C

2 右の図のように，△ABC が 5 つの合同な三角形に分割されている。 ←1

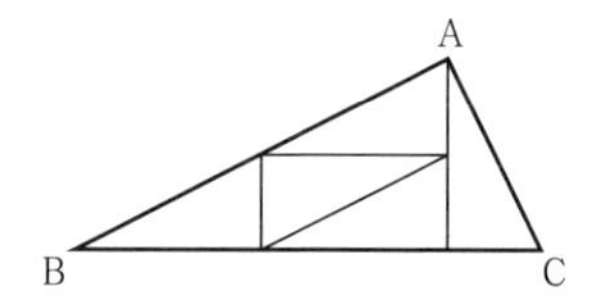

(1) ∠BAC＝90° であることを証明せよ。

(2) AB＝5cm であるとき，△ABC の面積を求めよ。

3 正方形 ABCD の対角線 BD 上に点 P をとるとき，AP＝CP であることを証明せよ。 ←1

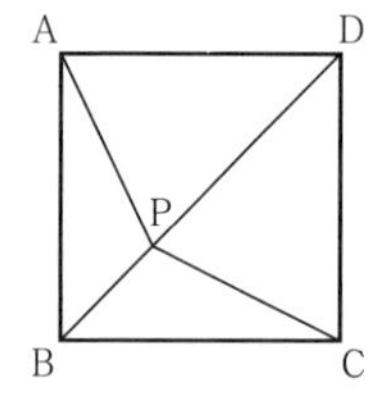

4 右の図のように，長方形の紙片 ABCD を，頂点 D が頂点 B に重なるように，線分 PQ を折り目として折り曲げたとき，頂点 C の移動した点を E とする。このとき，△BAP≡△BEQ であることを証明せよ。 ←1

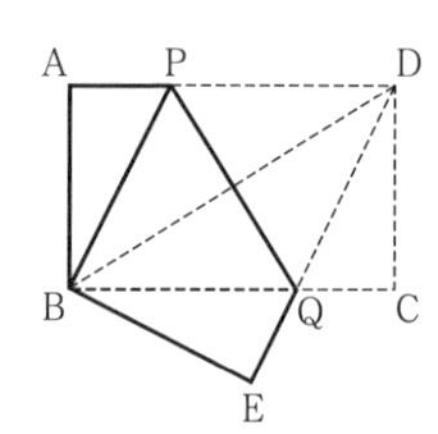

5 右の図の正方形 ABCD と正方形 GCEF で，線分 BG と ED の延長との交点を H とするとき，BG⊥EH であることを証明せよ。 ←1

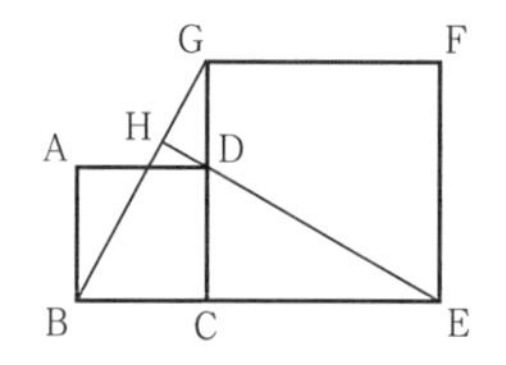

6 右の図の四角形 ABCD で，対角線 AC，BD は点 O で直角に交わり，かつ AO＝DO，BO＝CO である。点 O を通り辺 CD に垂直な直線と，辺 AB，CD との交点をそれぞれ M，N とする。△MAO，△MBO はともに二等辺三角形で，M は辺 AB の中点であることを証明せよ。 ←2

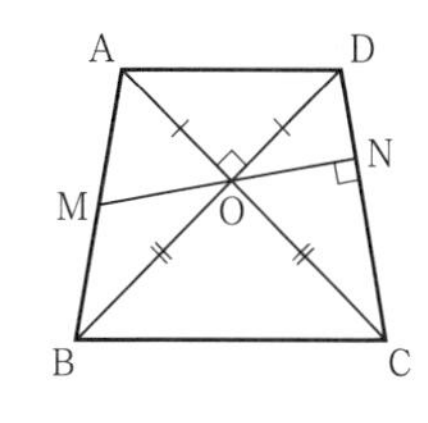

7 右の図のように，正三角形 ABC の辺 BC の延長上に点 D をとる。AD を 1 辺とする正三角形 AED を，直線 AD について頂点 C と同じ側につくるとき，AC // BE であることを証明せよ。 ←2

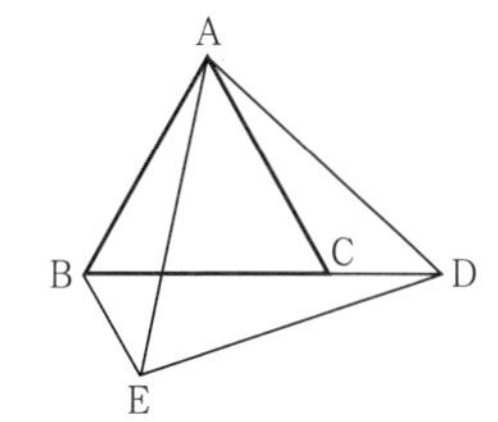

8 右の図で，∠B＝∠D＝90°，△ABC≡△CDE である。

(1) ∠AEC の大きさを求めよ。

(2) ED＝a cm，CD＝b cm，∠CED＝x° とする。$b>a$ のとき，FG＝$(a+b)$ cm，HG＝$(b-a)$ cm，∠G＝90°，∠FHG＝y° であるような △FGH を考える。このとき，$x+y$ の値を求めよ。 ←2

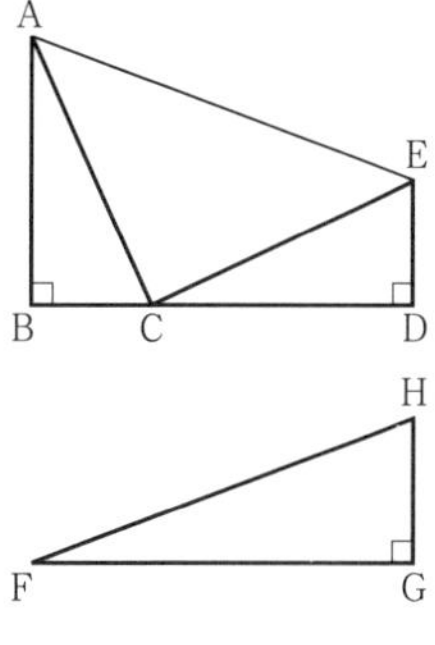

9 右の図は，直方体 ABCD-EFGH である。 ←1

(1) △BDE≡△EGB であることを証明せよ。

(2) 8 個の頂点 A，B，C，D，E，F，G，H から 3 個の頂点を選んで三角形をつくる。そのような三角形のうち，△BDE と合同な三角形を，△EGB 以外にすべて答えよ。

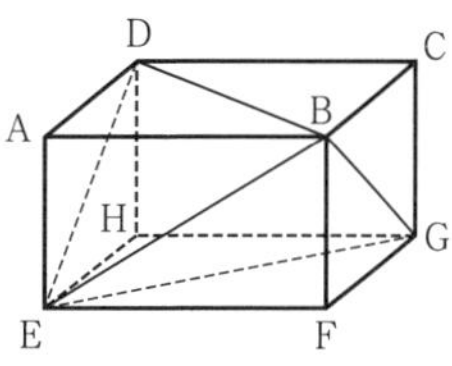

進んだ問題

10 右の図は，長方形 ABCD と面積が等しく，1 辺の長さが EC である長方形 HECG を作図する方法を示したものである。AF＝EC であるとき，次の問いに答えよ。 ←1

(1) この作図の方法を，右の図を使って説明せよ。

(2) 長方形 ABCD と長方形 HECG の面積が等しくなることを証明せよ。

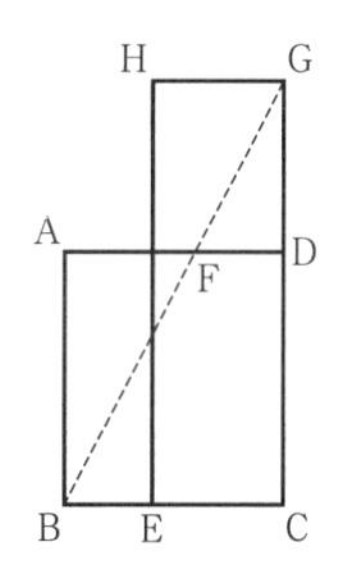

7章 四角形

1 平行四辺形

1 **四角形の対辺，対角**

四角形の向かい合う 2 つの辺を**対辺**といい，向かい合う 2 つの角を**対角**という。

2 **平行四辺形**

(1) **定義** 2 組の対辺がそれぞれ平行な四角形を**平行四辺形**という。
平行四辺形 ABCD を，記号▱を使って ▱ABCD と表す。

(2) **定理** 平行四辺形において，次のことが成り立つ。

① 2 組の対辺はそれぞれ等しい。

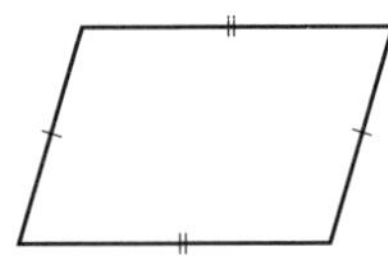

② 2 組の対角はそれぞれ等しい。

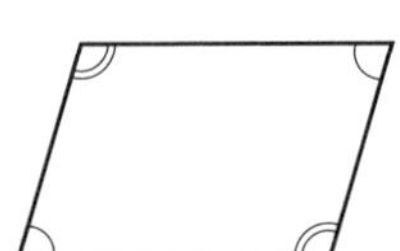

③ 対角線はたがいに他を 2 等分する。

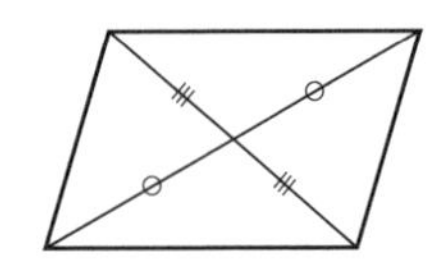

(3) **平行四辺形になるための条件** 次のいずれか 1 つの条件が成り立てば，四角形は平行四辺形となる。

① 2 組の対辺がそれぞれ平行である。(定義)
② 2 組の対辺がそれぞれ等しい。
③ 2 組の対角がそれぞれ等しい。
④ 対角線がたがいに他を 2 等分する。
⑤ 1 組の対辺が平行で，かつ等しい。

平行四辺形の性質

例 右の図の ▱ABCD で，x の値を求めてみよう。

▶ 平行四辺形の性質より，対角はそれぞれ等しいから，$\angle B=\angle D=70^\circ$ である。
△ABE の内角の和に注目して，

$$x^\circ=180^\circ-\angle B-\angle E$$
$$=180^\circ-70^\circ-35^\circ$$
$$=75^\circ$$

（答） $x=75$

基本問題

1 次の図の ▱ABCD で，x，y の値を求めよ。

(1)

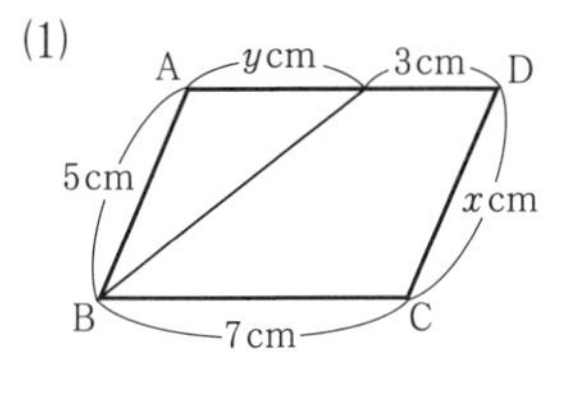

(2)

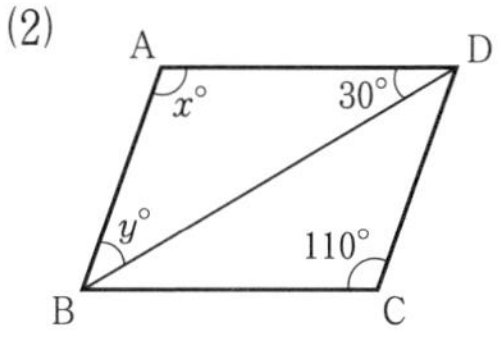

(3)

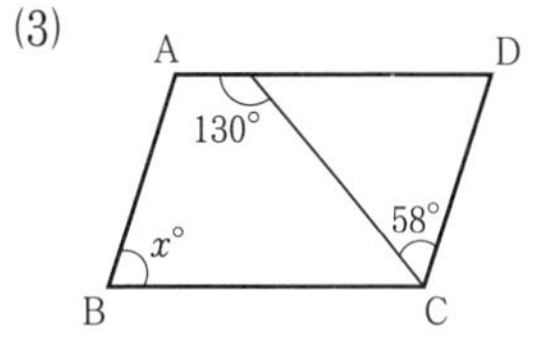

(4)

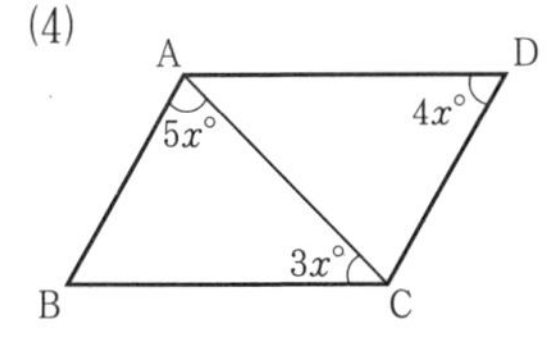

(5)

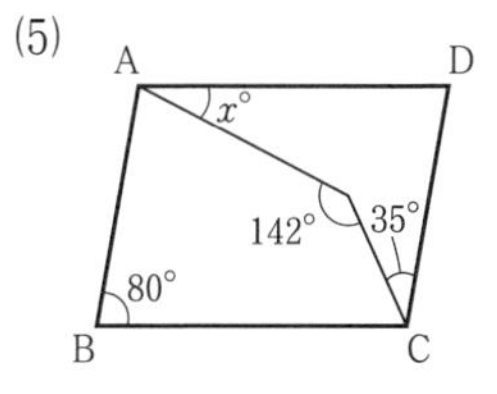

(6)

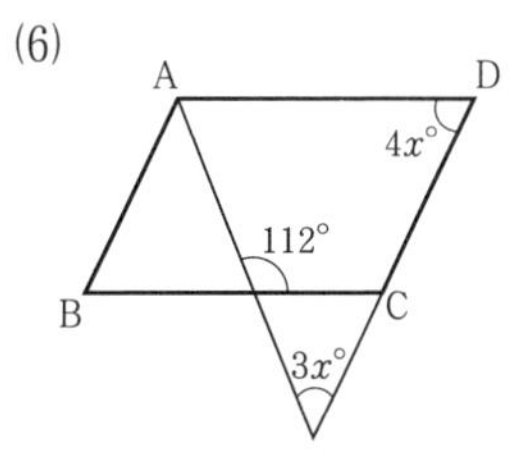

2 右の図の ▱ABCD で，$\angle ABC$，$\angle BCD$ の二等分線をそれぞれ BE，CF とするとき，$\angle FPE$ の大きさを求めよ。

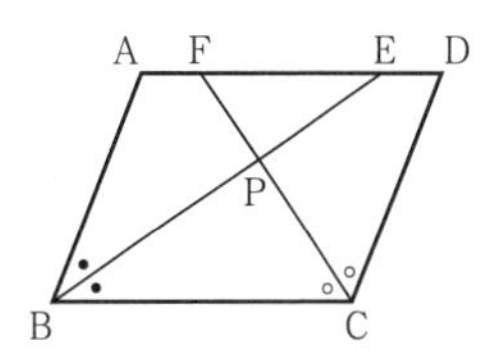

3 ▱ABCD で，$\angle A=3\angle B$ とするとき，$\angle A$，$\angle B$，$\angle C$，$\angle D$ の大きさをそれぞれ求めよ。

4 四角形 ABCD で，AB＝DC，AD＝BC ならば，この四角形は平行四辺形である（定理）ことを証明せよ。

例題 1 右の図のように，▱ABCD の辺 AB，BC をそれぞれ 1 辺とする正三角形 APB，BQC をつくるとき，PD＝DQ であることを証明せよ。

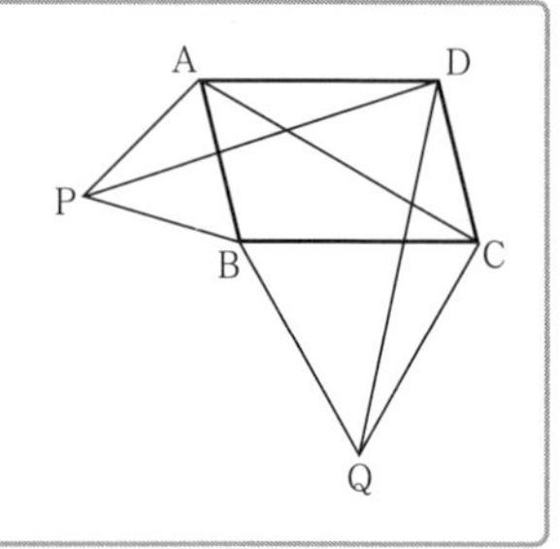

解説 平行四辺形の性質を利用して，△APD≡△CDQ を示す。

証明 △APD と △CDQ において，

四角形 ABCD は平行四辺形であるから，

AB＝CD

△APB は正三角形であるから，

AP＝AB

よって，　AP＝CD ………①

同様に，四角形 ABCD は平行四辺形で，△BQC は正三角形であるから，

AD＝BC，BC＝CQ より，

AD＝CQ ………②

また，　∠DAB＝∠DCB

∠BAP＝∠BCQ（＝60°）

∠PAD＝∠DAB＋∠BAP

∠DCQ＝∠DCB＋∠BCQ

よって，　∠PAD＝∠DCQ ………③

①，②，③より，

△APD≡△CDQ（2 辺夾角）

ゆえに，　PD＝DQ

演習問題

5 右の図のように，▱ABCD の対角線の交点 O を通る直線と，辺 AB，CD との交点をそれぞれ P，Q とするとき，OP＝OQ であることを証明せよ。

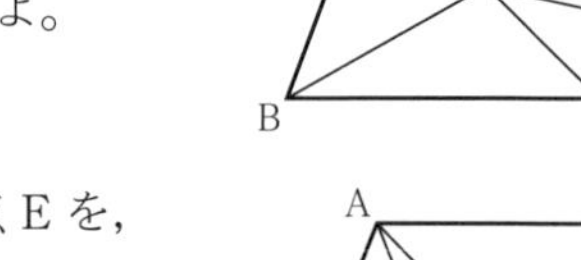

6 右の図のように，▱ABCD の辺 BC 上に点 E を，AE＝AB となるようにとるとき，△ABC≡△EAD であることを証明せよ。

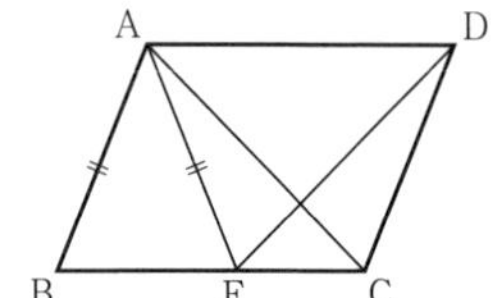

7 右の図のように，▱ABCD を対角線 BD を折り目として折り曲げたとき，頂点 C の移動した点を E とする。線分 AD と線分 EB との交点を P，線分 BA の延長と線分 DE の延長との交点を Q とする。

(1) PA＝PE であることを証明せよ。

(2) ∠BDC＝$a°$ とするとき，∠AQE を $a°$ を使って表せ。

8 右の図のように，▱ABCD を頂点 A が頂点 C と重なるように，線分 EF を折り目として折り曲げたところ，正五角形になった。このとき，∠ABC と ∠ACB の大きさをそれぞれ求めよ。

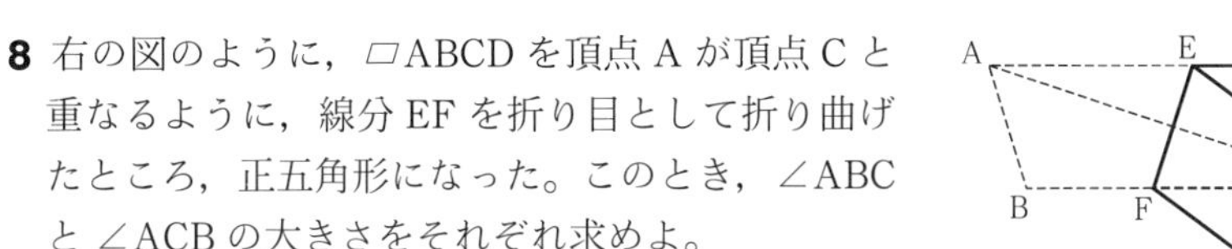

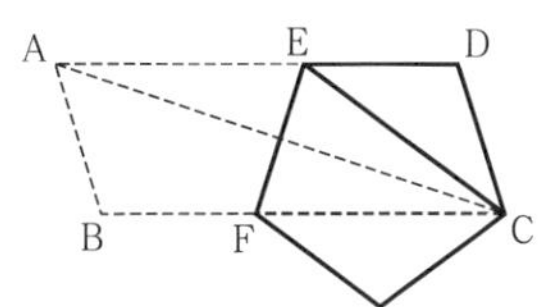

9 右の図の ▱ABCD で，AE＝EB，FB＝FC であるとき，∠BAE の大きさを求めよ。

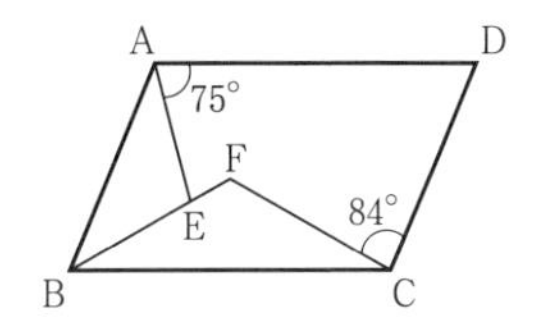

10 右の図の ▱ABCD で，CE は ∠C の二等分線で，BF⊥CE であるとき，AB＝AF であることを証明せよ。

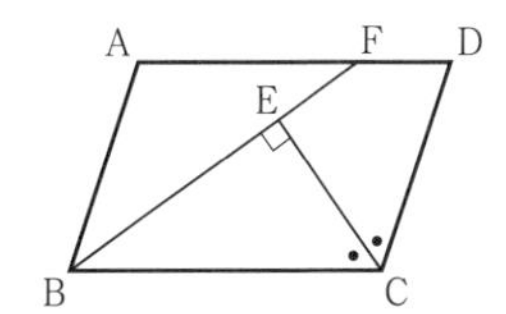

11 右の図で，四角形 ABCD は平行四辺形，△BEC と △DCF は ∠CBE＝∠FDC＝90° の直角二等辺三角形である。

(1) △BAE≡△DFA であることを証明せよ。

(2) △AEF が直角二等辺三角形であることを証明せよ。

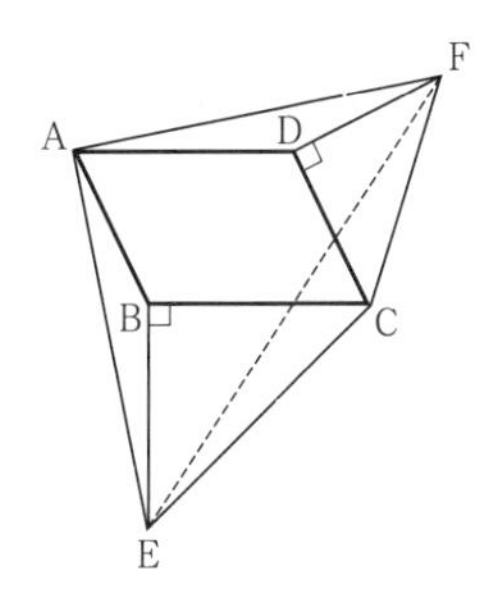

例題 2 右の図の ▱ABCD で，∠ABC，∠CDA の二等分線と，辺 AD，BC との交点をそれぞれ E，F とするとき，四角形 EBFD は平行四辺形であることを証明せよ。

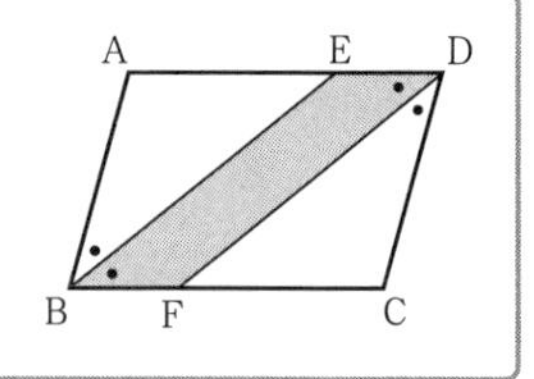

解説 平行四辺形であることを示すには，次の条件(i)〜(v)のどれにあてはまるかを考える。

(i) 2 組の対辺がそれぞれ平行である。
(ii) 2 組の対辺がそれぞれ等しい。
(iii) 2 組の対角がそれぞれ等しい。
(iv) 対角線がたがいに他を 2 等分する。
(v) 1 組の対辺が平行で，かつ等しい。

証明 四角形 ABCD は平行四辺形であるから，

AD // BC ………①　　∠ABC＝∠ADC ………②

$\angle EBF=\frac{1}{2}\angle ABC$，　$\angle EDF=\frac{1}{2}\angle ADC$（ともに仮定）

これらと②より，　∠EBF＝∠EDF
①より，　∠AEB＝∠EBF（錯角）
ゆえに，　∠AEB＝∠EDF
同位角が等しいから，　BE // FD ………③
①，③より，四角形 EBFD は 2 組の対辺がそれぞれ平行であるから，平行四辺形である。

⚠ △ABE と △CDF は合同な二等辺三角形になるから，(ii)または(iii)または(v)のどの条件を利用してもよい。

演習問題

12 右の図のように，▱ABCD の辺 BC の延長上に点 E を，CE＝BC となるようにとるとき，四角形 ACED は平行四辺形であることを証明せよ。

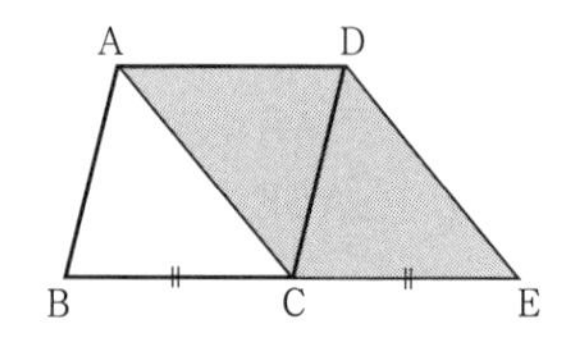

13 右の図の ▱ABCD で，辺 AD の中点を M とし，線分 BM の延長と辺 CD の延長との交点を E とするとき，四角形 ABDE は平行四辺形であることを証明せよ。

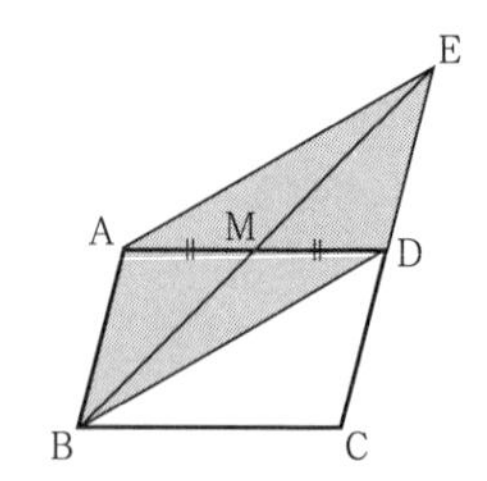

14 右の図で，▱ABCD の対角線 BD 上に 2 点 E，F を，∠BAE＝∠DCF となるようにとるとき，四角形 AECF は平行四辺形であることを証明せよ。

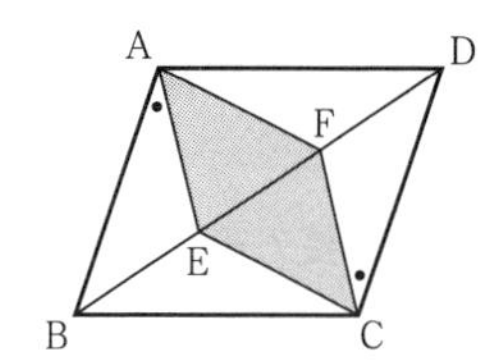

15 右の図のように，▱ABCD の各辺の延長上に 4 点 E，F，G，H を，BE＝CF＝DG＝AH となるようにとるとき，四角形 EFGH は平行四辺形であることを証明せよ。

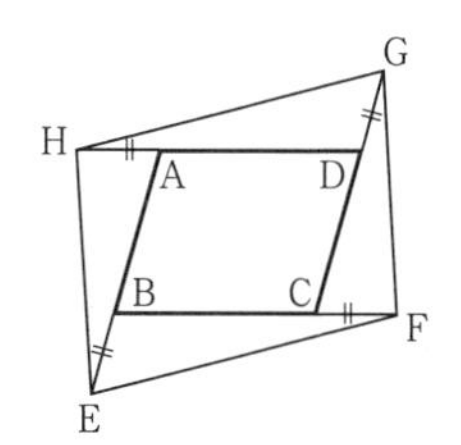

16 右の図のように，五角形 ABCDE で，
∠A＝∠E＝126°，∠B＝∠D＝108°，BC＝8cm，CD＝10cm である。このとき，辺 AB と辺 ED の長さの差を求めよ。

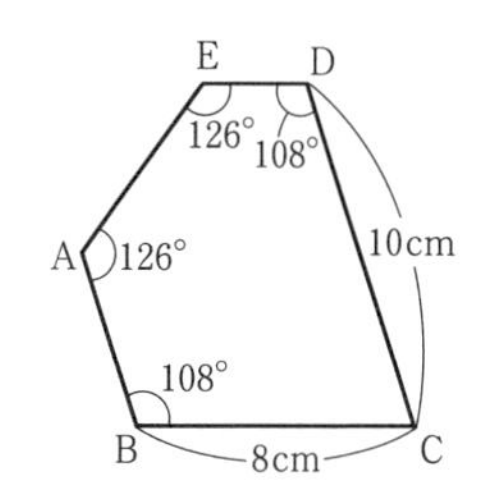

17 △ABC の辺 AB の中点を M とする。右の図のように，辺 BC 上に点 P をとり，線分 BP の中点を Q とし，線分 QM の延長上に点 R を，MR＝QM となるようにとるとき，四角形 RQPA は平行四辺形であることを証明せよ。

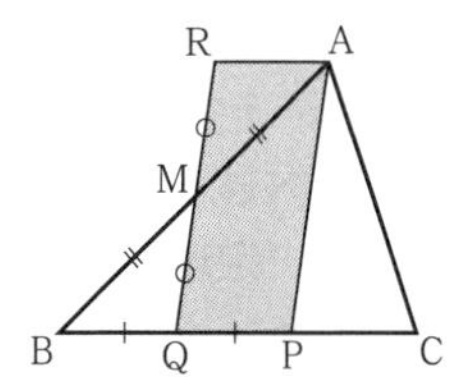

進んだ問題

18 右の図のような ▱ABCD がある。頂点 B を通り直線 AD に垂直な直線 ℓ と，頂点 D を通り直線 AB に垂直な直線 m との交点を O とする。また，直線 ℓ，m について，頂点 A と対称な点をそれぞれ E，F とする。

(1) △EBC≡△CDF であることを証明せよ。

(2) 2 点 E，F は直線 OC について対称であることを証明せよ。

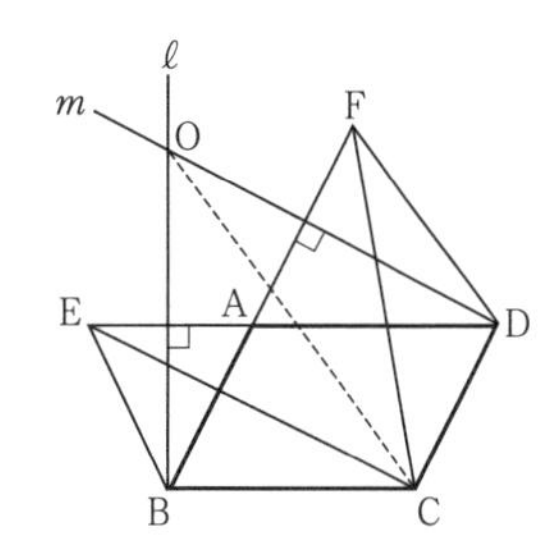

2　四角形の性質

1　長方形

(1)　**定義**　4つの角が等しい四角形を**長方形**という。その等しい角は90°である。

(2)　**定理**

①　長方形の対角線の長さは等しい。

②　対角線の長さが等しく，かつたがいに他を2等分する四角形は長方形である。

⚠　長方形は平行四辺形でもある。

2　ひし形

(1)　**定義**　4つの辺が等しい四角形を**ひし形**という。

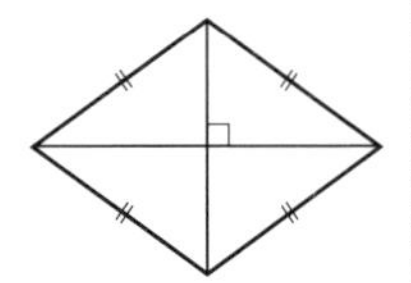

(2)　**定理**

①　ひし形の対角線は直交する。

②　対角線がたがいに他を垂直に2等分する四角形はひし形である。

⚠　ひし形は平行四辺形でもある。

3　正方形

(1)　**定義**　4つの角と4つの辺が等しい四角形を**正方形**という。

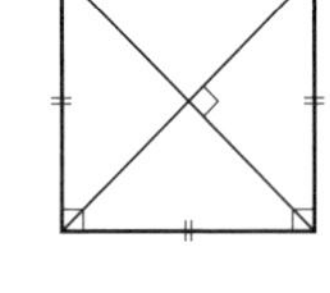

(2)　**定理**

①　正方形の対角線は，長さが等しく，直交する。

②　対角線の長さが等しく，かつたがいに他を垂直に2等分する四角形は正方形である。

⚠　正方形は，長方形であり，かつひし形でもある。

4　台形

(1)　**定義**　1組の対辺が平行な四角形を**台形**という。さらに，平行でない1組の対辺が等しい台形を**等脚台形**という。

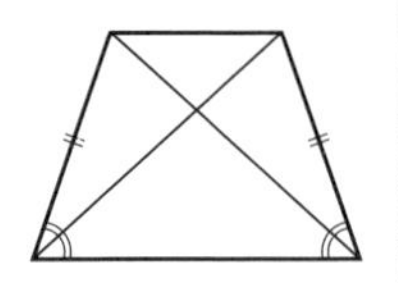

(2)　**定理**

①　等脚台形の1つの底の両側の角は等しい。

②　等脚台形の対角線の長さは等しい。

基本問題

19 次の(ア)〜(カ)に最も適する四角形の名前を答えよ。

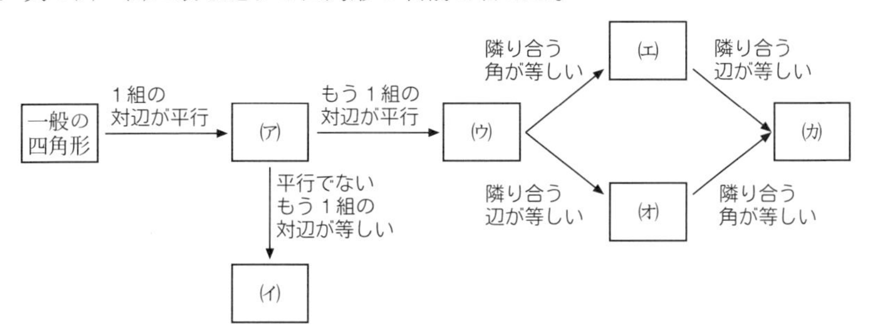

20 次の条件に最も適する四角形は何か。

(1) 2組の対角がそれぞれ等しい四角形

(2) 対角線が直交する平行四辺形

(3) 対角線の長さが等しい平行四辺形

(4) 1組の隣り合う2角が等しいひし形

21 平行四辺形，長方形，正方形，ひし形，等脚台形について，次の性質が必ずあてはまるものには○を，あてはまらないものには×を，例にならって下の表にかけ。

(例) 2組の対辺がそれぞれ等しい。

(1) 4つの角がすべて等しい。

(2) 台形の一種である。

(3) 2本の対角線によって面積が4等分される。

	平行四辺形	長方形	正方形	ひし形	等脚台形
(例)	○	○	○	○	×
(1)					
(2)					
(3)					

22 次の定理を証明せよ。

(1) 1つの角が直角である平行四辺形は長方形である。

(2) 1組の隣り合う2辺が等しい平行四辺形はひし形である。

例題 3 ▱ABCD の辺 BC の中点を M とする。AM＝DM ならば，▱ABCD は長方形であることを証明せよ。

解説 四角形が長方形であることを示す場合，4 つの角が等しいことをいえばよいが，すでに平行四辺形とわかっている場合には，1 つの角が 90° であることをいうだけでよい（→p.145，基本問題 22 (1)）。

証明 △ABM と △DCM において，

AM＝DM，　BM＝CM（ともに仮定）

AB＝DC（平行四辺形の対辺）

よって，　△ABM≡△DCM（3 辺）

ゆえに，　∠B＝∠C

AB // DC（仮定）より，

∠B＋∠C＝180°（同側内角）

よって，　∠B＝∠C＝90°

ゆえに，▱ABCD は 1 つの角が 90° であるから，長方形である。

演習問題

23 ▱ABCD で，∠BCA＝∠BDA ならば，▱ABCD は長方形であることを証明せよ。

24 右の図のように，▱ABCD の ∠A，∠B，∠C，∠D の二等分線をひき，それらの交点を E，F，G，H とするとき，四角形 EFGH は長方形であることを証明せよ。

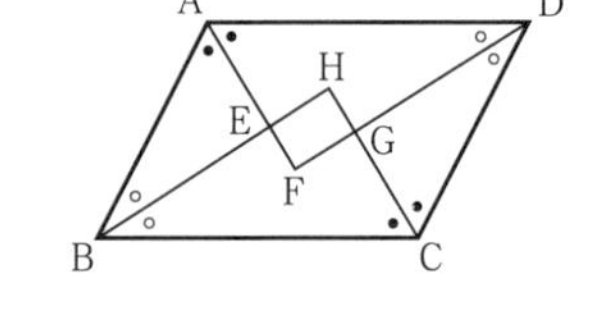

25 右の図のような ∠A＝90° の直角三角形 ABC で，辺 BC の中点を M とする。線分 AM の延長上に点 D を，MD＝AM となるようにとるとき，AM＝BM＝CM であることを証明せよ。

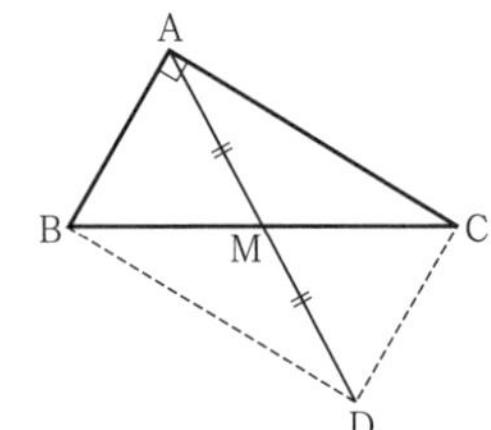

26 右の図のように，▱ABCD の頂点 A から辺 BC，CD に垂線をひき，その交点をそれぞれ E，F とする。AE＝AF ならば，▱ABCD はひし形であることを証明せよ。

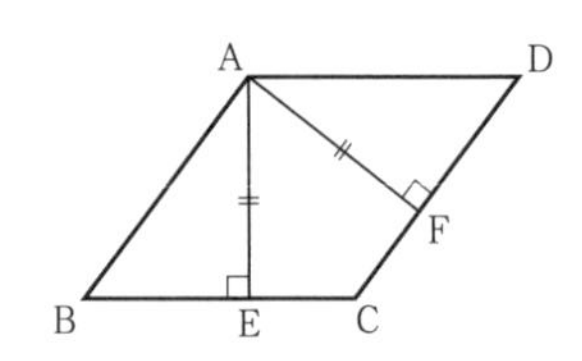

27 右の図のように，▱ABCD の対角線 BD 上の点 P について AP＝CP であるとき，▱ABCD はひし形であることを証明せよ。ただし，点 P は辺 BD の中点ではないものとする。

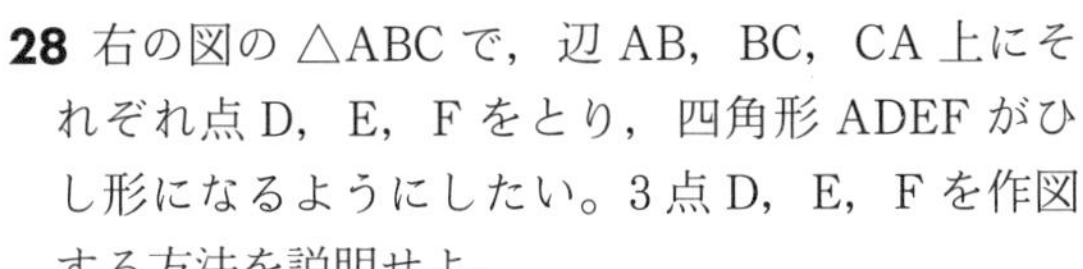

28 右の図の △ABC で，辺 AB，BC，CA 上にそれぞれ点 D，E，F をとり，四角形 ADEF がひし形になるようにしたい。3 点 D，E，F を作図する方法を説明せよ。

29 右の図のように，∠A＝90° の直角三角形 ABC の頂点 A から辺 BC に垂線をひき，その交点を D とし，∠B の二等分線と線分 AD，辺 AC との交点をそれぞれ E，F とする。つぎに，点 F から辺 BC に垂線をひき，その交点を G とするとき，四角形 AEGF はひし形であることを証明せよ。

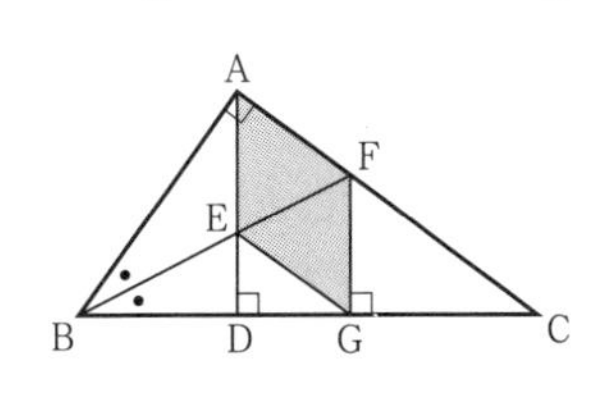

30 右の図のように，正方形 ABCD の対角線 AC の延長上に点 E をとり，線分 DE を 1 辺とする正方形 DEFG をつくる。

(1) AE＝CG であることを証明せよ。

(2) ∠DCG の大きさを求めよ。

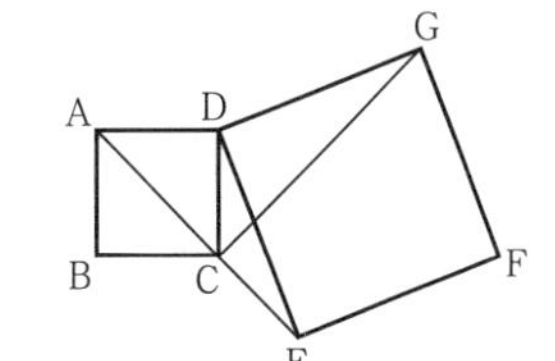

31 右の図のように，正方形 ABCD の対角線 BD 上に点 E をとり，線分 AE の延長と辺 CD との交点を F とする。

(1) ∠BCE＝∠AFD であることを証明せよ。

(2) ∠DAF＝22° のとき，∠BEC の大きさを求めよ。

32 右の図の AD∥BC の台形 ABCD で，次の定理を証明せよ。

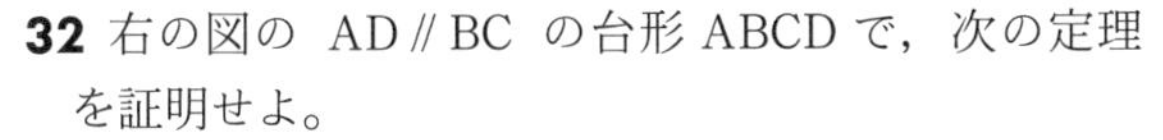

(1) ∠B＝∠C ならば，台形 ABCD は等脚台形である。

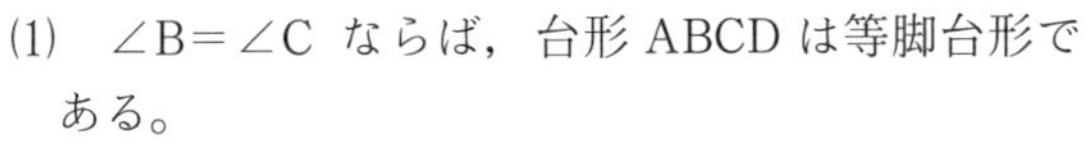

(2) AC＝DB ならば，台形 ABCD は等脚台形である。

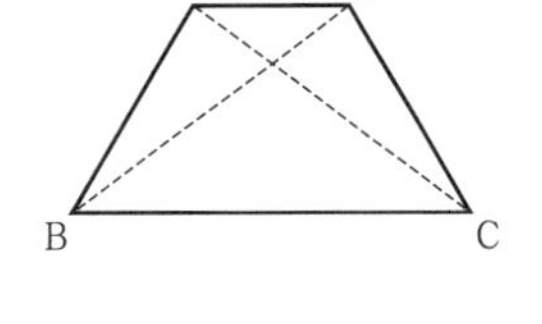

33 AD∥BC の台形 ABCD で，AB＝DC＝AD，BC＝2AD のとき，この台形の内角の大きさをそれぞれ求めよ。

進んだ問題

34 右の図のように，長方形 ABCD の辺 AB 上（両端を除く）に点 P をとり，P を通り対角線 AC，BD に平行な直線と，辺 BC，AD との交点をそれぞれ Q，R とする。このとき，PQ＋PR＝AC であることを証明せよ。

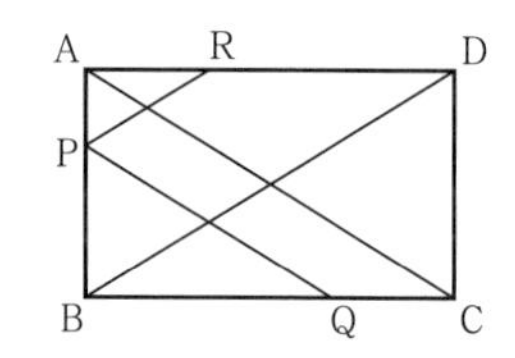

35 △ABC の辺 AB，AC を 1 辺とする正三角形 ABP，ACQ を △ABC の外側にかき，辺 BC を 1 辺とする正三角形 BCR を辺 BC について頂点 A と同じ側にかく。

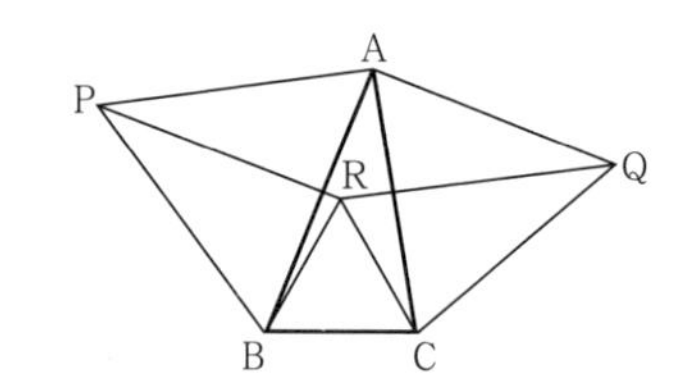

(1) 右の図で，四角形 APRQ が平行四辺形であることを証明せよ。

(2) 点 A を動かして，いろいろな △ABC で図をかいてみるとき，次の問いに答えよ。

① 四角形 APRQ がひし形になるのは，△ABC がどのような三角形のときか。

② 四角形 APRQ が長方形になるのは，△ABC がどのような三角形のときか。

③ 四角形 APRQ が正方形になるのは，△ABC がどのような三角形のときか。

④ 4 点 A，P，R，Q を結んでも四角形ができないのは，△ABC がどのような三角形のときか。

7章の問題

1 次の(ア)～(エ)の条件を満たす四角形 ABCD のうち，つねに平行四辺形になるものはどれか。また，そうでないものについては反例を図で示せ。 ←**1**

(ア) $AD \parallel BC$，$AB=DC$　　(イ) $AD=BC$，$AB=DC$

(ウ) $AD=BC$，$\angle A+\angle B=180^\circ$　　(エ) $AB=DC$，$\angle B+\angle D=180^\circ$

2 四角形 ABCD の対角線の交点を O とする。次の条件に最も適する四角形は何か。 ←**2**

(1) $\angle A=\angle B=\angle C=\angle D$

(2) $AO=CO$，$BO=DO$，$AC\perp BD$

(3) $AO=BO=CO=DO$，$AC\perp BD$

(4) $AD \parallel BC$，$\angle B=\angle C$，$\angle A\neq\angle B$

3 右の図のように，▱ABCD の頂点 B，D から対角線 AC にひいた垂線をそれぞれ BE，DF とするとき，$BE=DF$ であることを証明せよ。 ←**1**

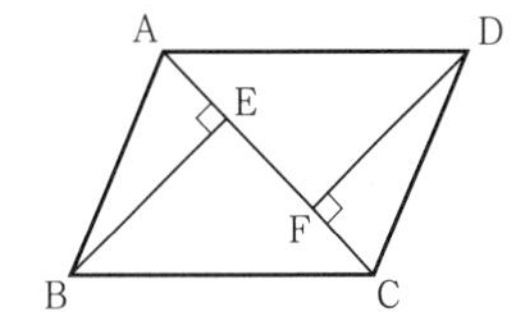

4 右の図は正八角形 ABCDEFGH の内部に 3 つのひし形 ABCI，CDEJ，FGHK をかいたものである。 ←**2**

(1) 四角形 AIKH が正方形であることを証明せよ。

(2) 四角形 CJKI がひし形であることを証明せよ。

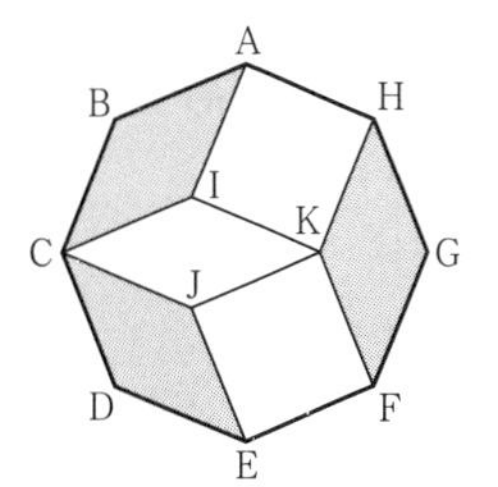

5 右の図のように，正方形 ABCD の辺 BC，CD 上にそれぞれ点 E，F を，$BE=CF$ となるようにとり，線分 AE と BF との交点を G とするとき，$\angle AGF=90^\circ$ であることを証明せよ。 ←**2**

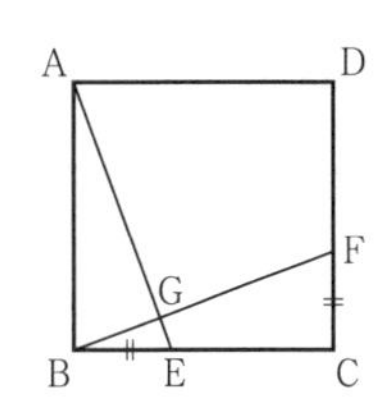

6 右の図の △ABC で，$\angle ABD=\angle DBC$，$ED \parallel BC$，$EF \parallel AC$ とするとき，$EB=FC$ であることを証明せよ。 ←**1**

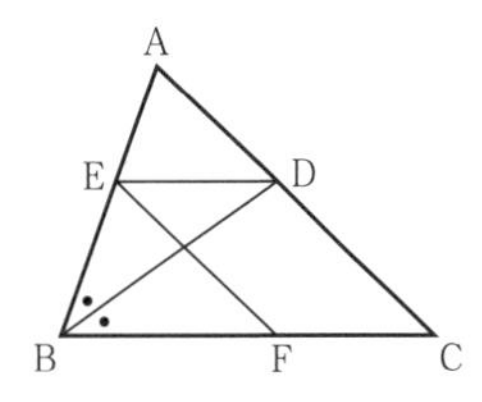

7 右の図で，四角形 ABCD と四角形 ECBF は合同である。このとき，AD // FE であることを証明せよ。 ⇐1

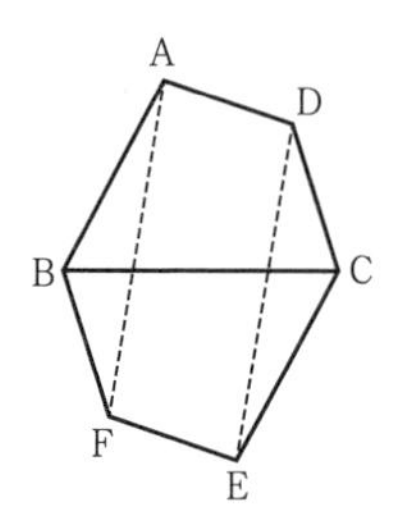

8 AB＝AC の二等辺三角形 ABC がある。直線 BC 上に点 P をとり，P から辺 AB，AC に平行な直線をひき，直線 AC，AB との交点をそれぞれ Q，R とする。 ⇐1

(1) 点 P が辺 BC 上にあるとき，PQ＋PR は一定であることを証明せよ。

(2) 点 P が辺 CB を B の方向に延長した直線上にあるとき，PQ−PR は一定であることを証明せよ。

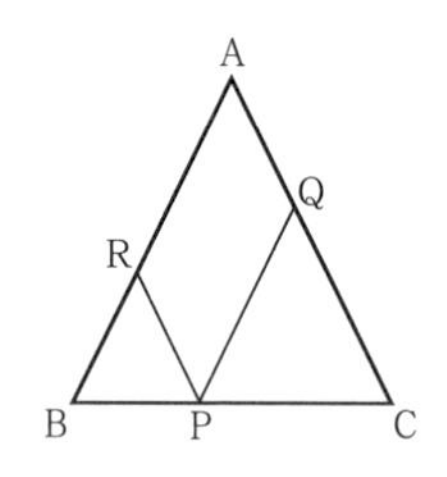

進んだ問題

9 右の図の四角形 PQRS を，線分 AB，BC，CD，DA を折り目としてそれぞれ折り曲げると，長方形 ABCD にぴったり重ねることができた。 ⇐2

(1) 四角形 PQRS は台形であることを証明せよ。

(2) AB＝3cm，BC＝4cm，CA＝5cm であるとき，この台形 PQRS の高さを求めよ。

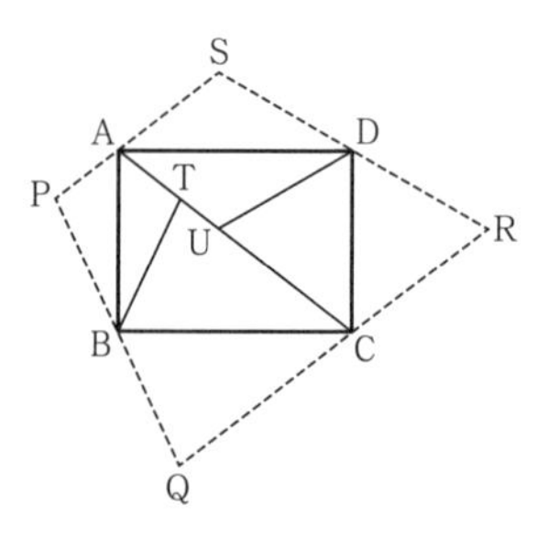

10 立方体 ABCD-EFGH で，辺 BF の中点を M，辺 DH の 3 等分点のうち，頂点 D に近いほうの点を N とする。次の 3 点を通る平面でこの立方体を切るとき，切り口の図形として最も適するものを答えよ。 ⇐2

(1) 3 点 A，B，G

(2) 3 点 A，M，G

(3) 3 点 A，N，G

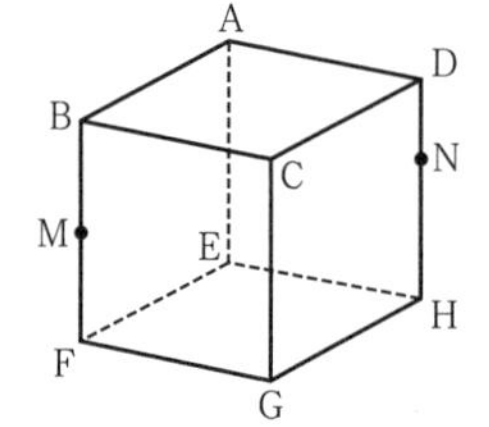

8章　データの活用

1　四分位数と箱ひげ図

1　**四分位数**

(1)　**四分位数**　データの値を小さい順に並べて，

①　データの中央値を求める。

②　中央値を境に 2 つに分ける。

③　最小値をふくむ組のデータの中央値を求める。

④　最大値をふくむ組のデータの中央値を求める。

このとき，③の値を**第 1 四分位数**，①の値を**中央値（第 2 四分位数）**，④の値を**第 3 四分位数**といい，これら 3 つの数値を**四分位数**という。

3 つの四分位数の値は，データの値の小さいほうから 25％，50％，75％ に対応する数値である。

●データが偶数（$2n$）個のとき

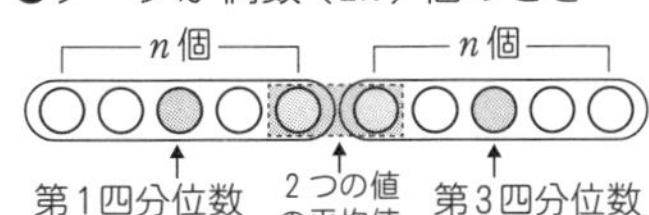

●データが奇数（$2n+1$）個のとき

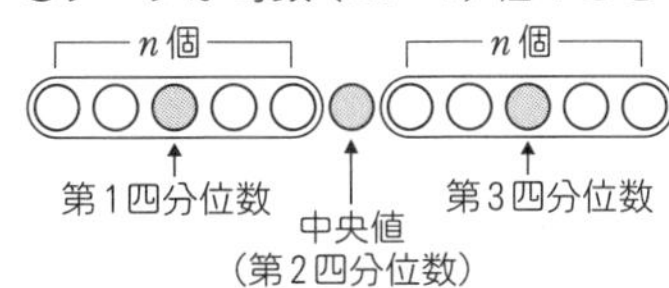

(2)　**範囲，四分位範囲，四分位偏差**

範囲（レンジ）　データの最大値から最小値をひいた値

四分位範囲　データの第 3 四分位数から第 1 四分位数をひいた値

四分位偏差　四分位範囲を 2 で割った値

2　**箱ひげ図**

(1)　**5 数要約**　データの分布を，最小値，第 1 四分位数，中央値（第 2 四分位数），第 3 四分位数，最大値の 5 つの数値を用いて要約する方法を**5 数要約**という。

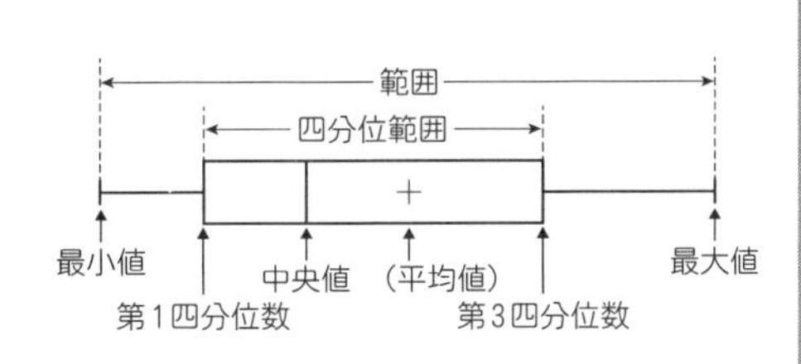

(2)　**箱ひげ図**　5 数要約を，箱と線（ひげ）を用いて表した図を**箱ひげ図**という。

⚠　平均値は，箱ひげ図の中に示さない場合もある。

四分位数と箱ひげ図

例 次のデータは，ある商店での缶ジュースの 14 日間の販売数である。

16　23　21　32　35　28　17　27　20　16　34　30　18　21（本）

これら 14 個のデータの四分位数を求め，箱ひげ図をかいてみよう。

▶ まず，データを小さい順に並べると次のようになる。

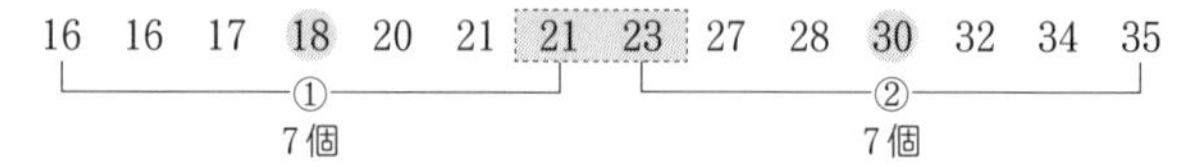

データの数は偶数個（14 個）であるから，中央値（第 2 四分位数）は 7 番目と 8 番目の値の平均値である。

ゆえに，中央値は $(21+23)\div 2=22$（本）である。

中央値を境に分けた①のデータは奇数個（7 個）であるから，4 番目の値が①の中央値である。ゆえに，第 1 四分位数は 18 本である。

中央値を境に分けた②のデータも奇数個（7 個）であるから，11 番目の値が②の中央値である。ゆえに，第 3 四分位数は 30 本である。

最小値は 16 本，最大値は 35 本である。

平均値は，

$(16+16+17+18+20+21+21+23+27+28+30+32+34+35)\div 14$

$=24.14\cdots\fallingdotseq 24.1$（本）（小数第 2 位を四捨五入）である。

（答）　第 1 四分位数　18 本
　　　　中央値　22 本
　　　　第 3 四分位数　30 本
　　　　箱ひげ図は右の図

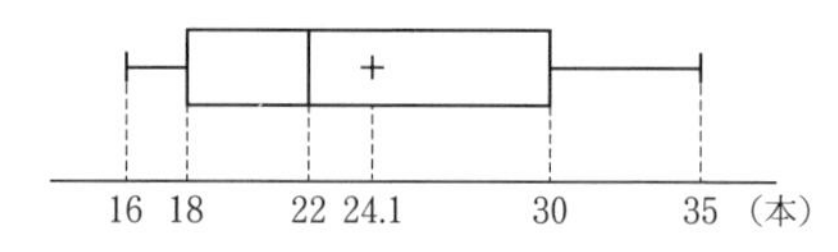

基本問題

1 15 人で 50 点満点のゲームを行ったところ，得点は次のようになった。

33　44　30　38　29　26　43　23　28　34　33　26　36　30　27（点）

(1) 第 1 四分位数，中央値（第 2 四分位数），第 3 四分位数をそれぞれ求めよ。

(2) 箱ひげ図をかけ。

(3) 範囲，四分位範囲，四分位偏差をそれぞれ求めよ。

2 右の図は，あるクラスの生徒 10 人が 10 点満点の小テストをしたときの得点を整理してつくった箱ひげ図である。

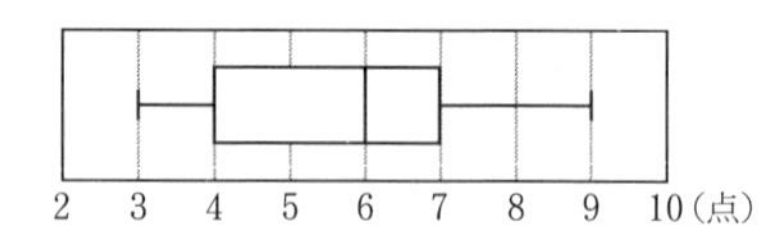

(1) 四分位数を求めよ。

(2) 範囲，四分位範囲，四分位偏差をそれぞれ求めよ。

例題 1 次のヒストグラム A〜D について，同じデータを表す箱ひげ図を㋐〜㋓から選び，その理由を説明せよ。

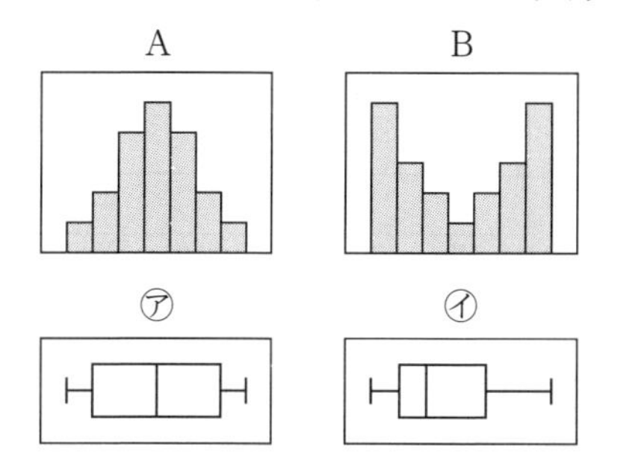

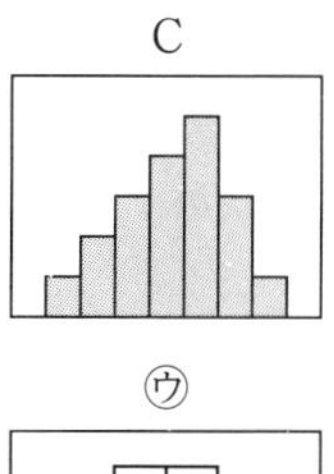

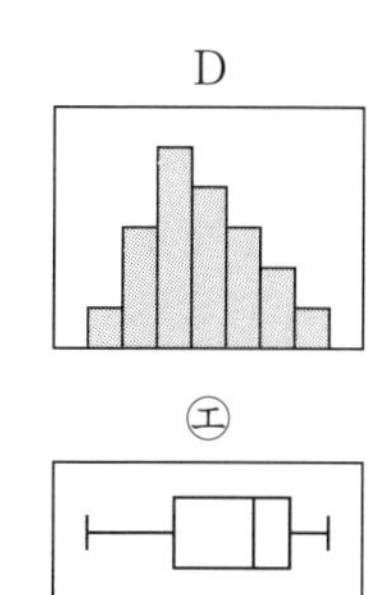

解説 範囲はすべて等しいから，四分位数と最頻値（モード）のかたよりのようすから，ヒストグラムと箱ひげ図の対応を考える。

解答 A と B のヒストグラムは，中央部分について対称に分布しているから，箱ひげ図は㋐か㋒である。

A と B のヒストグラムを比較すると，中央値（第 2 四分位数）のより近い範囲に 50% が集まっているのが A であるから，A の箱ひげ図は㋒，B の箱ひげ図は㋐である。

C は中央値，最頻値とそれに近い値が最大値のほうにかたよっているから，箱ひげ図は㋓である。

D は中央値，最頻値とそれに近い値が最小値のほうにかたよっているから，箱ひげ図は㋑である。

（答） A ㋒，B ㋐，C ㋓，D ㋑

演習問題

3 次のデータは，A 地点と B 地点における 1 時間の車の交通量を 12 日間調べたものである。

（日目）	1	2	3	4	5	6	7	8	9	10	11	12	合計
A 地点	27	17	27	21	23	26	32	22	28	16	25	33	297
B 地点	28	35	19	32	16	18	17	24	33	20	17	13	272

（単位 台）

(1) A 地点と B 地点の車の交通量の箱ひげ図を並べてかけ。

(2) データの散らばりの度合いが大きいのはどちらの地点か。また，その理由を説明せよ。

(3) 交通量はどちらの地点のほうが多いといえるか。また，その理由を説明せよ。

4 右の図は，A～D 組の各組 30 人の生徒に行ったテストの得点を整理して，箱ひげ図に表したものである。

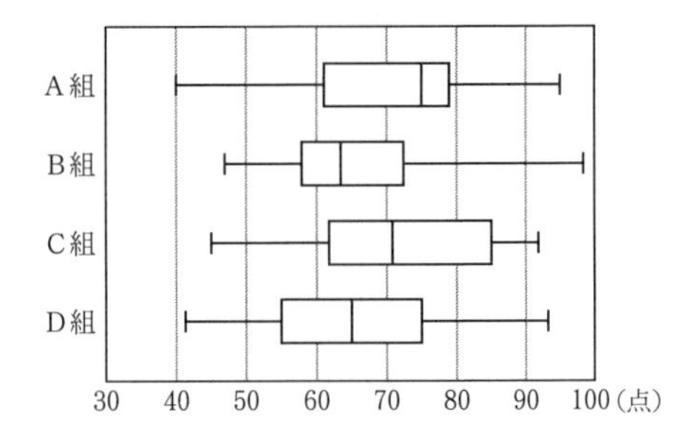

(1) 箱ひげ図から読み取れることとして正しい文を，次のア～オからすべて選べ。

ア．4 つの組全体の最高点の生徒がいるのは B 組である。

イ．4 つの組を比べたとき，四分位範囲が最も大きいのは A 組である。

ウ．4 つの組を比べたとき，範囲が最も大きいのは A 組である。

エ．4 つの組を比べたとき，第 1 四分位数と中央値の差が最も小さいのは B 組である。

オ．A 組と D 組で 70 点以下の人数を比べたとき，D 組の人数は A 組の人数以上である。

(2) A～D 組の各組の箱ひげ図のもとになった得点のヒストグラムを，次の①～④からそれぞれ選べ。

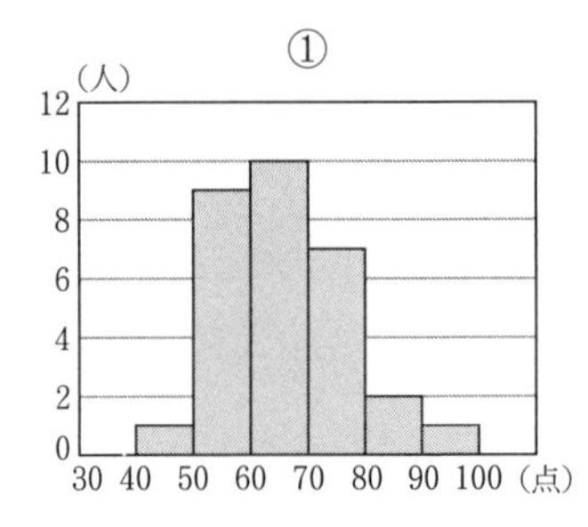

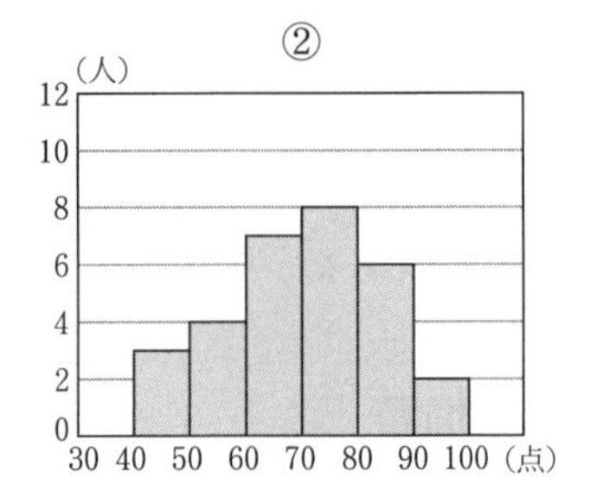

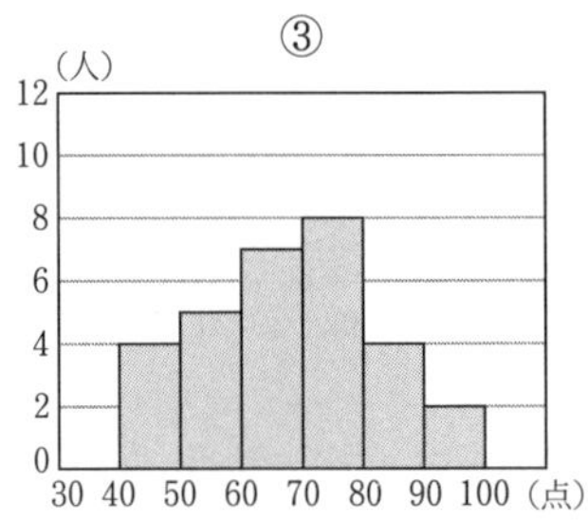

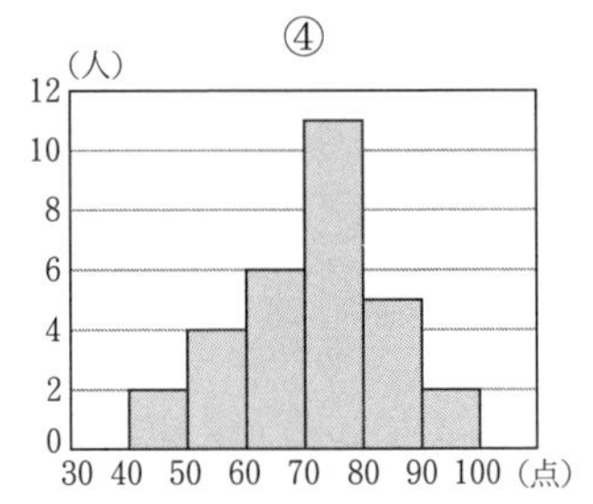

5 右の図は，中学生 40 人のハンドボール投げの記録を整理してつくったヒストグラムである。

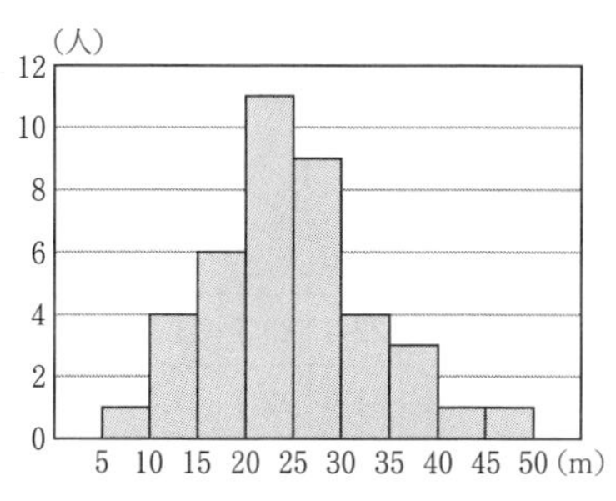

(1) 第 1 四分位数，中央値，第 3 四分位数がふくまれる階級をそれぞれ求めよ。

(2) このデータを箱ひげ図に表したものを，右の図の①～⑤から選べ。

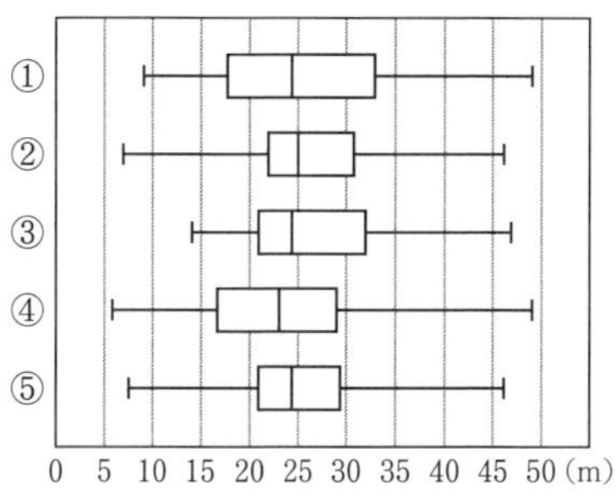

6 右の図は，A 組 39 人，B 組 39 人の計 78 人の生徒で行ったテストの得点を整理して，箱ひげ図に表したものである。

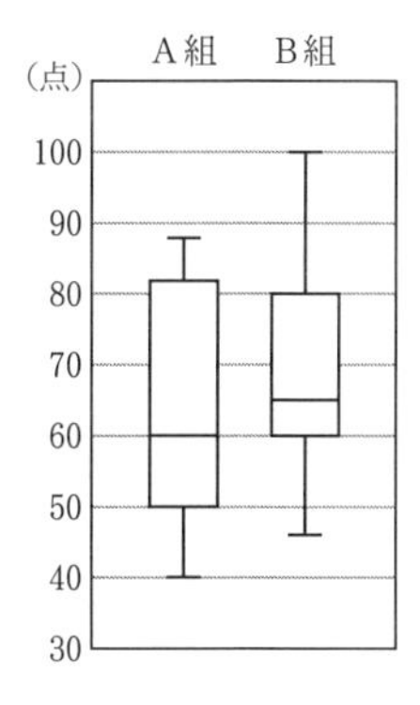

(1) 箱ひげ図から読み取れることとして正しい文を，次のア～オからすべて選べ。

ア．範囲を比較すると，A 組のほうが B 組より得点の散らばりが大きい。

イ．四分位範囲を比較すると，B 組のほうが A 組より得点の散らばりが大きい。

ウ．80 点より高い得点の生徒は，A 組のほうが B 組より多い。

エ．60 点未満の生徒は，A 組のほうが B 組より多い。

オ．A 組の第 1 四分位数よりも低い得点の生徒は，B 組にも 1 人以上いる。

(2) P さんの得点は 90 点，Q さんの得点は 61 点で，Q さんは組の中で得点が高いほうから 21 番目であった。P さんと Q さんはそれぞれどちらの組の生徒か。

8章の問題

1 次のデータは，ある市の焼却ごみの量を記録したものである。

	4月	5月	6月	7月	8月	9月	10月	11月	12月	1月	2月	3月	合計
2017年度	22.4	23.7	21.9	23.7	22.3	21.1	22.9	21.6	23.8	22.8	16.3	20.2	262.7
2018年度	21.3	22.4	21.0	22.7	20.6	21.0	21.5	19.7	23.5	19.5	17.0	20.2	250.4
2019年度	21.1	22.1	21.8	22.2	21.2	21.4	21.5	20.2	23.1	19.6	18.1	20.6	252.9
2020年度	21.1	22.3	21.1	21.0	21.9	20.3	20.7	19.9	21.7	19.5	16.8	19.9	246.2
2021年度	19.6	23.1	20.6	21.3	21.4	20.2	20.6	20.1	21.1	19.0	16.4	20.0	243.4

（単位 千トン）

(1) 2021年度の箱ひげ図を下の図にかき入れよ。

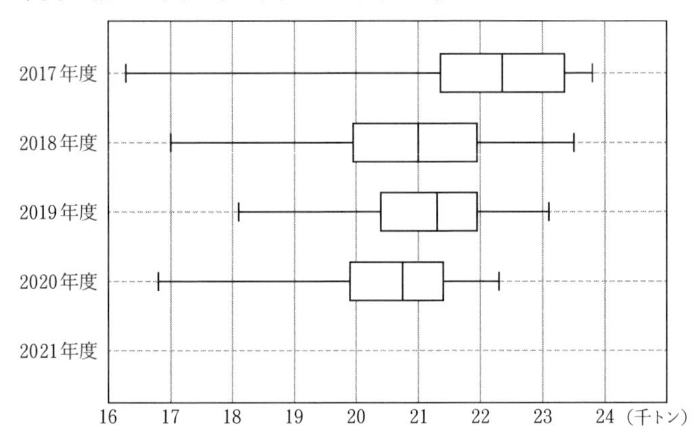

(2) 箱ひげ図から読み取れることとして正しい文を，次のア～オからすべて選べ。

ア．第1四分位数，中央値，第3四分位数をこの5年間でみると，3つとも2021年度が最も小さい値である。

イ．2017年度の第1四分位数より，2021年度の第3四分位数のほうが小さい。

ウ．すべての年度の中央値は，20000トン以上22000トン未満である。

エ．四分位範囲が最も小さいのは2021年度であるから，範囲が最も小さいのも2021年度である。

オ．5年間のすべてのデータの最小値は2017年2月のデータであるから，平均値も2017年度が最も小さい。

2 図1は，生徒40人に行った試験の得点のヒストグラムである。

(1) 第1四分位数，中央値，第3四分位数がふくまれる階級をそれぞれ求めよ。

(2) このデータを箱ひげ図に表したものを，図2の①〜④から選べ。

(3) 後日，同じ40人の生徒で再試験を行ったところ，図3の箱ひげ図になった。最初の試験の得点から再試験の得点への変化の分析として，箱ひげ図と合わせて考えたとき，明らかに誤りといえるものを，次のア〜ウから選べ。

ア．すべての生徒は得点を上げた。

イ．最初の試験の得点で，低いほうから$\dfrac{1}{3}$に入るすべての生徒は得点を上げた。

ウ．最初の試験の得点で，低いほうから$\dfrac{1}{3}$に入るすべての生徒は得点を下げた。

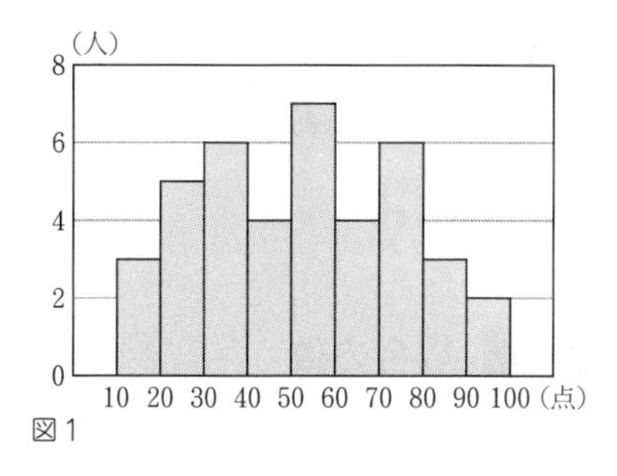

図1

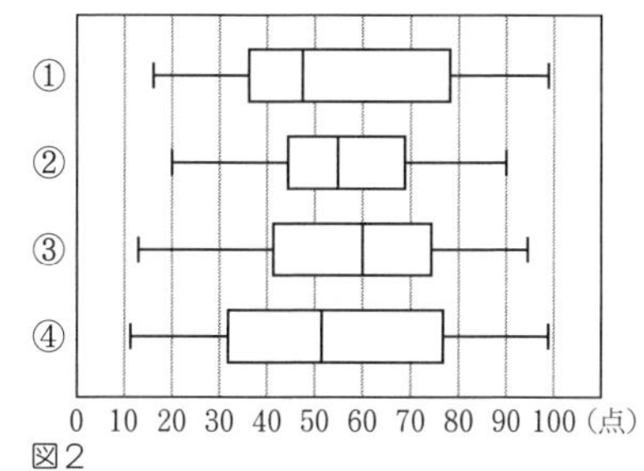

図2

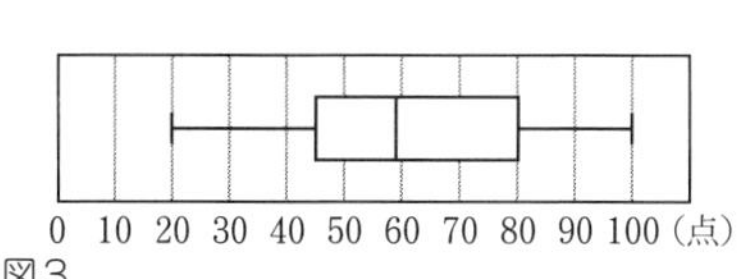

図3

9章　場合の数と確率

1　場合の数

1　場合の数

あることがらについて，起こりうるすべての場合を数えあげるとき，その総数をそのことがらの起こる**場合の数**という。

場合の数を求めるときは，起こりうるすべての場合を順序よく整理して，数えもれや重複のないようにする。**樹形図**をかいたり，**辞書式順序**に並べたりするとよい。

例　a，b，c の3つの文字を1列に並べるとき，次のように，その並べ方は6通りある。

①　**樹形図**

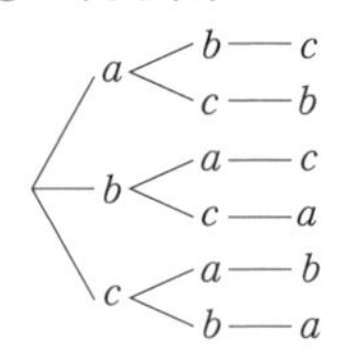

②　**辞書式順序**

辞書に出てくる単語の順に並べる。

abc，　acb，　bac，
bca，　cab，　cba

2　和の法則

2つのことがら A，B があって，これらが同時に起こることがないとする。A の起こる場合が m 通り，B の起こる場合が n 通りあるとき，A または B のどちらかが起こる場合の数は **$(m+n)$ 通り**である。

3　積の法則

2つのことがら A，B があって，A の起こる場合が m 通りあり，そのそれぞれに対して B の起こる場合が n 通りずつあるとき，A と B がともに起こる場合の数は **$(m\times n)$ 通り**である。

場合の数

例 右の図のように，袋Aの中には0，1，2の数字が1つずつ書かれた3枚のカードが，袋Bの中には3，4，5，6の数字が1つずつ書かれた4枚のカードが入っている。次の場合の数を求めてみよう。

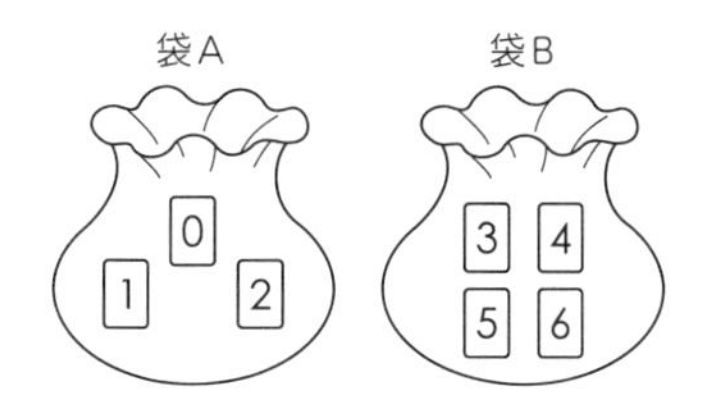

(1) 袋A，袋Bのどちらか一方から，よくかき混ぜて1枚のカードを取り出すとき，取り出し方は何通りあるか。

(2) 2つの袋A，Bから，よくかき混ぜて同時に1枚ずつカードを取り出すとき，取り出し方は何通りあるか。

(3) (2)のとき，2枚のカードに書かれた数の和は何通りあるか。

▶ (1) 袋Aからの取り出し方は3通り，袋Bからの取り出し方は4通りあり，これらは同時に起こることがないから，和の法則より，

$$3+4=7\ (\text{通り})$$

ある。　　　　(答) 7通り

(2) 袋Aからの取り出し方は3通りあり，そのそれぞれに対して，袋Bからの取り出し方は4通りずつあるから，積の法則より，

$$3\times4=12\ (\text{通り})$$

ある。　　　　(答) 12通り

(3) 樹形図をかくと右のようになる。

2枚のカードに書かれた数の和は，

3，4，5，6，7，8

の6通りある。　　　　(答) 6通り

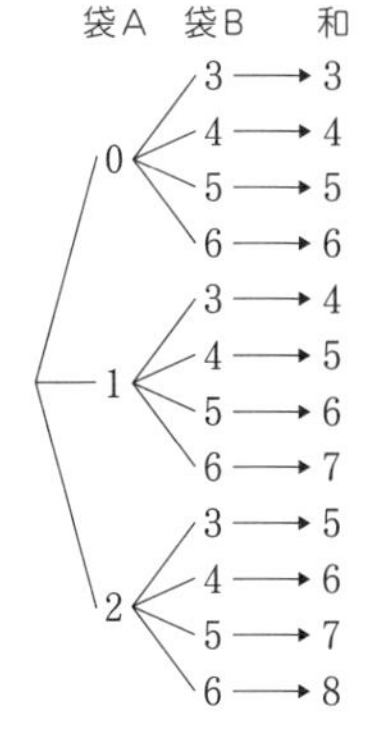

参考 (1) 取り出し方は，

0，1，2，3，4，5，6

の7通りある。

(2) 取り出し方は，(A，B) のように書き表すと，

(0，3)，(0，4)，(0，5)，(0，6)，
(1，3)，(1，4)，(1，5)，(1，6)，
(2，3)，(2，4)，(2，5)，(2，6)

の12通りある。

基本問題

1 次の場合の数を樹形図をかいて求めよ。

(1) 3つの数字1，3，5を1回ずつ使ってできる3けたの整数は何個あるか。

(2) 2つのさいころA，Bを投げるとき，出る目の数の和が7になる場合は何通りあるか。

(3) 右の図のように，4つの円で4つの領域を表している。赤，青，黄，白の4色をすべて使って，隣り合う領域を塗り分けるとき，塗り分け方は何通りあるか。

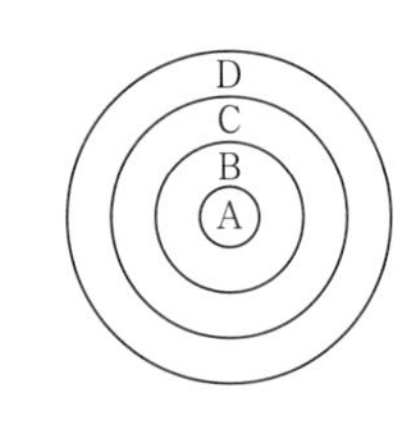

2 A町とB町の間には3本の道a，b，cがあり，B町とC町の間には4本の道p，q，r，sがある。このとき，A町からB町を通り，C町へ行く方法は何通りあるか。

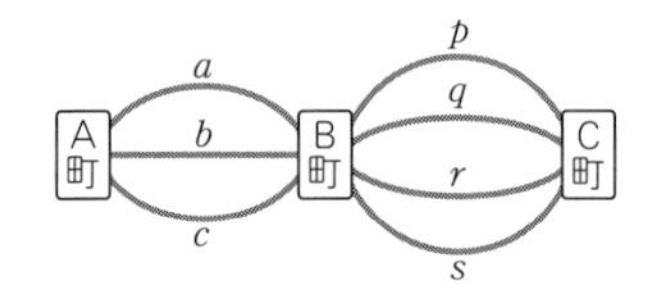

3 男子8人，女子7人の生徒の中から，次のように代表を選ぶとき，選び方は何通りあるか。

(1) 1人の代表を選ぶ。

(2) 男子1人，女子1人の代表を選ぶ。

4 異なる5種類のくだものと，異なる3種類のケーキがそれぞれ1個ずつある。

(1) くだものとケーキのすべての中から1個を選ぶとき，何通りの選び方があるか。

(2) くだものとケーキをそれぞれ1個ずつ選ぶとき，何通りの選び方があるか。

5 右の図のように，3枚のカードがある。左側のカードには表に1，裏に6が，中央のカードには表に2，裏に5が，右側のカードには表に3，裏に4が書かれている。カードを裏返してよいとして，見えている側の数字を読み取るとき，次の場合の数を樹形図をかいて求めよ。

(1) 見えている側の数字の出方は何通りあるか。

(2) 見えている側の数字が次のようになる場合は，それぞれ何通りあるか。

① 偶数が2個，奇数が1個となる場合

② 3個の数字の和が10未満となる場合

例題 1 4つの数字1，3，5，7を使って3けたの整数をつくる。同じ数を何回使ってもよいとするとき，次の問いに答えよ。

(1) 整数は何個できるか。

(2) 5の倍数は何個できるか。

解説 右のような樹形図を参考にして，次のように考える。

(1) 同じ数を何回使ってもよいから，3けたの整数の百の位，十の位，一の位の数はそれぞれ4通りずつある。

(2) 一の位の数は5である。

解答 (1) 3けたの整数の百の位，十の位，一の位の数は，1，3，5，7のどの数でもよいから，それぞれ4通りずつある。百の位の数のそれぞれに対して，十の位の数が4通りずつあり，そのそれぞれに対して，一の位の数が4通りずつあるから，

積の法則より， $4\times4\times4=64$ （答） 64個

(2) 3けたの整数が5の倍数であるとき，一の位の数は5である。百の位の数は1，3，5，7のどの数でもよい。そのそれぞれに対して，十の位の数が1，3，5，7の4通りずつあるから，

積の法則より， $4\times4=16$ （答） 16個

演習問題

6 Aさん，Bさん，Cさんの3人に，数学が「好き」か「好きでない」かを答えるアンケートをする。3人の答え方として考えられるものは何通りあるか。

7 2つのさいころA，Bを投げるとき，次の問いに答えよ。

(1) 目の出方は何通りあるか。

(2) 目の数の和が3または4になる場合は何通りあるか。

(3) 目の数の積が6の約数になる場合は何通りあるか。

8 5つの数字1，2，3，4，5を使って3けたの整数をつくる。同じ数を何回使ってもよいとするとき，次の問いに答えよ。

(1) 整数は何個できるか。

(2) 偶数は何個できるか。

9 6個の文字 a，b，b，c，c，c の中から3個の文字を取り出して1列に並べるとき，並べ方は何通りあるか。樹形図をかいて求めよ。

10 100円硬貨，50円硬貨，10円硬貨の3種類の硬貨を使って200円を支払うとき，支払い方は何通りあるか。ただし，どの硬貨を何枚使ってもよいし，使わない硬貨があってもよいとする。

11 A，B，C の 3 人がじゃんけんを 1 回する。

(1) 3 人の手の出し方は何通りあるか。

(2) あいこになる 3 人の手の出し方は何通りあるか。

例題 2 180 を素因数分解すると，$180=2^2\times3^2\times5$ であることを利用して，180 の正の約数の個数を求めよ。

解説 180 の約数は，2^2 の約数と 3^2 の約数と 5 の約数の積で表される。それらの場合の数を，樹形図をかいて考える。

解答 $180=2^2\times3^2\times5$ であるから，180 の約数は 2^2 の約数と 3^2 の約数と 5 の約数の積で表される。

2^2 の約数は，1，2，2^2 の 3 つ

3^2 の約数は，1，3，3^2 の 3 つ

5 の約数は，1，5 の 2 つ

あるから，樹形図をかくと右のようになる。

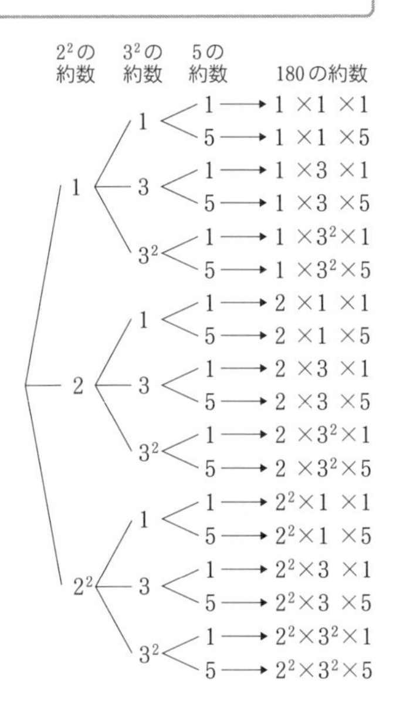

2^2 の約数は 3 つあり，そのそれぞれについて，3^2 の約数が 3 つずつあり，そのそれぞれについて，5 の約数が 2 つずつあるから，積の法則より，180 の正の約数の個数は，

$$3\times3\times2=18$$

（答） 18 個

演習問題

12 次の数の正の約数の個数を求めよ。

(1) $3^3\times5^2$　　(2) $2^2\times3^2\times7^2$　　(3) 294

進んだ問題

13 x，y，z を正の整数とするとき，$x+y+z\leqq7$，$x\leqq y\leqq z$ を満たす x，y，z の組は何通りあるか。

2 順列

1 **順列**（異なる n 個のものから r 個を取る順列）

たとえば，4 個の文字 a，b，c，d の中から 3 個の文字を取り出して 1 列に並べると，abc，abd，acb，acd，adb，adc，bac，… のように 24 通りの並べ方がある。このように，いくつかのものを取り出して，順序をつけて 1 列に並べたものを**順列**という。

異なる n 個のものから r 個を取り出してできる順列の総数を考える。1 番目には n 通りの置き方があり，2 番目には 1 番目に使ったもの以外のものから $(n-1)$ 通り，3 番目には 1 番目，2 番目に使ったもの以外のものから $(n-2)$ 通りの置き方がある。同様に，r 番目には，1 番目から $(r-1)$ 番目までに使ったもの以外のものから $(n-r+1)$ 通りの置き方がある。

1番目	2番目	3番目	…	r番目
n通り	$(n-1)$通り	$(n-2)$通り	…	$(n-r+1)$通り

よって，**異なる n 個のものから r 個を取り出してできる順列**の総数を ${}_n\mathrm{P}_r$ で表すと，積の法則より，

$${}_n\mathrm{P}_r=\underbrace{n(n-1)(n-2)\cdots(n-r+1)}_{r\text{個}} \quad （ただし，r\leqq n）$$

⚠ ${}_n\mathrm{P}_r$ の P は，permutation（順列）の頭文字である。

2 **階乗**

異なる n 個のものから n 個を取り出してできる順列の総数 ${}_n\mathrm{P}_n$ は，

$${}_n\mathrm{P}_n=n(n-1)(n-2)\cdots\times3\times2\times1$$

となる。この数を **n の階乗**といい，$n!$ で表す。

順列の数

例 順列の数 ${}_7\mathrm{P}_3$ と ${}_4\mathrm{P}_4$ を求めてみよう。

▶ ${}_7\mathrm{P}_3$ は異なる 7 個のものから 3 個を取り出して，1 列に並べる順列の数を表す。

${}_n\mathrm{P}_r=$（n からはじめて 1 ずつ小さい数を r 個かける）

ゆえに，　${}_7\mathrm{P}_3=7\times6\times5=210$

${}_4\mathrm{P}_4$ は 4 から 1 までの自然数の積 $4!$（4 の階乗）となる。

ゆえに，　${}_4\mathrm{P}_4=4!=4\times3\times2\times1=24$　　（答）${}_7\mathrm{P}_3=210$，${}_4\mathrm{P}_4=24$

基本問題

14 次の順列の数を求めよ。

(1) ${}_3P_2$　(2) ${}_4P_2$　(3) ${}_5P_1$　(4) ${}_6P_6$　(5) ${}_7P_4$

15 次の問いに答えよ。

(1) 6冊の本A，B，C，D，E，Fの中から3冊を選んで，本だなに左から順に並べる方法は何通りあるか。

(2) 7人の生徒の中から，班長，副班長，記録係の3人を選ぶ方法は何通りあるか。

(3) A，B，C，D，Eの5人でリレーのチームをつくるとき，走る順番は何通りあるか。

16 黒，赤，青，緑のボールペンが1本ずつある。A，B，Cの3人に1本ずつ配る方法は何通りあるか。

例題 3 5つの数字0，1，2，3，4の中から，異なる3つの数字を使って3けたの整数をつくる。

(1) 整数は何個できるか。　(2) 偶数は何個できるか。

解説 (1) 百の位の数は，0を除いた1，2，3，4の4通りあることに注意する。

(2) 偶数になるのは，一の位の数が偶数のときである。

解答 (1) 百の位の数は，0を除いた1，2，3，4の4通りある。

そのそれぞれに対して，十の位，一の位の数の並べ方は，百の位に使った数字以外の4つの数字から2つ取る順列であるから，${}_4P_2$ 通りずつある。

ゆえに，整数の個数は，

$$4\times{}_4P_2=4\times4\times3=48$$

（答） 48個

(2) 偶数になるのは，一の位の数が0，2または4のときである。

一の位の数が0のとき，百の位，十の位の数の並べ方は，${}_4P_2$ 通りある。

一の位の数が2のとき，百の位の数は0を除く3通りあり，そのそれぞれに対して，十の位の数は2と百の位に使った数字以外の3通りずつあるから，(3×3) 通りある。

一の位の数が4のときも，一の位の数が2のときと同様に (3×3) 通りある。

ゆえに，偶数の個数は，

$${}_4P_2+3\times3+3\times3=4\times3+9+9=30$$

（答） 30個

演習問題

17 6つの数字0，1，2，3，4，5の中から，異なる4つの数字を使って4けたの整数をつくる。

(1) 整数は何個できるか。

(2) 5の倍数は何個できるか。

18 5つの数字1，2，3，4，5の中から，異なる3つの数字を使って3けたの整数をつくる。

(1) 整数は何個できるか。

(2) 小さい順に並べると，342は小さいほうから数えて何番目になるか。

例題 4 A，B，C，D，Eの5人が1列に並ぶとき，次の並び方は何通りあるか。

(1) A，Bが両端にくる並び方

(2) A，Bが隣り合う並び方

解説 (1) まず，両端にA，Bが並び，つぎに，その間に残りの3人が並ぶと考える。

(2) 隣り合うAとBをひとまとまりとみなして考える。

解答 (1) 両端にくるA，Bの並び方は ${}_2P_2$ 通りある。

また，その並び方のそれぞれに対して，その間にC，D，Eが並ぶ並び方は ${}_3P_3$ 通りずつある。

ゆえに，求める並び方は，積の法則より，

$${}_2P_2\times{}_3P_3=2!\times3!=(2\times1)\times(3\times2\times1)$$
$$=12\,(\text{通り})$$

（答） 12通り

(2) 隣り合うAとBをひとまとまりとみなすと，並び方の数は，AとBのまとまり，C，D，Eの4つが並ぶ順列 ${}_4P_4$ に等しい。

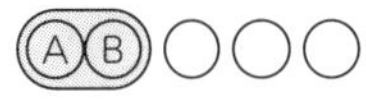

また，その並び方のそれぞれに対して，A，Bの並び方は ${}_2P_2$ 通りずつある。

ゆえに，求める並び方は，積の法則より，

$${}_4P_4\times{}_2P_2=4!\times2!=(4\times3\times2\times1)\times(2\times1)$$
$$=48\,(\text{通り})$$

（答） 48通り

演習問題

19 s, i, n, g, e, r の6文字を1列に並べるとき，次の並べ方は何通りあるか。

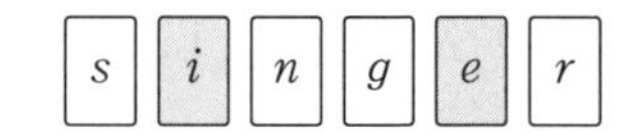

(1) 母音が両端になる並べ方

(2) 母音が隣り合う並べ方

20 1から7までの7つの数字をすべて1回ずつ使ってできる7けたの整数のうち，左端，中央，右端の数がすべて偶数であるものは何個できるか。

21 A, B, C, D, Eの5人が1列に並ぶとき，次の並び方は何通りあるか。

(1) Dが真ん中になる並び方

(2) Dが真ん中で，AはDよりも右になる並び方

22 男子3人，女子3人の合わせて6人が1列に並ぶとき，次の並び方は何通りあるか。

(1) 男子と女子が交互になる並び方

(2) 一端が男子，もう一端が女子になる並び方

進んだ問題

23 6枚のカード [0], [0], [1], [2], [3], [4] をよくきって3枚を引き，左から順に並べて3けたの整数をつくる。

(1) 整数は何個できるか。

(2) 6で割り切れる整数は何個できるか。

(3) できる整数すべての和を求めよ。

24 [1], [2], [3], [4], [5] のカードが2枚ずつ計10枚ある。このカードをよくきって4枚を引き，左から順に並べて4けたの整数をつくる。

(1) 1221のように，千の位の数と一の位の数が等しく，百の位の数と十の位の数が等しい整数は何個できるか。

(2) 千の位の数が1である整数は何個できるか。

(3) 偶数は何個できるか。

3 組合せ

1 **組合せ**（異なる n 個のものから r 個を取る組合せ）

たとえば，4 個の文字 a，b，c，d の中から 3 個の文字を選ぶとき，その選び方は $\{a, b, c\}$，$\{a, b, d\}$，$\{a, c, d\}$，$\{b, c, d\}$ の 4 通りがある。このように，いくつかのものを取り出して，順序を考えずに組をつくるとき，その組の 1 つ 1 つを**組合せ**という。

異なる n 個のものから r 個を取り出してできる組合せの総数を考える。**異なる n 個のものから r 個を取り出してできる組合せ**の総数を $_n\mathrm{C}_r$ で表すと，$_n\mathrm{C}_r$ 通りのそれぞれの組合せから $r!$ 通りの順列ができることから，

$$_n\mathrm{C}_r \times r! = {}_n\mathrm{P}_r$$

が成り立つ。

よって，

$$_n\mathrm{C}_r = \frac{_n\mathrm{P}_r}{r!} = \frac{\overbrace{n(n-1)(n-2)\cdots(n-r+1)}^{r\text{個}}}{r(r-1)(r-2)\cdots\times3\times2\times1} \quad （ただし，r \leqq n）$$

⚠ $_n\mathrm{C}_r$ の C は，combination（組合せ）の頭文字である。

組合せの数

例 組合せの数 $_6\mathrm{C}_3$ と $_5\mathrm{C}_5$ を求めてみよう。

▶ $_6\mathrm{C}_3$ は異なる 6 個のものから 3 個を取り出して，順序を考えずに 1 組としたものの総数を表す。

ゆえに，$_6\mathrm{C}_3 = \dfrac{6\times5\times4}{3\times2\times1} = 20$

同様に，$_5\mathrm{C}_5 = \dfrac{5\times4\times3\times2\times1}{5\times4\times3\times2\times1} = 1$

（答）$_6\mathrm{C}_3 = 20$，$_5\mathrm{C}_5 = 1$

$$_n\mathrm{C}_r = \frac{\left(\begin{array}{c}n\text{ からはじめて 1 ずつ}\\ \text{小さい数を } r \text{ 個かける}\end{array}\right)}{\left(\begin{array}{c}r\text{ から 1 までの}\\ \text{自然数をかける}\end{array}\right)}$$

⚠ $_5\mathrm{C}_5$ は異なる 5 個のものから 5 個すべてを取り出しているから，その取り出し方は 1 通りとなる（$_n\mathrm{C}_n = 1$）。

基本問題

25 次の組合せの数を求めよ。

(1) $_7\mathrm{C}_1$　(2) $_4\mathrm{C}_2$　(3) $_5\mathrm{C}_3$　(4) $_8\mathrm{C}_4$　(5) $_6\mathrm{C}_6$

26 次の問いに答えよ。

(1) 5冊の本A，B，C，D，Eの中から2冊を選ぶ方法は何通りあるか。

(2) 7人の生徒の中から2人の代表を選ぶ方法は何通りあるか。

(3) ペンケースに8本の異なる色鉛筆が入っている。3本の色鉛筆を選ぶ方法は何通りあるか。

例題 5 男子4人，女子6人の合わせて10人の生徒の中から6人を選ぶ。

(1) 選び方は何通りあるか。

(2) 男子3人，女子3人を選ぶとき，選び方は何通りあるか。

解説 (1) 男女合わせて10人の中から6人を選ぶ選び方は，10人から6人を選ぶ組合せで，${}_{10}C_6$ 通りある。

(2) 男子の選び方は男子4人から3人を選ぶ組合せで，${}_4C_3$ 通りある。そのそれぞれに対して，女子の選び方は女子6人から3人を選ぶ組合せで，${}_6C_3$ 通りずつある。

解答 (1) 求める場合の数は，10人の中から6人を選ぶ組合せの数であるから，

$${}_{10}C_6=\frac{10\times9\times8\times7\times6\times5}{6\times5\times4\times3\times2\times1}=210$$

（答） 210通り

(2) 男子の選び方が ${}_4C_3$ 通りあり，そのそれぞれに対して，女子の選び方が ${}_6C_3$ 通りずつあるから，積の法則より，

$${}_4C_3\times{}_6C_3=\frac{4\times3\times2}{3\times2\times1}\times\frac{6\times5\times4}{3\times2\times1}=4\times20=80$$

（答） 80通り

参考 (1) 10人の中から6人を選ぶ組合せは，10人の中から残される4人を選ぶ組合せに等しいから，${}_{10}C_6={}_{10}C_4=\frac{10\times9\times8\times7}{4\times3\times2\times1}=210$ と計算してもよい。

(2) (1)と同様に，${}_4C_3\times{}_6C_3={}_4C_1\times{}_6C_3=\frac{4}{1}\times\frac{6\times5\times4}{3\times2\times1}=80$ と計算してもよい。

このように，${}_nC_r$ を求めるとき，${}_nC_{n-r}$ を計算してもよい。

一般に，次の式が成り立つ。

$${}_nC_r={}_nC_{n-r}$$

［例］ ${}_8C_6={}_8C_{8-6}={}_8C_2$　　${}_{10}C_9={}_{10}C_{10-9}={}_{10}C_1$

演習問題

27 男子8人，女子6人の合わせて14人の生徒の中から10人を選ぶ。

(1) 選び方は何通りあるか。

(2) 男子5人，女子5人を選ぶとき，選び方は何通りあるか。

28 右の図のように，円周を8等分する点を順にA，B，C，D，E，F，G，Hとする。

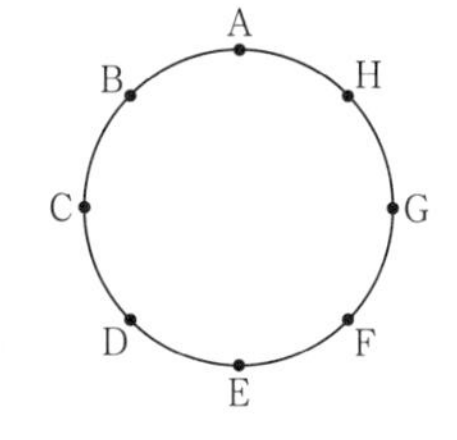

(1)　2点を両端とする線分は何本ひくことができるか。

(2)　3点を選んで三角形をつくるとき，三角形は何個できるか。

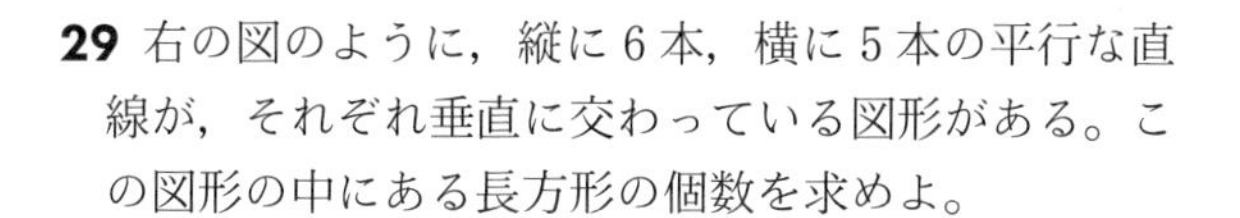

29 右の図のように，縦に6本，横に5本の平行な直線が，それぞれ垂直に交わっている図形がある。この図形の中にある長方形の個数を求めよ。

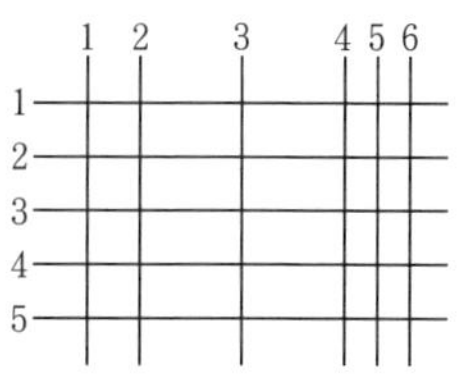

30 1から10までの10個の整数の中から異なる3個を選ぶ。

(1)　選び方は何通りあるか。

(2)　少なくとも1個は3の倍数になる選び方は何通りあるか。

31 6個の文字a，a，a，b，c，dについて，次の問いに答えよ。

(1)　1個の□に1個の文字を記入するとき，□□□□□□のどれか3個にaの文字を記入する方法は何通りあるか。

(2)　6個の文字を1列に並べる方法は何通りあるか。

32 右の図で，2直線ℓ，mの交点をPとする。点P以外に，直線ℓ上に異なる4点A，B，C，Dを，直線m上に異なる3点E，F，Gをとる。8つの点A，B，C，D，E，F，G，Pの中から3つの点を選んで，それらを頂点とする三角形をつくるとき，三角形は何個できるか。

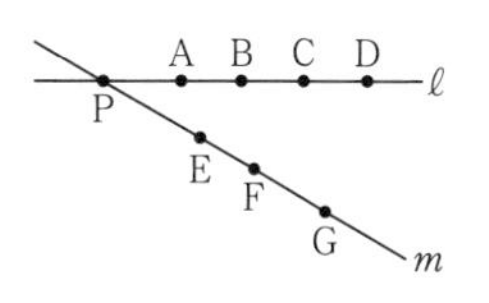

進んだ問題

33 右の図のような図形Aが4個，図形Bが3個ある。これら7個の図形を点線にそって横1列に並べる。

図形A　図形B

(1)　並べ方は何通りあるか。

(2)　並べた7個の図形をそれぞれ赤，青，黄色に塗る。隣り合う図形は異なる色になるように塗り，また，使わない色があってもよいとする。このとき，並べ方を考えた塗り方は全部で何通りあるか。

4 確率

1 **同様に確からしい**

いくつかのことがらが起こることが，どれも同じ程度に期待できるとき，それらのことがらの起こることは**同様に確からしい**という。

2 **確率**

起こりうる場合が全部で n 通りあり，それらのどれが起こることも同様に確からしいとする。そのうち，ことがら A の起こる場合が a 通りあるとき，$\dfrac{a}{n}$ をことがら A の起こる**確率**という。

その確率を p とすると，

$$\boldsymbol{p=\frac{a}{n}}$$

（確率）$=\dfrac{（そのことがらが起こる場合の数）}{（起こりうるすべての場合の数）}$

⚠ p は probability（確率）の頭文字である。

3 **確率の基本性質**

ことがら A の**起こる確率**を $\boldsymbol{p}$ とする。

(1) $\boldsymbol{0 \leqq p \leqq 1}$ である。

(2) ことがら A が**必ず起こる**とき，$\boldsymbol{p=1}$ である。

(3) ことがら A が**決して起こらない**とき，$\boldsymbol{p=0}$ である。

(4) ことがら A が**起こらない確率**は，$\boldsymbol{1-p}$ である。

基本問題

34 次のことがら A，B，C を起こりやすい順に並べよ。

(1) 袋の中に，赤玉 3 個，青玉 2 個，黄玉 5 個の計 10 個の玉が入っている。この袋から，よくかき混ぜて玉を 1 個取り出すとき，

A．取り出した玉が赤玉であること　　B．取り出した玉が青玉であること

C．取り出した玉が黄玉であること

(2) 1 つのさいころを投げるとき，

A．出た目が 2 であること　　B．出た目が 2 の倍数であること

C．出た目が 2 の約数であること

(3) ジョーカーを除く 52 枚のトランプをよくきって，1 枚のカードを引くとき，

A．引いたカードがダイヤのカードであること

B．引いたカードが 10 のカードであること

C．引いたカードが絵札であること

確率の計算

例 次のことがらが起こる確率を求めてみよう。

(1) 10 円硬貨と 50 円硬貨を 1 枚ずつ同時に投げるとき，2 枚とも表が出る確率

(2) 3 枚のカード A，B，C をよくきって 1 列に並べるとき，A が左端にくる確率

(3) 袋の中に，白石 3 個，黒石 2 個の計 5 個の石が入っている。この袋から，よくかき混ぜて同時に 2 個の石を取り出すとき，2 個とも白石である確率

▶ (1) 10 円硬貨と 50 円硬貨はそれぞれ表と裏があるから，表と裏の出方は全部で $2\times2=4$（通り）あり，これらの起こることは同様に確からしい。
2 枚とも表となる出方は 1 通りである。

ゆえに，求める確率は， $\dfrac{1}{4}$ （答） $\dfrac{1}{4}$

(2) 3 枚のカード A，B，C のすべての並べ方は，異なる 3 枚のものを並べる順列であるから，カードの並べ方は全部で ${}_3P_3$ 通りあり，これらの起こることは同様に確からしい。
A が左端にくるとき，中央と右端にくる B，C の並べ方は ${}_2P_2$ 通りある。

ゆえに，求める確率は， $\dfrac{{}_2P_2}{{}_3P_3}=\dfrac{2\times1}{3\times2\times1}=\dfrac{1}{3}$ （答） $\dfrac{1}{3}$

(3) 5 個の石から 2 個の石を取り出す取り出し方は，異なる 5 個のものから 2 個を取る組合せであるから，その取り出し方は全部で ${}_5C_2$ 通りあり，これらの起こることは同様に確からしい。
2 個とも白石である取り出し方は，3 個の白石から 2 個を取る組合せであるから，取り出し方は ${}_3C_2$ 通りある。

ゆえに，求める確率は， $\dfrac{{}_3C_2}{{}_5C_2}=\dfrac{\dfrac{3\times2}{2\times1}}{\dfrac{5\times4}{2\times1}}=\dfrac{3\times2}{5\times4}=\dfrac{3}{10}$ （答） $\dfrac{3}{10}$

基本問題

35 当たりくじが 4 本入っている 20 本のくじがある。このくじを 1 本引くとき，当たる確率を求めよ。

36 1 から 15 までの整数が 1 つずつ書かれた 15 枚のカードがある。このカードをよくきって 1 枚引くとき，次の確率を求めよ。

(1) 偶数のカードが出る確率　　(2) 奇数のカードが出る確率

37 袋の中に，赤玉 5 個，白玉 3 個，青玉 2 個の計 10 個の玉が入っている。この袋からよくかき混ぜて玉を 1 個取り出すとき，次の確率を求めよ。

(1) 赤玉が出る確率

(2) 赤玉または白玉が出る確率

38 次のことがらが起こる確率を求めよ。

(1) 10 円硬貨と 50 円硬貨を 1 枚ずつ同時に投げるとき，一方は表，他方は裏が出る確率

(2) 袋の中に，3 枚のカード [1]，[2]，[3] が入っている。この袋からよくかき混ぜてカードを 1 枚ずつ取り出し，取り出した順に左から並べて 3 けたの整数をつくるとき，それが偶数である確率

(3) 男子 4 人，女子 2 人の合わせて 6 人の中から，くじ引きで代表 2 人を選ぶとき，2 人とも男子が選ばれる確率

例題 6 2 つのさいころ A，B を同時に投げるとき，出る目の数の和について，次の確率を求めよ。

(1) 和が 7 になる確率

(2) 和が 6 の倍数になる確率

解説 2 つのさいころ A，B の目の出方と，目の数の和は，右の表のようになる。
(2)で，目の数の和が 6 の倍数になるのは，目の数の和が 6 または 12 のときである。

A＼B	1	2	3	4	5	6
1	2	3	4	5	6	7
2	3	4	5	6	7	8
3	4	5	6	7	8	9
4	5	6	7	8	9	10
5	6	7	8	9	10	11
6	7	8	9	10	11	12

解答 2 つのさいころ A，B を投げるときの目の出方は全部で $6\times6=36$（通り）あり，これらの起こることは同様に確からしい。
A，B の出る目の数の組を（A，B）と表す。

(1) 目の数の和が 7 になるのは，
（1，6），（2，5），（3，4），（4，3），（5，2），（6，1）の 6 通りある。

ゆえに，求める確率は， $\dfrac{6}{36}=\dfrac{1}{6}$　　（答） $\dfrac{1}{6}$

(2) 目の数の和が 6 の倍数になるのは，目の数の和が 6 または 12 のときである。
和が 6 になるのは，（1，5），（2，4），（3，3），（4，2），（5，1）の 5 通り，
和が 12 になるのは，（6，6）の 1 通りある。

ゆえに，求める確率は， $\dfrac{5+1}{36}=\dfrac{1}{6}$　　（答） $\dfrac{1}{6}$

演習問題

39 2つのさいころA，Bを同時に投げるとき，出る目の数の和について，次の確率を求めよ。

(1) 和が10以上になる確率

(2) 和が10の約数になる確率

40 ジョーカーを除く52枚のトランプから，同時に2枚のカードを引くとき，次の確率を求めよ。

(1) 引いたカードの1枚がハートで，1枚がダイヤである確率

(2) 引いたカードがハートまたはダイヤである確率

41 2つの立方体A，Bがある。立方体Aには 1，2，3，4，5，6 の数字が1つの面に1つずつ書かれている。立方体Bには 1，1，1，2，2，3 の数字が1つの面に1つずつ書かれている。

この2つの立方体A，Bを同時に投げるとき，表となる面の数の和が4になる確率を求めよ。ただし，立方体A，Bは，ともにどの面が表となることも同様に確からしいものとする。

42 右の図のように，袋Aの中には1，3，6，8の数字が1つずつ書かれた4枚のカードが，袋Bの中には2，4，5，7の数字が1つずつ書かれた4枚のカードが入っている。これらのカードをそれぞれよくかき混ぜて袋の中から1枚ずつ取り出すとき，袋Aから取り出したカードに書いてある数が，袋Bから取り出したカードに書いてある数より大きい数になる確率を求めよ。

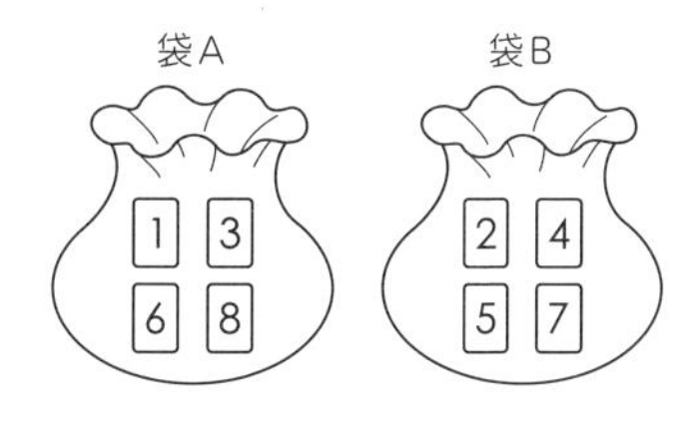

43 100円硬貨，50円硬貨，10円硬貨が1枚ずつある。この3枚の硬貨を同時に投げるとき，次の確率を求めよ。

(1) 2枚が表，1枚が裏が出る確率

(2) 表が出た硬貨の金額の合計が100円より多くなる確率

44 2つのさいころA，Bを同時に投げるとき，出る目の数をそれぞれa，bとする。このとき，a，bが次のようになる確率を求めよ。

(1) 不等式 $(a+7)b \leqq 32$ を満たす確率

(2) $3a+b$ が5の倍数になる確率

例題 7 2つのさいころA，Bを同時に投げるとき，出る目の数の積が偶数になる確率を求めよ。

解説 出る目の数の積が偶数になるためには，A，Bの少なくとも一方に偶数の目が出る必要がある。次の2通りの方法で考えてみる。

(i)「A，Bの少なくとも一方に偶数の目が出る」ことは，

「Aに偶数，Bに偶数の目が出る」
「Aに偶数，Bに奇数の目が出る」
「Aに奇数，Bに偶数の目が出る」
のいずれかが起こることである。

(ii)「A，Bの少なくとも一方に偶数の目が出る」ことは，
「A，Bにともに奇数の目が出ることが起こらない」ことである。
このとき，A，Bにともに奇数の目が出る確率をpとすると，求める確率は$1-p$である。

解答1 2つのさいころA，Bを投げるときの目の出方は，全部で(6×6)通りあり，これらの起こることは同様に確からしい。
出る目の数の積が偶数になるためには，

「Aに偶数，Bに偶数の目が出る」
「Aに偶数，Bに奇数の目が出る」
「Aに奇数，Bに偶数の目が出る」

のいずれかが起こる必要がある。
これらの3つの場合の目の出方は，いずれも$3\times3=9$（通り）である。
また，3つのことがらは同時に起こらないから，和の法則より，出る目の数の積が偶数になる場合の数は，$(9+9+9)$通りである。
ゆえに，求める確率は，

$$\frac{9+9+9}{6\times6}=\frac{3}{4}$$

（答）$\frac{3}{4}$

解答2 2つのさいころA，Bを投げるときの目の出方は，全部で(6×6)通りあり，これらの起こることは同様に確からしい。
「A，Bにともに奇数の目が出る」場合は，(3×3)通りあり，その確率は，

$$\frac{3\times3}{6\times6}=\frac{1}{4}$$

「A，Bの少なくとも一方に偶数の目が出る」ことは，「A，Bにともに奇数の目が出ることが起こらない」ことである。
ゆえに，求める確率は，

$$1-\frac{1}{4}=\frac{3}{4}$$

（答）$\frac{3}{4}$

演習問題

45 2つのさいころA，Bを同時に投げるとき，出る目の数の積が3の倍数になる確率を求めよ。

46 2つのさいころA，Bを同時に投げるとき，出る目の数をそれぞれx，yとする。点$(x,\ y)$が，右の図のような五角形PQRSTの周上または内部にある確率を求めよ。

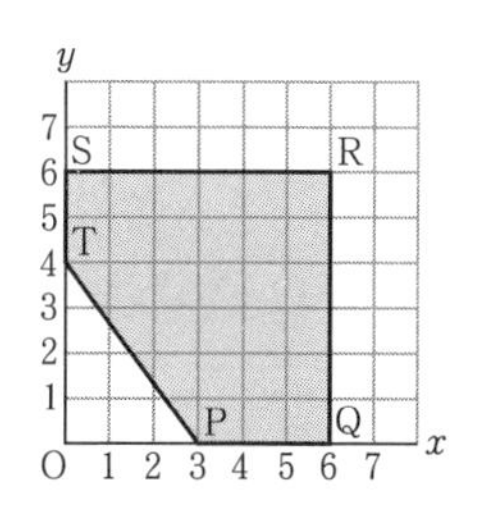

47 右の図のように，-2，-1，1，2，3，4の整数が1つずつ書かれた6枚のカードがある。このカードをよくきって1枚ずつ2回続けて引くとき，1回目，2回目に出るカードの数をそれぞれa，bとする。このとき，$a+b$ の値が0より大きくなる確率を求めよ。

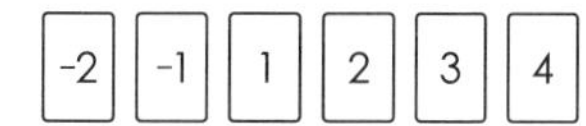

48 A，B，Cの3人がじゃんけんを1回するとき，次の確率を求めよ。

(1) Aだけが勝つ確率　　(2) あいこになる確率

49 右の図のように，円周上に等間隔に12個の点があり，それらのうちの1つをAとする。大小2つのさいころを同時に投げて，出た目の数の積をnとする。点Pが点Aを出発点として，円周上の点を時計まわりにn個進むとき，点Pが点Aにある確率を求めよ。

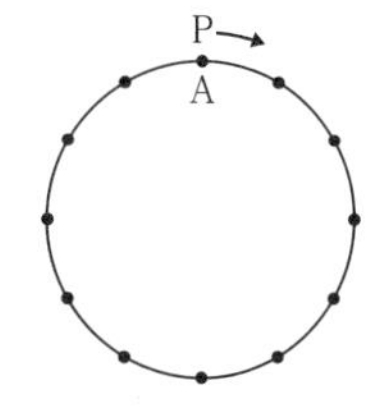

50 右の図のように，1辺の長さが2cmの正方形ABCDがある。1つのさいころを2回投げる。1回目に出た目の数をaとし，頂点Aから正方形の辺上を矢印の向きに$a$cm進んだ点をPとする。また，2回目に出た目の数をbとし，点Pから正方形の辺上を矢印の向きに$b$cm進んだ点をQとする。

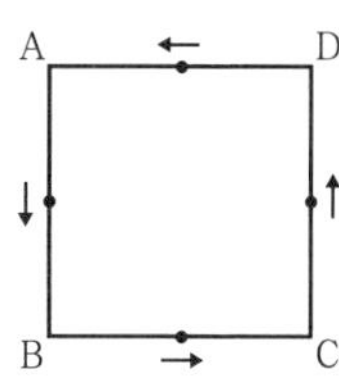

(1) 点Qが頂点Aにある目の出方は，何通りあるか。

(2) 点Qが正方形ABCDの頂点にある確率を求めよ。

(3) 2点P，Qを結んだとき，線分PQの長さが2cmになる確率を求めよ。

例題 8 袋の中に，7 枚のカード [1]，[2]，[3]，[4]，[5]，[6]，[7] が入っている。次の確率を求めよ。

(1) この袋から，よくかき混ぜて 1 枚ずつ 3 枚のカードを取り出し，取り出した順に左から並べて 3 けたの整数をつくるとき，それが 5 の倍数になる確率

(2) この袋から，よくかき混ぜて同時に 3 枚のカードを取り出すとき，4 以下の数のカードが 2 枚，5 以上の数のカードが 1 枚出る確率

解説 起こりうる場合の数を求めるとき，それがどのような条件で起こるかを整理してから計算する。

(1) 取り出したカードを順に並べることから，順列の計算を考える。また，3 けたの整数が 5 の倍数になるのは，一の位の数が 5 になるときである。

(2) 同時にカードを取り出していることから，組合せの計算を考える。

解答 (1) 異なる 7 枚のカードから 1 枚ずつ 3 枚を取り出して並べる順列は，全部で ${}_7P_3$ 通りあり，これらの起こることは同様に確からしい。

また，5 の倍数になるのは，一の位の数が 5 のときで，百の位，十の位は，1，2，3，4，6，7 の 6 枚のカードから 2 枚を取り出して並べればよいから，それらは全部で ${}_6P_2$ 通りある。

ゆえに，求める確率は，$\dfrac{{}_6P_2}{{}_7P_3}=\dfrac{6\times5}{7\times6\times5}=\dfrac{1}{7}$ （答） $\dfrac{1}{7}$

(2) 異なる 7 枚のカードから同時に 3 枚を取る組合せは，全部で ${}_7C_3$ 通りあり，これらの起こることは同様に確からしい。

また，4 以下の数のカード 4 枚から 2 枚を取る組合せは ${}_4C_2$ 通りあり，そのそれぞれに対して，5 以上の数のカード 3 枚から 1 枚を取る組合せは ${}_3C_1$ 通りずつある。

ゆえに，求める確率は，$\dfrac{{}_4C_2\times{}_3C_1}{{}_7C_3}=\dfrac{6\times3}{35}=\dfrac{18}{35}$ （答） $\dfrac{18}{35}$

⚠ 例題 8 のように，袋からよくかき混ぜて取り出したり，演習問題 47（→p.175）のように，カードをよくきってから続けて引いて並べたりするとき，これらの起こることは同様に確からしいといえる。今後，確率を求める問題では，「袋からよくかき混ぜて」「カードをよくきって」などとは断らない。

参考 「袋の中に赤玉 4 個，白玉 3 個が入っている。この袋から同時に 3 個の玉を取り出すとき，赤玉 2 個，白玉 1 個が出る確率を求めよ。」

この問題について，3 個の玉の取り出し方は，（赤 3），（赤 2，白 1），（赤 1，白 2），（白 3）の 4 通りであるから，求める確率は $\dfrac{1}{4}$ であるとするのは誤りである。

なぜなら，この4通りの取り出し方は同様に確からしいといえないからである。
赤玉に1，2，3，4，白玉に5，6，7とそれぞれ番号をつけると，赤玉2個の取り出し方は，(1，2)，(1，3)，(1，4)，(2，3)，(2，4)，(3，4)の6通りあり，そのそれぞれに対して，白玉1個の取り出し方は，5，6，7の3通りずつある。
よって，赤玉2個，白玉1個の取り出し方は，$6\times3=18$（通り）ある。
このように考えると，この問題の答は，$\dfrac{{}_4C_2\times{}_3C_1}{{}_7C_3}=\dfrac{6\times3}{35}=\dfrac{18}{35}$ となり，例題8(2)の問題を考えることと同じであることがわかる。
赤玉，白玉のように区別がつかないものをあつかうときも，条件によっては番号をつけるなどのくふうをして，区別して考える必要がある。

演習問題

51 袋の中に，5枚のカード 1，2，3，4，5 が入っている。この袋から1枚ずつ4枚のカードを取り出し，取り出した順に左から並べて4けたの整数をつくるとき，それが偶数になる確率を求めよ。

52 A，B，C，D，E，Fの6人が1列に並ぶとき，次の確率を求めよ。
(1) Aが左端に，Fが右端に並ぶ確率
(2) AとBが隣り合う確率

53 当たりくじ4本が入っている10本のくじがある。このくじを同時に3本引くとき，2本だけ当たる確率を求めよ。

54 袋の中に，赤玉7個，白玉5個の計12個の玉が入っている。この袋から同時に4個の玉を取り出すとき，次の確率を求めよ。
(1) 赤玉2個と白玉2個が出る確率
(2) 少なくとも1個は赤玉が出る確率

55 1，2，3，4，5の数字が1つずつ書かれた5枚のカードがある。この中から1枚ずつ3回続けてカードを引くとき，次の確率を求めよ。
(1) 引いた順に左から1列に並べるとき，2と3のカードが隣り合う確率
(2) 引いた順に左から1列に並べて3けたの整数をつくるとき，3の倍数になる確率

56 袋の中に，赤，白，青，黄，緑の玉が2個ずつ計10個の玉が入っている。この袋から同時に2個の玉を取り出すとき，少なくとも1個は赤玉か白玉が出る確率を求めよ。

57 袋の中に，赤玉，白玉，青玉が 1 個ずつ計 3 個の玉が入っている。この袋から 1 個の玉を取り出し，袋にもどす。これを 3 回くり返す。取り出した玉と同じ色の絵の具を使って，取り出した順に右の図の a，b，c の部分を塗る。このとき，隣りどうしを異なった色に塗り分ける確率を求めよ。

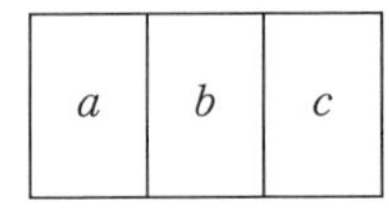

58 2 つのさいころ A，B を同時に投げるとき，出る目の数の和について，次の確率を求めよ。

(1) 和が 2 の倍数になる確率

(2) 和が 3 の倍数になる確率

(3) 和が 2 の倍数または 3 の倍数になる確率

59 袋の中に，1，2，3，4 の数字が 1 つずつ書かれた赤玉 4 個と，1，2 の数字が 1 つずつ書かれた白玉 2 個の計 6 個の玉が入っている。この袋から同時に 2 個の玉を取り出すとき，次の確率を求めよ。

(1) 2 個の玉が赤玉と白玉 1 個ずつで，書かれている 2 つの数の積が奇数になる確率

(2) 2 個の玉に書かれている 2 つの数の和が 5 以上になる確率

(3) 2 個の玉が同じ色になる確率

60 1 から 10 までの数字が 1 つずつ書かれた 10 枚のカードがある。この中から同時に 4 枚のカードを引くとき，次の確率を求めよ。

(1) 最大の数が 6 になる確率

(2) 最大の数が 8，最小の数が 3 になる確率

進んだ問題

61 円周上に異なる 6 つの点 A，B，C，D，E，F がある。この 6 つの点のうち，異なる 2 点をすべて線分で結ぶとする。

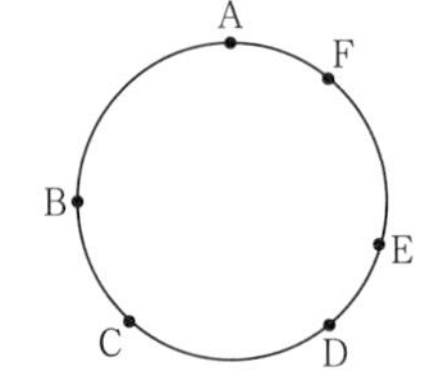

(1) できた線分は何本あるか。

(2) これらの線分の中から 3 本を選ぶとする。

① 3 本の線分の選び方は何通りあるか。

② 選ばれた 3 本の線分の端点がすべて異なる点である確率を求めよ。

研究 期待値

はずれのない 100 本のくじに，右の表のような賞金がついている。このくじを引くとき，くじ 1 本あたりの賞金の平均を考える。

	1 等	2 等	3 等
賞金(円)	5000	1000	300
本数(本)	2	8	90

賞金の総額は，

$$5000\times2+1000\times8+300\times90=45000\ (円)$$

であるから，くじ 1 本あたりの賞金の平均は，

$$\frac{45000}{100}=450\ (円)$$

となる。

	1 等	2 等	3 等
賞金(円)	5000	1000	300
確率	$\frac{2}{100}$	$\frac{8}{100}$	$\frac{90}{100}$

また，このくじの賞金の平均は，(賞金)×(その確率) の総和として，

$$5000\times\frac{2}{100}+1000\times\frac{8}{100}+300\times\frac{90}{100}=450\ (円)$$

と計算することもできる。

このように計算したとき，この 450 円をこのくじの賞金の**期待値**または平均という。

一般に，x_1，x_2，x_3，…，x_n という値をとる数量があって，そのそれぞれの値をとる確率が順に

数量	x_1	x_2	x_3	…	x_n	計
確率	p_1	p_2	p_3	…	p_n	1

p_1，p_2，p_3，…，p_n であるとする（$p_1+p_2+p_3+\cdots+p_n=1$）。

このとき，

$$E=x_1p_1+x_2p_2+x_3p_3+\cdots+x_np_n$$

を，その数量の**期待値**または平均という。

⚠ E は expectation（期待値）の頭文字である。

例 1つのさいころを1回投げるとき，出る目の数の期待値を求めてみる。

目の数	1	2	3	4	5	6	計
確率	$\frac{1}{6}$	$\frac{1}{6}$	$\frac{1}{6}$	$\frac{1}{6}$	$\frac{1}{6}$	$\frac{1}{6}$	1

期待値は，

(出る目の数)×(その確率) の総和であるから，

$$1\times\frac{1}{6}+2\times\frac{1}{6}+3\times\frac{1}{6}+4\times\frac{1}{6}+5\times\frac{1}{6}+6\times\frac{1}{6}=\frac{7}{2}$$

である。

例題 9 袋の中に，赤玉3個，白玉2個の計5個の玉が入っている。この袋から同時に3個の玉を取り出すとき，取り出される赤玉の個数の期待値を求めよ。

解説 取り出される赤玉の個数とそのときの確率を表にする。期待値は，(赤玉の個数)×(その確率) の総和である。

解答 取り出される赤玉の個数は，1個，2個，3個の3通りである。

赤玉が1個である確率は，$\frac{{}_3C_1\times{}_2C_2}{{}_5C_3}=\frac{3}{10}$
(赤玉1個，白玉2個)

赤玉が2個である確率は，$\frac{{}_3C_2\times{}_2C_1}{{}_5C_3}=\frac{6}{10}$
(赤玉2個，白玉1個)

赤玉が3個である確率は，$\frac{{}_3C_3}{{}_5C_3}=\frac{1}{10}$
(赤玉3個，白玉0個)

赤玉の個数(個)	1	2	3	計
確率	$\frac{3}{10}$	$\frac{6}{10}$	$\frac{1}{10}$	1

ゆえに，求める期待値は，

$$1\times\frac{3}{10}+2\times\frac{6}{10}+3\times\frac{1}{10}=\frac{18}{10}=\frac{9}{5}\text{(個)}$$

(答) $\frac{9}{5}$ 個

研究問題

62 2枚の100円硬貨を同時に投げるとき，表の出る硬貨の合計金額の期待値を求めよ。

63 はずれのない2つのくじA，Bに，それぞれ次の表のような賞金がついている。くじA，Bをそれぞれ1本引くとき，賞金の期待値の差を求めよ。

くじA

	1等	2等	3等
賞金(円)	10000	5000	100
本数(本)	1	3	96

くじB

	1等	2等	3等
賞金(円)	1000	500	100
本数(本)	20	80	100

64 袋の中に，赤玉5個，白玉4個の計9個の玉が入っている。この袋から同時に3個の玉を取り出すとき，取り出される赤玉の個数の期待値を求めよ。

9章の問題

1 6つの数字3，4，4，5，5，5の中から，3つの数字を使って3けたの整数をつくる。 ⇐**1**

(1) 整数は何個できるか。

(2) 偶数は何個できるか。

(3) 5の倍数は何個できるか。

2 右の図のような正八面体ABCDEFがある。点Pが頂点Aを出発し，正八面体の辺上を通って頂点Fへ移動するとき，次の方法は何通りあるか。ただし，同じ頂点を2度通ることはできないものとする。 ⇐**1**

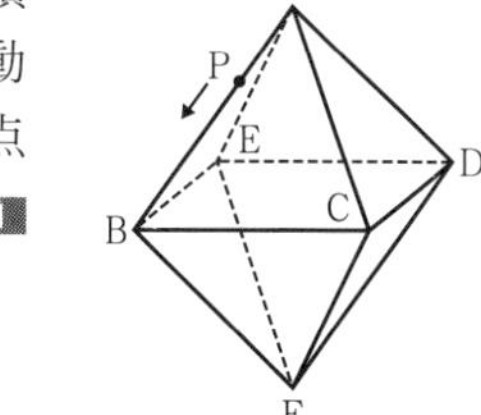

(1) 辺ABを通る方法

(2) すべての方法

3 ♥J，♥Q，♥Kのハートのカード3枚と，◆A，◆J，◆Q，◆Kのダイヤのカード4枚の計7枚のトランプがある。このカードを1列に並べるとき，どのハートのカードも隣り合わない並べ方は何通りあるか。 ⇐**2** **3**

4 a，b，cは1以上4以下の整数とする。 ⇐**3**

(1) $a<b<c$ となるa，b，cの組は何通りあるか。

(2) $a \leqq b \leqq c$ となるa，b，cの組は何通りあるか。

5 右の図のような9つのマス目があり，その中央にコインを置く。また，箱の中に1，2，3，4の数字が1つずつ書かれた4枚のカードが1枚ずつ入っている。この箱からカードを1枚ずつ取り出し，書かれた数字が奇数なら右へ，偶数なら左へ，カードに書かれた数だけコインを移動させる。これを何回かくり返す。ただし，取り出したカードはもとにもどさない。また，コインがマス目から外へ出た場合はその時点で移動を停止し，次のカードは取り出さないものとする。 ⇐**2**

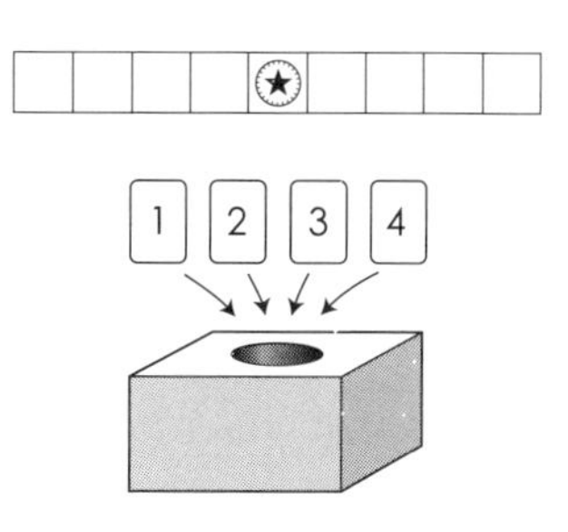

(1) コインが右端のマス目を通るようなカードの取り出し方は何通りあるか。

(2) 4枚のカードがすべて取り出され，4回の移動が完了した後，コインが9つのマス目上に残っているようなカードの取り出し方は何通りあるか。

6 7段の石段を上るのに1段ずつ，または1段と2段を混ぜて上るとする。たとえば，1段ずつ上れば7歩に，2段を2回，1段を3回で上れば5歩になり，同じ5歩でも，1段と2段の順が異なれば，異なる上り方とする。 ←3

(1) 4歩での上り方は何通りあるか。　(2) 上り方は全部で何通りあるか。

(3) 3段目の石段を必ず踏むとき，上り方は何通りあるか。

7 3つのさいころA，B，Cを同時に投げるとき，出る目の数の積について，次の確率を求めよ。 ←4

(1) 積が奇数になる確率　(2) 積が3の倍数になる確率

8 袋の中に，赤玉3個，白玉4個，青玉3個が入っている。 ←4

(1) この袋から同時に3個の玉を取り出すとき，次の確率を求めよ。

　① 赤玉1個と白玉2個が出る確率

　② 玉の色がすべて同じになる確率

(2) この袋から1個ずつ計3個の玉を，取り出した玉は袋にもどさないで続けて取り出すとき，少なくとも1個は赤玉か白玉が出る確率を求めよ。

9 右の図のように，ある教室に1から12までの番号がついた席がある。1から12までの数字が1つずつ書かれた12枚のカードの中から，まずAさんが1枚引き，続いて残りの11枚からBさんが1枚引く。それぞれ，引いたカードの数字と同じ番号の席にすわる。 ←4

教卓

1	2	3	4
5	6	7	8
9	10	11	12

(1) Aさんが1，4，9，12のいずれかの席にすわり，Bさんがその前後または左右の席にすわる確率を求めよ。

(2) Aさんが6，7のどちらかの席にすわり，Bさんがその前後または左右の席にすわる確率を求めよ。

(3) Aさんの前後または左右の席にBさんがすわる確率を求めよ。

10 1辺の長さが1の正三角形ABCがある。点Pは頂点Aを出発して，さいころを1回投げるごとに，正三角形の辺上を次の規則で移動する。

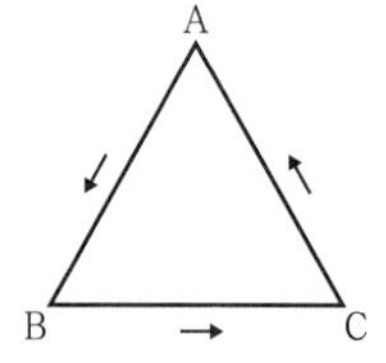

　(i) 1，2，3の目が出たときは，図の矢印の向きに1だけ移動する。

　(ii) 4，5の目が出たときは，図の矢印の向きに2だけ移動する。

　(iii) 6の目が出たときは，図の矢印の向きに3だけ移動する。 ←4

(1) 2回投げた結果，点Pが頂点A，B，Cにある確率をそれぞれ求めよ。

(2) 3回投げた結果，点Pが頂点Aにある確率を求めよ。

11 箱Aの中には3枚のカード $\boxed{1}$, $\boxed{4}$, $\boxed{5}$ が入っており，箱Bの中には3枚のカード $\boxed{3}$, $\boxed{7}$, $\boxed{9}$ が入っている。箱Aからカードを2枚，箱Bからカードを1枚同時に取り出し，取り出した3枚のカードにそれぞれ書いてある数のうち，最も小さい数を a，2番目に小さい数を b，最も大きい数を c とする。このとき，$a+c=2b$ となる確率を求めよ。 ⇐4

12 次の問いに答えよ。 ⇐3

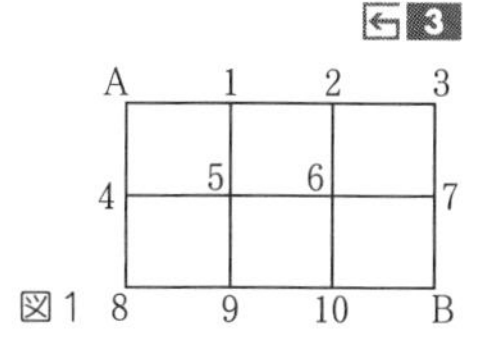

図1

(1) 図1のような道を，A地点からB地点まで遠まわりしないで行くとき，行き方は何通りあるか。樹形図をかいて求めよ。

(2) 右に1区画進むことを→，下に1区画進むことを↓で表すと，(1)の行き方は，→を3回，↓を2回使って1列に並べる場合の数 ${}_5C_3$ と一致することを示せ。

(3) 図2のような道を，C地点からD地点まで遠まわりしないで行くとき，行き方は何通りあるか。(2)を利用して求めよ。

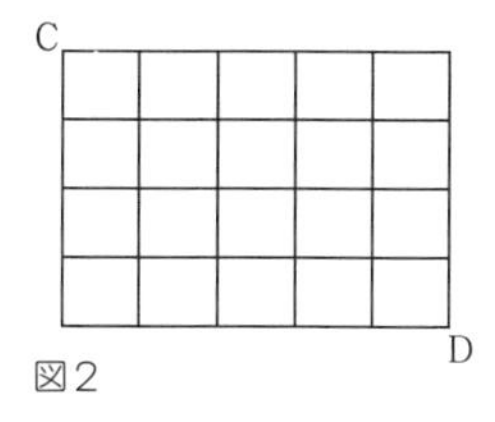

図2

進んだ問題

13 3つのさいころX, Y, Zを同時に投げるとき，出る目の数をそれぞれ x, y, z とする。また，3つの数 x, y, z の中で最も大きいものを最大値とよぶことにする。たとえば，$x=1$, $y=5$, $z=5$ であれば，最大値は5である。 ⇐4

(1) 最大値が1になる確率を求めよ。

(2) 最大値が5以下になる確率を求めよ。

(3) 最大値が5になる確率を求めよ。

14 数直線上に石を置き，硬貨を投げて，表が出れば座標0の点について対称な点に石を移動し，裏が出れば座標1の点について対称な点に石を移動する。 ⇐4

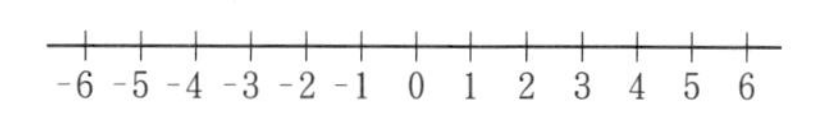

(1) 石が座標 a の点にあるとする。硬貨を2回投げたとき，石が座標 a の点にある確率を求めよ。

(2) 石が座標0の点にあるとする。

① 硬貨を4回投げたとき，石が座標0の点にある確率を求めよ。

② 硬貨を6回投げたとき，石が座標0の点にある確率を求めよ。

学校生活の中の確率①

学校生活の中で話題になるような，身のまわりのできごとについて，その確率を求め，考察してみよう。

席がえのときに，特定の2人が隣り合う確率

40人のクラスで，席がえをする。このとき，AさんとBさんが隣りの席になる確率を求めてみよう。

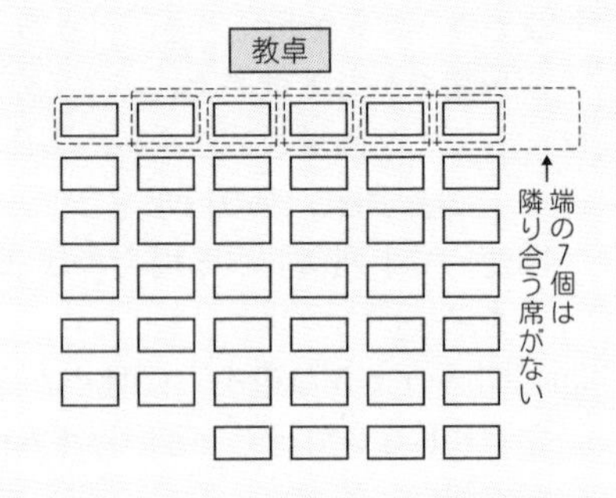

このクラスの席の配置は右の図のようになっているとする。
求める確率は，AさんとBさんだけがすわるとき，

$$\frac{(2\text{人が隣りの席になる場合の数})}{(2\text{人が席にすわるすべての場合の数})}$$

である。
（2人が席にすわるすべての場合の数）は，40個の席から2人がすわる2個を選ぶ順列であるから，${}_{40}P_2$ である。
（2人が隣りの席になる場合の数）は，1つの席とその右隣りの席を1組として考えると，組ができないのは，右端にくる7個の席だけであり，2人が入れかわる場合を考えると，$2\times(40-7)$ である。
よって，AさんとBさんが隣りの席になる確率は，

$$\frac{2\times(40-7)}{{}_{40}P_2}=\frac{2\times 33}{40\times 39}=\frac{11}{260}\ (\fallingdotseq 0.0423)$$

すなわち，約4.2％である。

また，n 人のクラスで特定の2人が隣りの席になる確率は，クラスでの席の配置の右端にくる席の数を a とすると，$\dfrac{2(n-a)}{{}_nP_2}$ である。

n，a にいろいろな値を代入してみると，下の表のようになる。席がえのときに，仲のよい友達と隣りの席になることは，なかなかむずかしいことがわかる。

n	10	20	30	40	50
a	2	4	5	7	8
確率	$\frac{8}{45}$	$\frac{8}{95}$	$\frac{5}{87}$	$\frac{11}{260}$	$\frac{6}{175}$
割合	約17.8％	約8.4％	約5.7％	約4.2％	約3.4％

学校生活の中の確率②

クラスがえのときに，特定の 2 人が同じクラスになる確率

120 人の生徒を 40 人ずつ，1 組，2 組，3 組の 3 クラスに分けるとき，A さんと B さんが同じクラスになる確率を求めてみよう。

120 人を 1 組，2 組，3 組に分ける場合の数を考えると，1 組になる 40 人の決め方は ${}_{120}C_{40}$ 通り，残りの 80 人から 2 組になる 40 人の決め方は ${}_{80}C_{40}$ 通り，残りの 40 人は 3 組になるから，${}_{120}C_{40}\times{}_{80}C_{40}$ 通りである。

1組	2組	3組
Aさん Bさん 残りの118人 から38人	残りの80人 から40人	残りの40人

A さん，B さんの 2 人が 1 組になる場合の数を考えると，残り 118 人から 1 組になる 38 人の決め方は ${}_{118}C_{38}$ 通り，残りの 80 人から 2 組になる 40 人の決め方は ${}_{80}C_{40}$ 通り，残りの 40 人は 3 組になるから，${}_{118}C_{38}\times{}_{80}C_{40}$ 通りである。
A さん，B さんは，1 組，2 組，3 組で同じクラスになる場合があるから，
求める確率は，

$$\frac{{}_{118}C_{38}\times{}_{80}C_{40}\times 3}{{}_{120}C_{40}\times{}_{80}C_{40}}=\frac{{}_{118}C_{38}\times 3}{{}_{120}C_{40}}=\frac{40\times 39\times 3}{120\times 119}=\frac{39}{119}\ (\fallingdotseq 0.328)$$

また，40 人のクラスが n 個あるとき，A さんと B さんが同じクラスになる確率は，

$$\frac{{}_{40n-2}C_{38}\times{}_{40(n-1)}C_{40}\cdots\times{}_{80}C_{40}\times n}{{}_{40n}C_{40}\times{}_{40(n-1)}C_{40}\cdots\times{}_{80}C_{40}}=\frac{{}_{40n-2}C_{38}\times n}{{}_{40n}C_{40}}=\frac{40\times 39\times n}{40n(40n-1)}=\frac{39}{40n-1}$$

である。
これは，まず，A さんのクラスを決めると，A さん以外の $(40n-1)$ 人のうち，A さんと同じクラスになる 39 人に B さんが入る確率であると考えることもできる。

n にいろいろな値を代入してみると下の表のようになる。

n	2	3	4	5	6
確率	$\frac{39}{79}$	$\frac{39}{119}$	$\frac{39}{159}$	$\frac{39}{199}$	$\frac{39}{239}$
割合	約 49％	約 33％	約 25％	約 20％	約 16％

参考 高校で学習する内容であるが，120 人の生徒を 1 組 50 人，2 組 40 人，3 組 30 人の 3 クラスに分けるとき，A さんと B さんが同じクラスになる確率は，
$\frac{{}_{118}C_{48}}{{}_{120}C_{50}}+\frac{{}_{118}C_{38}}{{}_{120}C_{40}}+\frac{{}_{118}C_{28}}{{}_{120}C_{30}}=\frac{122}{357}\ (\fallingdotseq 0.341)$ となり，約 34％ である。

学校生活の中の確率③

クラスに誕生日が同じ人のいる確率

40 人のクラスに誕生日が同じ人のいる確率を求めてみよう。

1 年を 365 日とすると，40 人の誕生日はそれぞれ 365 日のいずれかであるから，40 人全員の誕生日の選び方は 365^{40} 通りである。
出席番号 1 番の生徒の誕生日を基準とすると，2 番の生徒は別の日である 364 日，3 番の生徒は別の日である 363 日，…，40 番の生徒は別の日である 326 日のいずれかであるから，40 人の生徒の誕生日がすべて異なる場合の数は，${}_{365}\mathrm{P}_{40}$ 通りである。
よって，40 人の生徒の誕生日がすべて異なる確率は，

$$\frac{{}_{365}\mathrm{P}_{40}}{365^{40}}=\frac{365\times364\times363\cdots\times326}{365^{40}}\ (\fallingdotseq 0.1088)$$

ゆえに，40 人のクラスに誕生日が同じ人のいる確率は，

$$1-0.1088=0.8912$$

すなわち，約 89％ である。

n 人のクラスで考えると，誕生日が同じ人のいる確率は $1-\dfrac{{}_{365}\mathrm{P}_{n}}{365^{n}}$ である。

n にいろいろな値を代入してみると，下の表のようになる。50 人のクラスでは，ほとんどの場合に誕生日の同じ人がいることがわかる。（n は 365 以下の自然数）

n	10	20	30	40	50
すべて異なる確率	約 88％	約 59％	約 29％	約 11％	約 3％
同じ人がいる確率	約 12％	約 41％	約 71％	約 89％	約 97％

また，A さんをふくむ 40 人のクラスに A さんと誕生日が同じ人のいる確率を求めてみよう。

A さん以外の 39 人全員の誕生日の選び方は 365^{39} 通り，その 39 人が A さんの誕生日以外の 364 日が誕生日である選び方は 364^{39} 通りであるから，A さん以外の 39 人の誕生日が A さんと異なる確率は，$\dfrac{364^{39}}{365^{39}}$ である。
ゆえに，A さんと誕生日が同じ人のいる確率は，

$$1-\frac{364^{39}}{365^{39}}\ (\fallingdotseq 0.1015)$$

すなわち，約 10％ となり，40 人のクラスで，特定の人と誕生日が同じ人は，なかなかいないことがわかる。

A級中学数学問題集 2年（8訂版）

2021年 2月　初版発行

著　者　飯田昌樹　印出隆志
　　　　櫻井善登　佐々木紀幸
　　　　野村仁紀　矢島　弘
発行者　斎藤　亮
組版所　錦美堂整版
印刷所　光陽メディア
製本所　井上製本所

発行所　昇龍堂出版株式会社
〒101-0062　東京都千代田区神田駿河台 2-9
TEL 03-3292-8211　FAX 03-3292-8214
ホームページ http://www.shoryudo.co.jp/

ISBN978-4-399-01602-6 C6341 ¥1400E　Printed in Japan
落丁本・乱丁本は，送料小社負担にてお取り替えいたします

A級中学
数学問題集
2
8訂版

解答編

1章　式の計算 1
2章　連立方程式 11
3章　不等式 23
4章　1次関数 32
5章　図形の性質の調べ方 48
6章　三角形の合同 54
7章　四角形 63
8章　データの活用 73
9章　場合の数と確率 75

昇龍堂出版

この解答編は薄くのりづけされています。軽く引けば簡単に取りはずすことができます。　(21-01)

1章 ● 式の計算

p.2

1 答 単項式 (イ), (エ)　多項式 (ア), (ウ)

2 答 (1) 係数 3, 次数 2　(2) 係数 -1, 次数 5　(3) 係数 $\frac{1}{5}$, 次数 2

p.3

3 答

	(1)			(2)			(3)		
項	x^3	$-3x^2$	$7x$	$\frac{4}{5}x^2y^2$	$-\frac{3}{4}xy$	$\frac{y^2}{2}$	$\frac{5}{4}a^2$	$-\frac{3}{2}ab$	$-\frac{1}{4}b^2$
係数	1	-3	7	$\frac{4}{5}$	$-\frac{3}{4}$	$\frac{1}{2}$	$\frac{5}{4}$	$-\frac{3}{2}$	$-\frac{1}{4}$
次数	3			4			2		

4 答 (1) 3次式　(2) 3次式　(3) 4次式　(4) 2次式

5 答 (1) x について4次式, y について3次式
(2) x について3次式, y について5次式

p.4

6 答 (1) $-a$　(2) x^3　(3) $-6a^2+a$　(4) $-5y$

7 答 (1) $2x+4y+3$　(2) $3a-7b+1$　(3) $5a+4b-3c+2d$
(4) $-3a^2+b^2+4a+3b$

8 答 (1) $4a+b$　(2) $-x-4$　(3) $-a-3b$　(4) $14x$

p.5

9 答 (1) $\frac{1}{12}x$　(2) $\frac{7}{6}a^2-\frac{5}{6}a$　(3) $6xy^2$　(4) $\frac{1}{3}m+\frac{1}{12}n$　(5) $-a^2$

⚠ (1)は $\frac{x}{12}$, (2)は $\frac{7a^2-5a}{6}$, (4)は $\frac{m}{3}+\frac{n}{12}$ でもよい。

p.6

10 答 (1) $-0.1a-1.2b$　(2) $\frac{1}{12}x-\frac{3}{5}y$　(3) $8a^2-11b^2$　(4) $11ab+\frac{1}{6}b^2$
(5) $-7x^3+7x^2+5$

11 答 (1) $-2a+5b-9c$　(2) $11x^3-7x^2$　(3) $5x+8$　(4) $4x^2-5x+8$

12 答 (1) 和 $0.9a-b$, 差 $0.1a+3.6b$　(2) 和 $8x^2-6x-11$, 差 $2x^2+6x+3$
(3) 和 $8x-11$, 差 $-18y-5$　(4) 和 $\frac{7}{6}x+\frac{1}{12}y+\frac{1}{4}z$, 差 $-\frac{1}{6}x-\frac{17}{12}y+\frac{5}{4}z$

13 答 (1) $3x-4y$　(2) $6x$　(3) $-a$　(4) $-\frac{2}{21}a-\frac{11}{12}b$

p.7

14 答 (1) $-x-y$　(2) $11a+7$　(3) $6x^2-x-5$　(4) $7a-6b+4c$
解説 (1) $y-(x+2y)$　(2) $5a-7b+4-(-6a-7b-3)$
(3) $3x^2-(-3x^2+x+5)$
(4) $5a-\{2b-(2a-4b+4c)\}=5a-(-2a+6b-4c)$

15 答 (1) $-x^2+2x+2$　(2) $x^2-xy-3z$　(3) $a^2-2ab-6b^2$
解説 (1) $(x^2-2x+7)-(2x^2-4x+5)$　(2) $(x^2+xy-2z)-(2xy+z)$
(3) $(ab-2b^2)+(a^2-3ab-4b^2)$

16 答 (1) $-3a+5b-4$　(2) $2x-11z$　(3) $10xy-8y^2$　(4) $-9a+13b$
解説 (1) $(-2a+2b-5)-(a-3b-1)$　(2) $(7x+2y-8z)-(5x+2y+3z)$
(3) $3x^2-(3x^2-10xy+8y^2)$
(4) (右辺)$=a^2-\{4ab-(\quad)\}=a^2-4ab+(\quad)$
ゆえに, $(a^2-4ab-9a+13b)-(a^2-4ab)$

p.8 **17** 答 (1) $15x-6y$ (2) $-2a-6b$ (3) $-p+q$ (4) $3x-4y$ (5) $3x-y+\frac{1}{2}z$

(6) $5a-4b$

18 答 (1) $3a-b$ (2) $-3x-\frac{9}{2}y$ (3) $-a+2b-\frac{1}{3}c$ (4) $-3x+2y-1$

p.9 **19** 答 (1) $4x-6y$ (2) $\frac{1}{2}a+\frac{3}{2}b$ (3) $-2x+4y$ (4) $-a+2b+3$

(5) $6a^2-8ab$ (6) $\frac{1}{2}x^2+\frac{3}{2}x$

解説 (1) $2(2x-3y)$ (2) $(-a-3b)\times\left(-\frac{1}{2}\right)$

(3) $(3x-6y)\times\left(-\frac{2}{3}\right)$ (4) $(2a-4b-6)\times\left(-\frac{1}{2}\right)$

(5) $\frac{12a^2-16ab}{5}\times\frac{5}{2}$ (6) $\frac{2x^2+6x}{5}\times\frac{5}{4}$

p.11 **20** 答 (1) $11x-10y$ (2) $2a+9b$ (3) $4a-9b$ (4) $10x-28y$ (5) $-53x^2+7x$

(6) $5a-3$ (7) $a+17b-3$ (8) x^2-3

21 答 (1) $-3a+2b$ (2) $\frac{3}{4}p$ (3) $\frac{x+y}{3}$ または $\frac{1}{3}x+\frac{1}{3}y$

(4) $\frac{7x-4y}{15}$ または $\frac{7}{15}x-\frac{4}{15}y$

(5) $\frac{-3x+y}{8}$ または $-\frac{3x-y}{8}$ または $-\frac{3}{8}x+\frac{1}{8}y$

(6) $\frac{2x+y-17}{12}$ または $\frac{1}{6}x+\frac{1}{12}y-\frac{17}{12}$

解説 (3) $\frac{3x-(2x-y)}{3}=\frac{3x-2x+y}{3}$

(4) $\frac{5(2x+y)-3(x+3y)}{15}=\frac{10x+5y-3x-9y}{15}$

(5) $\frac{2(3x-y)-(x-3y)-8x}{8}=\frac{6x-2y-x+3y-8x}{8}$

(6) $\frac{4(2x-5)-3(3y-1)+2(5y-3x)}{12}=\frac{8x-20-9y+3+10y-6x}{12}$

22 答 (1) $\frac{1}{3}a^2-\frac{7}{6}a$ または $\frac{2a^2-7a}{6}$ (2) $11x-3y$ (3) $-3a^2+3ab$ (4) $x-14y$

(5) $6a$ (6) $1.5x-0.1y-1.8$

解説 (1) $\frac{1}{3}a-\frac{2}{3}a^2-\frac{3}{2}a+a^2$ (2) $2x-3(y-3x)$

(3) $ab-7a^2+2(2a^2+ab)$ (4) $2(5x-y)-3(4y+3x)$

(5) $\left(\frac{1}{2}a-b-\frac{5a-4b}{4}\right)\times(-8)=-4a+8b+2(5a-4b)$

(6) $1.2x+0.8y-1.2-0.6+0.3x-0.9y$

23 答 (1) $-a-b+2$ (2) $4x^2-2x-6$ (3) $\frac{3a-8b}{2}$ または $\frac{3}{2}a-4b$

(4) $4x^2-10y^2$

解説 (1) $\{(a-4b+11)-(4a-b+5)\}\times\frac{1}{3}$

(2) $\{(5x^2-7)+(3x^2-4x-5)\}\times\frac{1}{2}$

(3) $\left\{\left(2a-\frac{5}{6}b\right)-\frac{3a+b}{2}\right\}\times3=\frac{12a-5b-3(3a+b)}{6}\times3$

(4) $\left\{\frac{2}{3}(3x^2+xy-5y^2)-\left(\frac{2}{3}xy+\frac{5}{3}y^2\right)\right\}\times2=(2x^2-5y^2)\times2$

24 答 $11a-2b$

解説 $3A+B-(2B-3C+A)=2A-B+3C$

$=2(a-2b+3)-(-3a+b+3)+3(2a+b-1)$

p.13

25 答 (1) $12ab$ (2) $-15xy$ (3) $35pq$ (4) $6xy$

26 答 (1) a^{12} (2) $-x^{10}$ (3) $-28a^5$ (4) $4x^8$ (5) x^6 (6) $-x^5$ (7) $9x^2y^6$

(8) $-\frac{a^3}{8}$

27 答 (1) a (2) $\frac{3}{a^3}$ (3) $-\frac{1}{2}x$ (4) -2 (5) $\frac{3}{4}a$

28 答 (1) a^2 と $(-a)^2$, $-a^2$ と $-(-a)^2$

(2) a^3 と $-(-a)^3$, $-a^3$ と $(-a)^3$

(3) $-(3a)^2$ と $-(-3a)^2$

解説 (1) $(-a)^2=(-a)\times(-a)=a^2$

(2) $(-a)^3=(-a)\times(-a)\times(-a)=-a^3$

(3) $-(3a)^2=-(3a\times3a)=-9a^2$

$-(-3a)^2=-\{(-3a)\times(-3a)\}=-9a^2$

p.14

29 答 (1) x^9 (2) $\frac{2}{3}x^8$ (3) $-4ab^3$ (4) $-56a^4b^2c^6$ (5) $-27x^3y^6z^9$ (6) $80x^3$

(7) $-24a^4b^4$ (8) $-8x^{10}y^7$ (9) $\frac{4}{21}x^4y^3$ (10) $-36m^8n^7$

30 答 (1) $\frac{1}{a^5}$ (2) -1 (3) $3a$ (4) $-\frac{3x}{y}$ (5) $\frac{3a^2}{2b}$ (6) $-\frac{16}{9}m$ (7) $-\frac{1}{x}$

(8) $-\frac{2x}{y}$

解説 (5) $\left(-\frac{1}{3}a^3b\right)\times\left(-\frac{9}{2ab^2}\right)$ (8) $\frac{1}{4}xy^5z^3\times\left(-\frac{8}{y^6z^3}\right)$

p.15

31 答 (1) $-a^2b$ (2) 4 (3) $-\frac{6b}{a^2}$ (4) $-16b^2$ (5) $-\frac{1}{6y}$ (6) $\frac{5y}{2x}$

解説 (2) $6ab\times\left(-\frac{1}{3ab^2}\right)\times(-2b)$ (3) $4a^3b^2\times5ab^3\times\left(-\frac{3}{10a^6b^4}\right)$

(4) $-12a^2b^4\times\left(-\frac{1}{15a^4b^5}\right)\times(-20a^2b^3)$ (5) $3x^5y^2\times\frac{1}{2x^3y^3}\times\left(-\frac{1}{9x^2}\right)$

(6) $\frac{1}{3}x^2y\times\left(-\frac{9}{2xy^2}\right)\times2xy^3\times\left(-\frac{5}{6x^3y}\right)$

32 答 (1) $-4a^2$ (2) $-10x^2y^3$ (3) $6y^2$ (4) $-2ab^3$

解説 (1) $-8a^3\div2a$ (2) $2xy\times(-5xy^2)$ (3) $4x^3y^4\div\frac{2}{3}x^3y^2$

(4) $(-2ab)^2\times(-b)\div2a$

33 答 (1) 3 (2) 順に -2, 3, 9 (3) 順に 6, 3, 7 (4) 順に 8, 3, 2, 2

34 答 (1) $-\dfrac{16}{3}xy^3$　(2) $-\dfrac{a^4}{b^3x^2}$　(3) $-\dfrac{15}{4xy^2}$　(4) $125a^2b^2$　(5) $\dfrac{1}{2}x^2y^2$
(6) $\dfrac{1}{2}x^2y^5z^2$

解説 (1) $14x^2y\times(-8x^3y^6)\times\dfrac{1}{21x^4y^4}$

(2) $6a^2xy^3\times\dfrac{9}{16}a^2\times\left(-\dfrac{8}{27b^3x^3y^3}\right)$

(3) $(-8x^3y^3)\times\dfrac{9}{16x^6y^6}\times\dfrac{5x^2y}{6}$

(4) $(-ab^2)\div\left(-\dfrac{ab^2}{5}\right)\times25a^2b^2=(-ab^2)\times\left(-\dfrac{5}{ab^2}\right)\times25a^2b^2$

(5) $\dfrac{1}{9}x^4y^6\times\left(-\dfrac{4}{3x^5y^4}\right)\times\left(-\dfrac{27}{8}x^3\right)$　(6) $8x^6y^9\times\dfrac{9z^6}{4y^2}\times\dfrac{1}{36x^4y^2z^4}$

p.17
35 答 (1) 18　(2) -36

36 答 (1) $r=\dfrac{\ell}{2\pi}$　(2) $y=\dfrac{6-x^2}{2}$ または $y=3-\dfrac{1}{2}x^2$

37 答 (1) -11　(2) $\dfrac{4}{3}$　(3) -23　(4) $-\dfrac{17}{12}$

解説 式を簡単にしてから代入する。

(1) $-2x-y$　(2) $\dfrac{x}{y}$　(3) $-5x-y$　(4) $\dfrac{x-7y}{12}$

p.18
38 答 (1) -33　(2) $-\dfrac{17}{3}$　(3) 36　(4) 4

解説 (1) $3x^3-y^2$　(2) $3x^2+4y^2-7$　(3) $-3ab^2$　(4) $-\dfrac{2b}{a}$

39 答 2つの連続した奇数は $2n-1$，$2n+1$（n は整数）と表されるから，その和は，$(2n-1)+(2n+1)=4n$
n は整数であるから，$4n$ は4の倍数である。
ゆえに，2つの連続した奇数の和は4の倍数である。

40 答 もとの自然数の十の位，一の位の数をそれぞれ a，b（a，b は1から9までの整数）とすると，この自然数は $10a+b$ と表される。
また，十の位の数と一の位の数を入れかえた自然数は $10b+a$ と表される。
$2(10b+a)+(10a+b)=12a+21b=3(4a+7b)$
a，b は整数であるから $4a+7b$ も整数である。
よって，$3(4a+7b)$ は3の倍数である。
ゆえに，入れかえた自然数の2倍ともとの自然数の和は3の倍数である。

41 答 もとの自然数の百の位，十の位，一の位の数をそれぞれ a，b，c（a，c は1から9までの整数，b は0から9までの整数）とすると，この自然数は $100a+10b+c$ と表され，百の位の数と一の位の数を入れかえてできる自然数は $100c+10b+a$ と表される。
よって，この2つの自然数の差は，
$(100a+10b+c)-(100c+10b+a)=99a-99c=11(9a-9c)$
a，c は整数であるから，$9a-9c$ も整数である。
よって，$11(9a-9c)$ は11の倍数である。
ゆえに，この2つの自然数の差は11の倍数である。

42 答 3けたの自然数の百の位，十の位，一の位の数をそれぞれ a，b，c（a は1から9までの整数，b，c は0から9までの整数）とすると，この自然数は $100a+10b+c$ と表される。
$100a+10b+c=(99a+a)+(9b+b)+c=(99a+9b)+a+b+c$
$=9(11a+b)+a+b+c$
$a+b+c$ が9の倍数であるとき，$a+b+c=9k$（k は整数）と表されるから，
$9(11a+b)+a+b+c=9(11a+b)+9k=9(11a+b+k)$
a，b，k は整数であるから，$11a+b+k$ も整数である。
よって，$9(11a+b+k)$ は9の倍数である。
ゆえに，自然数の各位の数の和が9の倍数であるとき，この自然数は9の倍数である。

p.19 **43** 答 (1) $(70a-6a^2)\text{cm}^2$　(2) $(3a^2+12ab)\text{cm}^2$　(3) $(6a^2-\pi a^2)\text{cm}^2$
解説 (1) $(4a+3a)\times10-3a\times2a$
(2) 台形BCFEにおいて，$\text{CF}=(2a+3b)-(a+2b)=a+b$（cm）であるから，
面積は $\dfrac{1}{2}\{(a+b)+3b\}\times6a$
(3) 右の図で，
(台形AHED)−(おうぎ形HAE)
$=\dfrac{1}{2}(2a+4a)\times2a-\dfrac{1}{4}\times\pi\times(2a)^2$

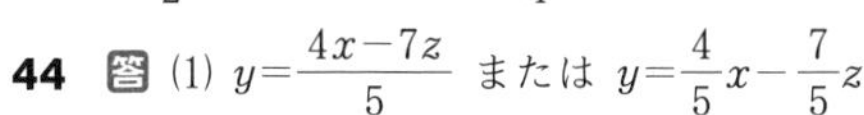

44 答 (1) $y=\dfrac{4x-7z}{5}$ または $y=\dfrac{4}{5}x-\dfrac{7}{5}z$
(2) $a=r-\dfrac{\ell}{2\pi}$ または $a=\dfrac{2\pi r-\ell}{2\pi}$
(3) $c=\dfrac{3a-5b}{10}$ または $c=\dfrac{3}{10}a-\dfrac{1}{2}b$
(4) $x=a\left(1-\dfrac{y}{b}\right)$ または $x=a-\dfrac{ay}{b}$
解説 (1) $5y=4x-7z$　(2) $\dfrac{\ell}{2\pi}=r-a$　(3) $\dfrac{3}{5}a=b+2c$
(4) $\dfrac{x}{a}=1-\dfrac{y}{b}$ として両辺に a をかける。

p.20 **45** 答 (1) $h=\dfrac{3V}{\pi r^2}$　(2) $h=\dfrac{2S}{a+b}$　(3) $\ell=\dfrac{2S}{r}$
解説 (1) $V=\dfrac{1}{3}\pi r^2h$　(2) $S=\dfrac{1}{2}(a+b)h$
(3) おうぎ形の中心角の大きさを $a°$ とすると，$\ell=2\pi r\times\dfrac{a}{360}$，$S=\pi r^2\times\dfrac{a}{360}$
であるから，$S=\dfrac{1}{2}\ell r$
参考 (3) $S:\pi r^2=\ell:2\pi r$ より，$S\times2\pi r=\pi r^2\times\ell$ から求めてもよい。

46 答 (1) $b=\dfrac{a-c}{7}$　(2) $b=3a$　(3) $\dfrac{100b}{100-a}$ 円　(4) $(a-3b)$ 点　(5) $\dfrac{4a^3}{3b^2}$ cm
解説 (1) $a=7b+c$
(2) $\dfrac{b}{4}+\dfrac{b}{12}=a$ より，$\dfrac{b}{3}=a$

(3) 定価を x 円とすると，$x\left(1-\frac{a}{100}\right)=b$

(4) 数学の点数を x 点とすると，$\frac{2a+x}{3}=a-b$　　すなわち，$2a+x=3(a-b)$

(5) 円柱の高さを $x$cm とすると，$\frac{4}{3}\pi a^3=\pi b^2x$

47 答 $\frac{a}{b-a}$ 時間

解説 B さんが出発してから A さんに追い着くまでの時間を x 時間とすると，
$a(1+x)=bx$　　$a+ax=bx$　　$(b-a)x=a$
問題より，B さんが A さんに追い着くから，$b>a$ と考えてよい。
よって，$b-a\neq0$ である。

p.21 **48** 答 $a:b=c:d$ より，$\frac{a}{b}=\frac{c}{d}$　　両辺に bd をかけて，$ad=bc$ ……①

(1) ①の両辺を ac で割って，$\frac{d}{c}=\frac{b}{a}$　　すなわち，$\frac{b}{a}=\frac{d}{c}$

ゆえに，$b:a=d:c$

(2) ①の両辺を cd で割って，$\frac{a}{c}=\frac{b}{d}$　　ゆえに，$a:c=b:d$

(3) ①の両辺を ab で割って，$\frac{d}{b}=\frac{c}{a}$　　すなわち，$\frac{c}{a}=\frac{d}{b}$

ゆえに，$c:a=d:b$

⚠ 比例式はその順序を逆にしても，内項と内項，外項と外項をたがいに入れかえても成り立つ。

49 答 (1) 10：4：3　(2) 18：8：21

解説 (1) $b=\frac{2}{5}a$，$c=\frac{3}{4}b=\frac{3}{10}a$ より，$a:b:c=a:\frac{2}{5}a:\frac{3}{10}a$

(2) $b=\frac{4}{9}a$，$c=\frac{7}{6}a$ より，$a:b:c=a:\frac{4}{9}a:\frac{7}{6}a$

参考 例題 12 の参考（→本文 p.21）のように，1 つの文字の比の部分を同じ数にそろえて求めてもよい。
(1) $a:b=10:4$　　$b:c=4:3$
(2) $a:b=18:8$　　$a:c=18:21$

50 答 3：5：4

解説 $a:b=1:2$ より，$b=2a$　　$a:c=1:3$ より，$c=3a$
ゆえに，$(a+b):(b+c):(c+a)=3a:5a:4a$
別解 $a=k$，$b=2k$，$c=3k$（$k\neq0$）とおくと，
$(a+b):(b+c):(c+a)=3k:5k:4k$

p.22 **51** 答 (1) 3：2　(2) 3：2

解説 (1) 円柱の体積は $\pi r^2\times2r=2\pi r^3$，球の体積は $\frac{4}{3}\pi r^3$

(2) 円柱の表面積は $2r\times2\pi r+\pi r^2\times2=6\pi r^2$，球の表面積は $4\pi r^2$

52 答 5：3

解説 AC$=3a$，BC$=5a$ とすると，$\left\{\frac{1}{3}\pi\times(5a)^2\times3a\right\}:\left\{\frac{1}{3}\pi\times(3a)^2\times5a\right\}$

53 答 (1) 4：1

(2) $3a=5b$ より，$\dfrac{a+10}{b+6}=\dfrac{3a+30}{3(b+6)}=\dfrac{5b+30}{3(b+6)}=\dfrac{5(b+6)}{3(b+6)}=\dfrac{5}{3}$

また，$\dfrac{a}{b}=\dfrac{5}{3}$

ゆえに，$\dfrac{a+10}{b+6}=\dfrac{a}{b}$ は成り立つ。

解答例 (1) $a:b=5:3$ より，$b=\dfrac{3}{5}a$ であるから，

$(a+b):(a-b)=\left(a+\dfrac{3}{5}a\right):\left(a-\dfrac{3}{5}a\right)=4:1$ ……(答)

別解 (1) $a:b=5:3$ より，$a=5k$，$b=3k$ ($k\neq0$) ……① とおける。
$(a+b):(a-b)=(5k+3k):(5k-3k)=4:1$ ……(答)

(2) ①より，$\dfrac{a+10}{b+6}=\dfrac{5k+10}{3k+6}=\dfrac{5(k+2)}{3(k+2)}=\dfrac{5}{3}$

また，$\dfrac{a}{b}=\dfrac{5}{3}$

ゆえに，$\dfrac{a+10}{b+6}=\dfrac{a}{b}$ は成り立つ。

54 答 もとの自然数の百の位，十の位，一の位の数をそれぞれ a，b，c（a，b，c は1から9までの整数）とすると，もとの自然数は $100a+10b+c$ と表される。
各位の数を3つとも入れかえてできる自然数は $100b+10c+a$，$100c+10a+b$ の2つである。
もとの自然数と，この2つの自然数との差は，それぞれ
$(100a+10b+c)-(100b+10c+a)=99a-90b-9c=9(11a-10b-c)$
$(100a+10b+c)-(100c+10a+b)=90a+9b-99c=9(10a+b-11c)$
a，b，c は整数であるから，$11a-10b-c$，$10a+b-11c$ はともに整数である。
よって，$9(11a-10b-c)$，$9(10a+b-11c)$ はともに9の倍数である。
ゆえに，これらの差はともに9の倍数である。

1章の計算

p.23 **1** 答 (1) $-5x-y$ (2) x^2 (3) $-a-0.1b$ (4) $x-\dfrac{1}{4}y$ (5) $5x-2y$ (6) $x+y$

(7) y (8) $-\dfrac{3}{4}a+\dfrac{5}{6}b$ (9) $3x-6y+6$ (10) $4x-2y+6$ (11) $6a+10b$

(12) $-2x+9y$ (13) $0.9x+3y-2.7$ (14) $-4x+3y$ (15) $-6x+2y$ (16) $-9x+3y$
(17) $-4a+b-3$ (18) $-3x+7y$ (19) $x+y$ (20) $x+7y$ (21) $-7x+10y$
(22) $18x+14y$ (23) $3x-5y$ (24) $6x-y-1$ (25) $-3x+5y$ (26) $7a-4b$

(27) $\dfrac{-x+17y}{6}$ (28) $-9x+17y$ (29) $-10y$ (30) $\dfrac{5a-7b}{6}$ (31) $\dfrac{5x-y}{6}$

(32) $\dfrac{5x+y}{12}$ (33) $-\dfrac{5}{6}x-\dfrac{1}{2}y$ (34) $\dfrac{11a+3b}{6}$ (35) $216x^5$ (36) $-8x$ (37) $\dfrac{9}{10}x$

(38) $-\dfrac{1}{6}a^2b$ (39) $-\dfrac{3}{2}xy$ (40) $\dfrac{4}{3}a^3b$ (41) $-9x^4y$ (42) $-a^3b$ (43) -2

(44) $-\dfrac{2}{3}x+\dfrac{7}{12}y$

解説 (6) $3x-2y-2x+3y$ (7) $\frac{2}{3}x+\frac{3}{4}y-\frac{2}{3}x+\frac{1}{4}y$ (15) $(-3x+y)\times 2$

(16) $(6x-2y)\times\left(-\frac{3}{2}\right)$ (17) $(24a-6b+18)\times\left(-\frac{1}{6}\right)$

(20) $6x+4y-5x+3y$ (21) $-5x+20y-2x-10y$ (23) $-7y-(-3x-2y)$

(24) $5x-(3y-2x+1)-x+2y=5x-3y+2x-1-x+2y$

(25) $-x+5y-5x+y+3x-y$

(27) $\frac{2(x+4y)-3(x-3y)}{6}=\frac{2x+8y-3x+9y}{6}$

(28) $6x-3y-15x+20y$ (29) $12x-14y-12x+4y$ (30) $\frac{4(a-2b)+(a+b)}{6}$

(31) $\frac{3(x+y)+2(x-2y)}{6}$ (32) $\frac{3(3x-5y)-4(x-4y)}{12}$

(33) $\frac{2}{3}x-y-\frac{3}{2}x+\frac{1}{2}y$ または $\frac{4x-6y-3(3x-y)}{6}$

(34) $\frac{12a-2(2a-3b)+3(a-b)}{6}$ (35) $-x^2\times(-216x^3)$ (36) $(-8x^3)\div x^2$

(37) $\frac{2}{5}x^3\times\frac{9}{4x^2}$ (38) $\frac{1}{27}a^3b^3\times\left(-\frac{9}{2ab^2}\right)$ (41) $9x^2\times x^3y^3\times\left(-\frac{1}{xy^2}\right)$

(42) $(-a^6b^3)\times\frac{1}{a^3b^4}\times b^2$ (43) $9a^2b\times\frac{2}{3ab}\times\left(-\frac{1}{3a}\right)$

(44) $\frac{3(2x-y)-2(x+3y)-4(3x-4y)}{12}$

1章の問題

p.24 **1** 答 (1) $x^2+11xy-y^2$ (2) $a^2-16a-4$ (3) $-\frac{1}{2}x-\frac{11}{12}y+\frac{1}{10}z$

(4) $\frac{-2x+y}{3}$ (5) $\frac{5x+17y}{12}$ (6) $x+y$

解説 (2) $-6a+7-(-a^2+10a+11)$

(3) $\frac{1}{3}x-\frac{3}{4}y-\frac{1}{6}y-\frac{2}{5}z+\frac{1}{2}z-\frac{5}{6}x$

(4) $\frac{3(2y-x)-(2x-4y)-5(x+y)}{15}$

(5) $2x-\frac{2}{3}(2x-y)-\frac{x-3y}{4}=\frac{24x-8(2x-y)-3(x-3y)}{12}$

(6) $2x-\frac{2x+5y}{4}-\frac{2x-9y}{4}=\frac{8x-(2x+5y)-(2x-9y)}{4}$

2 答 (1) $24a$ (2) $-\frac{x^5y^2}{2}$ (3) $-\frac{a^3c^4}{2}$ (4) $2x$

解説 (1) $\frac{6ab^2\times 16a^4}{4a^4b^2}$ (2) $(-8x^6y^3)\times\frac{3}{4xy^2}\times\frac{y}{12}$

(3) $-\frac{6a^8b^5c^9}{4a^3b^2c^3\times 3a^2b^3c^2}$

(4) $-8x^3y^2\times\left(-\frac{5}{6x^4y^3}\right)\times\frac{3x^2y}{10}=\frac{8x^3y^2\times 5\times 3x^2y}{6x^4y^3\times 10}$

3 答 (1) $-5a^2+15a$ (2) $-4x^2-24x$ (3) $-\frac{3}{2}x^2-\frac{19}{3}x-10$ (4) 0

(5) $\frac{10}{9}a^2b^7$

解説 (1) $6a^2-2a-3a-6a^2-5a^2+20a$

(2) $3(-4x^2-8x)+\frac{4x^2\times 6x}{3x}=-12x^2-24x+8x^2$

(3) $\frac{1}{2}x^2-\frac{1}{3}x-2x^2-6x-10$

(4) $4x^4y^2-\frac{x^6}{16y^4}\times\frac{64y^6}{x^2}$

(5) $-\frac{1}{8}a^6b^9\times\frac{16}{9a^4b^2}-\left(-\frac{1}{3}a^2b\right)\times 4b^6=-\frac{2}{9}a^2b^7+\frac{4}{3}a^2b^7$

4 答 (1) $2a-b-c$ (2) $-\frac{4}{3}x^3y$ (3) $-\frac{4}{9}x^6y^4z^4$ (4) 順に 3, 3, 5

解説 (1) $3(\qquad)=(4a-5b+3c)+2(a+b-3c)$

(2) $(-27x^3y^3)\times\frac{1}{4x^4y^2}\times\square=9x^2y^2$ より, $9x^2y^2\times\left(-\frac{1}{27x^3y^3}\right)\times 4x^4y^2$

(3) $-\frac{1}{2}xyz\div\frac{1}{8}x^2y^2\times\frac{1}{9}x^7y^5z^3=-\frac{xyz}{2}\times\frac{8}{x^2y^2}\times\frac{x^7y^5z^3}{9}$

(4) 係数を見ると $6\div(-3)^{\square}=-\frac{2}{9}$ であるから, この □ は3

ゆえに, $6a^2b\div(-3ab)^3\times(a^2b)^{\square}=-\frac{2}{9}a^{\square}b$

b の指数を見ると $b\div b^3\times b^{\square}=b$ であるから, この □ は3

p.25 **5** 答 (1) 13 (2) 188 (3) $\frac{3}{20}$

解説 (1) $3a-b+a-\frac{1}{2}b+\frac{3}{4}c-a+\frac{3}{2}b+\frac{1}{4}c=3a+c$

(2) $7b^2+10c^2$ (3) $25a^4c^2\times 4b^4\times\left(-\frac{1}{1000a^3b^3c^3}\right)=-\frac{ab}{10c}$

6 答 (1) $2x^2+13x-27$ (2) $C=-4y+5$

解説 (1) 式を簡単にしてから代入する。

$3A-[3B-5C-\{B+2(A-2C)\}]=5A-2B+C$

$=5(x^2+2x-4)-2(x^2-2x+3)+(-x^2-x-1)$

(2) $C=\frac{1}{3}(4B-A)=\frac{1}{3}\{4(x-2y+4)-(4x+4y+1)\}$

7 答 (1) $m=\ell-\frac{3}{2}n$ (2) $b=-\frac{a-7c}{4}$ または $b=\frac{-a+7c}{4}$ (3) $a=\frac{bc}{b-c}$

解説 (1) $\frac{3}{2}n=\ell-m$

(2) $2(a-b+3c)=3a+2b-c$ $2a-2b+6c=3a+2b-c$

よって, $-4b=a-7c$

(3) $\frac{1}{a}=\frac{1}{c}-\frac{1}{b}=\frac{b-c}{bc}$

8 答 (1) 周の長さ $(4a+4b)$ cm，面積 $4ab$ cm^2
周の長さは 2 倍，面積は 4 倍になる。
(2) 表面積 $22a^2$ cm^2，体積 $6a^3$ cm^3
高さを 2 倍にすると，表面積は $18a^2$ cm^2，体積は $6a^3$ cm^3 増える。
解説 (1) 縦と横をともに 2 倍にした長方形の周の長さは $2(2a+2b)$，
面積は $2a\times 2b$
(2) もとの直方体の表面積は $2(a\times 2a+2a\times 3a+3a\times a)$，体積は $a\times 2a\times 3a$
高さを 2 倍にすると，高さは $6a$ となるから，
表面積は $2(a\times 2a+2a\times 6a+6a\times a)$，体積は $a\times 2a\times 6a$

9 答 AC$=a$ cm，CB$=b$ cm より，AB$=(a+b)$ cm，$\overset{\frown}{\mathrm{AC}}=\dfrac{\pi a}{2}$ cm，
$\overset{\frown}{\mathrm{CB}}=\dfrac{\pi b}{2}$ cm，$\overset{\frown}{\mathrm{AB}}=\dfrac{\pi(a+b)}{2}$ cm であるから，
$\overset{\frown}{\mathrm{AC}}+\overset{\frown}{\mathrm{CB}}=\dfrac{\pi a}{2}+\dfrac{\pi b}{2}=\dfrac{\pi a+\pi b}{2}=\dfrac{\pi(a+b)}{2}$
ゆえに，$\overset{\frown}{\mathrm{AC}}+\overset{\frown}{\mathrm{CB}}=\overset{\frown}{\mathrm{AB}}$

p.26
10 答 (ウ)，(ア)，(イ)
（理由）立体の高さを h cm とすると，
(ア)は三角柱で，体積は $\dfrac{1}{2}\times 4\times 4\times h=8h$ (cm^3)
(イ)は四角柱で，底面の台形の上底を a cm $(0<a<4)$ とすると，
体積は $\dfrac{1}{2}\times(a+4)\times 4\times h=2ah+8h$ (cm^3)
(ウ)は四角錐で，体積は $\dfrac{1}{3}\times 4\times 4\times h=\dfrac{16}{3}h$ (cm^3)
$2ah>0$ であるから，$\dfrac{16}{3}h<8h<2ah+8h$ である。

11 答 $n=\dfrac{5n}{5}$，$n+1=\dfrac{5(n+1)}{5}=\dfrac{5n+5}{5}$ であるから，0 以上の整数 n より大きく $n+1$ より小さい分数で，分母が 5 である分数は $\dfrac{5n+1}{5}$，$\dfrac{5n+2}{5}$，$\dfrac{5n+3}{5}$，
$\dfrac{5n+4}{5}$ と表されるから，これらの分数の和は，
$\dfrac{5n+1}{5}+\dfrac{5n+2}{5}+\dfrac{5n+3}{5}+\dfrac{5n+4}{5}=\dfrac{20n+10}{5}=4n+2=2(2n+1)$
n は整数であるから $2n+1$ も整数である。
よって，$2(2n+1)$ は 2 の倍数である。
ゆえに，これらの分数の和は 2 の倍数である。

12 答 この 4 けたの自然数は，$1000a+100b+10c+d$ $(a\neq 0)$ と表される。
$b+d-(a+c)$ が 11 の倍数（0 をふくむ）であるとき，
$b+d-(a+c)=11k$ (k は整数) と表されるから，$d=11k-b+a+c$
よって，$1000a+100b+10c+d=1000a+100b+10c+(11k-b+a+c)$
$=1001a+99b+11c+11k=11(91a+9b+c+k)$
a，b，c，k は整数であるから，$91a+9b+c+k$ も整数である。
よって，$11(91a+9b+c+k)$ は 11 の倍数である。
ゆえに，$b+d-(a+c)$ が 11 の倍数（0 をふくむ）であるならば，この 4 けたの自然数は 11 の倍数である。

2章 連立方程式

p.28 **1** 答 $\begin{cases}x=1\\y=5\end{cases}$ $\begin{cases}x=2\\y=3\end{cases}$ $\begin{cases}x=3\\y=1\end{cases}$

p.29 **2** 答 (1) $\begin{cases}x=1\\y=5\end{cases}$ $\begin{cases}x=2\\y=4\end{cases}$ $\begin{cases}x=3\\y=3\end{cases}$ $\begin{cases}x=4\\y=2\end{cases}$ $\begin{cases}x=5\\y=1\end{cases}$ (2) $\begin{cases}x=2\\y=3\end{cases}$ $\begin{cases}x=4\\y=2\end{cases}$ $\begin{cases}x=6\\y=1\end{cases}$

(3) $\begin{cases}x=4\\y=2\end{cases}$

3 答 (1) $\begin{cases}x=4\\y=0\end{cases}$ (2) $\begin{cases}x=-15\\y=5\end{cases}$

p.30 **4** 答 (1) $\begin{cases}x=2\\y=-1\end{cases}$ (2) $\begin{cases}x=4\\y=-2\end{cases}$ (3) $\begin{cases}x=5\\y=4\end{cases}$ (4) $\begin{cases}x=-3\\y=3\end{cases}$ (5) $\begin{cases}x=-2\\y=-3\end{cases}$

(6) $\begin{cases}x=3\\y=-2\end{cases}$

p.31 **5** 答 (1) $\begin{cases}x=3\\y=1\end{cases}$ (2) $\begin{cases}x=1\\y=2\end{cases}$

解説 (2) 上の式をそのまま下の式に代入して，$-(3y-4)+4y=6$
$-3y+4+4y=6$ 　$y=2$ のように解くとよい。

6 答 (1) $\begin{cases}x=-9\\y=6\end{cases}$ (2) $\begin{cases}x=1\\y=-2\end{cases}$ (3) $\begin{cases}x=3\\y=-4\end{cases}$ (4) $\begin{cases}a=2\\b=-1\end{cases}$ (5) $\begin{cases}x=7\\y=2\end{cases}$

(6) $\begin{cases}x=-\dfrac{2}{3}\\y=\dfrac{3}{2}\end{cases}$

解説 (1)，(2)，(4)は加減法，(3)，(5)，(6)は代入法がよい。(1)，(2)は代入法でもよい。

p.32 **7** 答 (1) $\begin{cases}x=6\\y=-15\end{cases}$ (2) $\begin{cases}x=-2\\y=0\end{cases}$ (3) $\begin{cases}a=4\\b=-\dfrac{10}{3}\end{cases}$

解説 (1) 下の式を 6 倍して，$5x-2y=60$

(2) 上の式を下の式に代入して，$\dfrac{1}{2}x+4\left(\dfrac{1}{2}x+1\right)=-1$ 　$\dfrac{1}{2}x+2x+4=-1$ とする。

または，下の式は $\dfrac{1}{2}x+1=-4y$ と変形できるから，この式と上の式から，

$y=-4y$ 　ゆえに，$y=0$ としてもよい。

(3) 上の式を 15 倍，下の式を 6 倍してから加減法を使う。

8 答 (1) $\begin{cases}x=-5\\y=-15\end{cases}$ (2) $\begin{cases}x=1.5\\y=-0.8\end{cases}$ (3) $\begin{cases}x=-9\\y=8\end{cases}$

解説 係数が整数になるように，両辺を何倍かする。

(1) $\begin{cases}5x-3y=20\\2x-y=5\end{cases}$ より，$\begin{cases}5x-3y=20\\6x-3y=15\end{cases}$ を解く。

(2) $\begin{cases}4x-10y=14\\20x+15y=18\end{cases}$ より，$\begin{cases}20x-50y=70\\20x+15y=18\end{cases}$ を解く。

(3) $\begin{cases}2x+3y=6\\3x-6y=-75\end{cases}$ より，$\begin{cases}4x+6y=12\\3x-6y=-75\end{cases}$ を解く。

p.33　**9** 答 (1) $\begin{cases}x=5\\y=3\end{cases}$ (2) $\begin{cases}x=1\\y=2\end{cases}$ (3) $\begin{cases}x=3\\y=-7\end{cases}$ (4) $\begin{cases}x=-3\\y=2\end{cases}$ (5) $\begin{cases}x=\dfrac{1}{2}\\y=\dfrac{1}{2}\end{cases}$ (6) $\begin{cases}m=2\\n=-1\end{cases}$

解説 (1)〜(4)は，かっこをはずして整理する。
(5)，(6)は，例題 3 (2)（→本文 p.32）の解法を用いるとよい。

(1) $\begin{cases}5x-2y=19\\7x-8y=11\end{cases}$

(2) $\begin{cases}2x+y=4\\x+3y=7\end{cases}$

(3) $\begin{cases}x-2y=17\\3x+y=2\end{cases}$

(4) $\begin{cases}3x-2y=-13\\5(2x-3)-3(4y-3)=-4\times15\end{cases}$ より，$\begin{cases}3x-2y=-13\\5x-6y=-27\end{cases}$

(5) 2 式の両辺を加えて，$8x+8y=8$ より，$x+y=1$ ……①
2 式の両辺をひいて，$-2x+2y=0$ より，$y=x$ ……②
①と②から x，y を求める。
(6) 2 式の両辺を加えて，$18m+18n=18$ より，$m+n=1$ ……①
2 式の両辺をひいて，$44m-44n=132$ より，$m-n=3$ ……②
①と②から m，n を求める。

10 答 (1) $\begin{cases}x=5\\y=-5\end{cases}$ (2) $\begin{cases}x=-2\\y=-2\end{cases}$ (3) $\begin{cases}x=4\\y=-2\end{cases}$ (4) $\begin{cases}x=-7\\y=10\end{cases}$

解説 (1) $\begin{cases}2x+y=5\\4x+3y=5\end{cases}$ を解く。

(4) $\dfrac{4x+3y+13}{5}=x+y$ より，$4x+3y+13=5(x+y)$　　$x+2y=13$

$\dfrac{x+2y-1}{4}=x+y$ より，$x+2y-1=4(x+y)$　　$3x+2y=-1$

p.34　**11** 答 $a=5$

解説 $\begin{cases}5x+4y=2\\2x-3y=10\end{cases}$ を連立方程式として解き，その解 $\begin{cases}x=2\\y=-2\end{cases}$ を
$ax+3y=4$ に代入する。

12 答 $a=-2$

解説 連立方程式 $\begin{cases}x+y=7\\x-y=3\end{cases}$ の解 $\begin{cases}x=5\\y=2\end{cases}$ は $x+ay=1$ を満たす。

13 答 $a=-2$，$b=-3$

解説 $\begin{cases}x=-1\\y=2\end{cases}$ を代入して，$\begin{cases}-a-2b=8\\-b+6a=-9\end{cases}$ を解く。

14 答 $a=-1$，$b=3$

解説 連立方程式 $\begin{cases}6x-5y=-3\\4x-3y=-1\end{cases}$ の解 $\begin{cases}x=2\\y=3\end{cases}$ を残りの 2 式に代入して，
$\begin{cases}2a+6=b+1\\2b-6a=12\end{cases}$ を解く。

p.35

15 答 $a=2,\ b=-5$

解説 $\begin{cases}3x+y=-9\\ax-by=7\end{cases}$ の x と y を入れかえた $\begin{cases}3y+x=-9\\ay-bx=7\end{cases}$ は $\begin{cases}x+2y=-5\\ax+by=26\end{cases}$

と同じ解をもつ。 $\begin{cases}x+3y=-9\\x+2y=-5\end{cases}$ を解くと, $\begin{cases}x=3\\y=-4\end{cases}$

これを $\begin{cases}ay-bx=7\\ax+by=26\end{cases}$ に代入して, $\begin{cases}-4a-3b=7\\3a-4b=26\end{cases}$ を解く。

p.36

16 答 (1) $\begin{cases}x=-4\\y=-3\end{cases}$ (2) $\begin{cases}x=\dfrac{1}{3}\\y=-\dfrac{3}{4}\end{cases}$

解説 (1) $x+y=a,\ x-2y=b$ とおくと, $\begin{cases}2a-b=-16\\8a+3b=-50\end{cases}$

これを解いて, $\begin{cases}a=-7\\b=2\end{cases}$

(2) $\dfrac{1}{x}=a,\ \dfrac{1}{y}=b$ とおくと, $\begin{cases}a+2b=\dfrac{1}{3}\\2a+3b=2\end{cases}$ これを解いて, $\begin{cases}a=3\\b=-\dfrac{4}{3}\end{cases}$

17 答 (1) $\begin{cases}x=3\\y=-1\end{cases}$ (2) $\begin{cases}x=\dfrac{2}{3}\\y=\dfrac{1}{3}\end{cases}$

解答例 (1) $\dfrac{1}{x-1}=a,\ \dfrac{1}{y+2}=b$ とおくと, $\begin{cases}2a+3b=4 &\cdots\cdots①\\4a+5b=7 &\cdots\cdots②\end{cases}$

①×2−② より, $b=1$ これを①に代入して a を求めると, $a=\dfrac{1}{2}$

よって, $\begin{cases}\dfrac{1}{x-1}=\dfrac{1}{2}\\\dfrac{1}{y+2}=1\end{cases}$ より, $\begin{cases}x-1=2\\y+2=1\end{cases}$ ゆえに, $\begin{cases}x=3\\y=-1\end{cases}$ ……(答)

(2) $\dfrac{1}{x+y}=a,\ \dfrac{1}{x-y}=b$ とおくと, $\begin{cases}4a+3b=13 &\cdots\cdots①\\3a-7b=-18 &\cdots\cdots②\end{cases}$

①×3−②×4 より, $37b=111$ $b=3$

これを①に代入して a を求めると, $a=1$

よって, $\begin{cases}\dfrac{1}{x+y}=1\\\dfrac{1}{x-y}=3\end{cases}$ より, $\begin{cases}x+y=1 &\cdots\cdots③\\x-y=\dfrac{1}{3} &\cdots\cdots④\end{cases}$

③+④ より, $2x=\dfrac{4}{3}$ $x=\dfrac{2}{3}$

これを③に代入して y を求めると, $y=\dfrac{1}{3}$

ゆえに, $\begin{cases}x=\dfrac{2}{3}\\y=\dfrac{1}{3}\end{cases}$ ……(答)

18 答 $a=1$ のとき $\begin{cases} x=6 \\ y=1 \end{cases}$ $a=4$ のとき $\begin{cases} x=2 \\ y=-1 \end{cases}$

解答例 $\begin{cases} x-2y=4 & \cdots\cdots① \\ ax+y=7 & \cdots\cdots② \end{cases}$

①+②×2 より，$(2a+1)x=18$ ……③

x は整数，a は正の整数であるから，③より，$2a+1$ は 18 の約数で，3 以上の奇数でなければならない。

よって，$2a+1=3,\ 9$　ゆえに，$a=1,\ 4$

$a=1$ のとき，③より，$3x=18$　$x=6$

これを①に代入して，$6-2y=4$　$y=1$

$a=4$ のとき，③より，$9x=18$　$x=2$

これを①に代入して，$2-2y=4$　$y=-1$

ゆえに，$a=1$ のとき，$\begin{cases} x=6 \\ y=1 \end{cases}$　$a=4$ のとき，$\begin{cases} x=2 \\ y=-1 \end{cases}$ ……(答)

p.38

19 答 (1) 46 (2) $x=25,\ y=7$

解説 (1) もとの自然数の十の位の数を x，一の位の数を y とすると，

$\begin{cases} x+y=10 \\ 10y+x=(10x+y)+18 \end{cases}$　x と y は 1 けたの自然数である。

(2) $\begin{cases} x=3y+4 \\ x-y=18 \end{cases}$

20 答 (1) $x=450,\ y=200$ (2) $x=8,\ y=6$ (3) $x=1,\ y=2$ (4) $x=40,\ y=45$

解説 (1) $\begin{cases} 2x+6y=2100 \\ x+2y=850 \end{cases}$　(2) $\begin{cases} x+y=14 \\ 320x+150y=3460 \end{cases}$

(3) $\begin{cases} x+y=3 \\ \dfrac{x}{5}+\dfrac{y}{4}=\dfrac{42}{60} \end{cases}$　(4) $\begin{cases} \dfrac{10}{100}x+5=\dfrac{20}{100}y \\ x+5=y \end{cases}$

p.39

21 答 パン 33 個，おにぎり 19 個

解説 昨日売れたパンの個数を x 個，おにぎりの個数を y 個とすると，

$\begin{cases} x+y=50 \\ (1+0.1)x+(1-0.05)y=52 \end{cases}$　これを解いて，$\begin{cases} x=30 \\ y=20 \end{cases}$

参考 今日売れたパンの個数を x 個，おにぎりの個数を y 個とすると，

$\begin{cases} x+y=52 \\ \dfrac{x}{1.1}+\dfrac{y}{0.95}=50 \end{cases}$　これを解いて，$\begin{cases} x=33 \\ y=19 \end{cases}$ としてもよいが，このとき，

$\dfrac{x}{1.1}$ と $\dfrac{y}{0.95}$ も正の整数であることを確認すべきである。

22 答 電気代 289 円，水道代 171 円

解説 昨年 1 月の 1 日あたりの電気代を x 円，水道代を y 円とすると，

$\begin{cases} x+y=530 \\ (1-0.15)x+(1-0.1)y=460 \end{cases}$　これを解いて，$\begin{cases} x=340 \\ y=190 \end{cases}$

参考 今年 1 月の 1 日あたりの電気代を x 円，水道代を y 円とすると，

$\begin{cases} x+y=460 \\ \dfrac{x}{0.85}+\dfrac{y}{0.9}=530 \end{cases}$　これを解いて，$\begin{cases} x=289 \\ y=171 \end{cases}$ としてもよいが，このとき，

$\dfrac{x}{0.85}$ と $\dfrac{y}{0.9}$ も正の整数であることを確認すべきである。

23 答 まんじゅう 105個，桜もち 180個

解説 まんじゅうがx箱，桜もちがy箱売れたとすると，

$\begin{cases} x+y=80 \\ 400x+560y=39200 \end{cases}$ これを解いて，$\begin{cases} x=35 \\ y=45 \end{cases}$

参考 まんじゅうの個数をx個，桜もちの個数をy個とすると，

$\begin{cases} \dfrac{x}{3}+\dfrac{y}{4}=80 \\ 400\times\dfrac{x}{3}+560\times\dfrac{y}{4}=39200 \end{cases}$ これを解いて，$\begin{cases} x=105 \\ y=180 \end{cases}$ としてもよいが，

このとき，$\dfrac{x}{3}$ と $\dfrac{y}{4}$ も正の整数であることを確認すべきである。

24 答 大人 950円，中学生 500円

解説 割引きを使わずに入館するときの大人1人の入館料をx円，中学生1人の入館料をy円とすると，$\begin{cases} 2x+3y=3400 \\ 0.8x\times10+0.9y\times30=21100 \end{cases}$

p.40

25 答 鉛筆1本の定価 80円，ノート1冊の定価 120円

解説 鉛筆1本の定価をx円，ノート1冊の定価をy円とすると，

$\begin{cases} 6x+3y=840 \\ 0.8x\times10+0.7y\times5=10x+5y-340 \end{cases}$

26 答 新しいイス 36脚，古いイス 121脚

解説 A班の人数をx人，B班の人数をy人とすると，

$\begin{cases} x+y=34 \\ 3x+5y+\dfrac{y}{2}=157 \end{cases}$ これを解いて，$\begin{cases} x=12 \\ y=22 \end{cases}$

参考 新しいイスの数をx脚，古いイスの数をy脚とすると，

$\begin{cases} \dfrac{x}{3}+\dfrac{y}{5+\dfrac{1}{2}}=34 \\ x+y=157 \end{cases}$ としてもよい。

27 答 Aセット 80箱，Bセット 65箱，Cセット 25箱

解説 Aセットをx箱，Bセットをy箱つくるとすると，Cセットのプリンとゼリーは同数であることを考え，$\begin{cases} 510-(2x+5y)=700-(6x+3y) \\ x=y+15 \end{cases}$

参考 Bセットをx箱，Cセットをy箱つくるとすると，Aセットは$(x+15)$箱であるから，$\begin{cases} 2(x+15)+5x+y=510 \\ 6(x+15)+3x+y=700 \end{cases}$ としてもよい。

p.41

28 答 車両1両の長さ 20m，トンネルの長さ 620m

解説 特急列車の速さは，

$\dfrac{72\times1000}{60\times60}=20$ (m/秒)

普通列車の速さは，

$\dfrac{54\times1000}{60\times60}=15$ (m/秒)

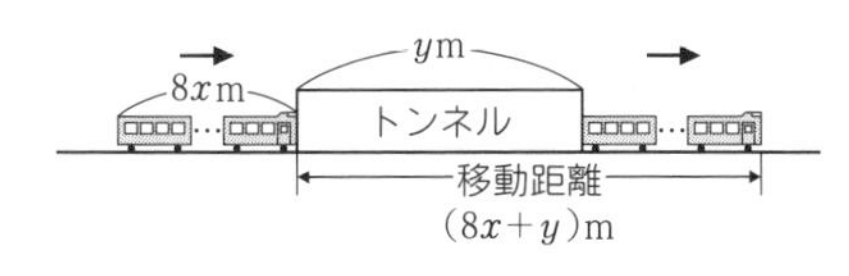

車両1両の長さをxm，トンネルの長さをymとすると，

$\begin{cases} 8x+y=20\times39 \\ 11x+y=15\times(39+17) \end{cases}$

29 答 船の長さ 12m，川の流れる速さ 秒速 2m

解説 船の長さを xm，平常時の川の流れる速さを秒速 ym とすると，

$$\begin{cases} x=4(6-1.5y) \\ x+28=5(6+y) \end{cases}$$

30 答 A さん 時速 12km，B さん 時速 3km

解説 A さんの速さを時速 $x$km，B さんの速さを時速 $y$km とすると，

$$\begin{cases} (x+y)\times\dfrac{36}{60}=9 \\ x-y=9 \end{cases}$$

31 答 A さんの家から C 商店まで 900m，C 商店から B さんの家まで 300m

解説 A さんの家から C 商店までの道のりを xm，C 商店から B さんの家までの道のりを ym とすると，$\begin{cases} x+y=1200 \\ \dfrac{x}{50}+\dfrac{y}{60}+60+\dfrac{y}{50}+5+\dfrac{y}{60}=60+39 \end{cases}$

p.42

32 答 6km

解説 A 町から B 町に行くときの上り坂を $x$km，下り坂を $y$km とすると，平地の道のりは，$\{5-(x+y)\}$ km

帰りのほうが時間がかかっているから，$x<y$

行きも帰りも平地の道のりは変化しないから，行きと帰りの時間差を考えて，

$$\begin{cases} \left(\dfrac{y}{4}+\dfrac{x}{5}\right)-\left(\dfrac{x}{4}+\dfrac{y}{5}\right)=\dfrac{67-64}{60} \quad \cdots\cdots① & ①より，-x+y=1 \\ \dfrac{5-(x+y)}{4.8}+\dfrac{x}{4}+\dfrac{y}{5}=\dfrac{64}{60} \quad \cdots\cdots② & ②より，5x-y=3 \end{cases}$$

ゆえに，$\begin{cases} x=1 \\ y=2 \end{cases}$

片道での上り坂と下り坂は，合わせて $1+2=3$ (km)

33 答 (1) 2km (2) 本屋から駅まで 1.4km，駅から図書館まで 2.2km

解説 (1) $12\times\dfrac{10}{60}=2$

(2) 本屋から駅までの道のりを $x$km，駅から図書館までの道のりを $y$km とすると，A さんが B さんと出会うまでの時間，および 2 人が出会ってから A さんが図書館に到着するまでの時間を考えて，

$$\begin{cases} \dfrac{x}{12}+\dfrac{y-2}{4}=\dfrac{10}{60} \quad \cdots\cdots① & ①より，x+3y=8 \\ \dfrac{y-2}{12}+\dfrac{x}{4}+\dfrac{8}{60}=\dfrac{2}{4} \quad \cdots\cdots② & ②より，15x+5y=32 \end{cases}$$

参考 ②式は，2 人が同時に出発してから A さんが図書館に到着するまでの時間を考えて，$\dfrac{x}{12}+\dfrac{y}{4}=\dfrac{y}{12}+\dfrac{x}{4}+\dfrac{8}{60}$ としてもよい。

p.43

34 答 $x=6$，$y=4.5$

解説 3%，3.5% の食塩水それぞれに溶けている食塩の重さに着目する。

$$\begin{cases} 50\times\dfrac{x}{100}+100\times\dfrac{y}{100}=(50+100+100)\times\dfrac{3}{100} \cdots① & ①より，x+2y=15 \\ 50\times\dfrac{x}{100}+50\times\dfrac{y}{100}=(50+50+50)\times\dfrac{3.5}{100} \cdots② & ②より，2x+2y=21 \end{cases}$$

35 答 $x=1450$, $y=150$

解説 容器A，Bそれぞれに溶けている食塩の重さと全体の重さに着目する。

$$\begin{cases}(x-100)\times\frac{5}{100}=(x-100+y)\times\frac{4.5}{100} \quad\cdots\cdots① \\ (x-y)\times\frac{2.5}{100}=(x-y+325)\times\frac{2}{100} \quad\cdots\cdots②\end{cases}$$

①より，$x-9y=100$

②より，$x-y=1300$

p.44

36 答 $x=6$, $y=9$

解説 容器A，Bそれぞれに溶けている食塩の重さに着目する。

Bの食塩水の濃度は6.6％になったから，

$$100\times\frac{x}{100}+300\times\frac{y}{100}=(100+300+100)\times\frac{6.6}{100} \quad\cdots①$$

①より，$x+3y=33$

Aの食塩水の濃度はx％になったから，

$$300\times\frac{x}{100}+200\times\frac{y}{100}=(300+200+100)\times\frac{x}{100} \quad\cdots②$$

②より，$3x=2y$

37 答 $x=6$, $y=8$

解説 $60\times\frac{5}{100}+150\times\frac{x}{100}+150\times\frac{y}{100}=180\times\frac{5}{100}+250\times\frac{x}{100}$

$=200\times\frac{5}{100}+175\times\frac{y}{100}$ より，$12+6x+6y=36+10x=40+7y$ より，

$$\begin{cases}12+6x+6y=36+10x \\ 36+10x=40+7y\end{cases}$$ すなわち，$$\begin{cases}2x-3y=-12 \\ 10x-7y=4\end{cases}$$

p.45

38 答 3通り

解説 みかんをx個，レモンをy個買うとすると，$80x+120y=800$

よって，$x=10-\frac{3}{2}y$ 　x，yは自然数であるから，yは2の倍数である。

ゆえに，$\begin{cases}x=7 \\ y=2\end{cases}$ $\begin{cases}x=4 \\ y=4\end{cases}$ $\begin{cases}x=1 \\ y=6\end{cases}$

39 答 長いすA 18脚と長いすB 6脚，長いすA 11脚と長いすB 12脚，長いすA 4脚と長いすB 18脚

解説 長いすAをx脚，長いすBをy脚使うとすると，$6x+7y=150$

$x=25-\frac{7}{6}y$ 　x，yは自然数であるから，yは6の倍数である。

ゆえに，適するyの値は，$y=6$, 12, 18

40 答 (1) 容器A $\frac{2x+y}{3}$g，容器B $\frac{x+2y}{3}$g　(2) $x=22$, $y=4$

解答例 (1) 容器A，Bの中の食塩の重さの合計は，

$100\times\frac{x}{100}+100\times\frac{y}{100}=x+y$ (g)

AからBに食塩水50gを移した後のBの中の食塩の重さは，

$50\times\frac{x}{100}+y=\frac{1}{2}x+y$ (g)

その後Aに食塩水50gをもどした後のBの中の食塩の重さは，

$\left(\frac{1}{2}x+y\right)\times\frac{100}{150}=\frac{x+2y}{3}$ (g)

ゆえに，そのときのAの中の食塩の重さは，

$x+y-\frac{x+2y}{3}=\frac{2x+y}{3}$ (g)　　(答) 容器A $\frac{2x+y}{3}$g，容器B $\frac{x+2y}{3}$g

(2) 1回目の操作後の容器A，Bの食塩水の濃度はそれぞれ，

$\frac{2x+y}{3}\div 100\times 100=\frac{2x+y}{3}$（%），$\frac{x+2y}{3}\div 100\times 100=\frac{x+2y}{3}$（%）であるから，2回目の操作後のAの食塩水の濃度は，

$\frac{2x+y}{3}=X$，$\frac{x+2y}{3}=Y$ とおくと，

$\frac{2X+Y}{3}=\frac{1}{3}\left(2\times\frac{2x+y}{3}+\frac{x+2y}{3}\right)=\frac{5x+4y}{9}$（%）となる。

ゆえに，$\begin{cases}\frac{2x+y}{3}=16\\ \frac{5x+4y}{9}=14\end{cases}$　これを解いて，$\begin{cases}x=22\\ y=4\end{cases}$

（答）$x=22$，$y=4$

p.47 **41** 答 (1) $\begin{cases}x=-1\\ y=3\\ z=2\end{cases}$ (2) $\begin{cases}x=2\\ y=-3\\ z=1\end{cases}$ (3) $\begin{cases}x=2\\ y=1\\ z=3\end{cases}$ (4) $\begin{cases}x=6\\ y=-1\\ z=-2\end{cases}$ (5) $\begin{cases}x=-5\\ y=7\\ z=4\end{cases}$

(6) $\begin{cases}x=3\\ y=5\\ z=7\end{cases}$

解説 (1) $\begin{cases}x+y=2 & \cdots\cdots①\\ y+z=5 & \cdots\cdots②\\ z+x=1 & \cdots\cdots③\end{cases}$

③－② より，z を消去して，$x-y=-4$ ……④

①，④を連立させて解く。

(2) $\begin{cases}2x+3y+z=-4 & \cdots\cdots①\\ 3x+y+2z=5 & \cdots\cdots②\\ -x+2y+5z=-3 & \cdots\cdots③\end{cases}$

y を消去して，②×3－① より $7x+5z=19$，②×2－③ より $7x-z=13$

(3) $\begin{cases}2x+y+z=8 & \cdots\cdots①\\ x+2y+z=7 & \cdots\cdots②\\ x+y+2z=9 & \cdots\cdots③\end{cases}$

z を消去して，①－② より $x-y=1$，①×2－③ より $3x+y=7$

(4) 各式の分母をはらって，$\begin{cases}2x+12y+3z=-6 & \cdots\cdots①\\ -2x-2y+z=-12 & \cdots\cdots②\\ 3x+2y+2z=12 & \cdots\cdots③\end{cases}$

z を消去して，①－②×3 より $8x+18y=30$，③－②×2 より $7x+6y=36$

(5) $\frac{x+y}{2}=\frac{y-z}{3}$ より，$3x+y+2z=0$

この式と $x+2y+z=13$ から x を消去して，$5y+z=39$

$\frac{y-z}{3}=\frac{z+1}{5}$ より，$5y-8z=3$

(6) $\begin{cases}4x+y-z=10 & \cdots\cdots①\\ 3x+3y-2z=10 & \cdots\cdots②\\ 3x-4y+3z=10 & \cdots\cdots③\end{cases}$

z を消去して，①×2－② より $5x-y=10$，①×3＋③ より $15x-y=40$

別解 (1) 3つの式の辺々を加えると，$2(x+y+z)=8$

よって，$x+y+z=4$

(3) 3つの式の辺々を加えると，$4(x+y+z)=24$
よって，$x+y+z=6$

42 答 (1) $x:y:z=3:2:1$　(2) $x:y:z=2:1:1$　(3) $a=1$，$b=5$，$c=4$
解説 (1) 2式からyを消去して，$x=3z$　　2式からxを消去して，$y=2z$
よって，$x:y:z=3z:2z:z$
(2) $\frac{3x-2y}{2}=\frac{-y+7z}{3}$ より，$9x-4y-14z=0$ ……①
$\frac{3x-2y}{2}=\frac{4x+2z}{5}$ より，$7x-10y-4z=0$ ……②
①，②より，yを消去して，$z=\frac{1}{2}x$　　①，②より，zを消去して，$y=\frac{1}{2}x$
よって，$x:y:z=x:\frac{1}{2}x:\frac{1}{2}x$
(3) 2式からcを消去して，$8a+b=13$
a，bは自然数であるから，$a=1$，$b=5$
別解 (2) $\frac{3x-2y}{2}=\frac{-y+7z}{3}=\frac{4x+2z}{5}=k$ とおくと，
$3x-2y=2k$ ……①，$-y+7z=3k$ ……②，$4x+2z=5k$ ……③
①～③を解いて，$x=k$，$y=\frac{1}{2}k$，$z=\frac{1}{2}k$

43 答 (1) A 360円，B 540円，C 900円
(2) 327
(3) $\angle A=80°$，$\angle B=40°$，$\angle C=60°$
解説 (1) A，B，Cの所持金をそれぞれx円，y円，z円とすると，
$$\begin{cases}x+y+z=1800\\y+z=4x\\z-y=x\end{cases}$$
(2) もとの3けたの自然数の百の位，十の位，一の位の数をそれぞれx，y，z
とすると，$\begin{cases}x+z=5y\\y+z=3x\\100z+10y+x=2(100x+10y+z)+69\end{cases}$
(3) $\angle A=x°$，$\angle B=y°$，$\angle C=z°$ とすると，$\begin{cases}x=2y\\3y=2z\\x+y+z=180\end{cases}$

2章の計算

p.48 **1** 答 (1) $\begin{cases}x=3\\y=4\end{cases}$ (2) $\begin{cases}x=-2\\y=3\end{cases}$ (3) $\begin{cases}x=2\\y=1\end{cases}$ (4) $\begin{cases}x=4\\y=-1\end{cases}$ (5) $\begin{cases}x=3\\y=2\end{cases}$

(6) $\begin{cases}x=5\\y=-3\end{cases}$ (7) $\begin{cases}x=\frac{3}{5}\\y=\frac{4}{5}\end{cases}$ (8) $\begin{cases}x=28\\y=48\end{cases}$ (9) $\begin{cases}x=6\\y=-4\end{cases}$ (10) $\begin{cases}x=4\\y=-2\end{cases}$

(11) $\begin{cases}x=-3\\y=4\end{cases}$ (12) $\begin{cases}x=\frac{11}{6}\\y=-\frac{7}{2}\end{cases}$

解説 (7), (8), (11), (12)は，x，y の係数が整数となるように，両辺を整数倍する。

(9) $\begin{cases} 3x+4y=2 \\ x+y=2 \end{cases}$ を解く。

2 **答** (1) $\begin{cases} x=\dfrac{1}{3} \\ y=-1 \end{cases}$ (2) $\begin{cases} x=2 \\ y=-3 \end{cases}$ (3) $\begin{cases} x=2 \\ y=\dfrac{1}{3} \end{cases}$ (4) $\begin{cases} x=2 \\ y=7 \end{cases}$ (5) $\begin{cases} x=2 \\ y=-4 \end{cases}$

(6) $\begin{cases} x=3 \\ y=-9 \end{cases}$ (7) $\begin{cases} x=-2 \\ y=-3 \end{cases}$ (8) $\begin{cases} x=-2 \\ y=3 \end{cases}$ (9) $\begin{cases} x=\dfrac{5}{2} \\ y=\dfrac{1}{2} \end{cases}$ (10) $\begin{cases} x=\dfrac{1}{2} \\ y=-\dfrac{1}{3} \end{cases}$

解説 (1) 上の式を下の式に代入して，$3\times(-10)+9y=-39$

(9) $x-y=a$，$x+y=b$ とおき，$\begin{cases} 2a+3b=13 \\ 5a-b=7 \end{cases}$ を解く。

(10) $\dfrac{1}{x}=a$，$\dfrac{1}{y}=b$ とおき，$\begin{cases} 3a=4b+18 \\ a-7b=23 \end{cases}$ を解く。

2章の問題

p.49 **1** **答** (1) $\begin{cases} x=4 \\ y=-1 \end{cases}$ (2) $\begin{cases} x=-1 \\ y=-1 \end{cases}$ (3) $\begin{cases} x=-1 \\ y=3 \end{cases}$ (4) $\begin{cases} x=2 \\ y=5 \end{cases}$ (5) $\begin{cases} x=3 \\ y=-2 \end{cases}$

解説 (5) $\begin{cases} 3x-4y=17 \\ 5x-y=17 \end{cases}$ を解く。

2 **答** (1) $\begin{cases} x=4 \\ y=-3 \end{cases}$ (2) $\begin{cases} x=20 \\ y=12 \end{cases}$ (3) $\begin{cases} x=1 \\ y=\dfrac{2}{5} \end{cases}$ (4) $\begin{cases} x=-2 \\ y=3 \end{cases}$

解説 (1) $\begin{cases} x-2y=10 \\ 3x+2y=6 \end{cases}$ を解く。

(2) $\begin{cases} 3x-4y=12 \\ 6x-5y=60 \end{cases}$ を解く。

(3) $\begin{cases} 3x+10y=7 \\ 2x-5y=0 \end{cases}$ を解く。

(4) $\begin{cases} 2x-y=-7 \\ 3x-2y=-12 \end{cases}$ を解く。

3 **答** (1) $\begin{cases} x=4 \\ y=3 \end{cases}$ (2) $\begin{cases} x=4 \\ y=-1 \end{cases}$ (3) $\begin{cases} x=\dfrac{1}{3} \\ y=-1 \end{cases}$ (4) $\begin{cases} x=3 \\ y=-2 \\ z=1 \end{cases}$

解説 (1) $x+2=a$，$y-1=b$ とおき，$\begin{cases} 3a-4b=10 \\ 4a+3b=30 \end{cases}$ を解く。

(2) $\begin{cases} 11x+6y=38 & \cdots\cdots① \\ 6x+11y=13 & \cdots\cdots② \end{cases}$

①＋② より $17x+17y=51$，①－② より $5x-5y=25$

よって，$\begin{cases} x+y=3 \\ x-y=5 \end{cases}$

(3) $\dfrac{1}{x}=a$，$\dfrac{1}{y}=b$ とおき，$\begin{cases} 2a+b=5 \\ a-4b=7 \end{cases}$ を解く。

(4) $\begin{cases} 2x+2y-z=1 & \cdots\cdots① \\ 2x-y+2z=10 & \cdots\cdots② \\ -x+2y+2z=-5 & \cdots\cdots③ \end{cases}$

z を消去して，①×2＋② より $6x+3y=12$，②－③ より $3x-3y=15$

よって，$\begin{cases} 2x+y=4 \\ x-y=5 \end{cases}$

別解 (4) 3 式の辺々を加えると，$3(x+y+z)=6$ より，$x+y+z=2$ を用いる。

4 答 $a=2$，$b=-1$

解説 連立方程式 $\begin{cases} 3x+2y=1 \\ 2x-3y=18 \end{cases}$ の解 $\begin{cases} x=3 \\ y=-4 \end{cases}$ を残りの 2 式に代入して，

$\begin{cases} 3a-4b=10 \\ 3b+4a=5 \end{cases}$ を解く。

5 答 家から休憩所まで 80 km，かかった時間 2 時間

解説 家から休憩所までの道のりを x km，休憩所から目的地までの道のりを y km とすると，$\begin{cases} x+y=200 \\ \dfrac{x}{40}+0.5+\dfrac{y}{60}=4.5 \end{cases}$ これを解いて，$\begin{cases} x=80 \\ y=120 \end{cases}$

別解 家から休憩所まで x 時間，休憩所から目的地まで y 時間かかったとすると，$\begin{cases} 40x+60y=200 \\ x+0.5+y=4.5 \end{cases}$ これを解いて，$\begin{cases} x=2 \\ y=2 \end{cases}$

6 答 $x=560$，$y=360$

解説 $\begin{cases} (800-x)\times\dfrac{10}{100}+y\times\dfrac{5}{100}=(800-x+y)\times\dfrac{7}{100} \\ (500-y)\times\dfrac{5}{100}+x\times\dfrac{10}{100}=(500-y+x)\times\dfrac{9}{100} \end{cases}$ を解く。

p.50

7 答 アルミ缶 3000 個，スチール缶 1650 個

解説 春に集めたアルミ缶の個数を x 個，スチール缶の個数を y 個とすると，

$\begin{cases} x+y=4000 \\ 2\times0.2x+1\times0.1y=1150 \end{cases}$ これを解いて，$\begin{cases} x=2500 \\ y=1500 \end{cases}$

秋に集めたアルミ缶，スチール缶の個数は，それぞれ $1.2x$ 個，$1.1y$ 個である。

8 答 (1) 家から峠 Q まで 72 分，峠 Q から P 地まで 30 分 (2) 3600 m

解説 (1) 家から峠 Q までにかかった時間を x 分，峠 Q から P 地までにかかった時間を y 分とすると，$x+y=102$

また，帰りは行きの上りが下りに，行きの下りが上りになるから，

(上りの速さ)：(下りの速さ)＝5：6 より，P 地から峠 Q までにかかった時間は $\dfrac{6}{5}y$ 分，峠 Q から家までにかかった時間は $\dfrac{5}{6}x$ 分となる。

よって，帰りは，$\dfrac{6}{5}y+\dfrac{5}{6}x=96$

(2) 同じ時間に進む距離は，上りより下りのほうが $\dfrac{6}{5}$ 倍になるから，

$72:30\times\dfrac{6}{5}=2:1$

よって，$5400\times\dfrac{2}{2+1}$

9 答 (1) 457　(2) ① 169　② 6 個

解説 (1) もとの自然数の百の位の数を x，一の位の数を y とすると，

$$\begin{cases}(100x+50+y)+297=100y+50+x \\ x+5+y=16\end{cases}$$

(2) ① $a+2b+3c=(a+b+c)+b+2c=16+b+2c$ であるから，$b+2c$ が最も大きくなるときを求めればよい。

$b+2c$ が最も大きくなるのは $a=1$，$c=9$ のときである。よって，$b=6$

② 3 けたの偶数であるから，c は偶数である。

$c=8$ のとき，$a+b=8$ であるから，

$(a,\ b)=(1,\ 7)$，$(2,\ 6)$，$(3,\ 5)$，$(4,\ 4)$

$c=6$ のとき，$a+b=10$ であるから，$(a,\ b)=(4,\ 6)$，$(5,\ 5)$

$c=4$，2，0 のときは，$a \leqq b \leqq c$ を満たす自然数は存在しない。

10 答 (1) 食塩水 A 120g，食塩水 B 80g　(2) 8％　(3) 7 回

解答例 (1) 食塩水 A を xg，食塩水 B を yg 混ぜるとすると，

$$\begin{cases}x+y=200 \\ x\times\dfrac{5}{100}+y\times\dfrac{15}{100}=200\times\dfrac{9}{100}\end{cases}\qquad これを解いて，\begin{cases}x=120 \\ y=80\end{cases}$$

これらの値は問題に適する。　　　　（答）食塩水 A 120g，食塩水 B 80g

(2) 食塩水 A を ag，食塩水 B を bg 混ぜる予定であったとすると，

$a\times\dfrac{5}{100}+b\times\dfrac{15}{100}=(a+b)\times\dfrac{12}{100}$ より，$7a=3b$

よって，$a:b=3:7$ で混ぜる予定であった。まちがえて，A と B を $7:3$ の割合で混ぜてしまったから，A を $7k$g，B を $3k$g $(k>0)$ 混ぜるとして，

その濃度は，$\left(7k\times\dfrac{5}{100}+3k\times\dfrac{15}{100}\right)\div(7k+3k)\times100=8$（%）　　（答）8％

(3) 1 回の操作で溶けている食塩の重さは $\dfrac{200}{300}=\dfrac{2}{3}$（倍）になるから，濃度も $\dfrac{2}{3}$ 倍になる。n 回目には，$15\times\left(\dfrac{2}{3}\right)^n$% になる。

$n=6$ のとき $15\times\left(\dfrac{2}{3}\right)^6=\dfrac{320}{243}>1$，$n=7$ のとき $15\times\left(\dfrac{2}{3}\right)^7=\dfrac{640}{729}<1$

ゆえに，はじめて 1％ 以下の食塩水になるのは $n=7$ のときである。

（答）7 回

3章 ● 不等式

p.51

1 答 (1) $a+5>b+5$ (2) $a-8>b-8$ (3) $3a>3b$ (4) $\frac{a}{4}>\frac{b}{4}$ (5) $a<-b$
(6) $-\frac{a}{6}<-\frac{b}{6}$

2 答 (1) $ab>0$, $\frac{b}{a}>0$ (2) $ab<0$, $\frac{b}{a}<0$ (3) $ab<0$, $\frac{b}{a}<0$ (4) $ab>0$, $\frac{b}{a}>0$

p.52

3 答 (1) $b>0$ (2) $b<0$ (3) $b>0$ (4) $b<0$

4 答 (1) $>$ (2) $<$ (3) $>$ (4) $<$
解説 (1) $2a>2b$ (2) $-3a<-3b$ (3) $5a>5b$
(4) $-a<-b$ より，$5-a<5-b$

5 答 (1) $<$ (2) $<$ (3) $>$ (4) $>$
解説 (2) $a>b$ の両辺に負の数 $-a$ をかける。
(3) $a>b$ の両辺に正の数 a をかけて，$a^2>ab$
$a>b$ の両辺に正の数 b をかけて，$ab>b^2$ ゆえに，$a^2>b^2$
(4) $a>b$ の両辺を正の数 b で割る。

p.53

6 答 (1) $0<x+3y<11$ (2) $-5\leqq 4x-3y\leqq 24$ (3) $1\leqq\frac{x}{y}\leqq 4$
解説 (1) $-3<3y<6$ より，$3-3<x+3y<5+6$
(2) $-8\leqq 4x\leqq 12$, $3\leqq -3y\leqq 12$ より，$-8+3\leqq 4x-3y\leqq 12+12$
(3) $\frac{1}{4}\leqq\frac{1}{y}\leqq\frac{1}{2}$ より，$\frac{4}{4}\leqq\frac{x}{y}\leqq\frac{8}{2}$

7 答 (1) $6.65\leqq a<6.75$, $5.25\leqq b<5.35$ (2) $11.9\leqq a+b<12.1$, $1.3<a-b<1.5$
解説 (2) $-5.35<-b\leqq -5.25$

8 答 $a>-b>b>-a$
解説 $b<0$, $a+b>0$ より，$a>-b>0$, $-a<b<0$

9 答 $a<0$, $b<0$, $c<0$, $d<0$
解答例 $abcd>0$, $abd<0$ より，$c<0$ これと $a<c$ より，$a<0$
$abd<0$ と $a<0$ より，$bd>0$ これと $b+d<0$ より，$b<0$, $d<0$
(答) $a<0$, $b<0$, $c<0$, $d<0$

p.54

10 答 (1) -1, 0, 1, 2, 3 (2) -3, -2 (3) -3, -2, -1, 0, 1

p.55

11 答 (1) $x>0$ (2) $x<9$ (3) $x\leqq -8$

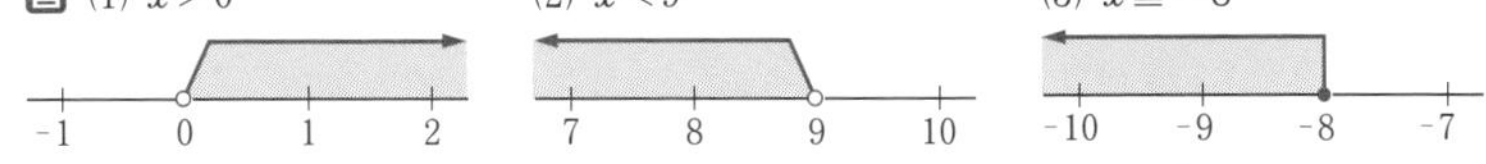
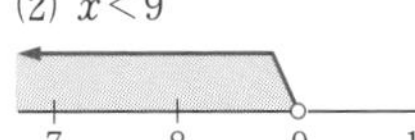
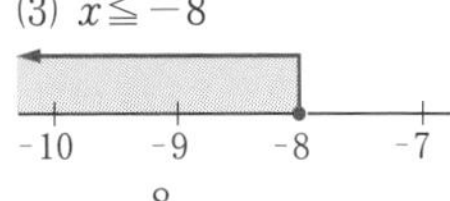

(4) $x>7$ (5) $x\geqq -3$ (6) $x<\frac{8}{5}$

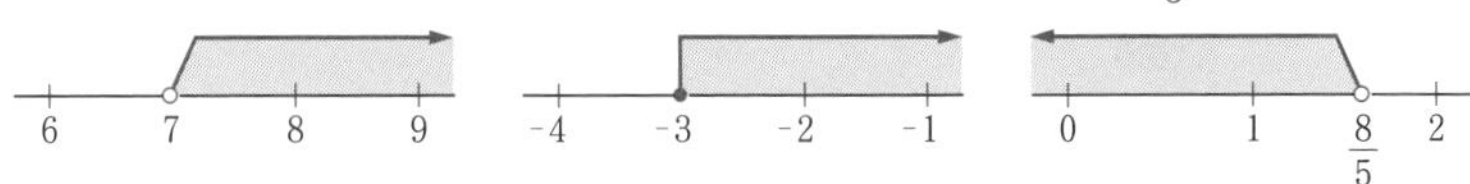
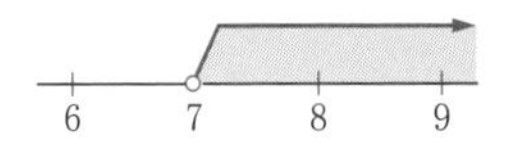
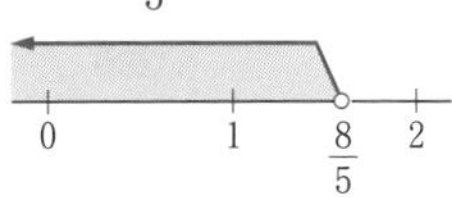

12 答 (1) $x<8$ (2) $x\geqq 2$ (3) $x>5$ (4) $x<-6$ (5) $x<\frac{1}{2}$ (6) $x\geqq -\frac{4}{5}$

13 答 (1) $x<4$ (2) $x\geqq\frac{7}{3}$ (3) $x<2$ (4) $x\leqq 1$
解説 (2) 両辺を 6 で割ると，$4-(3x-5)\leqq 2$

(4) 両辺を 2 で割ると，$2(x+3)\leqq-2x+1+9$

p.56 **14** 答 (1) $x>2$ (2) $x\geqq-3$ (3) $x\leqq\frac{3}{2}$ (4) $x>-1$ (5) $x\leqq-\frac{1}{5}$ (6) $x>\frac{7}{10}$

解説 (1) 両辺に 4 をかけて，$8x-4>5x+2$
(2) 両辺に 2 をかけて，$2x-(x-5)\geqq2$ $2x-x+5\geqq2$
(3) 両辺に 6 をかけて，$2x+12\geqq12x-3$
(4) 両辺に 10 をかけて，$5(3x+1)>2(2x-3)$ $15x+5>4x-6$
(5) 両辺に 24 をかけて，$3(3x+7)-8(5-2x)\leqq-24$
$9x+21-40+16x\leqq-24$
(6) 両辺に 14 をかけて，$2(x+4)-7(1-x)>8-x$ $2x+8-7+7x>8-x$

15 答 (1) $x>3$ (2) $x\leqq1$ (3) $x<-5$ (4) $x\geqq-17$ (5) $x\geqq-3$ (6) $x\geqq\frac{5}{4}$

解説 (1)～(5)は両辺に 10 をかける。
(1) $12x-30>-20x+66$
(2) $11-4x\geqq10x-3$ (3) $2(x+4)<3(-3x+1)-50$
(4) $25(7-x)-5(18-10x)\geqq20x$ $5(7-x)-(18-10x)\geqq4x$
(5) $2(2x-3)\leqq10x+12$ $2x-3\leqq5x+6$
(6)は両辺に 30 をかけて，$10(x-1)-3(2x-10)\geqq25$
参考 (1)は両辺に 5 をかけてもよい。同様に，(4)は 2 をかけてもよい。(5)は 5 をかけてもよい。

p.57 **16** 答 (1) 17 個 (2) $a>2$ (3) $a=-4$
解説 (1) $x>-7$ を満たし，絶対値が 10 以下の整数は，-6，-5，-4，…，8，9，10
(2) 与式に $x=-2$ を代入して，$3(-4+a)-2(-2-2a)>6$ を解く。
(3) 2 つの不等式の解 $x\leqq2$ と $x\leqq-2a-6$ が一致することから，$2=-2a-6$
⚠ 問題で与えられた式のことを与式という。

参考 (2) 与式の解 $x>\frac{-7a+6}{4}$ を求め，これに $x=-2$ を代入してもよい。

17 答 (1) 4 (2) 1，2，3

解説 (1) $5x-6<3(x+1)$ より，$x<\frac{9}{2}$ これを満たす最大の整数を求める。

(2) $2x+8>5x-3$ より，$x<\frac{11}{3}$ これを満たす正の整数をすべて求める。

p.58 **18** 答 350 円のケーキ 6 個，320 円のケーキ 9 個
解説 1 個 350 円のケーキを x 個買うとすると，1 個 320 円のケーキは $(15-x)$ 個買うことになるから，$350x+320(15-x)\leqq5000$ より，$x\leqq\frac{20}{3}$

これを満たす最大の整数を求める。

19 答 16 冊以上
解説 ノートを x 冊（$x>10$）買うとすると，
$150\times10+150\times(1-0.2)\times(x-10)<140x$
これを満たす最小の整数を求める。

20 答 20 人以上
解説 x 人（$x>10$）で入場するとすると，$6000+400(x-10)\leqq500x$

21 答 2700 m 以下

解説 A 地から B 地までの道のりを x m とすると，$\frac{x}{60}+\frac{x}{180}\leqq60$

22 答 1600 m 以上

解説 分速 80 m で x m 歩いたとすると，分速 60 m で（4000−x）m 歩いたことになるから，$\dfrac{4000-x}{60}+\dfrac{x}{80}\leqq 60$

23 答 100 g 以上

解説 8％ の食塩水を x g 混ぜるとすると，

$200\times\dfrac{5}{100}+x\times\dfrac{8}{100}\geqq(200+x)\times\dfrac{6}{100}$

24 答 (1) 12 人　(2) 5 か所以上

解説 (1) 1 か所の窓口で 1 分間に a 人に入場券を売ることができるとすると，

$240+4\times12=2a\times12$

(2) 窓口を x か所あけるとすると，$240+4\times5\leqq12x\times5$ より，$x\geqq\dfrac{13}{3}$

これを満たす最小の整数を求める。

25 答 $\dfrac{1250}{9}<x<150$

解答例 容器 A には 10％ の食塩水 x g，9％ の食塩水（150−x）g，水 50 g が入っており，容器 B には 10％ の食塩水（200−x）g，9％ の食塩水 x g，水 50 g が入っているから，

$\left\{x\times\dfrac{10}{100}+(150-x)\times\dfrac{9}{100}\right\}\div200>\left\{(200-x)\times\dfrac{10}{100}+x\times\dfrac{9}{100}\right\}\div250$

$5\{10x+9(150-x)\}>4\{10(200-x)+9x\}$　　$9x>1250$　　ゆえに，$x>\dfrac{1250}{9}$

ここで，$150-x>0$ より $x<150$ であるから，$\dfrac{1250}{9}<x<150$ ……(答)

p.59

26 答 (1) $-1<x<3$　(2) $x<-4$　(3) $-2\leqq x<2$　(4) $x=-2$

解説 (1) $x>-1$ と $x<3$ の共通部分

(2) $x<-4$ と $x\leqq-3$ の共通部分

(3) $x\geqq-2$ と $x<2$ の共通部分

(4) $x\geqq-2$ と $x\leqq-2$ の共通部分

p.61

27 答 (1) $2\leqq x\leqq4$　(2) $-3<x<4$　(3) $x<1$　(4) 解なし　(5) $x\geqq-\dfrac{1}{2}$　(6) $x=2$

解説 (1) $x\leqq4$ と $x\geqq2$ の共通部分

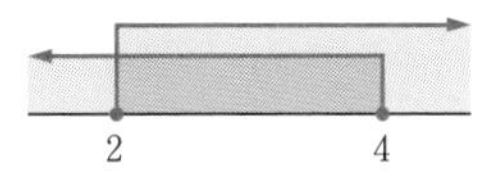

(2) $x>-3$ と $x<4$ の共通部分

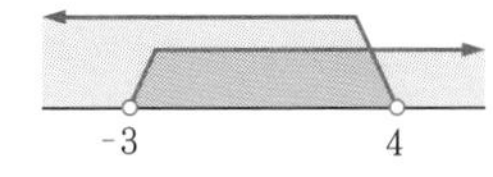

(3) $x\leqq2$ と $x<1$ の共通部分

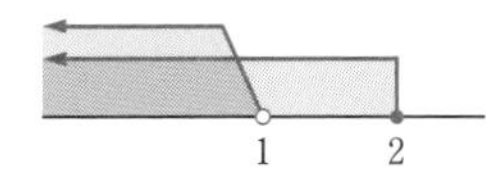

(4) $x<-1$ と $x\geqq1$ の共通部分

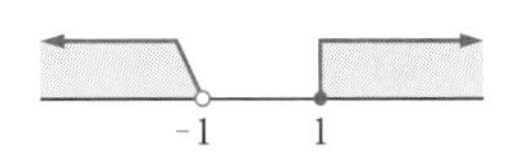

(5) $x\geqq-\dfrac{1}{2}$ と $x>-\dfrac{5}{3}$ の共通部分

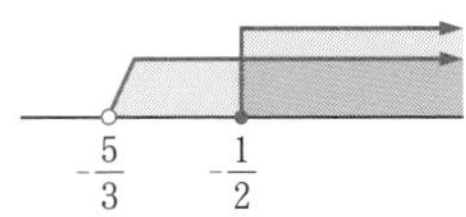

(6) $x\geqq2$ と $x\leqq2$ の共通部分

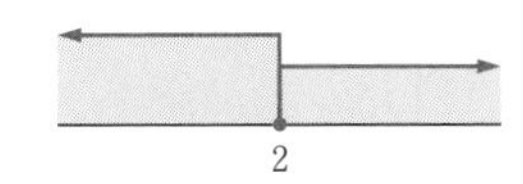

28 答 (1) $x>1$　(2) $-2\leqq x<\frac{7}{2}$　(3) $x\leqq-\frac{5}{7}$　(4) 解なし　(5) $x=21$

解説 (1) $x>1$ と $x>-4$ の共通部分　　(2) $x\geqq-2$ と $x<\frac{7}{2}$ の共通部分

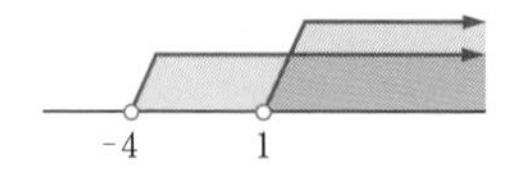

(3) $x\leqq-\frac{5}{7}$ と $x<-\frac{2}{3}$ の共通部分　　(4) $x\leqq-5$ と $x\geqq-\frac{11}{13}$ の共通部分

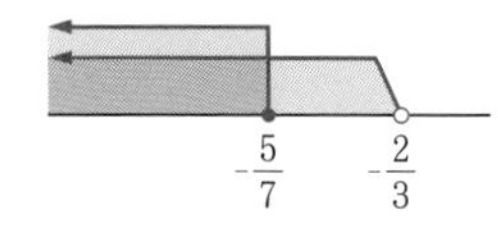

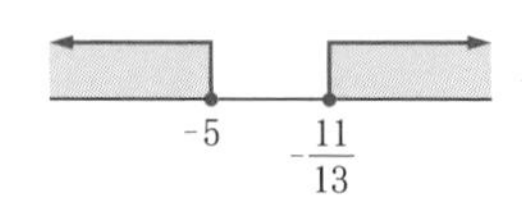

(5) $x\geqq21$ と $x\leqq21$ の共通部分

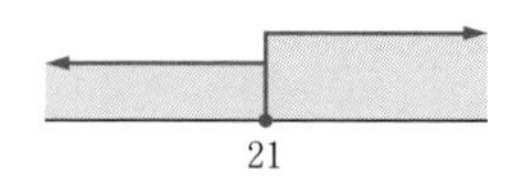

29 答 (1) $1\leqq x\leqq5$　(2) $x\leqq3$　(3) 解なし　(4) $-10\leqq x\leqq-2$

解説 (1) $-1\leqq2x-3$ より，$x\geqq1$
$2x-3\leqq7$ より，$x\leqq5$

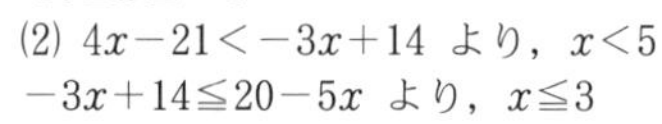

(2) $4x-21<-3x+14$ より，$x<5$
$-3x+14\leqq20-5x$ より，$x\leqq3$

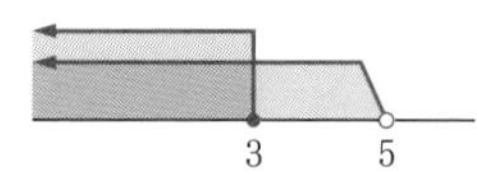

(3) $3(2x+5)<2(5x+1)$ より，$x>\frac{13}{4}$
$2(5x+1)<3x+4$ より，$x<\frac{2}{7}$

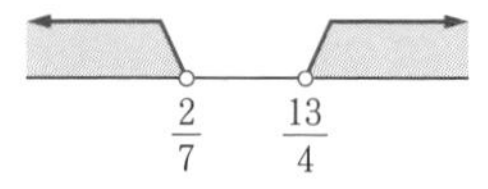

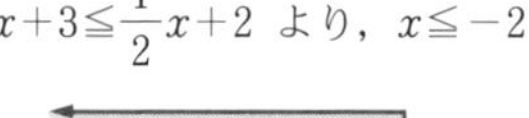

(4) $\frac{2x-1}{3}\leqq x+3$ より，$x\geqq-10$
$x+3\leqq\frac{1}{2}x+2$ より，$x\leqq-2$

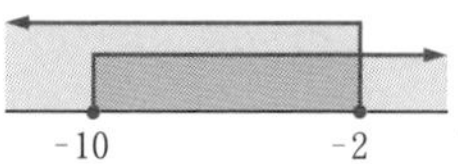

別解 (1) x をふくむ式が中央の辺だけのときは，$-1\leqq2x-3\leqq7$ の各辺に 3 を加えて $2\leqq2x\leqq10$　各辺を 2 で割って，$1\leqq x\leqq5$ のように解いてもよい。

30 答 0，1，2

解説 $-\frac{1}{2}<x<\frac{8}{3}$ を満たす整数 x の値を求める。

p.62 **31** 答 4

解説 $2x+3<4(x-1)<3x+1$ を解くと，$\frac{7}{2}<x<5$

32 答 ボールペン 16 本，鉛筆 14 本

解説 ボールペンを x 本買うとすると，鉛筆は $(30-x)$ 本買うことになるから，

$\begin{cases} x>30-x \\ 100x+70(30-x)\leqq2600 \end{cases}$　これを解くと，$15<x\leqq\frac{50}{3}$

33 答 鉛筆7本と所持金540円，鉛筆8本と所持金600円，鉛筆9本と所持金660円

解説 予定していた鉛筆の本数をx本とすると，所持金は$60(x+2)$円となる。
$80(x-1)<60(x+2)<80x$　これを解くと，$6<x<10$

p.63

34 答 お菓子 885個，箱 54個

解説 箱の個数をx個とすると，お菓子の個数は$15(x+5)$個となる。

$18(x-5)<15(x+5)\leqq 18(x-5)+5$　これを解くと，$\dfrac{160}{3}\leqq x<55$

35 答 9.5g以上19.2g以下

解説 食塩をxg加えるとすると，

$\dfrac{4}{100}(912+x)\leqq\dfrac{3}{100}\times 912+x\leqq\dfrac{5}{100}(912+x)$

36 答 (1) $\dfrac{5x+14}{5}$点　(2) $61.7\leqq x<62.7$

解説 (1) 男子の平均点がx点のとき，女子の平均点は$(x+7)$点。男子を$3a$人，女子を$2a$人とすると，中学2年生の平均点は$\dfrac{3ax+2a(x+7)}{3a+2a}$点となる。

(2) $64.5\leqq\dfrac{5x+14}{5}<65.5$ より，$322.5\leqq 5x+14<327.5$

参考 (2) $\dfrac{5x+14}{5}=x+2.8$ より，$64.5\leqq x+2.8<65.5$ としてもよい。

37 答 (1) $1\leqq x<\dfrac{k}{2}$　(2) $6<k\leqq 8$

解答例 (1) $5-x\leqq 4x$ より，$x\geqq 1$ ……①

$4x<2x+k$ より，$x<\dfrac{k}{2}$ ……②

②において，$k>2$ であるから，$\dfrac{k}{2}>1$ である。

ゆえに，求める解は，$1\leqq x<\dfrac{k}{2}$ ……(答)

(2) (1)の①，②より，$\dfrac{k}{2}>1$ でなければ解をもたなくなるから，$k>2$ である。

このとき，連立不等式の解 $1\leqq x<\dfrac{k}{2}$ の中に整数xが1，2，3だけになればよいから，$3<\dfrac{k}{2}\leqq 4$

ゆえに，求めるkの範囲は，$6<k\leqq 8$ ……(答)

38 答 (1) $a\leqq 2$　(2) $2<a<3$

解答例 $6x-4>3x+5$ より，$x>3$ ……①
$2x-1\leqq x+a$ より，$x\leqq a+1$ ……②
(1) ①と②の共通部分が存在しなければよいから，$a+1\leqq 3$
ゆえに，$a\leqq 2$ ……(答)
(2) $a>2$ のとき $a+1>3$ であるから，連立不等式の解は $3<x\leqq a+1$ となる。
この解に整数がふくまれないから，$3<a+1<4$ である。
ゆえに，$2<a<3$ ……(答)

39 答 $12 \leqq x \leqq 20$

解答例 弟が兄と出会うまでに a km 進むとすると，

$$\begin{cases} \dfrac{a}{12}+\dfrac{x}{60}=\dfrac{12-a}{4} & \cdots\cdots ① \\ 8 \leqq a \leqq 8.4 & \cdots\cdots ② \end{cases}$$

①より，$5a+x=15(12-a)$　　$20a=180-x$　　よって，$a=\dfrac{180-x}{20}$

これを②に代入すると，$8 \leqq \dfrac{180-x}{20} \leqq 8.4$　　$160 \leqq 180-x \leqq 168$

$-20 \leqq -x \leqq -12$　　ゆえに，$12 \leqq x \leqq 20$ ……(答)

参考 兄が弟と出会うまでに a km 進むとすると，

$\begin{cases} \dfrac{a}{4}=\dfrac{12-a}{12}+\dfrac{x}{60} \\ 3.6 \leqq a \leqq 4 \end{cases}$ として解いてもよい。

または，兄が A 町を出発してから a 分後に出会うとすると，

$\begin{cases} 4\times\dfrac{a}{60}+12\times\dfrac{a-x}{60}=12 \\ 3.6 \leqq 4\times\dfrac{a}{60} \leqq 4 \end{cases}$ として解いてもよい。

3章の計算

p.64 **1** 答 (1) $x>3$　(2) $x>2$　(3) $x \leqq 2$　(4) $x \leqq 4$　(5) $x \leqq 3$　(6) $x \geqq -5$
(7) $x>-6$　(8) $x>-5$　(9) $x>7$　(10) $x<-12$　(11) $x \geqq -2$　(12) $x \leqq 7$
(13) $x<17$　(14) $x \leqq 3$　(15) $x \geqq -\dfrac{1}{2}$　(16) $x \geqq -0.3$　(17) $x \leqq \dfrac{2}{5}$　(18) $x>-5$
(19) $x \leqq -2$　(20) $x<5$　(21) $x \leqq 10$　(22) $x \leqq 9$　(23) $x>\dfrac{11}{2}$　(24) $x<-\dfrac{7}{5}$

解説 (8) 両辺に 10 をかけて，$3x-40<11x$
(9) 両辺に 7 をかけて，$3x<7x-28$
(10) 両辺に 12 をかけて，$4x-60>9x$
(11) 両辺に 10 をかけて，$9x+28 \geqq -5x$
(12) 両辺を 2 で割って，$3(x-3) \leqq x+5$
(13) 両辺に 10 をかけて，$5(x+3)>2(3x-1)$
(14) 両辺に 10 をかけて，$4x-7 \geqq -10+5x$
(16) 両辺に 100 をかけて，$4(10x-2) \leqq 10+100x$
(17) 両辺に 12 をかけて，$3x-7 \geqq 8x-9$
(18) 両辺に 12 をかけて，$3(x-7)-4(2x+1)<0$
(21) 両辺に 15 をかけて，$5x+45 \geqq 9x+5$
(22) 両辺に 6 をかけて，$5x-54 \leqq -2x+9$
(23) 両辺に 6 をかけて，$2(2x-3)>2(x+1)+3$
(24) 両辺に 24 をかけて，$4(x+2)-3(x-1)<-24x-24$

2 答 (1) $-3<x<2$　(2) $-3<x \leqq 3$　(3) $x \leqq -2$　(4) 解なし　(5) $x>-1$
(6) $-3<x<-1$　(7) $x>5$　(8) $-\dfrac{9}{2}<x<\dfrac{6}{11}$　(9) $\dfrac{20}{9}<x<\dfrac{17}{4}$　(10) $2<x \leqq 7$

解説 (1) $x<2$ と $x>-3$ の共通部分
(2) $x>-3$ と $x \leqq 3$ の共通部分

(3) $x \leqq -2$ と $x < -1$ の共通部分
(4) $x < -1$ と $x \geqq 1$ の共通部分
(5) $x \geqq -2$ と $x > -1$ の共通部分
(6) $6x+7 < -2x-1$ より $x < -1$ と，$-2x-1 < 3x+14$ より $x > -3$ の共通部分
(7) $x \geqq 1$ と，$7x-5 > 2x+20$ より $x > 5$ の共通部分
(8) $x > -\dfrac{9}{2}$ と，$9x+24 < 30-2x$ より $x < \dfrac{6}{11}$ の共通部分
(9) $x-15 < -3x+2$ より $x < \dfrac{17}{4}$ と，$-6x+4 < 3x-16$ より $x > \dfrac{20}{9}$ の共通部分
(10) $4x-50 < 9x-60$ より $x > 2$ と，$23x-14 \leqq 7(2x+7)$ より $x \leqq 7$ の共通部分

3章の問題

p.65 **1** 答 (1) $-4 < 2x - \dfrac{1}{2}y < 3$　(2) $8 \leqq xy \leqq 18$，$\dfrac{1}{3} \leqq \dfrac{x}{y} \leqq \dfrac{3}{4}$

解説 (1) $-2 < 2x < 4$，$-\dfrac{1}{2} \times 4 < -\dfrac{1}{2} \times y < -\dfrac{1}{2} \times 2$ より，$-2 < -\dfrac{1}{2}y < -1$

よって，$-2+(-2) < 2x + \left(-\dfrac{1}{2}y\right) < 4+(-1)$

(2) $2 \times 4 \leqq x \times y \leqq 3 \times 6$

また，$\dfrac{1}{6} \leqq \dfrac{1}{y} \leqq \dfrac{1}{4}$ より，$2 \times \dfrac{1}{6} \leqq x \times \dfrac{1}{y} \leqq 3 \times \dfrac{1}{4}$

2 答 (ア)，(エ)，(カ)
解説 (イ)の反例は $a=2$，$b=1$，$c=-1$，$d=-3$ など。
(ウ)の反例は $a=4$，$b=1$，$c=-2$，$d=-3$ など。
(オ)の反例は $a=4$，$b=1$，$c=-1$，$d=-2$ など。
(カ) $a > b$ より $a-b > 0$，$c > d$ より $c-d > 0$ である。

3 答 (1) $11.1 \leqq a+b < 11.3$　(2) $7.05 < a-b+c < 7.35$
解説 $4.95 \leqq a < 5.05$，$6.15 \leqq b < 6.25$，$8.35 \leqq c < 8.45$
(2) $13.3 \leqq a+c < 13.5$，$-6.25 < -b \leqq -6.15$ の各辺をそれぞれ加える。

4 答 (1) $x < -7$　(2) $x > -5$　(3) $x > \dfrac{17}{4}$　(4) $x \leqq -\dfrac{20}{11}$

解説 (1) $x+4+3(x+8) < 0$
(2) $5(3-x)-2(6x+15) < 70$
(3) $3(x-3)-5(2-x) > 15$
(4) $3(x-2)-4(2x+5) \geqq 6(x-1)$

5 答 (1) $x \leqq 2$　(2) 解なし　(3) $x > \dfrac{18}{5}$　(4) $\dfrac{5}{11} < x \leqq \dfrac{19}{15}$

解説 (1) $x \leqq 2$ と $x < 4$ の共通部分
(2) $x \leqq 1$ と $x > 1$ の共通部分
(3) $3(x-2)+24 < 8x$ より $x > \dfrac{18}{5}$ と，$5x-40 > 2x-30$ より $x > \dfrac{10}{3}$ の共通部分
(4) $\dfrac{x+5}{4} - \dfrac{3x-2}{6} \geqq x$ より，$x \leqq \dfrac{19}{15}$　　$x > -5(2x-1)$ より，$x > \dfrac{5}{11}$

6 答 (1) -4 (2) 1，2，3，4 (3) $a \geqq 6$

解説 (1) $x < -\dfrac{15}{4}$ を満たす最大の整数　(2) $x \leqq \dfrac{30}{7}$ を満たす正の整数

(3) 与式に $x=-1$ を代入して，$-1+a \geqq 5$ を解く。

参考 (3) 与式の解は，$x \leqq \dfrac{a-9}{3}$ である。よって，$\dfrac{a-9}{3} \geqq -1$ が成り立つことから，a の値の範囲を求めてもよい。

p.66 **7** 答 480 円以上

解説 定価を x 円とすると，$0.9x-360 \geqq 360 \times 0.2$

8 答 6 枚

解説 A に x 枚配るとすると，$x+x+\dfrac{1}{2}x+3x \leqq 40$　これを解くと，$x \leqq \dfrac{80}{11}$

x はこれを満たす最大の偶数である。

9 答 (1) 17 人以上 (2) 14 人以上

解説 (1) 大人が x 人入館するとすると，$800x > 640 \times 20$

これを解くと，$x > 16$

(2) 大人が y 人入館するとすると，$800y + 480(26-y) > 640 \times 26$

これを解くと，$y > 13$

10 答 $x=12$

解説 $\begin{cases} 8x \leqq 100 \\ 18x > 200 \end{cases}$　これを解くと，$\dfrac{100}{9} < x \leqq \dfrac{25}{2}$

11 答 42 脚以上 48 脚以下

解説 長いすが x 脚あるとすると，$7(x-6) < 6x+7 \leqq 7(x-5)$

これを解くと，$42 \leqq x < 49$

12 答 75 点，76 点

解説 A さんの点数を x 点とすると，$69.15 \leqq \dfrac{69.5 \times 22 - x}{21} < 69.25$

これを解くと，$74.75 < x \leqq 76.85$

13 答 32 人

解説 生徒数を x 人とすると，$70 \leqq 200-4x \leqq 3(x-6)$

これを解くと，$\dfrac{218}{7} \leqq x \leqq \dfrac{65}{2}$

14 答 42 個

解説 兄が x 個のアメを持っているとすると，弟は $(52-x)$ 個持っているから，

$\begin{cases} x-\dfrac{1}{3}x > (52-x)+\dfrac{1}{3}x \\ x-\dfrac{1}{3}x-3 < (52-x)+\dfrac{1}{3}x+3 \end{cases}$　これを解くと，$39 < x < \dfrac{87}{2}$

x はこれを満たす 3 の倍数である。

p.67 **15** 答 (1) $c>d$ の両辺に正の数 b をかけると，$bc>bd$

また，$a>b$ の両辺に負の数 d をかけると，$ad<bd$

ゆえに，$bc>bd>ad$ より，$bc>ad$

(2) $c<0$，$d<0$ より，$cd>0$

(1)の $bc>ad$ の両辺を正の数 cd で割ると，$\dfrac{bc}{cd} > \dfrac{ad}{cd}$　ゆえに，$\dfrac{b}{d} > \dfrac{a}{c}$

参考 (1) $c>d$ の両辺に正の数 a をかけ，$a>b$ の両辺に負の数 c をかけて $bc>ac>ad$ を導いてもよい。

16 **答** (1) ① $x<\dfrac{2a+9}{2}$　② $x>4a-1$　(2) $a\geqq\dfrac{11}{6}$　(3) $1\leqq a<\dfrac{5}{4}$

解答例 (1) ①より，$2a+4>2x-5$　　$-2x>-2a-9$

ゆえに，$x<\dfrac{2a+9}{2}$ ……(答)

②より，$3x-3-2(x-2)>4a$　　$3x-3-2x+4>4a$

ゆえに，$x>4a-1$ ……(答)

(2) ①，②を同時に満たす x が存在しないとき，$\dfrac{2a+9}{2}\leqq 4a-1$

$2a+9\leqq 8a-2$　　ゆえに，$a\geqq\dfrac{11}{6}$ ……(答)

(3) ①，②を同時に満たす x が存在するとき，$4a-1<x<\dfrac{2a+9}{2}$

これを満たす整数 x の値が 4 と 5 だけのとき，

$$\begin{cases} 3\leqq 4a-1<4 & \cdots\cdots③ \\ 5<\dfrac{2a+9}{2}\leqq 6 & \cdots\cdots④ \end{cases}$$

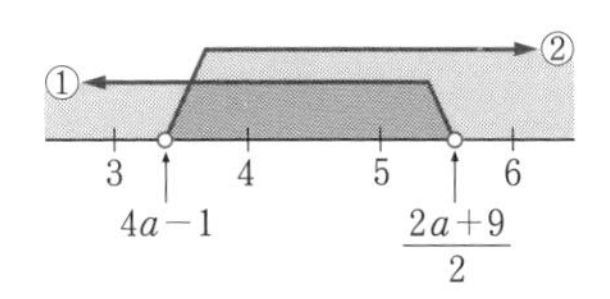

③より，$4\leqq 4a<5$

よって，$1\leqq a<\dfrac{5}{4}$ ……⑤

④より，$10<2a+9\leqq 12$　　$1<2a\leqq 3$

よって，$\dfrac{1}{2}<a\leqq\dfrac{3}{2}$ ……⑥

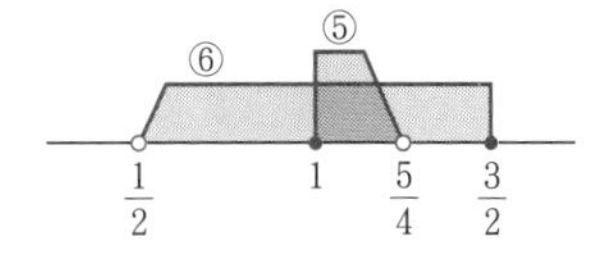

⑤，⑥より，$1\leqq a<\dfrac{5}{4}$ ……(答)

17 **答** 27 個以上 79 個以下

解答例 商品を x 個買うとする。まず，$x\leqq 20$ のときは，B 店で買うほうが安くなるから，$x>20$ として考える。

(i) $20<x\leqq 40$ のとき，A 店で買うほうが安くなるとすると，

$2500\times 20+2500\times\dfrac{80}{100}\times(x-20)<2500\times\dfrac{95}{100}\times x$

$400+16(x-20)<19x$　　ゆえに，$x>\dfrac{80}{3}$

$20<x\leqq 40$ との共通範囲は，$\dfrac{80}{3}<x\leqq 40$

x は自然数であるから，$27\leqq x\leqq 40$

(ii) $x>40$ のとき，A 店で買うほうが安くなるとすると，

$2500\times 20+2500\times\dfrac{80}{100}\times(x-20)<2500\times\dfrac{95}{100}\times 40+2500\times\dfrac{75}{100}\times(x-40)$

$400+16(x-20)<760+15(x-40)$　　ゆえに，$x<80$

$x>40$ との共通範囲は，$40<x<80$

x は自然数であるから，$41\leqq x\leqq 79$

(i)，(ii)より，$27\leqq x\leqq 79$

ゆえに，A 店で買ったほうが安くなるのは，27 個以上 79 個以下買う場合である。　　(答) 27 個以上 79 個以下

4章 ● 1次関数

p.69

1 答 (1) $y=-x+100$ (2) $y=\dfrac{20}{x}$ (3) $y=5x+20$ (4) $y=60x$ (5) $y=\pi x^2$

1次関数であるもの (1), (3), (4)

2 答 (1) 変化の割合 3, y の増加量 9

(2) 変化の割合 -4, y の増加量 -12

(3) 変化の割合 $\dfrac{2}{5}$, y の増加量 $\dfrac{6}{5}$

(4) 変化の割合 $\dfrac{1}{4}$, y の増加量 $\dfrac{3}{4}$

(5) 変化の割合 -1, y の増加量 -3

p.70

3 答 (1) $y=3x+5$ (2) $y=-2x+4$

4 答 $y=-\dfrac{1}{2}x+3$

解説 $y=ax+b$ とおくと, $\begin{cases} 5=-4a+b \\ -1=8a+b \end{cases}$

5 答 $y=\dfrac{3}{2}x-1$

解説 変化の割合が $\dfrac{3}{2}$ であるから, $y=\dfrac{3}{2}x+b$ とおく。

6 答 (1) ① 2 ② 2 (2) ① -3 ② -1

解説 (1) 1次関数 $y=ax+b$ では, どの区間で考えても変化の割合は一定で, その値は x の係数 a である。

(2) ① $\dfrac{3-12}{4-1}$ ② $\dfrac{-6-(-2)}{-2-(-6)}$

p.71

7 答 (1) $y=-x+25$, x の変域 $0<x<25$, y の変域 $0<y<25$

(2) $y=-6x+15$, x の変域 $0\leqq x\leqq 10$, y の変域 $-45\leqq y\leqq 15$

(3) $y=\dfrac{3}{5}x+331$, x の変域 $-5\leqq x\leqq 40$, y の変域 $328\leqq y\leqq 355$

解説 (2) 高度が1km増すと気温が6℃だけ低くなるから, 高度 x km のときは気温が $6x$℃だけ低くなる。

(3) 気温が5℃上がると音速が秒速3mだけ速くなるから, 気温が1℃上がると音速は秒速 $\dfrac{3}{5}$ m だけ速くなる。

p.72

8 答 (1)

x	5	10	25	30
y	2500	2000	500	0

(2) $y=-100x+3000$

(3) x の変域 $0\leqq x\leqq 30$, y の変域 $0\leqq y\leqq 3000$

解説 1分ごとに残りの道のりは100mずつ短くなり, コースを1周するには30分かかる。

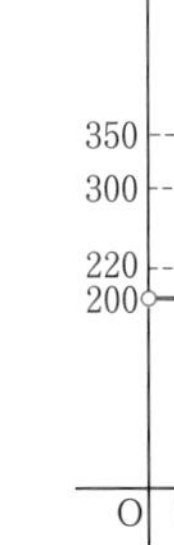

9 答 (1) 右の図

(2) $x=70$ のとき $y=220$

$x=300$ のとき $y=510$

(3) $150<x\leqq 250$

10 答 (1) $y=\dfrac{9}{5}x+32$ (2) 1.8℉

(3) 利点 イ，欠点 エ (4) $y=95$

解答例 (1) $y=ax+b$ とおくと，

$\begin{cases}68=20a+b\\77=25a+b\end{cases}$ より，$a=\dfrac{9}{5}$，$b=32$

ゆえに，$y=\dfrac{9}{5}x+32$ ……(答)

(2) $y=\dfrac{9}{5}x+32$ より，変化の割合である $\dfrac{9}{5}$℉ だけ上昇する。

すなわち，1.8℉ ……(答)

(3) 摂氏の 1℃ 分は華氏の 1.8℉ 分に等しいから，たとえば，摂氏の温度計の 10 目もり分は華氏の温度計では 18 目もり分というように，華氏の温度計の目もりは，摂氏の温度計の目もりよりもより細かく分かれている。これは華氏の利点であるといえるので，利点はイである。……(答)

一方，式 $y=\dfrac{9}{5}x+32$ からわかるように，$y>1.8x$ である。これは摂氏 x℃ よりも華氏 y℉ のほうが，数値が大きくなりがちであることを示しており，華氏の欠点であるといえるので，欠点はエである。……(答)

(4) $x=35$ のとき，$y=\dfrac{9}{5}\times 35+32=95$ ……(答)

11 答 (1) y は x の 1 次関数，z は y の 1 次関数であるから，

$y=ax+b$，$z=cy+d$（a，b，c，d は定数，$a\neq 0$，$c\neq 0$）とおける。

このとき，$z=c(ax+b)+d=acx+(bc+d)$ とおくことができ，

$a\neq 0$，$c\neq 0$ より，$ac\neq 0$ である。

ゆえに，z は x の 1 次関数である。

(2) $\dfrac{14}{3}$

解答例 (2) x の増加量が 2 のとき，y の増加量は -6 であるから，(1)の式で $a=-3$ である。

また，x の増加量が -4 のとき，z の増加量は 7 であるから，(1)の式で $ac=-\dfrac{7}{4}$ である。

よって，$c=\dfrac{7}{12}$ である。ゆえに，y の増加量が 8 のとき，z の増加量は，$8\times\dfrac{7}{12}=\dfrac{14}{3}$ ……(答)

12 答

x	…	-3	-2	-1	0	1	2	3	…
y	…	-11	-8	-5	-2	1	4	7	…

グラフは右の図

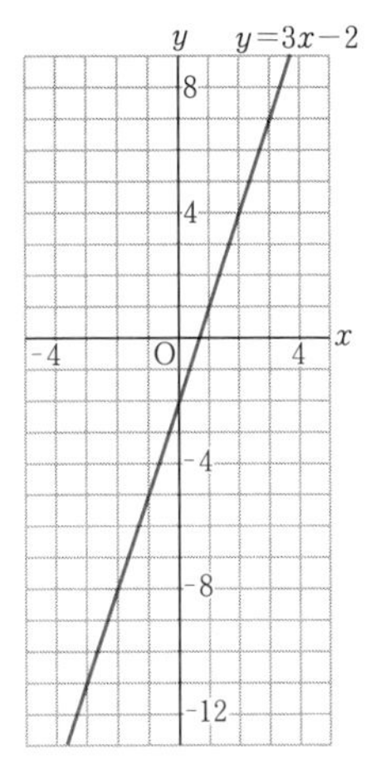

13 答 (1) 傾き 1, y 切片 -2
(2) 傾き -1, y 切片 3
(3) 傾き -2, y 切片 4
(4) 傾き $-\frac{1}{2}$, y 切片 -2
グラフは右の図

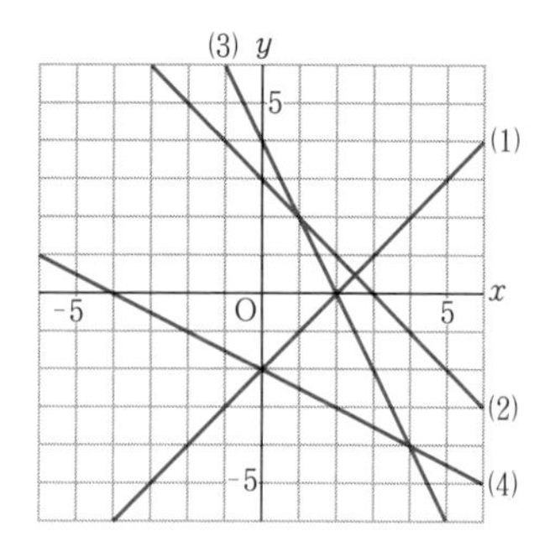

p.75 **14** 答 (ア) < (イ) < (ウ) < (エ) > (オ) <
(カ) <
解説 $y=ax+b$ の直線は右下がりであるから, $a<0$, y 切片は y 軸の負の部分にあるから, $b<0$ である。$y=cx+d$ の直線も右下がりであるから, $c<0$, y 切片は y 軸の正の部分にあるから, $d>0$ である。
a, c はともに負で, 直線 $y=ax+b$ のほうが直線 $y=cx+d$ より傾きが急であるから, a のほうが c より小さい。直線 $y=ax+b$ と y 軸との交点は, 直線 $y=cx+d$ と y 軸との交点よりも下にあるから, b のほうが d より小さい。

15 答 右上がりの直線 (イ), (エ), (カ)
平行な直線 (ア)と(オ), (イ)と(エ)

16 答 (1) $y=\frac{3}{4}x$ (2) $y=5x+7$ (3) $y=-\frac{2}{3}x+6$ (4) $y=-\frac{5}{4}x-3$

p.76 **17** 答

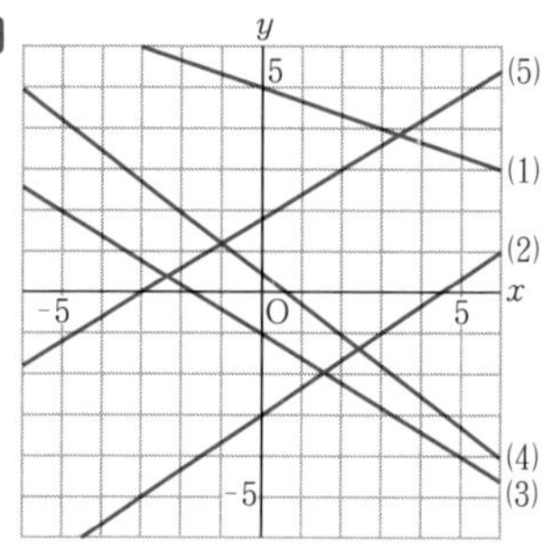

解説 (4) 2点 $(-2,\ 2)$, $(2,\ -1)$ を通る。
(5) 2点 $(-3,\ 0)$, $(2,\ 3)$ を通る。

18 答 ㋐ 傾き 1, y 切片 2, $y=x+2$ ㋑ 傾き $-\frac{1}{2}$, y 切片 4, $y=-\frac{1}{2}x+4$
㋒ 傾き 3, y 切片 -2, $y=3x-2$ ㋓ 傾き $\frac{3}{2}$, y 切片 0, $y=\frac{3}{2}x$
㋔ 傾き $-\frac{2}{5}$, y 切片 -1, $y=-\frac{2}{5}x-1$
㋕ 傾き $-\frac{3}{4}$, y 切片 3, $y=-\frac{3}{4}x+3$

p.77 **19** 答 (1) $a=-8$ (2) $a=-3$ (3) $a=\frac{7}{4}$
解説 (3) $x=a-2$, $y=2a+1$ を $y=-2x+4$ に代入して,
$2a+1=-2(a-2)+4$ を解く。

p.78 **20** 答 (1) $y=-2x+4$ (2) $y=-4x-9$

解説 (1) 求める直線の式は，$y=-2x+b$ とおける。

(2) 求める直線の式は，$y=-4x+b$ とおける。

21 答 (1) $y=x+6$ (2) $y=\frac{5}{2}x+12$

解説 (1) y 切片が 6 であることに注目すると，求める直線の式は，$y=ax+6$ とおける。

(2) y 切片が 12 であることから，求める直線の式は，$y=ax+12$ とおける。

22 答 (1) $y=-\frac{3}{2}x+\frac{7}{2}$ (2) $y=\frac{1}{2}x-7$ (3) $y=-x+\frac{2}{3}$

解説 (1) 求める直線の式を $y=ax+b$ とおくと，

$\begin{cases} 5=-a+b \\ -1=3a+b \end{cases}$ この連立方程式を解く。

(2) 求める直線の式を $y=ax+b$ とおくと，

$\begin{cases} -9=-4a+b \\ -6=2a+b \end{cases}$ この連立方程式を解く。

(3) 求める直線の式を $y=ax+b$ とおくと，

$\begin{cases} \frac{1}{2}=\frac{1}{6}a+b \\ -\frac{4}{3}=2a+b \end{cases}$ この連立方程式を解く。

別解 (2) 直線の傾きは，$\frac{-6-(-9)}{2-(-4)}=\frac{1}{2}$

よって，求める直線の式は，$y=\frac{1}{2}x+b$ とおける。

23 答 ㋐ $y=\frac{1}{3}x+\frac{4}{3}$ ㋑ $y=-\frac{3}{4}x-\frac{1}{2}$ ㋒ $y=4x+10$

解説 ㋐ 2 点 $(-1,\ 1)$，$(2,\ 2)$ を通る。

㋑ 2 点 $(-2,\ 1)$，$(2,\ -2)$ を通る。

㋒ 2 点 $(-3,\ -2)$，$(-2,\ 2)$ を通る。

24 答 (1) $a=-26$ (2) $a=2$ (3) $a=12$

解説 (1) 直線 $y=-3x+4$ 上に点 $(10,\ a)$ がある。

(2) 2 点 $(1,\ 1)$，$(-2,\ -8)$ を通る直線 $y=3x-2$ 上に点 $(a,\ 4)$ がある。

(3) 2 点 $(6,\ -6)$，$(-3,\ -12)$ を通る直線 $y=\frac{2}{3}x-10$ 上に点 $(a,\ -2)$ がある。

25 答 $y=\frac{1}{2}x+\frac{5}{2}$

解説 直線の傾きは，$\frac{(2+k)-2}{(-1+2k)-(-1)}=\frac{1}{2}$

よって，求める直線の式は，$y=\frac{1}{2}x+b$ とおける。

p.79 **26** 答 グラフは右の図
(1) $y \leqq 4$
(2) $1 \leqq y < \dfrac{9}{2}$

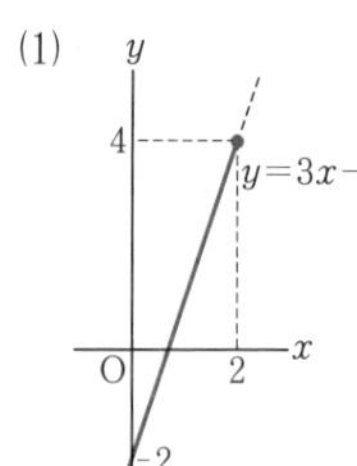

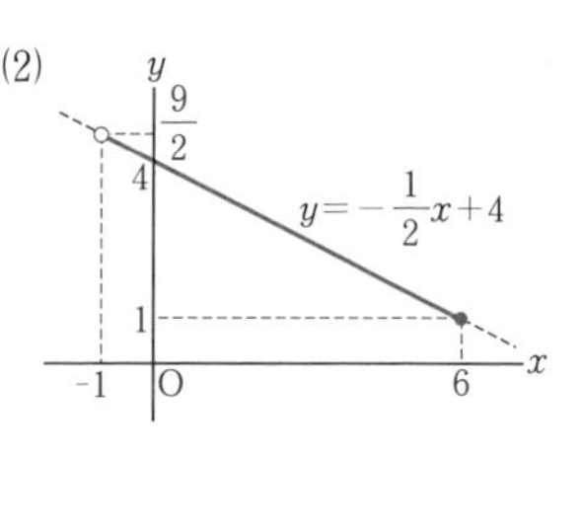

p.80 **27** 答 (1) $-1 \leqq y < 8$　(2) $x < 2$
解説 (1) $x=-2$ のとき $y=8$,
$x=4$ のとき $y=-1$
(2) $y=2$ のとき $x=2$
グラフの傾きが負であることに注意する。
参考 (2) $y>2$ より,
$-\dfrac{3}{2}x+5>2$ を解いてもよい。

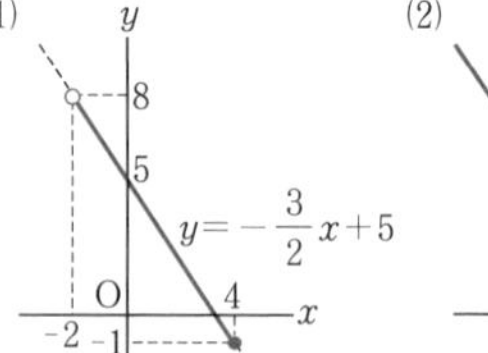

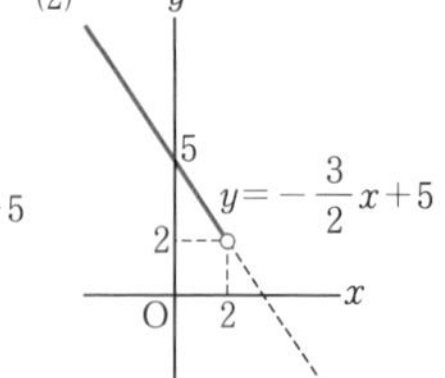

28 答 (1) $a=-2$, $b=5$　(2) $a=\dfrac{2}{3}$, $b=4$
解説 (1) グラフの傾きが正であるから,
$x=a$ のとき $y=-1$, $x=1$ のとき $y=b$
(2) グラフの傾きが負であるから,
$x=-2$ のとき $y=b$, $x=a$ のとき $y=-4$

29 答 (1) $a=\dfrac{1}{2}$, $b=-1$　または, $a=-\dfrac{1}{2}$, $b=2$　(2) $a=-\dfrac{3}{2}$
(3) $a=-3$, $b=2$　(4) $a=\dfrac{3}{2}$, $b=\dfrac{4}{3}$　または, $a=-1$, $b=3$
解説 (1) (i) グラフが2点 $(-2,\ -2)$, $(8,\ 3)$ を通るとき, $\begin{cases} -2=-2a+b \\ 3=8a+b \end{cases}$
(ii) グラフが2点 $(-2,\ 3)$, $(8,\ -2)$ を通るとき, $\begin{cases} 3=-2a+b \\ -2=8a+b \end{cases}$
(2) (i) グラフが2点 $(-3,\ -2)$, $\left(2,\ \dfrac{11}{2}\right)$ を通るとき, $\begin{cases} -2=-3a+1 \\ \dfrac{11}{2}=2a+1 \end{cases}$
両方の式を同時に満たす a はないので, 問題に適さない。
(ii) グラフが2点 $\left(-3,\ \dfrac{11}{2}\right)$, $(2,\ -2)$ を通るとき, $\begin{cases} \dfrac{11}{2}=-3a+1 \\ -2=2a+1 \end{cases}$
(3) 変域の端点についている等号から,
$x=-2$ のとき $y=8$, $x=1$ のとき $y=-1$ であることがわかる。
ゆえに, $\begin{cases} 8=-2a+b \\ -1=a+b \end{cases}$
(4) (i) グラフが点 $(-2,\ -1)$ を通るとき, $-1=-2a+2$　　よって, $a=\dfrac{3}{2}$
(ii) グラフが点 $(-2,\ 4)$ を通るとき, $4=-2a+2$　　よって, $a=-1$

30 答 (1) $\frac{5}{4}<a<4$　(2) $-2<b<0$

解答例 (1) $y=ax-3$ は y 切片が -3 であるから，つねに点 $(0,\ -3)$ を通る直線である。
この直線が，
$A(1,\ 1)$ を通るとき，$1=a-3$ より $a=4$
$B(4,\ 2)$ を通るとき，$2=4a-3$ より $a=\frac{5}{4}$
ゆえに，図 1 より，$y=ax-3$ が 2 点 A，B の間を通るとき，$\frac{5}{4}<a<4$ ……(答)

図1

(2) $y=x+b$ は傾きが 1 であるから，この直線は傾き 1 で平行に動く直線である。
この直線が，
$A(1,\ 1)$ を通るとき，$1=1+b$ より $b=0$
$B(4,\ 2)$ を通るとき，$2=4+b$ より $b=-2$
ゆえに，図 2 より，$y=x+b$ が 2 点 A，B の間を通るとき，$-2<b<0$ ……(答)

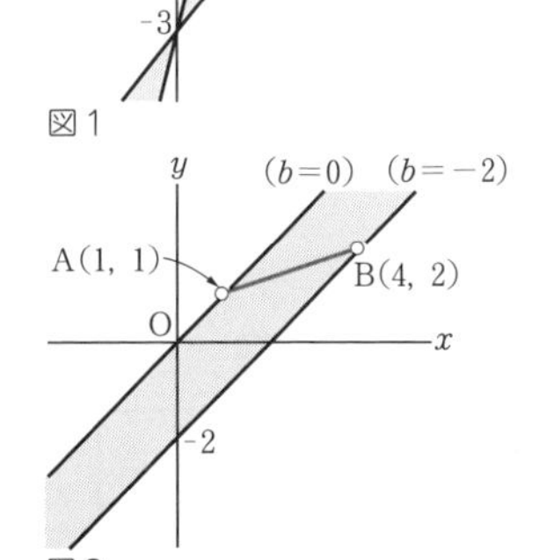

図2

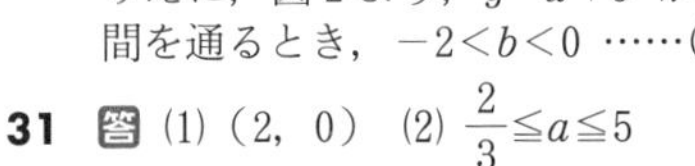

31 答 (1) $(2,\ 0)$　(2) $\frac{2}{3}\leqq a\leqq 5$

解答例 (1) $y=a(x-2)$ ……① に $x=2$ を代入すると，$y=0$
ゆえに，直線①は傾き a がどのような値をとっても，つねに点 $(2,\ 0)$ を通る。

(答) $(2,\ 0)$

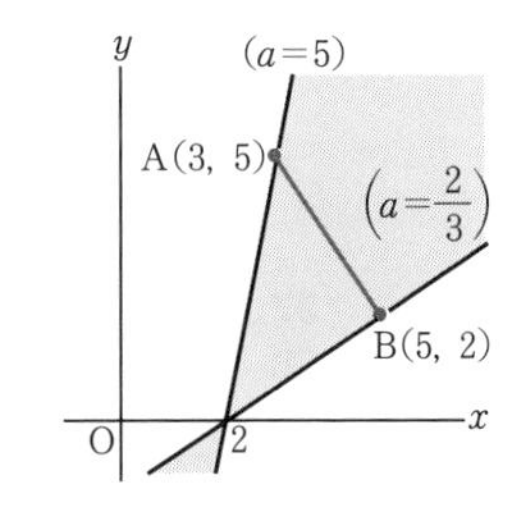

(2) 直線①が $A(3,\ 5)$ を通るとき，
$5=a(3-2)$ より $a=5$
直線①が $B(5,\ 2)$ を通るとき，
$2=a(5-2)$ より $a=\frac{2}{3}$

ゆえに，右の図より，直線①が線分 AB と交わるとき，$\frac{2}{3}\leqq a\leqq 5$ ……(答)

p.82

32 答 (1) $y=3x-7$　(2) $y=3x+7$　(3) $y=-3x-2$　(4) $y=-3x+2$
(5) $y=3x+2$

解説 (1)，(2)のような平行移動では，傾きは変わらない。
(3)，(4)のような x 軸，y 軸についての対称移動では，傾きの符号が逆になる。
(5)のような原点についての対称移動では，傾きは変わらない。
また，直線 $y=3x-2$ と y 軸との交点 $(0,\ -2)$ を移動すると，(1)では $(0,\ -7)$ に，(2)では $(-3,\ -2)$ に，(3)では $(0,\ -2)$ に，(4)では $(0,\ 2)$ に，(5)では $(0,\ 2)$ に移る。

33 答 (1) $y=-3x-1$　(2) $y=3x-8$　(3) $y=3x+10$

解説 (1) 直線 $y=-3x+1$ 上の点 $(0,\ 1)$ が点 $(-2,\ 5)$ に移る。
(2) y 軸について対称移動すると，$y=3x+1$ になる。直線 $y=3x+1$ 上の点 $(0,\ 1)$ が点 $(3,\ 1)$ に移る。
(3) x 軸の正の方向に 3 だけ平行移動すると，$y=-3x+10$ になる。
⚠ (2)，(3)のように，移動の順序が変わると結果が異なる。

34 答 (1) B′(−2, 3)　(2) $y=-\dfrac{3}{2}x$

解説 (1) A′(0, 3) から x 軸の負の方向に 2 だけ進んだところに点 B′ がある。

(2) 直線 OB の式は $y=\dfrac{2}{3}x$ である。

$\angle B'OB=\angle B'OA'+\angle A'OB=\angle BOA+\angle A'OB=\angle A'OA=90^\circ$ であるから，求める式は直線 OB′ の式となる。

直線 OB′ の式は $y=ax$ とおけて，これが B′(−2, 3) を通るから，$a=-\dfrac{3}{2}$

p.84

35 答 (1) $y=x+2$，傾き 1，y 切片 2　(2) $y=-\dfrac{3}{5}x$，傾き $-\dfrac{3}{5}$，y 切片 0

(3) $y=\dfrac{1}{4}x-\dfrac{1}{2}$，傾き $\dfrac{1}{4}$，y 切片 $-\dfrac{1}{2}$　(4) $y=\dfrac{5}{4}x+\dfrac{3}{2}$，傾き $\dfrac{5}{4}$，y 切片 $\dfrac{3}{2}$

36 答

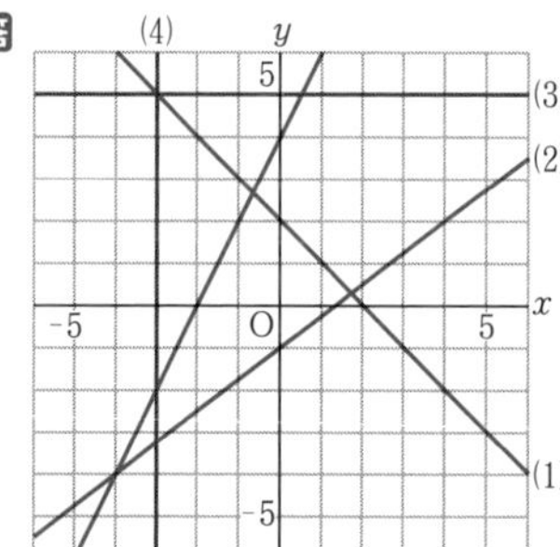

解説 (1)，(2)のグラフをかくときは，(i) $y=mx+n$ の形に変形して傾きと y 切片を利用するか，(ii)適当な 2 点をとって結ぶ。

37 答 (ア)と(ク)，(ウ)と(オ)，(エ)と(カ)，(キ)と(ケ)

38 答 (1) x 軸に平行な直線 $y=4$，y 軸に平行な直線 $x=-3$

(2) ① $y=7$　② $x=-4$

解説 (2) ① y 座標が同じである 2 点を通る直線は x 軸に平行である。

② x 座標が同じである 2 点を通る直線は y 軸に平行である。

p.85

39 答 (1) $a=\dfrac{2}{5}$　(2) $a=\dfrac{2}{3}$　(3) $a=-\dfrac{5}{2}$

解説 (1) $\dfrac{a}{4}=-\dfrac{2a-1}{2}$

(2) $a=0$ のとき，$y=3x+1$ と $2x+3=0$ は平行にならないから，$a\neq 0$

$2x-ay+3=0$ を変形すると，$y=\dfrac{2}{a}x+\dfrac{3}{a}$

平行になるとき，傾きが等しく，かつ y 切片が異なるから，$3=\dfrac{2}{a}$，$1\neq\dfrac{3}{a}$

(3) 直線 $y=3$ は，x 軸に平行な直線である。x 軸に平行な直線は，$y=p$ の形で表される。　よって，$2a+5=0$

40 答 (1) $x=a$，$y=0$ のとき，$\dfrac{x}{a}+\dfrac{y}{b}=\dfrac{a}{a}+\dfrac{0}{b}=1+0=1$

$x=0$，$y=b$ のとき，$\dfrac{x}{a}+\dfrac{y}{b}=\dfrac{0}{a}+\dfrac{b}{b}=0+1=1$

よって，$x=a$，$y=0$ のときも $x=0$，$y=b$ のときも $\dfrac{x}{a}+\dfrac{y}{b}=1$ が成り立つ。

ゆえに，直線 $\dfrac{x}{a}+\dfrac{y}{b}=1$ は 2 点 $(a,\ 0)$，$(0,\ b)$ を通る。

(2) 右の図

(3) ① $2x+y-6=0$　② $3x-2y-12=0$

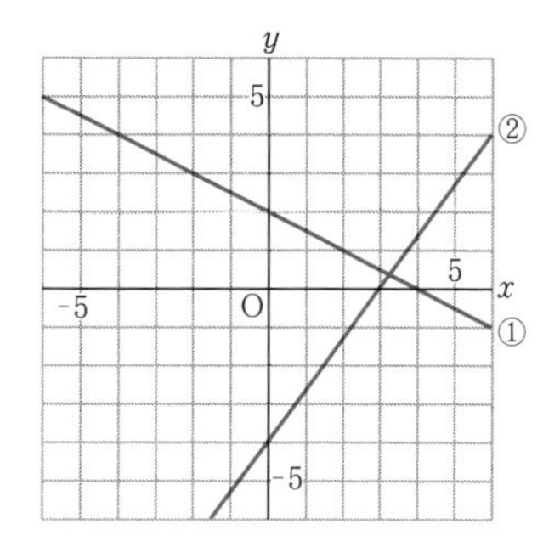

解説 (2) ① 2点 (4, 0), (0, 2) を通る。

② $\dfrac{x}{3}-\dfrac{y}{4}=1$ と変形できるから，2点 (3, 0), (0, −4) を通る。

参考 (3) ① $\dfrac{x}{3}+\dfrac{y}{6}=1$ としてもよい。

② $\dfrac{x}{4}+\dfrac{y}{-6}=1$ より，$\dfrac{x}{4}-\dfrac{y}{6}=1$ としてもよい。

p.86 **41** 答 (1) $\begin{cases} x=0 \\ y=-2 \end{cases}$　(2) $\begin{cases} x=-2 \\ y=-5 \end{cases}$

(3) $\begin{cases} x=2 \\ y=1 \end{cases}$　(4) $\begin{cases} x=4 \\ y=4 \end{cases}$

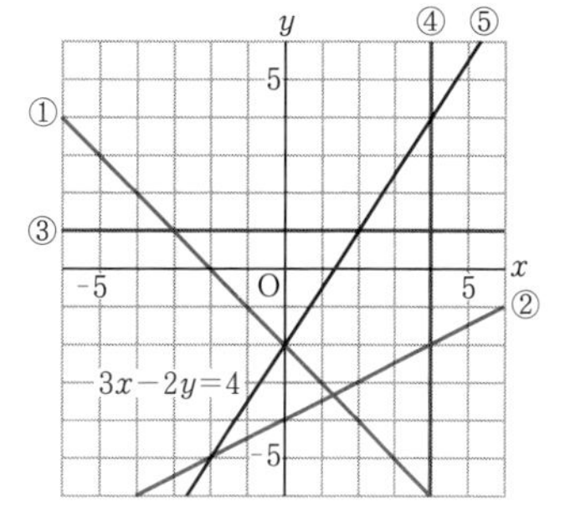

解説 右の図のように，

$x+y=-2$ ……①，$x-2y=8$ ……②，

$y-1=0$ ……③，$x-4=0$ ……④ のグラフをかき加える。

$3x-2y=4$ ……⑤ と①の交点は (0, −2)，⑤と②の交点は (−2, −5)，⑤と③の交点は (2, 1)，⑤と④の交点は (4, 4) である。

p.87 **42** 答 (1) (3, −1)　(2) $\left(-\dfrac{3}{2},\ -9\right)$

(3) (2, 1)　(4) (−1, −4)

解説 (3) $-\dfrac{1}{2}x+2=3x-5$ を解いて，x 座標を求める。

(4) 連立方程式 $\begin{cases} 5x-2y=3 \\ 3x+4y=-19 \end{cases}$ を解く。

43 答 (1) $a=-4$　(2) $a=2$，$b=3$

解説 (1) $y=-5x+7$ に $x=3$ を代入すると，交点は (3, −8) となる。

(2) $\begin{cases} y=2ax-b \\ y=-ax+3b \end{cases}$ に $x=2$，$y=5$ を代入すると，$\begin{cases} 5=4a-b \\ 5=-2a+3b \end{cases}$

44 答 $a=\dfrac{5}{3}$

解説 2直線 $2x+3y-5=0$，$3x-4y+18=0$ の交点 (−2, 3) を，直線 $x-ay+7=0$ が通る。

45 答 解がただ1組存在するもの (イ)

解が無数にあるもの (ア)

解が存在しないもの (ウ)

解説 (ア) $x-2y=-2$ を変形すると，$y=\dfrac{1}{2}x+1$

(ウ) $-x+2y=3$，$3x-6y=12$ を変形すると，それぞれ

$y=\dfrac{1}{2}x+\dfrac{3}{2}$，$y=\dfrac{1}{2}x-2$

p.89 **46** 答 (1) $5\,\mathrm{cm}^2$　(2) $14\,\mathrm{cm}^2$

解説 (1) 図1のように，直線 $x-y+3=0$ ……① と y 軸との交点をA，直線 $3x+2y+4=0$ ……② と y 軸との交点をB，2直線①，②の交点をCとすると，
A(0, 3)，B(0, −2)，C(−2, 1)
(2) 図2のように，直線①と y 軸との交点をDとすると，
A(8, 0)，B(0, −3)，C(4, 2)，D(0, 4)

$\triangle ABC=\triangle ABD-\triangle CBD=\frac{1}{2}\times\{4-(-3)\}\times 8-\frac{1}{2}\times\{4-(-3)\}\times 4$

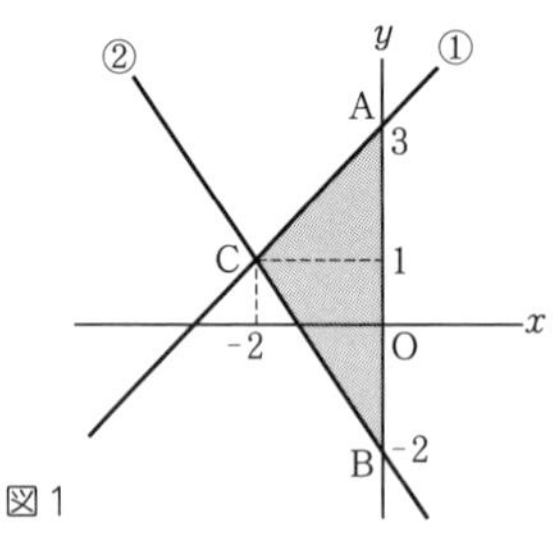

図1

図2

47 答 (1) $y=-\frac{1}{3}x+4$　(2) D(3, 3)，C(4, 1)

解説 (2) 2直線①，②の交点がB(1, 2)，(1)で求めた直線と直線①との交点がDである。四角形ABCDは平行四辺形であるから，点Aから点Dへの移動と点Bから点Cへの移動は同じである。これを利用して，点Cの座標を求める。
参考 (2) 点Cの座標は，点Dを通り直線ABに平行な直線 $y=-2x+9$ と直線②との交点を求めてもよい。

48 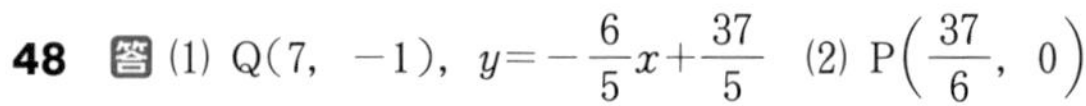
答 (1) Q(7, −1)，$y=-\frac{6}{5}x+\frac{37}{5}$　(2) $P\left(\frac{37}{6},\ 0\right)$

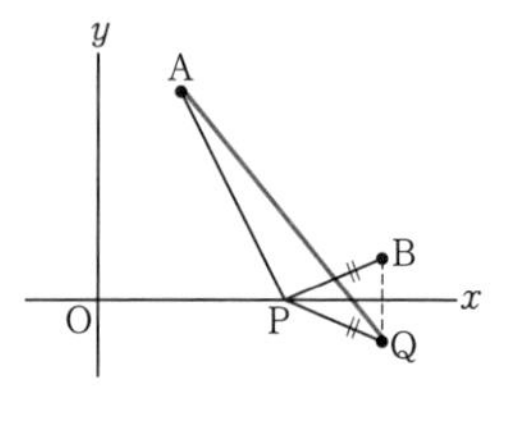

解答例 (1) B(7, 1)と点Qは x 軸について対称であるから，Q(7, −1) ……(答)
2点A(2, 5)，Q(7, −1)を通る直線の式を
$y=ax+b$ とおくと，$\begin{cases}5=2a+b\\-1=7a+b\end{cases}$
これを解くと，$a=-\frac{6}{5}$，$b=\frac{37}{5}$
ゆえに，$y=-\frac{6}{5}x+\frac{37}{5}$ ……(答)
(2) 点Bと点Qは x 軸について対称であるから，PB=PQ
よって，AP+PB=AP+PQ となり，AP+PQ が最小となるのは，3点A，P，Qが一直線上にあるときである。
$y=-\frac{6}{5}x+\frac{37}{5}$ に $y=0$ を代入して x 軸との交点の x 座標を求めると，
$x=\frac{37}{6}$
ゆえに，$P\left(\frac{37}{6},\ 0\right)$ ……(答)

p.91　**49**　答 (1) 4L　(2) $y=2x+4$　(3) 21分後

解説 (1) 1分間に入る水の量は，$\dfrac{20-12}{8-4}=2$（L）である。水を入れはじめてから4分間で8Lの水が入ったため，$12-8=4$（L）がはじめに入っていた水の量である。

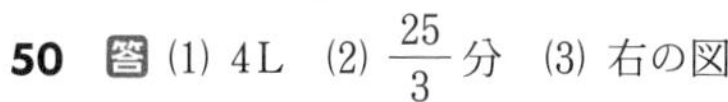

50　答 (1) 4L　(2) $\dfrac{25}{3}$分　(3) 右の図

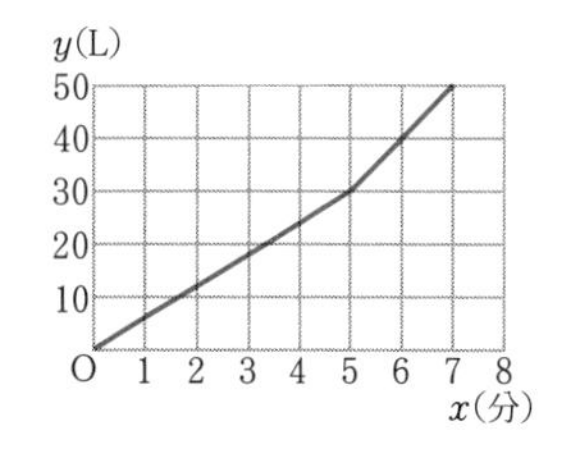

解説 (2) Aからは5分間で20L，すなわち毎分4Lの水が出て，A，B両方では3分間で30L，すなわち毎分10Lの水が出るから，Bからは毎分6Lの水が出る。

(3) Bだけで水を入れた時間をa分とすると，

$6a+10(7-a)=50$

よって，$a=5$

51　答 (1) $x=\dfrac{180}{11}$　(2) $y=-\dfrac{11}{2}x+90$

(3) $y=\dfrac{11}{2}x-90$　(4) 右の図

(5) $x=\dfrac{60}{11}$，$\dfrac{300}{11}$

解説 (1) 3時の時点では，短針と長針のつくる角は90度である。

短針は60分間に30度まわるため，1分間に$\dfrac{30}{60}=\dfrac{1}{2}$（度）まわる。

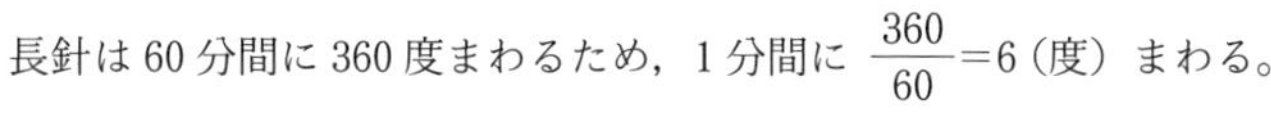

長針は60分間に360度まわるため，1分間に$\dfrac{360}{60}=6$（度）まわる。

よって，$6x=90+\dfrac{1}{2}x$

(2) 短針と長針のつくる角の差は，1分ごとに$6-\dfrac{1}{2}=\dfrac{11}{2}$（度）ずつ縮まる。

(3) 短針と長針のつくる角は，1分ごとに$\dfrac{11}{2}$度ずつ開いていく。

(4) $\begin{cases} y=-\dfrac{11}{2}x+90 & \left(0 \leqq x \leqq \dfrac{180}{11} \text{ のとき}\right) \\ y=\dfrac{11}{2}x-90 & \left(\dfrac{180}{11} < x \leqq 30 \text{ のとき}\right) \end{cases}$

(5) $-\dfrac{11}{2}x+90=60$ より，$x=\dfrac{60}{11}$　　これは $0 \leqq x \leqq \dfrac{180}{11}$ を満たす。

また，$\dfrac{11}{2}x-90=60$ より，$x=\dfrac{300}{11}$　　これは $\dfrac{180}{11} < x \leqq 30$ を満たす。

p.93　**52**　答 (1) 10分間，2km　(2) 時速4km　(3) $y=\dfrac{1}{10}x-2$

(4) 午前10時46分40秒

解説 (1) グラフから，10時30分に2km離れた公園に着いたことがわかる。

(2) 0.5時間で2km進む速さである。

(3) 傾きが$\dfrac{2}{20}=\dfrac{1}{10}$で，点（40，2）を通る直線である。

(4) 時速 4.8km は分速 $\frac{4.8}{60}=\frac{2}{25}$ km である。B さんが午前 10 時 x 分に A さんの家から $y$km 離れたところにいるとすると，$y=-\frac{2}{25}x+b$ とおけて，

点 (30, 4) を通るから，$4=-\frac{2}{25}\times30+b$　　$b=\frac{32}{5}$

よって，$y=-\frac{2}{25}x+\frac{32}{5}$

グラフより，A さんと B さんが出会うのは $40\leqq x$ のときであるから，

$\frac{1}{10}x-2=-\frac{2}{25}x+\frac{32}{5}$　　ゆえに，$x=\frac{140}{3}$

p.94 **53** 答 (1) 分速 80m　(2) 12 分後

(3) $a=\frac{125}{4}$　(4) グラフは右の図

解説 (1) 6 分間で 2 人の間が 840m 離れたから，毎分 140m ずつ離れている。

(2) 2 人が家を出てから x 分後の 2 人の間の距離を ym とすると，

$8\leqq x\leqq14$ のとき，$y=140x-1120$　　$140x-1120=560$ を解く。

(3) 弟は分速 60m で 23 分間歩き，家から学校に着いたので，家と学校の距離は，$60\times23=1380$ (m) である。兄がこの距離を分速 80m で歩くと，

$\frac{1380}{80}=\frac{69}{4}$ (分) かかる。　よって，$a=14+\frac{69}{4}$

(4) 出発してから 8 分後は兄が忘れ物に気づいた時刻，14 分後は兄が家にもどった時刻，23 分後は弟が学校に着いた時刻である。

p.96 **54** 答 (1) $y=10$　(2) $y=-2x+12$　(3) $\frac{9}{2}\leqq x\leqq6$

解説 (2) $0<x\leqq3$ のとき，AP$=x$，BQ$=6-2x$

$y=\frac{1}{2}\times\{x+(6-2x)\}\times4$

(3) $3<x\leqq6$ のとき，AP$=x$，BQ$=2x-6$

$y=\frac{1}{2}\times\{x+(2x-6)\}\times4=6x-12$

$0<x\leqq6$ のとき，x と y の関係は右のグラフのようになる。

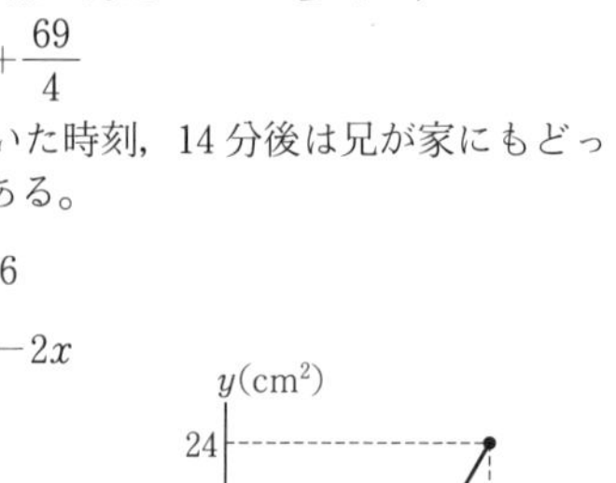

$0<x\leqq3$ のときは $y\geqq15$ とはならないから，

$3<x\leqq6$ のときで $15\leqq6x-12\leqq24$ を解く。

55 答 (1) ① $0<x\leqq8$，$y=2x$

② $8\leqq x\leqq12$，$y=-\frac{3}{2}x+28$

③ $12\leqq x<17$，$y=-2x+34$

(2) 右の図

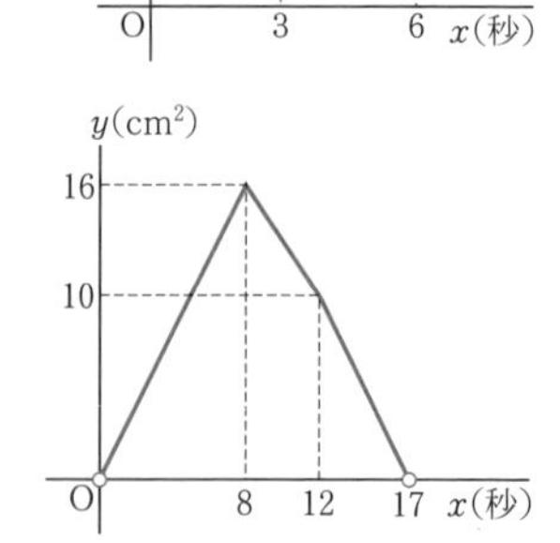

(3) $x=7$，$\frac{28}{3}$

解説 (1) ② 点 P が辺 CD 上にあるとき，

CP$=x-8$，DP$=12-x$

△ABP＝(台形 ABCD)－△BCP－△APD より，

$y=\frac{1}{2}\times(5+8)\times4-\frac{1}{2}\times8\times(x-8)-\frac{1}{2}\times5\times(12-x)$

③ 点 P が辺 DA 上にあるとき，AP＝$17-x$ より，$y=\frac{1}{2}\times(17-x)\times4$

(3) グラフより，$y=2x$ と $y=14$ との交点，または，$y=-\frac{3}{2}x+28$ と $y=14$ との交点を求めればよい。 よって，$2x=14$ または，$-\frac{3}{2}x+28=14$

56 答 (1) ① $y=12x$ ② $y=36$ (2) 右の図

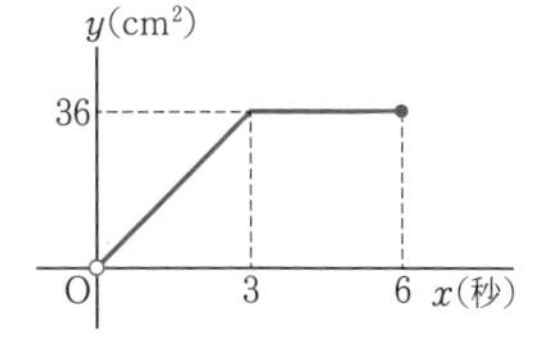

解説 (1) ① 点 P は辺 AB 上に，点 Q は辺 FE 上にある。

△APQ＝$\frac{1}{2}\times$AP$\times6$

② 点 P は辺 BC 上に，点 Q は辺 ED 上にある。
点 Q から辺 AB にひいた垂線と辺 AP との交点を R とすると，QR＝QE＋$\left(6-\frac{1}{2}\text{PB}\right)=(2x-6)+\left\{6-\frac{1}{2}(4x-12)\right\}=6$ (一定)

ゆえに，△APQ＝$\frac{1}{2}\times$QR$\times$AB＝$\frac{1}{2}\times6\times12$

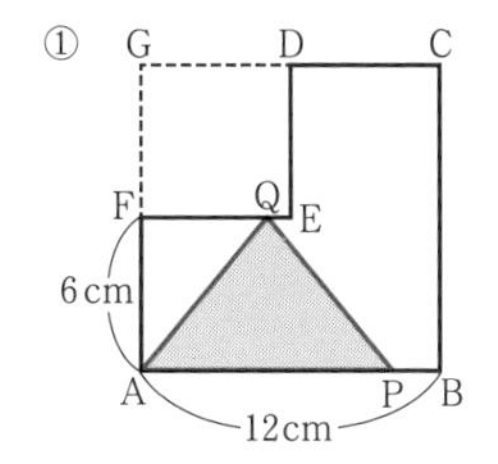

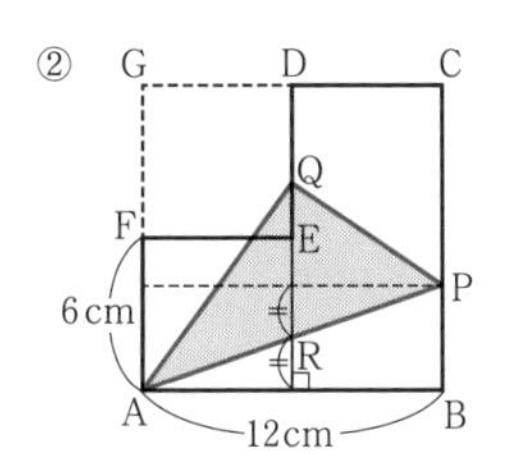

p.97 **57** 答 (1) A(3, 4)，B(−9, 0)，C(5, 0) (2) $y=\frac{4}{5}x+\frac{8}{5}$

解説 (2) 線分 BC の中点 M(−2, 0) と点 A を通る直線の式を求める。

p.98 **58** 答 (1) $y=\frac{4}{3}x+\frac{8}{3}$ (2) (−2, 0) (3) $y=\frac{8}{3}x-8$

解説 (3) 頂点 C を通り対角線 OB に平行な直線と x 軸との交点を D とすると，D(−2, 0)
△COB＝△DOB より，
(四角形 OABC)＝△ABD であるから，直線 ℓ は △ABD の面積を 2 等分する。線分 AD の中点 (3, 0) と点 B を通る直線が ℓ である。

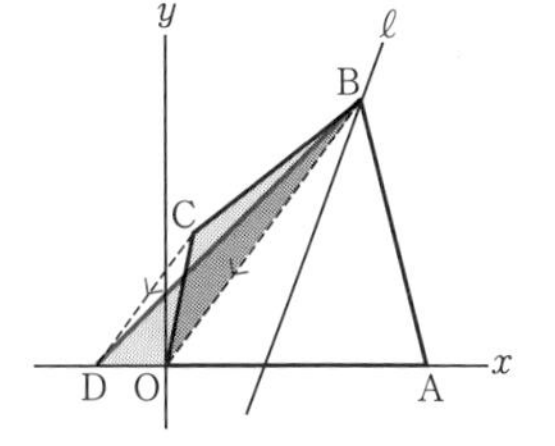

59 答 (1) A(2, 6) (2) S($8-3t$, $3t$)

(3) ① P$\left(\frac{8}{7}, \frac{24}{7}\right)$ ② P$\left(\frac{8}{5}, \frac{24}{5}\right)$

解説 (2) P(t, $3t$) であるから，点 S の y 座標は $3t$
x 座標を求めるには，$3t=-x+8$ を解く。
(3) ① PS＝$8-4t$，PQ＝$3t$ より，$8-4t=3t$
② 直線 SQ の傾き $\frac{3t}{8-4t}$ が直線 OA の傾き 3 に等しい。

60 答 (1) (1, 0)　(2) 2cm^2　(3) $c=\dfrac{5}{4}$

解答例 (1) ②に $x=1$ を代入すると，$y=0$ となるから，直線②は b がどのような値をとっても，つねに点 (1, 0) を通る。　(答) (1, 0)

(2) 直線①は a がどのような値をとっても，つねに点 (0, 1) を通る。

$a=-1$, 1 のときの直線①と，$b=\dfrac{5}{3}$, 3 のときの直線②は右の図のようになる。

右の図のように，P, Q, R, S を定めると，

$\begin{cases} y=x+1 \\ y=\dfrac{5}{3}(x-1) \end{cases}$ より，P(4, 5)

$\begin{cases} y=x+1 \\ y=3(x-1) \end{cases}$ より，Q(2, 3)

$\begin{cases} y=-x+1 \\ y=3(x-1) \end{cases}$ より，R(1, 0)

また，直線 $y=x+1$ と x 軸との交点より，S(−1, 0)

求める図形（図の斜線部分）の面積は，

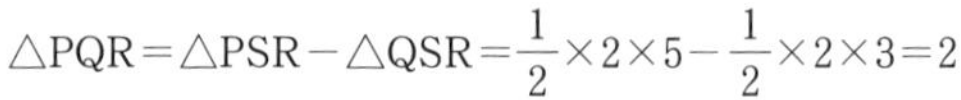

$\triangle\text{PQR}=\triangle\text{PSR}-\triangle\text{QSR}=\dfrac{1}{2}\times2\times5-\dfrac{1}{2}\times2\times3=2$　(答) 2cm^2

(3) $1<c<3$ であるから，(2)と同様に，求める図形は右の図の斜線部分となる。

点 P は直線 $y=x+1$ 上にあるから，

P$(t,\ t+1)$ とおけて，

$\triangle\text{PQR}=\triangle\text{PSR}-\triangle\text{QSR}$

$=\dfrac{1}{2}\times2\times(t+1)-\dfrac{1}{2}\times2\times3=t-2$

$t-2=7$ より，$t=9$

よって，P(9, 10) となり，

$y=c(x-1)$ に $x=9$, $y=10$ を代入して，

$10=c(9-1)$

ゆえに，$c=\dfrac{5}{4}$ ……(答)

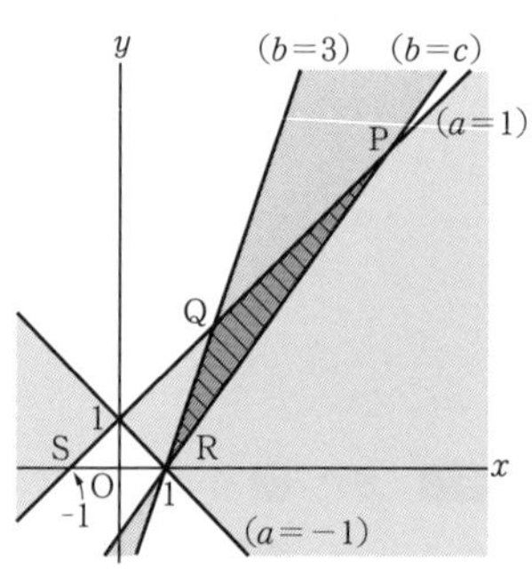

4章の問題

p.99 **1** 答 (1) $y=\dfrac{3}{2}x-7$　(2) $y=-3x-1$　(3) $y=2x+5$

解説 (2) 変化の割合は $\dfrac{-12}{4}=-3$

(3) 変化の割合 $\dfrac{9-(-1)}{2-(-3)}=2$ を求めて，$y=2x+b$ とおくか，$y=ax+b$ とおいて，グラフが2点 (−3, −1), (2, 9) を通ることから a, b についての連立方程式をつくる。

2 答 (1) $y=-4x+3$　(2) $y=-\dfrac{4}{5}x+\dfrac{8}{5}$　(3) $x=-6$

(4) $y=-\frac{4}{3}x+8$ または $4x+3y-24=0$

(5) $y=\frac{3}{4}x-\frac{5}{2}$ または $3x-4y-10=0$

解説 (4) 傾き $\frac{0-8}{6-0}$，y 切片 8

(5) $3x-4y-5=0$ に平行であるから，傾きは $\frac{3}{4}$

参考 (4) 直線の切片形（→本文 p.85）を利用し，$\frac{x}{6}+\frac{y}{8}=1$ としてもよい。

3 答 ㋐ $y=-\frac{1}{2}x-1$　㋑ $y=\frac{3}{4}x+\frac{9}{4}$　㋒ $y=\frac{1}{3}x-\frac{8}{3}$　㋓ $y=-\frac{3}{2}x+11$

解説 ㋐ 2点 $(0,\ -1)$，$(2,\ -2)$ を通る。
㋑ 2点 $(-3,\ 0)$，$(1,\ 3)$ を通る。
㋒ 2点 $(-1,\ -3)$，$(2,\ -2)$ を通る。
㋓ 2点 $(4,\ 5)$，$(6,\ 2)$ を通る。

4 答 (1) $a=3$，$b=-5$ または，$a=-3$，$b=10$　(2) $a=-2$　(3) $a=3$，$b=5$

解説 (1) $a>0$ のとき，$\begin{cases}-2=a+b\\7=4a+b\end{cases}$　$a<0$ のとき，$\begin{cases}7=a+b\\-2=4a+b\end{cases}$

(2) $a>0$ のとき，$\begin{cases}-1=-a+3\\5=2a+3\end{cases}$

両方の式を同時に満たす a はないので，問題に適さない。

$a<0$ のとき，$\begin{cases}5=-a+3\\-1=2a+3\end{cases}$

(3) $a>0$ であるから，$\begin{cases}-3a+2=-12+b\\4a+2=9+b\end{cases}$

5 答 $\frac{28}{3}\text{cm}^2$

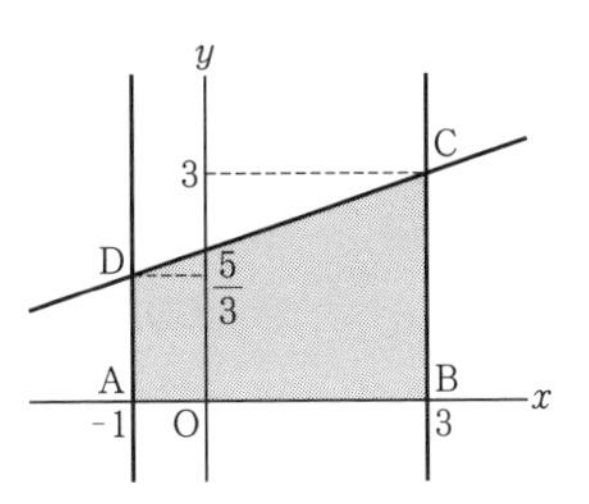

解説 3直線と x 軸で囲まれた図形は，右の図の台形ABCDであり，その4つの頂点は，

A$(-1,\ 0)$，B$(3,\ 0)$，C$(3,\ 3)$，D$\left(-1,\ \frac{5}{3}\right)$

である。　よって，$\frac{1}{2}\times\left(\frac{5}{3}+3\right)\times\{3-(-1)\}$

p.100 **6** 答 (1) $a=-3$　(2) 8：7

解説 (1) 2直線①，③の交点A$(6,\ 4)$ が直線②上にあるから，
$6a+2\times4+10=0$

(2) B$(-2,\ 0)$，C$\left(\frac{10}{3},\ 0\right)$，D$(8,\ 0)$ より，

$\triangle\text{ABC}:\triangle\text{ACD}=\text{BC}:\text{CD}=\left\{\frac{10}{3}-(-2)\right\}:\left(8-\frac{10}{3}\right)$

7 答 (1) $a=1270$　(2) $y=130x+750$　(3) 3740円

解説 (1) $\frac{3220-2830}{19-16}=130$（円）であるから，使用量が 4m^3 をこえたとき，
1m^3 につき130円が加算される。使用量が $x\text{m}^3$ のときの料金を y 円とすると，
$y=130(x-4)+a$　$x=16$，$y=2830$ を代入して，a の値を求める。

8 答 (1) 右の図　(2) 9 秒後　(3) $x=\frac{7}{3}$，$\frac{44}{3}$

解説 (1) $0<x<3$ のとき，$y=\frac{1}{2}\times x\times 6=3x$

$3\leqq x<9$ のとき，

$y=\frac{1}{2}\times(3+8)\times 6-\frac{1}{2}\times 3\times(x-3)$

$\quad-\frac{1}{2}\times 8\times(9-x)=\frac{5}{2}x+\frac{3}{2}$

$9\leqq x<17$ のとき，$y=\frac{1}{2}\times(17-x)\times 6=-3x+51$

(3) $3x=7$，$-3x+51=7$ をそれぞれ解く。

9 答 Q(3，3)

解説 $\triangle\mathrm{AOB}=\frac{1}{2}\times 6\times 4=12$ より，$\triangle\mathrm{PBQ}=12\times\frac{1}{2}=6$

よって，PB を底辺とみたときの高さは 3 である。直線 AB の式は $y=-x+6$ より，$3=-x+6$ を満たす x が点 Q の x 座標である。

参考 線分 OB の中点を M(3，0) とすると，$\triangle\mathrm{AMB}=\triangle\mathrm{QPB}\left(=\frac{1}{2}\triangle\mathrm{AOB}\right)$

より，$\triangle\mathrm{AMQ}=\triangle\mathrm{PMQ}$　　よって，$\mathrm{AP}\parallel\mathrm{QM}$

直線 AP は y 軸に平行であるから，直線 QM も y 軸に平行である。

このことを利用して点 Q の座標を求めてもよい。

p.101 **10** 答 (1) 12 cm^2　(2) $a=-\frac{3}{2}$　(3) $a=\frac{9}{2}$

解説 (1) 直線 ℓ が B(6，6) を通るとき，

$6=\frac{3}{2}\times 6+a$ より，$a=-3$　　よって，P(2，0)

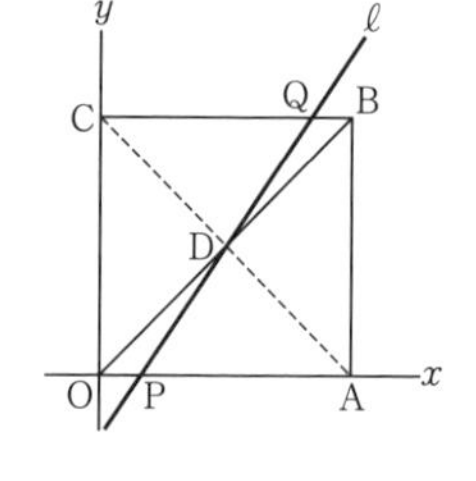

(2) 右の図のように，正方形 OABC の対角線の交点を D とする。直線 ℓ が点 D を通るとき，$\triangle\mathrm{DOP}$ と $\triangle\mathrm{DBQ}$ は点 D を対称の中心として点対称であるから，(四角形 COPQ)$=\triangle\mathrm{COB}+\triangle\mathrm{DOP}-\triangle\mathrm{DBQ}$

$=\triangle\mathrm{COB}=\frac{1}{2}\times$(正方形 OABC)

よって，正方形 OABC の面積が 2 等分されるのは，直線 ℓ が対角線の交点 D(3，3) を通るときである。　よって，$3=\frac{3}{2}\times 3+a$

(3) 直線 ℓ が点 C を通るとき，$a=6$ であるから，ℓ が辺 BC と交わるとき，$-3\leqq a\leqq 6$ となる。

$y=\frac{3}{2}x+a$ において，$y=0$ とすると $x=-\frac{2}{3}a$，$y=6$ とすると $x=\frac{2}{3}(6-a)$

より，$\mathrm{P}\left(-\frac{2}{3}a,\ 0\right)$，$\mathrm{Q}\left(\frac{2}{3}(6-a),\ 6\right)$

$-3\leqq a<0$ のとき，$\mathrm{OP}+\mathrm{BQ}=\left(-\frac{2}{3}a-0\right)+\left\{6-\frac{2}{3}(6-a)\right\}=2$

これは問題に適さない。

$0\leqq a\leqq 6$ のとき，$\mathrm{OP}+\mathrm{BQ}=\left\{0-\left(-\frac{2}{3}a\right)\right\}+\left\{6-\frac{2}{3}(6-a)\right\}=\frac{4}{3}a+2$

よって，$\dfrac{4}{3}a+2=8$

11 答 (1) D(2，2) (2) 3cm^2 (3) E$\left(\dfrac{4}{3},\ \dfrac{7}{3}\right)$，F$\left(-\dfrac{4}{3},\ \dfrac{11}{3}\right)$

解答例 (1) 2点A(4，1)，B(−2，4)を通る直線の式を $y=ax+b$ とおくと，

$\begin{cases}1=4a+b\\4=-2a+b\end{cases}$ より，$a=-\dfrac{1}{2}$，$b=3$

よって，直線ABの式は，$y=-\dfrac{1}{2}x+3$

点Dは直線 $y=x$ と直線ABとの交点であるから，

$x=-\dfrac{1}{2}x+3$ より，$x=2$　　よって，$y=2$　　　　(答) D(2，2)

(2) 直線ABと x 軸との交点をGとすると，

$0=-\dfrac{1}{2}x+3$ より，$x=6$　　よって，G(6，0)

$\triangle\mathrm{OAD}=\triangle\mathrm{OGD}-\triangle\mathrm{OGA}=\dfrac{1}{2}\times6\times2-\dfrac{1}{2}\times6\times1=3$　　　　(答) 3cm^2

(3) AD：DB＝(4−2)：{2−(−2)}

＝1：2 より，$\triangle\mathrm{OAD}=\dfrac{1}{3}\triangle\mathrm{OAB}$

また，点Cは線分OA上にあり，

△CAE＝△CEF＝(四角形OCFB)

$=\dfrac{1}{3}\triangle\mathrm{OAB}$ より，△OAD＝△CAE

よって，

△OAD−△CAD＝△CAE−△CAD

より，△OCD＝△ECD

底辺が共通であるから，高さが等しいためには，CD // OE

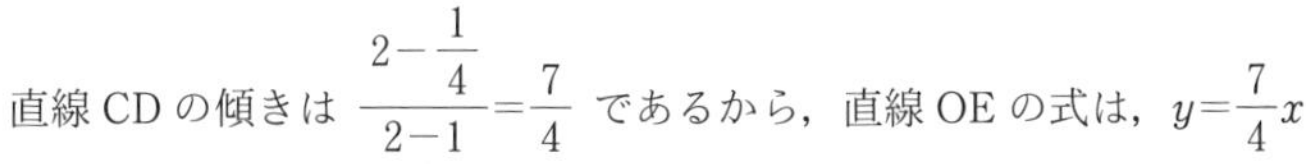

直線CDの傾きは $\dfrac{2-\dfrac{1}{4}}{2-1}=\dfrac{7}{4}$ であるから，直線OEの式は，$y=\dfrac{7}{4}x$

Eは直線ABと直線OEとの交点であるから，

$-\dfrac{1}{2}x+3=\dfrac{7}{4}x$ より，$x=\dfrac{4}{3}$　　よって，$y=\dfrac{7}{3}$　　ゆえに，E$\left(\dfrac{4}{3},\ \dfrac{7}{3}\right)$

AE＝EF であるから，点F(p，q)とすると，$4-\dfrac{4}{3}=\dfrac{4}{3}-p$，$\dfrac{7}{3}-1=q-\dfrac{7}{3}$

よって，$p=-\dfrac{4}{3}$，$q=\dfrac{11}{3}$　　ゆえに，F$\left(-\dfrac{4}{3},\ \dfrac{11}{3}\right)$

(答) E$\left(\dfrac{4}{3},\ \dfrac{7}{3}\right)$，F$\left(-\dfrac{4}{3},\ \dfrac{11}{3}\right)$

別解 (2) 直線OAの式は，$y=\dfrac{1}{4}x$

点Dを通り y 軸に平行な直線と，直線OAとの交点をD′とすると，

D′$\left(2,\ \dfrac{1}{2}\right)$

$\triangle\mathrm{OAD}=\dfrac{1}{2}\times\mathrm{DD'}\times4=\dfrac{1}{2}\times\dfrac{3}{2}\times4=3$　　　　(答) 3cm^2

5章 図形の性質の調べ方

p.103

1 答 (1) ウ　(2) イ　(3) ア

2 答 (1) 正しい　(2) 正しくない　（反例）猫など
(3) 正しくない　（反例）2 など　(4) 正しい

3 答 (1) 2, 3, 5, 7　(2) 正しくない　（反例）2

p.104

4 答 (1)（仮定）$3x-5=4$　（結論）$x=3$　（逆）$x=3$ ならば，$3x-5=4$ である。
(2)（仮定）ある動物がパンダである。（結論）その動物は，ほ乳類である。
（逆）ほ乳類はパンダである。
(3)（仮定）ある数が 4 の倍数である。（結論）その数は偶数である。
（逆）偶数は 4 の倍数である。

5 答 (1) $x>1$ ならば，$x>0$ である。 正しい。
(2) 本州に住んでいる人は東京都に住んでいる。 正しくない。
（反例）大阪府に住んでいる人など
(3) 4 つの内角がすべて直角である四角形は正方形である。 正しくない。
（反例）縦 1cm，横 2cm の長方形など
(4) $ab>0$ ならば，$a>0$ かつ $b>0$ である。 正しくない。
（反例）$a=-1$，$b=-2$ など
(5) 日本でいちばん高い山は富士山である。 正しい。

6 答 (1) ソクラテスは思考をする。
(2) 素数は整数である。

7 答 (ア), (ウ)
解説 (イ), (エ)は三段論法になっていない。たとえば，(イ)は，$p \Longrightarrow q$，$q \Longrightarrow r$ から $r \Longrightarrow p$ を導いているので，誤りである。

p.105

8 答 AB＝CD（仮定）より，AB＋BC＝CD＋BC
AC＝AB＋BC，BD＝CD＋BC　　ゆえに，AC＝BD

9 答 AM＝MB，AC＝DB（ともに仮定）より，AM－AC＝MB－DB
CM＝AM－AC，MD＝MB－DB　　よって，CM＝MD
ゆえに，M は線分 CD の中点である。

10 答 ∠AOC＝∠BOD（仮定）より，∠AOC－∠BOC＝∠BOD－∠BOC
∠AOB＝∠AOC－∠BOC，∠COD＝∠BOD－∠BOC
ゆえに，∠AOB＝∠COD

11 答 $\angle \mathrm{POB}=\frac{1}{2}\angle \mathrm{AOB}$，$\angle \mathrm{BOQ}=\frac{1}{2}\angle \mathrm{BOC}$（ともに仮定）より，
$\angle \mathrm{POB}+\angle \mathrm{BOQ}=\frac{1}{2}\angle \mathrm{AOB}+\frac{1}{2}\angle \mathrm{BOC}=\frac{1}{2}(\angle \mathrm{AOB}+\angle \mathrm{BOC})$
よって，$\angle \mathrm{POQ}=\frac{1}{2}\angle \mathrm{AOC}=\frac{1}{2}\times 180°$　　ゆえに，$\angle \mathrm{POQ}=90°$

p.107

12 答 $x=65$

13 答 (1) $\angle a=130°$　(2) $\angle d=110°$　(3) $\angle e=70°$　(4) $\angle b=50°$

14 答 $\angle a=125°$，$\angle b=55°$，$\angle c=125°$，$\angle d=55°$

p.108

15 答 $a /\!/ c$，$b /\!/ d$，$e /\!/ f$

16 答 $\ell /\!/ m$ より，$\angle a=\angle b$（同位角）　　$m /\!/ n$ より，$\angle b=\angle c$（同位角）
よって，$\angle a=\angle c$　　同位角が等しいから，$\ell /\!/ n$

p.109

17 答 (1) $x=63$ (2) $x=144$ (3) $x=118$ (4) $x=65$ (5) $x=84$ (6) $x=75$

解説 (1) $x=83-20$ (2) $x=(180-70)+34$ (3) $x=180-(105-43)$

(4) $x=115-(30+20)$ (5) $x=(55-37)+66$ (6) $x=113-(180-50-92)$

(1)

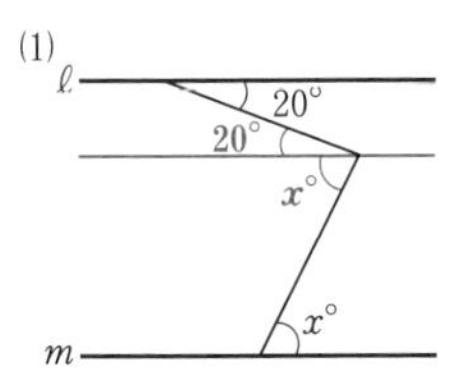

(2)

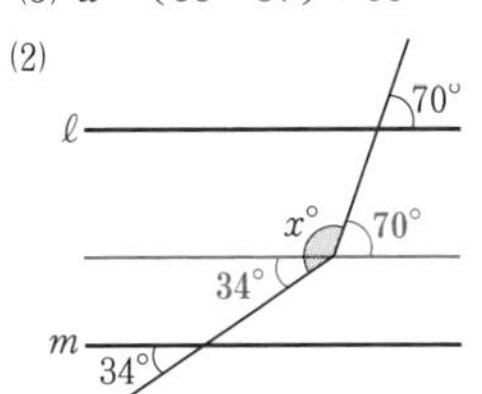

(3)

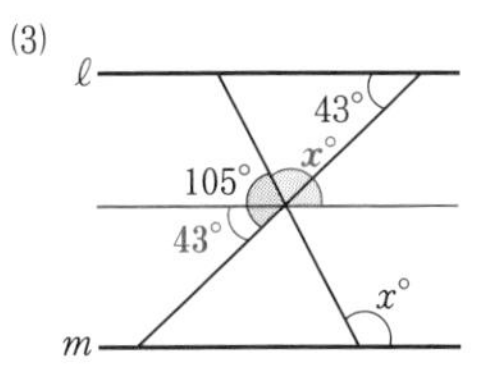

(4)

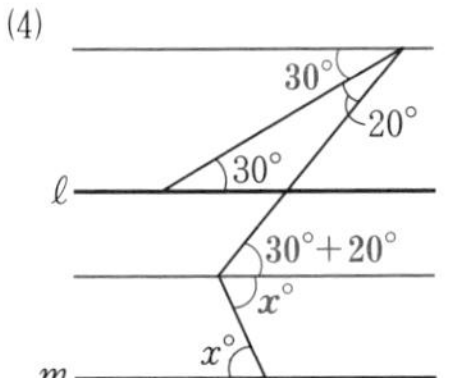

(5)

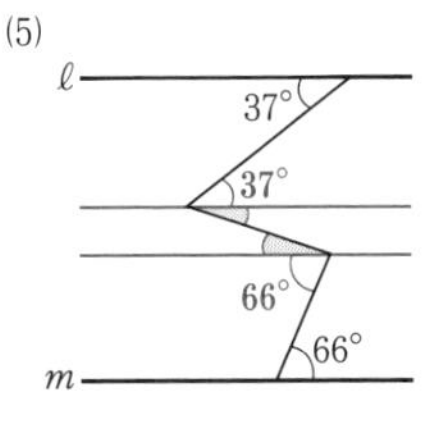

(6)

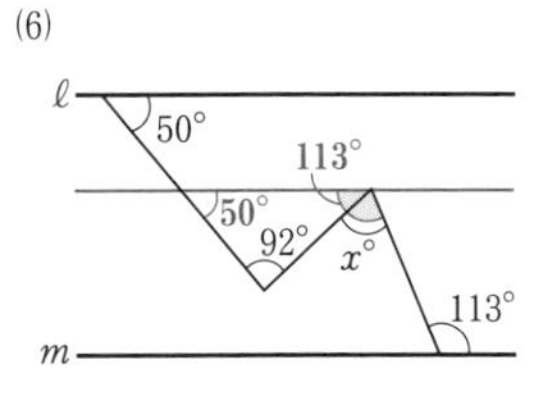

18 答 $x=115$

解説 $\angle E=180°-108°=72°$

$x=72+43$

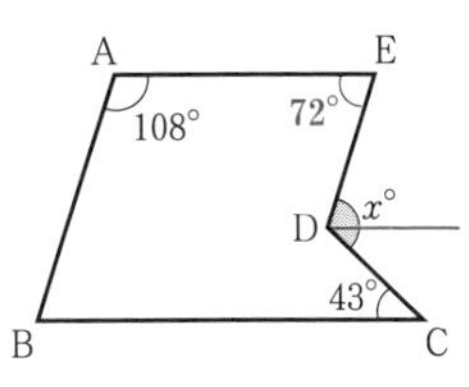

p.110

19 答 右の図のように，直線 PQ と直線 AB，CD との交点をそれぞれ X，Y とする。

AB // CD（仮定）より，

∠PXA＝∠PYC（同位角）

PQ⊥AB（仮定）より，∠PXA＝90°

よって，∠PYC＝90°

すなわち，PQ⊥CD

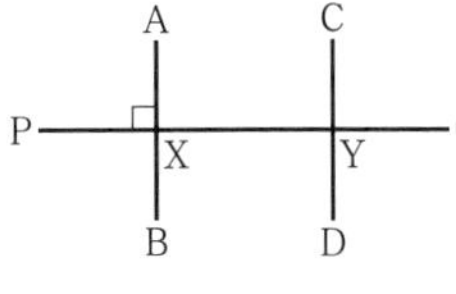

20 答 右の図で，紙テープを折り曲げたから，$a=c$

$\ell /\!/ m$ より，$b=c$（錯角）

ゆえに，$a=b$

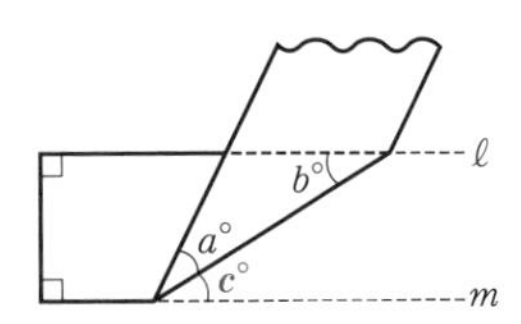

21 答 (1) $x=y$ (2) $x+y=180$

解説 (1) 右の図で，

$a /\!/ b$ より，$x=z$（同位角）

$c /\!/ d$ より，$z=y$（錯角）

(2) 右の図で，

$a /\!/ b$ より，

$z+y=180$（同側内角）

$c /\!/ d$ より，$z=x$（同位角）

(1)

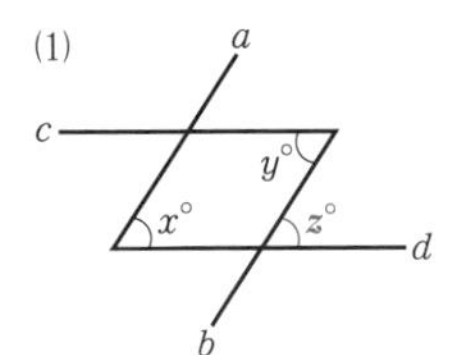

(2)

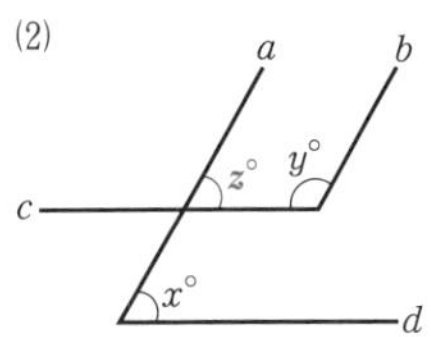

22 答 AE // BC（仮定）より，∠DAE＝∠B（同位角），∠EAC＝∠C（錯角）

∠B＝∠C（仮定）　よって，∠DAE＝∠EAC

すなわち，AE は ∠DAC の二等分線である。

23 答 (1) DE // BC（仮定）より，∠B＝∠DAB，∠C＝∠EAC（ともに錯角）
よって，∠BAC＋∠B＋∠C＝∠BAC＋∠DAB＋∠EAC＝180°
ゆえに，△ABC の内角の和は 180° である。
(2) AE // BC（仮定）より，∠B＝∠FAE（同位角），∠C＝∠EAC（錯角）
よって，∠BAC＋∠B＋∠C＝∠BAC＋∠FAE＋∠EAC＝180°
ゆえに，△ABC の内角の和は 180° である。

24 答 $a-b+c=80$

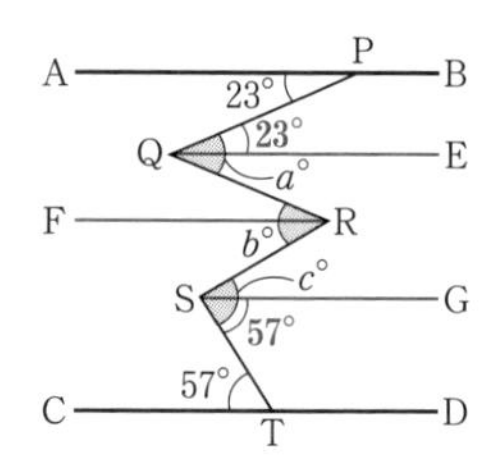

解説 右の図のように，点 Q，R，S から直線 AB の平行線 QE，RF，SG をひく。
∠PQE＝∠APQ＝23°
∠QRF＝∠EQR＝$a°-23°$
∠GST＝∠STC＝57°
∠FRS＝∠RSG＝$c°-57°$
$b°$＝∠QRF＋∠FRS より，$b=(a-23)+(c-57)$

p.113 **25** 答 (1) $x=50$　(2) $x=60$

26 答 720°
解説 六角形を 6 個の三角形に分割し，それらの内角の和から点 P に集まった角の和 360° をひけばよいので，180°×6－360°

27 答 (ア) $n-3$　(イ) $n(n-3)$　(ウ) $\frac{1}{2}n(n-3)$

28 答 (1) 540°，5 本　(2) 900°，14 本　(3) 1800°，54 本

29 答 (1) 360°　(2) 40°　(3) 140°
解説 (2) 360°÷9　　(3) 180°－40°

30 答 (1) $x=80$　(2) $x=125$　(3) $x=76$
解説 (1) $x=360-73-67-140$　　(2) $x=540-115-110-100-90$
(3) 外角の和が 360° であるから，求める角の外角は，
360°－62°－85°－28°－81°＝104°

p.115 **31** 答 (1) $x=71$　(2) $x=40$　(3) $x=139$
解説 (1) $\ell \parallel m$ より，∠ACD＝48°
∠ABD＝∠ACD＋∠BDC＝48°＋23°（内対角の和）
(2) $x=135-53-42$
(3) BC // ED より，∠C＋∠D＝180°（同側内角）
$x=540-64-180-157$

32 答 (1) 360°　(2) 540°

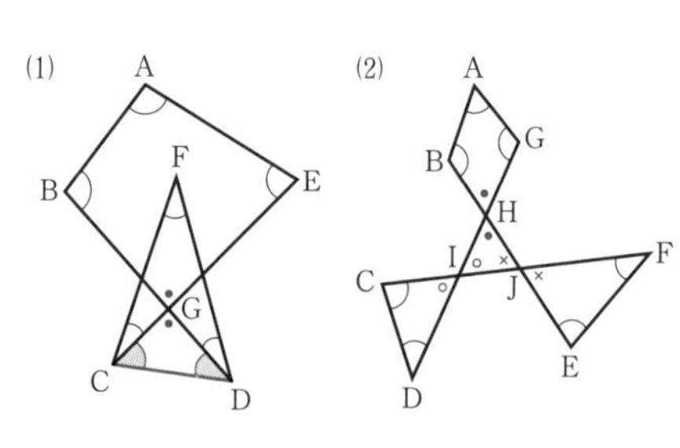

解説 (1) 線分 BD と CE との交点を G とする。
四角形 ABGE と △FCD の内角の和から，△GCD の内角の和をひく。
(2) 右の図のように，線分の交点を H，I，J とする。
四角形 ABHG，△CDI，△JEF の内角の和から，△HIJ の内角の和をひく。
別解 (1) 例題 5 (1)の別解（→本文 p.114）のように，
∠F＋∠C＋∠D＝∠CGD＝∠BGE より，四角形 ABGE の内角の和を求めてもよい。

33 答 (1) 180°　(2) 360°

解説 (1) 下の図のように，線分の交点をF，Gとする。
△ACGで，∠A＋∠C＝∠FGE（内対角の和）
△BDFで，∠B＋∠D＝∠GFE（内対角の和）
よって，（∠A＋∠C）＋（∠B＋∠D）＋∠E
＝∠FGE＋∠GFE＋∠E（△EFGの内角の和）
(2) 下の図のように，線分の交点をP，Q，R，Sとする。
△ADPで，∠QPG＝∠A＋∠D
△QPGで，∠SQR＝∠QPG＋∠G＝∠A＋∠D＋∠G
△BERで，∠QRH＝∠B＋∠E　　△SCFで，∠HSQ＝∠C＋∠F
よって，四角形SQRHの内角の和を求める。

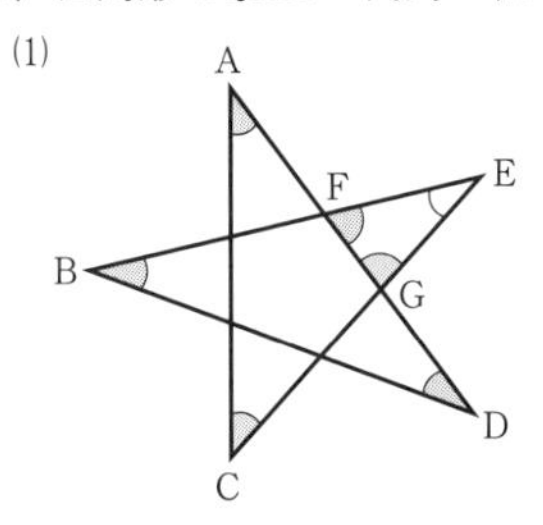

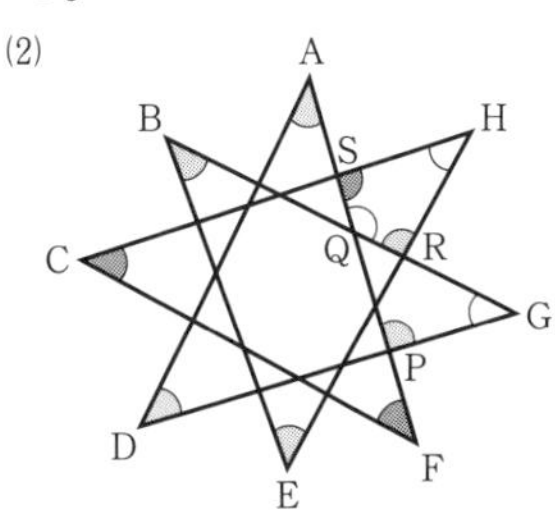

別解 (2) 下の図のように，図形を線分CGで分け，(1)と似た形の図形2つの組み合わせと考える。(1)の結果は180°であったから，180°＋180°＝360°

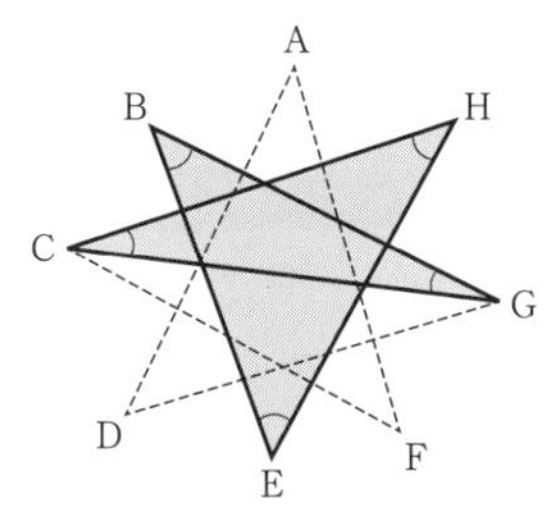

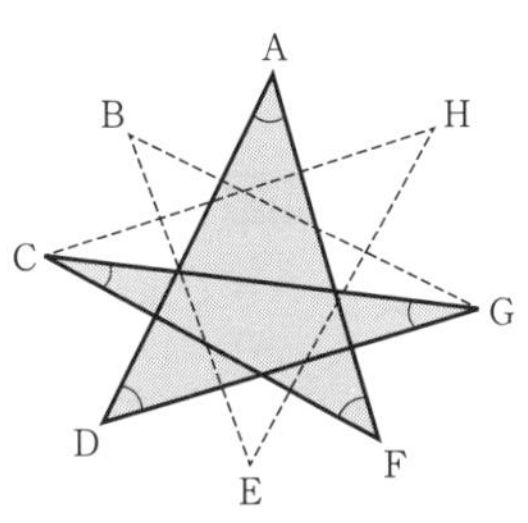

p.116 **34** 答

正多角形	1つの内角	1つの外角	対角線の本数
正八角形	135°	45°	20
正十角形	144°	36°	35
正十五角形	156°	24°	90

解説 正n角形の1つの内角は $\dfrac{(n-2)\times180°}{n}=180°-\dfrac{360°}{n}$，1つの外角は $\dfrac{360°}{n}$，対角線の本数は $\dfrac{1}{2}n(n-3)$ 本である。

35 答 44°

解説 ∠ABD＝∠DBC＝a° とする。
△ABDで，∠BDC＝a°＋41°　　よって，∠CDE＝a°＋41°
△DBEで，$2(a+41)+a+32=180$ より，$a=22$　　∠ABC＝22°×2

36 答 52°

解説 辺 AB と A′C′ との交点を D とすると，∠A′BA＝23° であるから，
△A′BD で，∠A′＝180°－23°－105°

37 答 $x=14$

解説 正五角形の 1 つの内角は 108°である。直線 ℓ と辺 AB のつくる角を $y°$ とする。∠B に注目すると，$\ell /\!/ m$ であるから，$108=y+50$
よって，$y=58$
ゆえに，$x=180-(108+58)$

38 答 ∠BPC＝126°，∠BQC＝36°

解説 ∠ABP＝∠PBC＝$a°$，∠ACP＝∠PCB＝$b°$ とする。
△ABC で，$72+2a+2b=180$ より，$a+b=54$
△BCP で，∠BPC＝180°－($a°+b°$)＝180°－54°
△PCQ で，∠BQC＝∠BPC－∠PCQ
また，∠PCQ＝90° より，∠BQC＝126°－90°

39 答 74°

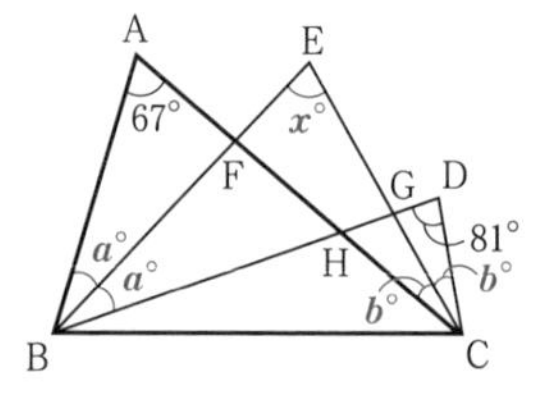

解答例 ∠ABE＝∠EBD＝$a°$，
∠ACE＝∠ECD＝$b°$，∠E＝$x°$ とする。
△ABF と △EFC において，$a+67=x+b$ ……①
△DGC と △EBG において，$b+81=x+a$ ……②
①と②の両辺を加えると，$a+b+148=2x+a+b$
よって，$2x=148$　　$x=74$
ゆえに，∠E＝74°　　　　　　（答）74°

5章の問題

p.117 **1** 答 (1) P さんはゼッケンをつけている。
(2) ペンギンは鳥である。
(3) 6 の倍数は 2 の倍数である。

2 答 (1) $a^2>b^2$ ならば，$a>b$ である。 正しくない。
（反例）$a=-1$，$b=0$ など
(2) 5 の倍数は一の位の数が 0 か 5 の整数である。 正しい。
(3) ∠A＝60° である △ABC は正三角形である。 正しくない。
（反例）∠A＝60°，∠B＝50°，∠C＝70° の △ABC など

3 答 $\text{MC}=\frac{1}{2}\text{AC}$，$\text{NC}=\frac{1}{2}\text{BC}$（ともに仮定）より，$\text{MC}-\text{NC}=\frac{1}{2}\text{AC}-\frac{1}{2}\text{BC}$

ゆえに，$\text{MN}=\frac{1}{2}(\text{AC}-\text{BC})=\frac{1}{2}\text{AB}$

4 答 (1) $x=100$　(2) $x=120$　(3) $x=115$

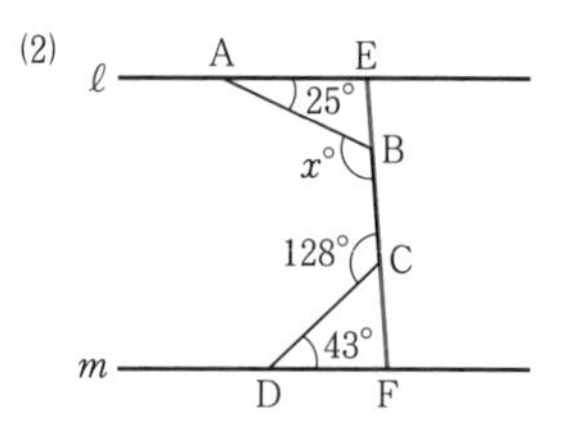

解説 (1) $x=62+38$
(2) 右の図で，線分 BC の延長と直線 ℓ，m との交点を E，F とする。
∠AEB＝$x°$－25°　　∠DFC＝128°－43°
$\ell /\!/ m$ より，∠AEB＋∠DFC＝180°（同側内角）
よって，$(x-25)+(128-43)=180$
(3) $x=60+(80-25)$

5 答 正十八角形

解説 $180 \div 9 = 20$ より，1つの外角は $20°$ である。
ゆえに，$360 \div 20 = 18$

p.118 **6** 答 (1) $x=128$ (2) $x=130$

解説 (1) $\angle APQ = 180° - 71° = 109°$ より，$\angle A'PQ = \angle APQ = 109°$
$AD \parallel BC$ より，$\angle DPQ = \angle PQB = 71°$ であるから，$\angle A'PD = 109° - 71° = 38°$
よって，$x = 90 + 38$
(2) 線分 PA′ と RD′ との交点を E，線分 A′B′ と C′D′ との交点を F とする。
$\angle A'PQ = \angle APQ = 52°$ より，$\angle EPR = 180° - 52° \times 2 = 76°$
$\angle D'RS = \angle DRS = 63°$ より，$\angle ERP = 180° - 63° \times 2 = 54°$
よって，$\angle A'ED' = \angle PER = 180° - 76° - 54° = 50°$
四角形 ED′FA′ について，
$x° = \angle D'FA' = 360° - 50° - 90° - 90°$

7 答 $1080°$

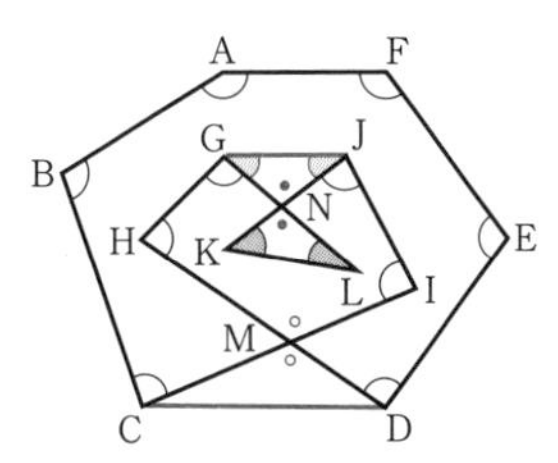

解説 線分 CI と DH との交点を M，線分 GL と JK との交点を N とする。求める角の和は，六角形 ABCDEF，五角形 GHMIJ，△NKL の内角の和から，△GNJ，△MCD の内角の和をひけばよい。
$(6-2) \times 180° + (5-2) \times 180° + 180° - 180° \times 2$

8 答 $104°$

解答例 $\angle BAG = \angle GAC = a°$，$\angle BEG = \angle GED = b°$ とする。
△ADF で，$\angle AFD = 68° - 2a°$
△FCE で，$\angle CFE = 84° - 2b°$
$\angle AFD = \angle CFE$（対頂角）より，$68 - 2a = 84 - 2b$
よって，$b = a + 8$
線分 AG と DE との交点を H とすると，
△HGE で，$\angle HGE = 180° - \angle GHE - \angle HEG$
$= 180° - (68° - a°) - b° = 112° + a° - b°$
$= 112° + a° - (a° + 8°) = 104°$
すなわち，$\angle AGE = 104°$　　　　（答）$104°$

9 答 2cm

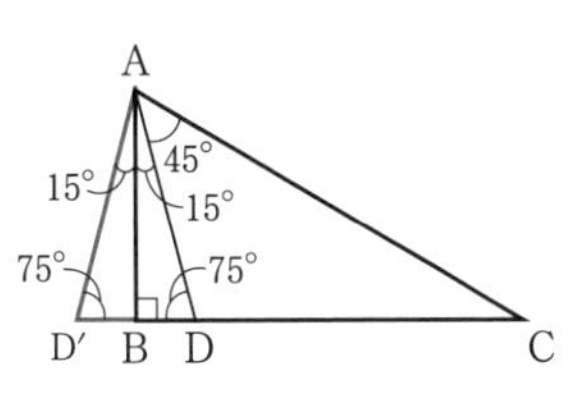

解答例 右の図のように，線分 AB について点 D と対称な点を D′ とする。
このとき，$\angle D'AB = 15°$ であるから，
$\angle CAD' = 15° + 15° + 45° = 75°$
また，$\angle D' = \angle ADB = 180° - 15° - 90° = 75°$
より，$\angle D' = \angle CAD'$ である。
よって，$AC = D'C$
$AC - CD = D'C - CD = D'D = 2BD = 2$　　　　（答）2cm

6章 ● 三角形の合同

p.121

1 答 (イ)，(エ)

2 答 △ABC≡△UST（2角夾辺 または 2角1対辺），△DEF≡△NMO（3辺），△GHI≡△VXW（2辺夾角）

p.122

3 答 3cm

解説 AE＝AB－BE＝AB－BC

4 答 (1) ∠A＝∠D（2辺夾角），BC＝EF（3辺）

(2) BC＝EF（2辺夾角），∠A＝∠D（2角夾辺），∠C＝∠F（2角1対辺）

p.123

5 答 △ABOと△CDOにおいて，

AO＝CO，BO＝DO（ともに仮定）　∠AOB＝∠COD（対頂角）

ゆえに，△ABO≡△CDO（2辺夾角）

6 答 △ABNと△ACMにおいて，

AB＝AC（仮定）

また，AN＝$\frac{1}{2}$AC，AM＝$\frac{1}{2}$AB（ともに仮定）より，AN＝AM

∠Aは共通　よって，△ABN≡△ACM（2辺夾角）

ゆえに，∠ABN＝∠ACM

7 答 △ABC≡△DEF（仮定）より，AB＝DE，BC＝EF，CA＝FD ……①

△DEF≡△GHI（仮定）より，DE＝GH，EF＝HI，FD＝IG ……②

△ABCと△GHIにおいて，①，②より，AB＝GH，BC＝HI，CA＝IG

ゆえに，△ABC≡△GHI（3辺）

参考「2辺夾角の合同」または「2角夾辺の合同」による証明でもよい。

8 答 △AEDと△FECにおいて，

AD∥BF（仮定）より，∠ADE＝∠FCE（錯角）

∠AED＝∠FEC（対頂角）　DE＝CE（仮定）

よって，△AED≡△FEC（2角夾辺）　ゆえに，AD＝CF

9 答 点CとEを結ぶ。

△BECと△DCEにおいて，

EC＝CE（共通）……①

四角形ABCDは長方形であるから，AB＝DC，AD＝BC

BE＝AB，DE＝AD（ともに仮定）

よって，BE＝DC ……②　BC＝DE ……③

①，②，③より，△BEC≡△DCE（3辺）

10 答 △ABDと△A′B′D′において，

△ABC≡△A′B′C′（仮定）より，

AB＝A′B′ ……①，∠B＝∠B′ ……②，∠BAC＝∠B′A′C′

∠BAD＝$\frac{1}{2}$∠BAC，∠B′A′D′＝$\frac{1}{2}$∠B′A′C′（ともに仮定）

よって，∠BAD＝∠B′A′D′ ……③

①，②，③より，△ABD≡△A′B′D′（2角夾辺）　ゆえに，AD＝A′D′

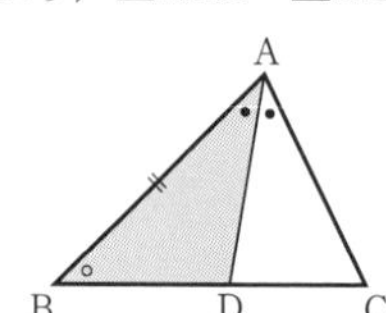

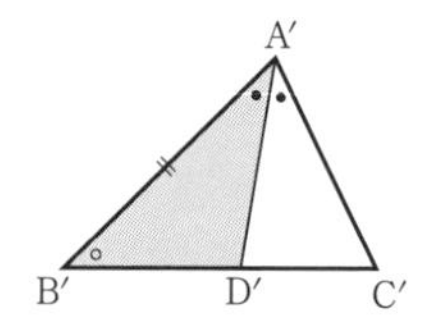

11 答 △AEH と △BFE において,
四角形 ABCD は正方形であるから, ∠A＝∠B（＝90°）……①
四角形 EFGH は正方形であるから, EH＝FE ……②
∠HEF＝90° より,
∠AEH＝180°－∠HEF－∠BEF＝180°－90°－∠BEF＝90°－∠BEF
∠BFE＝180°－∠B－∠BEF＝180°－90°－∠BEF＝90°－∠BEF
よって, ∠AEH＝∠BFE ……③
①, ②, ③より, △AEH≡△BFE（2 角 1 対辺）

p.124 **12** 答 (ア), (ウ)
解説 (イ), (エ)は角の大きさがそれぞれ等しいとは限らない。
(オ)は辺の長さがそれぞれ等しいとは限らない。

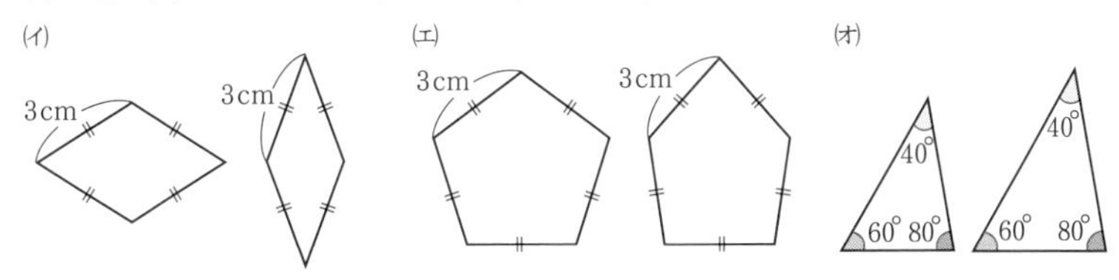

13 答 点 A と C, 点 A′ と C′ を結ぶ。
△ABC と △A′B′C′ において,
AB＝A′B′, BC＝B′C′, ∠B＝∠B′（ともに仮定）
よって, △ABC≡△A′B′C′（2 辺夾角）
ゆえに, AC＝A′C′ …①, ∠BAC＝∠B′A′C′ …②, ∠BCA＝∠B′C′A′ …③
また, △DAC と △D′A′C′ において,
∠BAD＝∠B′A′D′（仮定）と②より, ∠DAC＝∠D′A′C′ ……④
∠BCD＝∠B′C′D′（仮定）と③より, ∠ACD＝∠A′C′D′ ……⑤
①, ④, ⑤より, △DAC≡△D′A′C′（2 角夾辺）
ゆえに, CD＝C′D′, DA＝D′A′, ∠D＝∠D′
これらと仮定より, 対応する 4 つの辺と 4 つの角がそれぞれ等しいから, 四角形 ABCD と四角形 A′B′C′D′ は合同である。

14 答 点 B と D を結ぶ。
△ABD と △CDB において,
BD＝DB（共通）　AB＝CD, AD＝CB（ともに仮定）
よって, △ABD≡△CDB（3 辺）　ゆえに, ∠A＝∠C ……①
△ABO と △CDO において,
AB＝CD（仮定）, ∠AOB＝∠COD（対頂角）と①より,
△ABO≡△CDO（2 角 1 対辺）

p.127 **15** 答 (1) $x=44$　(2) $x=27$　(3) $x=93$

16 答 △ABC と △ACB において,
AB＝AC, AC＝AB（ともに仮定）　∠A は共通
よって, △ABC≡△ACB（2 辺夾角）　ゆえに, ∠B＝∠C

17 答 (1) ∠B＝∠E（斜辺と 1 鋭角 または 2 角 1 対辺), ∠C＝∠F（斜辺と 1 鋭角 または 2 角 1 対辺), AB＝DE（斜辺と 1 辺), AC＝DF（斜辺と 1 辺)
(2) AC＝DF（2 辺夾角), ∠B＝∠E（2 角夾辺), ∠C＝∠F（2 角 1 対辺),
BC＝EF（斜辺と 1 辺）

p.128 **18** 答 3cm
解説 ∠ABE＝∠CEB＝∠EBC より, CE＝CB＝AD＝7cm, CD＝AB＝4cm

19 答 (1) $x=28$　(2) $x=36$　(3) $x=18$

解説 (1) $\angle ECD=73^\circ-41^\circ=32^\circ$ より，$x+32=60$

(2) $\angle ACD=x^\circ$，$\angle BDC=\angle B=\angle ACB=2x^\circ$ より，$5x=180$

(3) $\angle EDC=x^\circ$，$\angle DEA=\angle DAE=\angle BAD=2x^\circ$ より，$5x=90$

20 答 △MAB で，AM＝BM（仮定）より，

$\angle BAM=\angle ABM=a^\circ$ とする。

△MCA で，AM＝CM（仮定）より，

$\angle MAC=\angle MCA=b^\circ$ とする。

△ABC で，$2a+2b=180$

ゆえに，$a+b=90$　　すなわち，$\angle BAC=90^\circ$

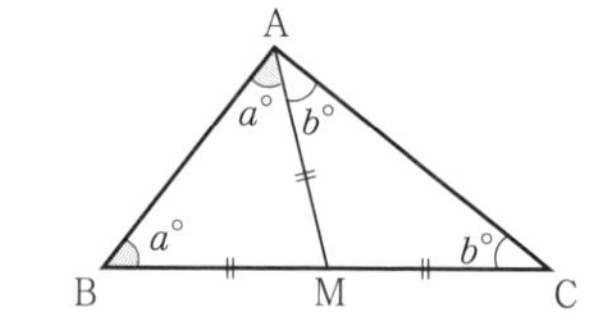

21 答 △ABQ と △BCR において，

$\angle BQA=\angle CRB=90^\circ$（仮定）……①

四角形 ABCD は正方形より，AB＝BC ……②，$\angle ABC=90^\circ$

$\angle ABQ=\angle ABC-\angle RBC=90^\circ-\angle RBC$

$\angle BCR=180^\circ-\angle CRB-\angle RBC=180^\circ-90^\circ-\angle RBC=90^\circ-\angle RBC$

よって，$\angle ABQ=\angle BCR$ ……③

①，②，③より，△ABQ≡△BCR（2 角 1 対辺）　　ゆえに，AQ＝BR

22 答 △ARQ と △ACP において，

$\angle AQR=\angle APC=90^\circ$（仮定）より，

$\angle ARQ=180^\circ-90^\circ-\angle RAQ$，$\angle C=180^\circ-90^\circ-\angle RAQ$

よって，$\angle ARQ=\angle C$ ……①

△ABQ で，$\angle AQB=90^\circ$，$\angle BAQ=45^\circ$（ともに仮定）より，$\angle ABQ=45^\circ$

よって，AQ＝BQ ……②

△ARQ と △BCQ において，

$\angle AQR=\angle BQC$（$=90^\circ$）と①，②より，△ARQ≡△BCQ（2 角 1 対辺）

p.129

23 答 EF∥BC（仮定）より，

$\angle EDB=\angle DBC$ ……①，$\angle FDC=\angle DCB$ ……②（ともに錯角）

$\angle EBD=\angle DBC$ ……③，$\angle FCD=\angle DCB$ ……④（ともに仮定）

①，③より，$\angle EDB=\angle EBD$　　よって，△EBD で，ED＝EB

②，④より，$\angle FDC=\angle FCD$　　よって，△FDC で，FD＝FC

ゆえに，EB＋FC＝ED＋FD＝EF　　すなわち，EF＝EB＋FC

24 答 (1) $b=90-\dfrac{3a}{2}$　(2) $a=36$

解説 (1) △DBE で，

$\angle FEC=\angle B+\angle D=a^\circ+b^\circ$

△CFE で，CE＝CF より，

$\angle CFE=\angle FEC=a^\circ+b^\circ$

よって，$(a+b)+(a+b)+a=180$

(2) $a=b$ より，$a=90-\dfrac{3a}{2}$

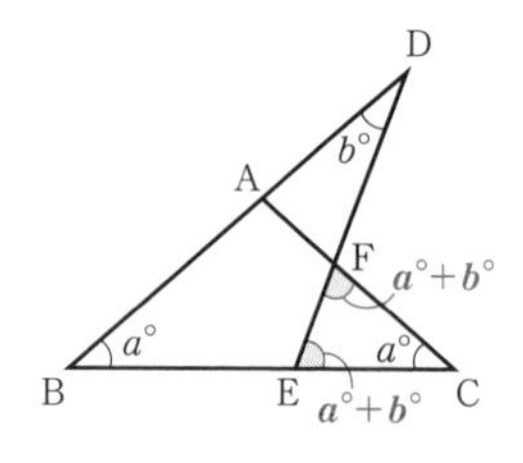

25 答 (1) $\angle ADE=36^\circ$，$\angle AFE=72^\circ$，$\angle AEF=72^\circ$　(2) 3cm

解説 (1) 正五角形の 1 つの内角は 108° であるから，

△EAD で，AE＝DE より，$\angle ADE=\dfrac{180^\circ-108^\circ}{2}=36^\circ$

同様に，$\angle CED=36^\circ$

△FDE で，$\angle AFE=\angle ADE+\angle CED$　　$\angle AEF=\angle AED-\angle CED$

(2) △AFE で，$\angle AFE=\angle AEF$ より，AF＝AE

p.130 **26** 答 線分ABの中点をMとする。
(1) 点Pが点Mと一致するときは，明らかに AP＝BP が成り立つ。
点Pが点Mと異なるとき，△PAMと△PBMにおいて，
∠PMA＝∠PMB（＝90°），AM＝BM（ともに仮定）　PMは共通
よって，△PAM≡△PBM（2辺夾角）　ゆえに，AP＝BP
(2) △PAMと△PBMにおいて，
AM＝BM，AP＝BP（ともに仮定）　PMは共通
よって，△PAM≡△PBM（3辺）　ゆえに，∠PMA＝∠PMB
3点A，M，Bは一直線上にあるから，∠PMA＝∠PMB＝90°
ゆえに，PM⊥AB，AM＝BM より，PMは線分ABの垂直二等分線である。
すなわち，点Pは線分ABの垂直二等分線上にある。

27 答 △PAQと△PBQにおいて，
点P，Qは線分ABの垂直二等分線上にあるから，PA＝PB，QA＝QB
PQは共通
ゆえに，△PAQ≡△PBQ（3辺）

28 答 △ABEと△ACDにおいて，
AB＝AC ……①，AE＝AD（ともに仮定）　∠Aは共通
よって，△ABE≡△ACD（2辺夾角）　ゆえに，∠ABE＝∠ACD
△ABCで，①より，∠ABC＝∠ACB
また，∠FBC＝∠ABC−∠ABE　∠FCB＝∠ACB−∠ACD
よって，∠FBC＝∠FCB
ゆえに，△FBCは FB＝FC の二等辺三角形である。
別解 △DBCと△ECBにおいて，
DB＝AB−AD，EC＝AC−AE より，DB＝EC ……①
△ABCで，AB＝AC より，∠DBC＝∠ECB ……②
BC＝CB（共通）……③
①，②，③より，△DBC≡△ECB（2辺夾角）　よって，∠FCB＝∠FBC
ゆえに，△FBCは FB＝FC の二等辺三角形である。

29 答 △EACと△DABにおいて，
∠EAC＝∠EAD−∠CAD　∠DAB＝∠CAB−∠CAD
∠EAD＝∠CAB＝90°（仮定）　ゆえに，∠EAC＝∠DAB
また，EA＝DA，CA＝BA（ともに仮定）
よって，△EAC≡△DAB（2辺夾角）　ゆえに，EC＝DB

30 答 △ABDと△AC′Eにおいて，
∠BAD＝∠BAC−∠DAE　∠C′AE＝∠B′AC′−∠DAE
∠BAC＝∠B′AC′（仮定）　ゆえに，∠BAD＝∠C′AE
また，AB＝AC＝AC′，∠B＝∠C＝∠C′
よって，△ABD≡△AC′E（2角夾辺）　ゆえに，AD＝AE

p.131 **31** 答 △ABC≡△DEC（仮定）より，
BC＝EC ……①，∠EBC＝∠DEC ……②，∠BCA＝∠ECD＝90° ……③
△CEBで，①より，∠EBC＝∠BEC ……④
△EFCと△EDCにおいて，
ECは共通
②，④より，∠BEC＝∠DEC　すなわち，∠FEC＝∠DEC
3点F，C，Dは一直線上にあり，③より，∠ECF＝∠ECD（＝90°）
よって，△EFC≡△EDC（2角夾辺）　ゆえに，EF＝ED

32 答 (1) △RBP と △PCQ において，
AB＝AC（仮定）より，△ABC で，∠B＝∠C
BP＝CQ，RB＝PC（ともに仮定）
ゆえに，△RBP≡△PCQ（2 辺夾角）　よって，RP＝PQ
ゆえに，△PQR は二等辺三角形である。
(2) 58°

解説 (2) ∠B＝∠C＝$\frac{1}{2}$(180°－52°)＝64°，∠BRP＝∠CPQ＝a° とすると，
△RBP で，∠RPC＝a°＋64°　∠RPQ＝∠RPC－∠CPQ＝a°＋64°－a°＝64°
∠PQR＝$\frac{1}{2}$(180°－64°)

p.132
33 答 △ABD と △ACE において，
∠ADB＝∠AEC＝90°，AB＝AC（ともに仮定）　∠A は共通
よって，△ABD≡△ACE（斜辺と 1 鋭角）
ゆえに，AD＝AE

34 答 (1) △POA と △POB において，
∠PAO＝∠PBO＝90°，∠POA＝∠POB（ともに仮定）　PO は共通
よって，△POA≡△POB（斜辺と 1 鋭角）
ゆえに，PA＝PB
(2) △POA と △POB において，
∠PAO＝∠PBO＝90°，PA＝PB（ともに仮定）　PO は共通
よって，△POA≡△POB（斜辺と 1 辺）
ゆえに，∠POA＝∠POB となり，点 P は ∠XOY の二等分線上にある。

35 答 △ADE と △ADF において，
∠AED＝∠AFD＝90°，∠DAE＝∠DAF ……①（ともに仮定）
AD は共通
よって，△ADE≡△ADF（斜辺と 1 鋭角）　ゆえに，AE＝AF ……②
二等辺三角形の頂角の二等分線は底辺を垂直に 2 等分するから，△AEF で，①，②より，AD⊥EF

36 答 点 A と N を結ぶ。
△ABN と △AMN において，
四角形 ABCD は正方形であるから，∠ABN＝90°　∠AMN＝90°（仮定）
AB＝AM（仮定）　AN は共通
よって，△ABN≡△AMN（斜辺と 1 辺）　ゆえに，BN＝MN ……①
また，△ABC は直角二等辺三角形であるから，∠MCN＝45°
∠NMC＝90°（仮定）より，△MNC も直角二等辺三角形である。
よって，MN＝MC ……②
①，②より，BN＝NM＝MC

37 答 (1) △APD と △CQD において，
四角形 ABCD は正方形であるから，∠DAP＝∠DCQ＝90°，AD＝CD
DP＝DQ（仮定）……①
よって，△APD≡△CQD（斜辺と 1 辺）　ゆえに，∠ADP＝∠CDQ
∠PDQ＝∠PDC＋∠CDQ＝∠PDC＋∠ADP＝∠ADC＝90° ……②
①，②より，△DPQ は直角二等辺三角形である。
(2) 17°

解説 (2) ∠ADP＝∠CDQ＝28° より，∠CQD＝180°－90°－28°＝62°
また，(1)より，∠PQD＝45°　∠BQP＝∠CQD－∠PQD

p.133 **38** 答 △AFD と △BDE において，
△ABC は正三角形であるから，∠FAD＝∠DBE（＝120°）……①，AB＝BC
また，BD＝CE（仮定）
AD＝AB＋BD　BE＝BC＋CE　よって，AD＝BE ……②
①，②と AF＝BD（仮定）より，△AFD≡△BDE（2 辺夾角）
ゆえに，FD＝DE
同様に，△BDE≡△CEF（2 辺夾角）より，DE＝EF
ゆえに，DE＝EF＝FD となり，△DEF は正三角形である。（＊）
参考 (＊)部分は次のように示してもよい。
ゆえに，FD＝DE ……③，∠AFD＝∠BDE
△AFD で，∠AFD＋∠FDA＝∠BAC＝60°
よって，∠BDE＋∠FDA＝60°　すなわち，∠FDE＝60° ……④
③，④より，△DEF は頂角が 60°の二等辺三角形であるから，正三角形である。

p.134 **39** 答 (1) △ABE と △FCE において， 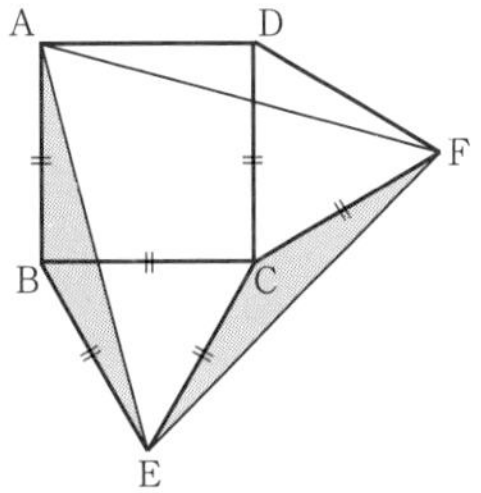
四角形 ABCD は正方形であるから，
AB＝BC＝CD
△BEC と △CFD は正三角形であるから，
BC＝BE＝CE，CD＝CF
よって，BE＝BA＝CE＝CF
また，∠EBA＝∠EBC＋∠ABC＝60°＋90°＝150°
∠ECF＝360°－∠BCD－∠ECB－∠DCF
＝360°－90°－60°－60°＝150°
よって，∠EBA＝∠ECF
ゆえに，△ABE≡△FCE（2 辺夾角）　よって，EA＝EF
同様に，△CEF≡△DAF（2 辺夾角）　よって，EF＝AF
ゆえに，EA＝EF＝AF となり，△AEF は正三角形である。

A D F B C E

(2) 9 cm²
解説 (2) △ABE≡△FCE より，
(正方形 ABCD)＋△BEC＋△CFD＝△AEF＋△ADF
ゆえに，面積の差は，△ADF＝$\frac{1}{2}\times 6\times 3$

40 答 120°
解説 △ABE と △BCD において，
△ABC は正三角形であるから，AB＝BC，∠EAB＝∠DBC＝60°
AE＝BD より，△ABE≡△BCD（2 辺夾角）
∠DBF＝∠BCF＝a° とすると，∠BDF＝180°－∠DBC－∠BCF＝120°－a°
∠CFB＝∠DBF＋∠BDF

41 答 △ABC と △ADE は正三角形であるから，
AB＝AC ……①，AD＝AE ……②，∠BAC＝∠DAE（＝60°）
∠BAD＝∠BAC－∠DAC　∠CAE＝∠DAE－∠DAC
ゆえに，∠BAD＝∠CAE ……③
△ABD と △ACE において，
①，②，③より，△ABD≡△ACE（2 辺夾角）　よって，BD＝CE
ゆえに，DC＋CE＝DC＋BD＝BC＝AC　すなわち，AC＝DC＋CE

42 答 点CとEを結ぶ。
△EDCと△BDCにおいて,
DCは共通
ED＝BD, ∠EDC＝∠BDC（＝90°）（ともに仮定）
よって, △EDC≡△BDC（2辺夾角）
ゆえに, ∠ECD＝∠BCD
すなわち, ∠ECB＝2∠DCB ……①
EF//BC（仮定）より,
∠AEF＝∠ABC, ∠AFE＝∠ACB（ともに同位角）
△ABCで, AB＝AC（仮定）より, ∠ABC＝∠ACB ……②
よって, ∠AEF＝∠AFE であるから, △AEFで, AE＝AF
したがって, EB＝FC ……③
△EBCと△FCBにおいて,
②, ③と BC＝CB（共通）より, △EBC≡△FCB（2辺夾角）
ゆえに, ∠ECB＝∠FBC ……④
①, ④より, ∠FBC＝2∠DCB

43 答 (1) △AGBと△AFDにおいて,
BG＝DF（仮定）
正方形ABCDより, AB＝AD, ∠ABG＝∠ADF（＝90°）
ゆえに, △AGB≡△AFD（2辺夾角）
(2) ∠FAD＝∠FAE＝a° とおく。
(1)より, △AGB≡△AFD であるから, ∠GAB＝a°
よって, ∠GAE＝∠GAB＋∠BAE＝a°＋(90°－2a°)＝90°－a°
∠AGE＝∠AFD＝180°－∠D－∠FAD＝180°－90°－a°＝90°－a°
よって, ∠GAE＝∠AGE
ゆえに, △AGEはEA＝EG の二等辺三角形である。
(3) (1)より, DF＝BG　(2)より, EA＝EG
ゆえに, DF＝BG＝EG－BE＝AE－BE

p.135 **44** 答 (1) いえない　(2) いえる　(3) いえる
解説 いずれも2組の辺とその1つの対角がそれぞれ等しい2つの三角形であるから, 合同になるとは限らない。
ただし, (2)は ∠A が鈍角であるから, △ABC≡△A′B′C′
(3)は AB＜AC（A′B′＜A′C′）であるから, ∠C, ∠C′ はともに ∠B（＝∠B′）より小さく, たがいに補角にはならないから, △ABC≡△A′B′C′

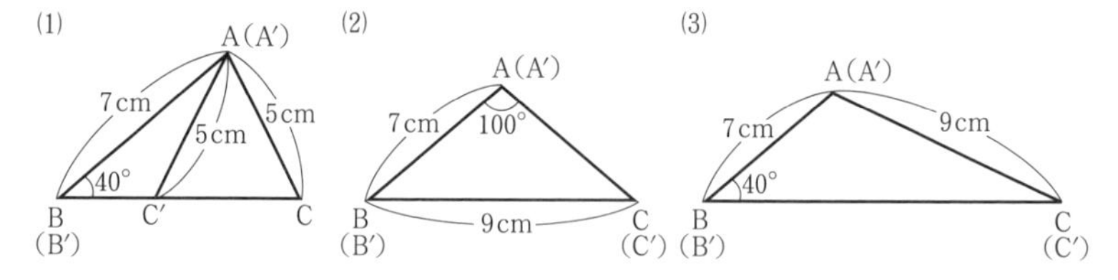

6章の問題

p.136 **1** 答 (1) x＝33　(2) x＝45

解説 (1) 点Cを通り ℓ に平行な直線をひくと, ∠ACB＝$\frac{1}{2}$(180°－30°)＝75°
より, x＝75－42

(2) ∠A′CB′＝∠ACB＝30°　　BA // B′C より，∠ABC＝30°
よって，∠A′B′C＝30°

△CBB′ で，BC＝B′C より，∠BB′C＝$\frac{1}{2}$(180°−30°)＝75°　　$x+30=75$

2 答 (1) 右の図で，∠B＝x°，∠BDF＝y° とする。
△BDF≡△DAE≡△ACG（仮定）より，
180°＝∠B＋(∠DAE＋∠GAC)＋∠C
＝x°＋(y°＋x°)＋y°＝2(x°＋y°)
ゆえに，$x+y=90$
すなわち，∠BAC＝∠DAE＋∠CAG
＝x°＋y°＝90°

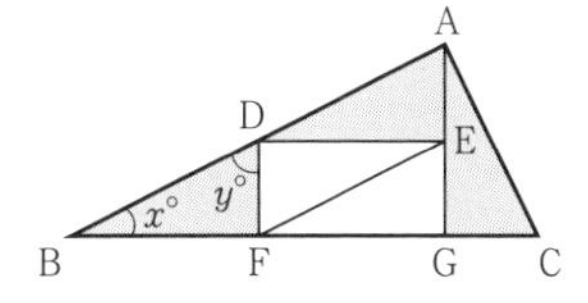

(2) $\frac{25}{4}$cm^2

解説 (2) AB＝5cm より，AC＝$\frac{5}{2}$
(1)より，△ABC は ∠BAC＝90° の直角三角形であるから，
△ABC＝$\frac{1}{2}$×AB×AC＝$\frac{1}{2}$×5×$\frac{5}{2}$

3 答 △ABP と △CBP において，
四角形 ABCD は正方形であるから，AB＝CB，∠ABP＝∠CBP（＝45°）
BP は共通　　よって，△ABP≡△CBP（2 辺夾角）　　ゆえに，AP＝CP

4 答 △BAP と △BEQ において，
DC＝BE，∠C＝∠E（ともに仮定）
四角形 ABCD は長方形であるから，AB＝DC，∠A＝∠C（＝90°）
したがって，AB＝EB ……①，∠A＝∠E（＝90°）……②
同様に，∠ABQ＝∠PBE（＝90°）　　∠ABP＝∠ABQ−∠PBQ
∠EBQ＝∠PBE−∠PBQ　　よって，∠ABP＝∠EBQ ……③
①，②，③より，△BAP≡△BEQ（2 角夾辺）

5 答 △BCG と △DCE において，
四角形 ABCD と四角形 GCEF は正方形であるから，
BC＝DC，GC＝EC，∠BCG＝∠DCE（＝90°）
よって，△BCG≡△DCE（2 辺夾角）　　ゆえに，∠BGC＝∠DEC ……①
△DHG と △DCE において，
∠GDH＝∠EDC（対頂角）と①より，∠GHD＝∠ECD
∠ECD＝90° より，∠GHD＝90°　　すなわち，BG⊥EH

p.137 **6** 答 △ABO と △DCO において，
AO＝DO，BO＝CO，∠AOB＝∠DOC（＝90°）（すべて仮定）
よって，△ABO≡△DCO（2 辺夾角）　　ゆえに，∠BAO＝∠CDO ……①
△DCO と △OCN において，
∠DOC＝∠ONC＝90°　　∠DCO＝∠OCN（共通）
よって，∠CDO＝∠CON ……②　　また，∠AOM＝∠CON（対頂角）……③
①，②，③より，∠BAO＝∠AOM ……④
ゆえに，MA＝MO ……⑤ となり，△MAO は二等辺三角形である。
また，直角三角形 ABO で，∠MBO＝90°−∠BAO，∠MOB＝90°−∠AOM
これらと④より，∠MBO＝∠MOB
ゆえに，MB＝MO ……⑥ となり，△MBO も二等辺三角形である。
⑤，⑥より，MA＝MB　　すなわち，M は辺 AB の中点である。

7 答 △ABE と △ACD において，
△ABC と △AED は正三角形であるから，
AB＝AC ……①，AE＝AD ……②，∠BAC＝∠EAD（＝60°）
∠BAE＝∠BAC－∠EAC　　∠CAD＝∠EAD－∠EAC
よって，∠BAE＝∠CAD ……③
①，②，③より，△ABE≡△ACD（2 辺夾角）
ゆえに，∠ABE＝∠ACD＝180°－60°＝120°
∠CBE＝∠ABE－∠ABC＝120°－60°＝60°
∠ACB＝60° より，∠CBE＝∠ACB　　錯角が等しいから，AC∥BE
参考 ∠ABE＋∠BAC＝120°＋60°＝180° より，同側内角の和が 180°であるから，AC∥BE と示してもよい。

8 答 (1) 45°　(2) 135
解説 (1) ∠ACE＝180°－∠ACB－∠ECD＝180°－∠ACB－∠BAC＝∠B＝90°
AC＝CE より，△ACE は ∠C＝90° の直角二等辺三角形である。
(2) BD＝BC＋CD＝$a+b$，
AB－ED＝$b-a$ であるから，右の図のように，四角形 ABDE に △FGH を合わせると，長方形 ABDG ができる。
ゆえに，$x+y=180-45$

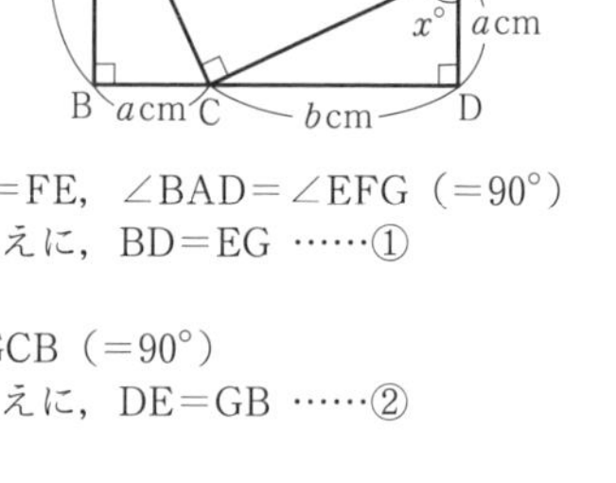

9 答 (1) △ABD と △FEG において，
直方体 ABCD–EFGH より，AD＝FG，AB＝FE，∠BAD＝∠EFG（＝90°）
よって，△ABD≡△FEG（2 辺夾角）　ゆえに，BD＝EG ……①
△AED と △CGB において，
同様に，AD＝CB，AE＝CG，∠EAD＝∠GCB（＝90°）
よって，△AED≡△CGB（2 辺夾角）　ゆえに，DE＝GB ……②
△BDE と △EGB において，
①，②と BE＝EB（共通）より，△BDE≡△EGB（3 辺）
(2) △DBG，△GED，△FHA，△HFC，△CAH，△ACF

10 答 (1) ① 点 B と F を結ぶ。
② 線分 BF の延長と辺 CD の延長との交点を G とする。
③ 点 E を通り辺 AB に平行な直線と，点 G を通り辺 AD に平行な直線との交点を H とする。
(2) 線分 BG と HE との交点を I とする。
△ABF と △HIG において，
四角形 ABCD と四角形 HECG は長方形であるから，
∠A＝∠H（＝90°）……①，EC＝HG
これと AF＝EC（仮定）より，AF＝HG ……②
また，AB∥HE より，∠ABF＝∠HIG（同位角）……③
①，②，③より，△ABF≡△HIG（2 角 1 対辺）……④
△IBE と △GFD において，AF＝EC（仮定）
四角形 ABCD は長方形であるから，AD＝BC
BE＝BC－EC　　FD＝AD－AF　　よって，BE＝FD
∠IEB＝∠GDF（＝90°）　HE∥GC より，∠BIE＝∠FGD（同位角）
よって，△IBE≡△GFD（2 角 1 対辺）……⑤
合同な図形は面積が等しいから，④，⑤より，△ABF，△IBE，五角形 FIECD の面積の和は，△HIG，△GFD，五角形 FIECD の面積の和に等しい。
ゆえに，長方形 ABCD と長方形 HECG の面積は等しい。

7章 ● 四角形

p.139

1 答 (1) $x=5$，$y=4$　(2) $x=110$，$y=40$　(3) $x=72$　(4) $x=15$　(5) $x=27$
(6) $x=16$

2 答 90°

3 答 ∠A＝135°，∠B＝45°，∠C＝135°，∠D＝45°

4 答 点 A と C を結ぶ。

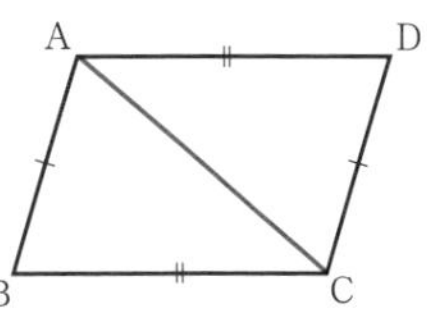

△ABC と △CDA において，
AB＝CD，BC＝DA（ともに仮定）
AC＝CA（共通）
ゆえに，△ABC≡△CDA（3 辺）
よって，∠BAC＝∠DCA，∠ACB＝∠CAD

錯角が等しいから，AB∥DC，AD∥BC
ゆえに，四角形 ABCD は平行四辺形である。

p.140

5 答 △APO と △CQO において，
▱ABCD より，OA＝OC
AB∥DC より，∠OAP＝∠OCQ（錯角）　∠AOP＝∠COQ（対頂角）
よって，△APO≡△CQO（2 角夾辺）　ゆえに，OP＝OQ

6 答 △ABC と △EAD において，
▱ABCD より，BC＝AD ……①
AB＝EA（仮定）……② より，△ABE で，∠ABC＝∠AEB
AD∥BC より，∠AEB＝∠EAD（錯角）　よって，∠ABC＝∠EAD ……③
①，②，③より，△ABC≡△EAD（2 辺夾角）

p.141

7 答 (1) △ABP と △EDP において，
▱ABCD より，AB＝DC　ED＝DC（仮定）
よって，AB＝ED ……①
また，▱ABCD より，∠DAB＝∠BCD　∠BED＝∠BCD（仮定）
よって，∠DAB＝∠BED ……②　∠APB＝∠EPD（対頂角）……③
①，②，③より，△ABP≡△EDP（2 角 1 対辺）　ゆえに，PA＝PE
(2) $(180-2a)°$
解説 (2) AB∥DC より ∠ABD＝∠BDC＝$a°$（錯角），∠EDB＝∠BDC＝$a°$
から，△QBD の内角の和を考える。

8 答 ∠ABC＝108°，∠ACB＝18°
解説 ∠ABC は正五角形の 1 つの内角に等しい。
また，△DEC で，DE＝DC より，∠DEC＝∠DCE＝36°
△EAC で，EA＝EC より，∠EAC＝∠ECA＝18°
AD∥BC より，∠ACB＝∠EAC

9 答 38°
解説 EA＝EB（仮定）より ∠EAB＝∠EBA＝$x°$，FB＝FC（仮定）より
∠FBC＝∠FCB＝$y°$ とおく。
AD∥BC より，∠DAB＋∠ABC＝180°（同側内角）
よって，$75+2x+y=180$ ……①
▱ABCD より，∠DAB＝∠BCD
よって，$75+x=y+84$ ……②
①，②より，連立方程式 $\begin{cases} 2x+y=105 \\ x-y=9 \end{cases}$ を解く。

10 答 線分 BF の延長と辺 CD の延長との交点を G とする。△BCE と △GCE において，
∠BEC＝∠GEC（＝90°），∠BCE＝∠GCE（ともに仮定）　EC は共通
よって，△BCE≡△GCE（2 角夾辺）
ゆえに，∠EBC＝∠EGC ……①
また，▱ABCD より，AB∥DC，AD∥BC
ゆえに，∠ABF＝∠EGC，∠AFB＝∠EBC（ともに錯角）
これらと①より，∠ABF＝∠AFB
ゆえに，△ABF で，AB＝AF
別解 △EBC において，∠EBC＋∠BCE＝180°－∠BEC＝90° ……②
AB∥DC より，∠ABC＋∠BCD＝180°（同側内角）
∠BCD＝2∠BCE（仮定）より，$\frac{1}{2}$∠ABC＋∠BCE＝90° ……③
②，③より，∠EBC＝$\frac{1}{2}$∠ABC　　よって，∠ABF＝∠FBC
また，AD∥BC より，∠AFB＝∠FBC（錯角）
よって，∠ABF＝∠AFB　　ゆえに，△ABF で，AB＝AF

11 答 (1) △BAE と △DFA において，
▱ABCD より，AD＝BC，AB＝DC，∠ABC＝∠ADC
直角二等辺三角形 BEC より，EB＝BC，∠EBC＝90°
直角二等辺三角形 DCF より，DC＝FD，∠FDC＝90°
よって，EB＝AD ……①，AB＝FD ……②
また，∠ABE＝360°－∠ABC－∠EBC，∠FDA＝360°－∠ADC－∠FDC
より，∠ABE＝∠FDA ……③
①，②，③より，△BAE≡△DFA（2 辺夾角）
(2) (1)より，AE＝AF ……④，∠AEB＝∠FAD
線分 EB の延長と辺 AD との交点を G とする。
AD∥BC より，∠AGE＝∠GBC＝90°（錯角）
△ABG の内角の和に注目して，
∠BAG＋∠ABG＋90°＝180°
よって，∠BAG＋∠ABG＝90°
また，∠ABG＝∠AEB＋∠BAE＝∠FAD＋∠BAE
より，∠BAG＋(∠FAD＋∠BAE)＝90°
ゆえに，∠FAE＝90° ……⑤
④，⑤より，△AEF は直角二等辺三角形である。

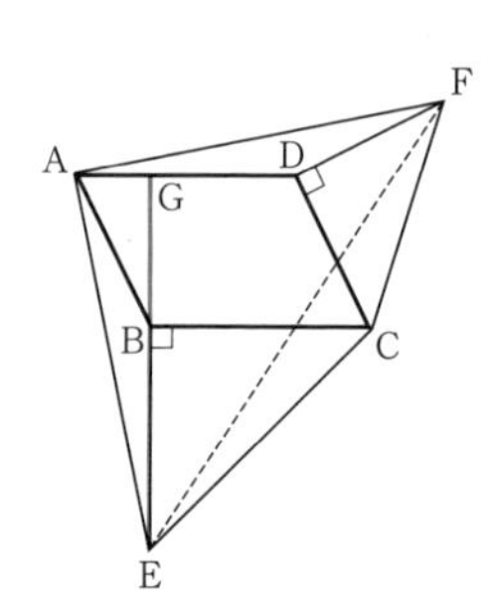

p.142

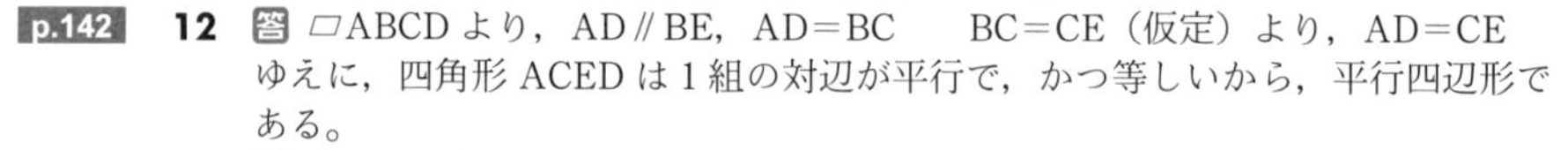

12 答 ▱ABCD より，AD∥BE，AD＝BC　　BC＝CE（仮定）より，AD＝CE
ゆえに，四角形 ACED は 1 組の対辺が平行で，かつ等しいから，平行四辺形である。

13 答 △ABM と △DEM において，
▱ABCD より，AB∥EC ……① であるから，∠BAM＝∠EDM（錯角）
AM＝DM（仮定）　　∠AMB＝∠DME（対頂角）
ゆえに，△ABM≡△DEM（2 角夾辺）　　よって，AB＝DE ……②
①，②より，四角形 ABDE は 1 組の対辺が平行で，かつ等しいから，平行四辺形である。
参考 △ABM≡△DEM より，BM＝EM，AM＝DM（仮定）を使って，対角線がたがいに他を 2 等分することを示してもよい。

p.143　**14**　**答** △ABE と △CDF において，
AB＝CD（平行四辺形の対辺）
AB∥DC より，∠ABE＝∠CDF（錯角）
∠BAE＝∠DCF（仮定）　よって，△ABE≡△CDF（2 角夾辺）
ゆえに，AE−CF ……①，∠BEA＝∠DFC
∠AEF＝180°−∠BEA，∠CFE＝180°−∠DFC であるから，∠AEF＝∠CFE
錯角が等しいから，AE∥FC ……②
①，②より，四角形 AECF は 1 組の対辺が平行で，かつ等しいから，平行四辺形である。
参考 ▱ABCD の対角線の交点を O とすると，AO＝CO，BO＝DO
△ABE≡△CDF より，BE＝DF であるから，EO＝FO となり，対角線がたがいに他を 2 等分することを示してもよい。

15　**答** △BEF と △DGH において，
BC＝DA（平行四辺形の対辺）　CF＝AH（仮定）
よって，BF＝BC＋CF＝DA＋AH＝DH
∠EBF＝180°−∠ABC，∠GDH＝180°−∠CDA
∠ABC＝∠CDA（平行四辺形の対角）より，∠EBF＝∠GDH
また，BE＝DG（仮定）　よって，△BEF≡△DGH（2 辺夾角）
ゆえに，EF＝GH　同様に，△AHE≡△CFG（2 辺夾角）より，HE＝FG
ゆえに，四角形 EFGH は 2 組の対辺がそれぞれ等しいから，平行四辺形である。

16　**答** 2cm
解説 辺 BA の延長と辺 DE の延長との交点を F とすると，∠FAE＝∠FEA＝180°−126°＝54°
よって，△FAE は ∠F＝72° の二等辺三角形である。　ゆえに，FA＝FE
∠F＋∠D＝72°＋108°＝180° より，BF∥CD
同様に，∠F＋∠B＝180° より，BC∥FD
よって，四角形 BCDF は 2 組の対辺が平行であるから，平行四辺形である。

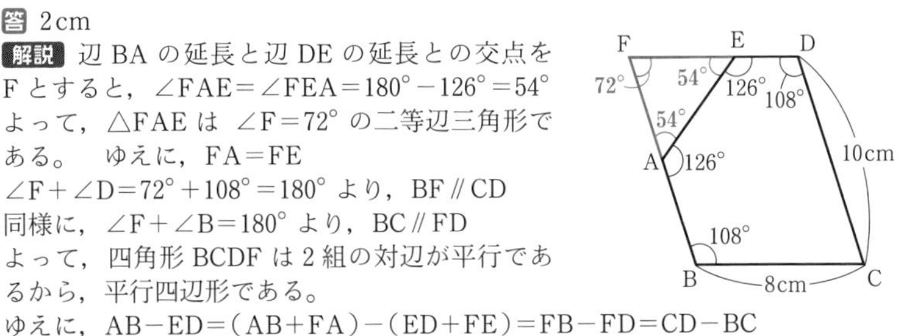

ゆえに，AB−ED＝(AB＋FA)−(ED＋FE)＝FB−FD＝CD−BC

17　**答** 点 A と Q，点 B と R を結ぶ。
MB＝MA，MQ＝MR（ともに仮定）
よって，四角形 RBQA は対角線がたがいに他を 2 等分するから，平行四辺形である。　ゆえに，RA∥BC ……①，RA＝BQ
また，BQ＝QP（仮定）より，RA＝QP ……②
①，②より，四角形 RQPA は 1 組の対辺が平行で，かつ等しいから，平行四辺形である。

18　**答** (1) ▱ABCD より，
∠ABC＝∠CDA ……①，AB＝CD ……②，BC＝AD ……③
2 点 A，E は直線 ℓ について対称であるから，AB＝EB ……④
2 点 A，F は直線 m について対称であるから，AD＝FD ……⑤
△BAE と △DFA は，④，⑤と ∠BAE＝∠DAF（対頂角）より，底角の等しい二等辺三角形であるから，頂角も等しい。　よって，∠EBA＝∠ADF …⑥
△EBC と △CDF において，
∠EBC＝∠EBA＋∠ABC，∠CDF＝∠ADF＋∠CDA で，①，⑥より，
∠EBC＝∠CDF
②，④より，EB＝CD　③，⑤より，BC＝DF
ゆえに，△EBC≡△CDF（2 辺夾角）

(2) 点OとA，OとE，OとFを結ぶ。
△OECと△OFCにおいて，
2点A，Eは直線ℓについて対称であるから，
OE＝OA
2点A，Fは直線mについて対称であるから，
OA＝OF
よって，OE＝OF　　また，(1)より，EC＝FC
OCは共通
よって，△OEC≡△OFC（3辺）
ゆえに，∠ECO＝∠FCO
点EとFを結ぶ。
二等辺三角形CFEで，頂角の二等分線OCは底辺EFを垂直に2等分するから，2点E，Fは直線OCについて対称である。
（＊）

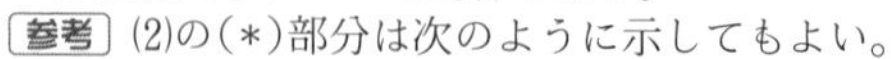
参考 (2)の（＊）部分は次のように示してもよい。
すなわち，2点O，Cはいずれも2点E，Fから等距離にある。
したがって，直線OCは線分EFの垂直二等分線であり，2点E，Fは直線OCについて対称である。

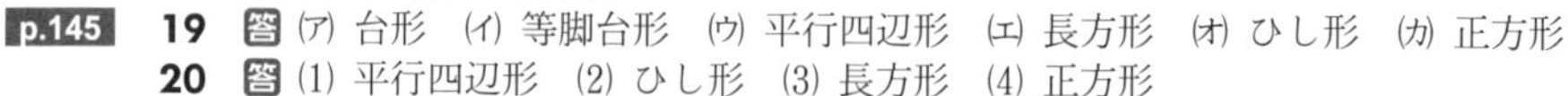
p.145 **19** 答 (ア) 台形　(イ) 等脚台形　(ウ) 平行四辺形　(エ) 長方形　(オ) ひし形　(カ) 正方形

20 答 (1) 平行四辺形　(2) ひし形　(3) 長方形　(4) 正方形

21 答

	平行四辺形	長方形	正方形	ひし形	等脚台形
(1)	×	○	○	×	×
(2)	○	○	○	○	○
(3)	○	○	○	○	×

22 答 (1) ▱ABCDで，∠A＝90°とする。　∠A＝∠C，∠B＝∠D
AD∥BCより，∠A＋∠B＝180°（同側内角）
ゆえに，∠B＝∠C＝∠D＝90°
よって，▱ABCDは長方形である。
ゆえに，1つの角が直角である平行四辺形は長方形である。
(2) ▱ABCDで，AB＝ADとすると，AB＝CD，AD＝BCより，
AB＝BC＝CD＝AD　　よって，▱ABCDはひし形である。
ゆえに，1組の隣り合う2辺が等しい平行四辺形はひし形である。

p.146 **23** 答 ▱ABCDの対角線の交点をOとすると，
AC＝2OA ……①，BD＝2OD ……②
AD∥BCより，∠BCA＝∠CAD（錯角）
また，∠BCA＝∠BDA（仮定）であるから，∠CAD＝∠BDA
よって，△ODAで，OA＝OD ……③　　①，②，③より，AC＝BD
ゆえに，▱ABCDは対角線の長さが等しいから，長方形である。

24 答 AD∥BC，AB∥DCより，
∠DAB＋∠ABC＝180°，∠BAD＋∠ADC＝180°（ともに同側内角）
$\angle EAB+\angle ABE=\frac{1}{2}(\angle DAB+\angle ABC)=\frac{1}{2}\times 180°=90°$
よって，△ABEで，∠AEB＝90°であるから，
∠FEH＝∠AEB＝90°（対頂角）……①

また，$\angle FAD+\angle ADF=\frac{1}{2}(\angle BAD+\angle ADC)=\frac{1}{2}\times 180^\circ=90^\circ$

よって，△AFD で，$\angle F=90^\circ$ ……②　　同様に，$\angle FGH=\angle H=90^\circ$ ……③

①，②，③より，四角形 EFGH は 4 つの角が等しいから，長方形である。

25 答 点 D と B，D と C を結ぶ。

$BM=CM=\frac{1}{2}BC$ ……①，$AM=MD=\frac{1}{2}AD$ ……②（ともに仮定）より，

四角形 ABDC は対角線がたがいに他を 2 等分するから，平行四辺形である。

さらに，$\angle BAC=90^\circ$（仮定）より，▱ABDC は長方形である。

ゆえに，AD＝BC ……③　　①，②，③より，AM＝BM＝CM

26 答 △ABE と △ADF において，

▱ABCD より，$\angle B=\angle D$

また，$\angle AEB=\angle AFD\ (=90^\circ)$，AE＝AF（ともに仮定）

ゆえに，△ABE≡△ADF（2 角 1 対辺）　　よって，AB＝AD

ゆえに，▱ABCD は 1 組の隣り合う 2 辺が等しいから，ひし形である。

（→本文 p.145，基本問題 22 (2)）

p.147

27 答 対角線 AC と BD との交点を O とする。

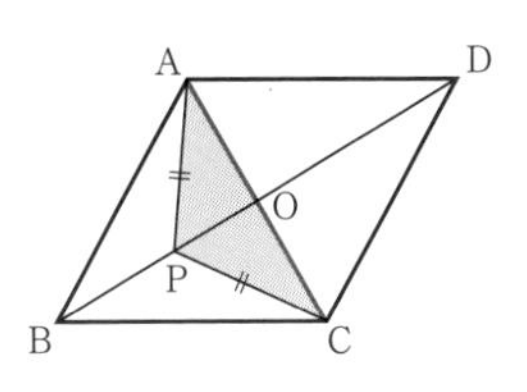

△APO と △CPO において，

▱ABCD より，AO＝CO　　AP＝CP（仮定）

PO は共通　　ゆえに，△APO≡△CPO（3 辺）

よって，$\angle AOP=\angle COP$ であるから，

$\angle AOP=90^\circ$　　すなわち，$AC\perp BD$

ゆえに，▱ABCD は対角線が直交するから，ひし形である。

28 答 ① ∠A の二等分線をひき，辺 BC との交点を E とする。

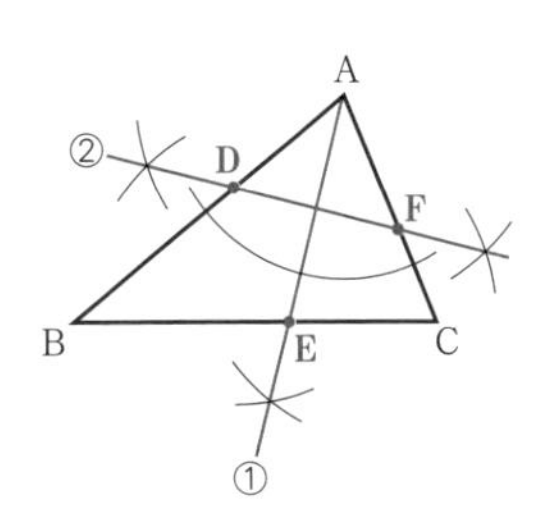

② 線分 AE の垂直二等分線と辺 AB，AC との交点をそれぞれ D，F とする。

点 D，E，F が求める点である。

解説 ひし形は，対角線がたがいに他を垂直に 2 等分する四角形である。

29 答 $AD\perp BC$，$FG\perp BC$（ともに仮定）より，

$AD \parallel FG$ ……①

△ABF と △GBF において，

BF は共通　　$\angle ABF=\angle GBF$，$\angle BAF=\angle BGF=90^\circ$（ともに仮定）

よって，△ABF≡△GBF（斜辺と 1 鋭角）

ゆえに，AF＝GF ……②，$\angle AFE=\angle GFE$ ……③

①より，$\angle AEF=\angle GFE$（錯角）……④　　③，④より，$\angle AEF=\angle AFE$

よって，△AEF で，AE＝AF ……⑤　　②，⑤より，AE＝GF ……⑥

①，⑥より，四角形 AEGF は平行四辺形で，⑤より，1 組の隣り合う 2 辺が等しいから，ひし形である。

30 答 (1) △DAE と △DCG において，

$\angle ADC=\angle EDG\ (=90^\circ)$

$\angle ADE=\angle ADC+\angle CDE$，$\angle CDG=\angle EDG+\angle CDE$

よって，$\angle ADE=\angle CDG$　　また，DA＝DC，DE＝DG（ともに正方形の 1 辺）

よって，△DAE≡△DCG（2 辺夾角）　　ゆえに，AE＝CG

(2) 45°

解説 (2) (1)より，△DAE≡△DCG で，$\angle DAE=\angle DCG$

31 答 (1) △ABE と △CBE において，
BE は共通　　正方形 ABCD より，AB＝CB，∠ABE＝∠CBE（＝45°）
よって，△ABE≡△CBE（2 辺夾角）　　ゆえに，∠BAE＝∠BCE
また，AB∥DC（仮定）より，∠BAE＝∠AFD（錯角）
ゆえに，∠BCE＝∠AFD
(2) 67°
解説 (2) △AFD で，∠AFD＝180°－∠DAF－∠FDA＝180°－22°－90°＝68°
(1)より，∠BCE＝∠AFD＝68°
よって，∠BEC＝180°－∠EBC－∠BCE＝180°－45°－68°

32 答 (1) 頂点 A，D から辺 BC にひいた垂線をそれぞれ AE，DF とすると，AE∥DF，∠AEF＝90°
AD∥EF（仮定）
よって，四角形 AEFD は平行四辺形で，1 つの角が 90°であるから，長方形である。……①
△ABE と △DCF において，

①より，AE＝DF　　∠AEB＝∠DFC（＝90°）　　∠B＝∠C（仮定）
よって，△ABE≡△DCF（2 角 1 対辺）
ゆえに，AB＝DC であるから，台形 ABCD は等脚台形である。
(2) (1)と同様に，点 E，F をとる。
△AEC と △DFB において，
①より，AE＝DF　　∠AEC＝∠DFB＝90°　　AC＝DB（仮定）
よって，△AEC≡△DFB（斜辺と 1 辺）……②
△ABC と △DCB において，
②より，∠ACE＝∠DBF　　AC＝DB（仮定）　　BC＝CB（共通）
よって，△ABC≡△DCB（2 辺夾角）
ゆえに，AB＝DC であるから，台形 ABCD は等脚台形である。
別解 (1) 頂点 D を通り辺 AB に平行な直線と，辺 BC との交点を G とする。
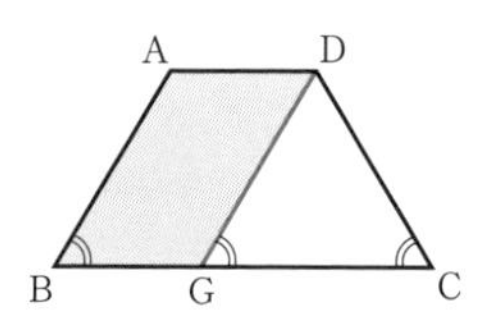

AB∥DG より，∠B＝∠DGC（同位角）
∠B＝∠C（仮定）より，∠DGC＝∠C
ゆえに，△DGC で，DG＝DC
AB∥DG，AD∥BC（仮定）より，四角形 ABGD は平行四辺形であるから，AB＝DG
ゆえに，AB＝DC であるから，台形 ABCD は等脚台形である。
(2) 頂点 A を通り対角線 DB に平行な直線と，辺 CB の延長との交点を H とする。
AH∥DB より，∠H＝∠DBC（同位角）……①
AD∥HC（仮定）より，四角形 AHBD は平行四辺形であるから，AH＝DB
AC＝DB（仮定）
よって，AH＝AC
ゆえに，△AHC で，∠H＝∠ACB ……②
△ABC と △DCB において，
AC＝DB　　BC＝CB（共通）
①，②より，∠ACB＝∠DBC
よって，△ABC≡△DCB（2 辺夾角）
ゆえに，AB＝DC であるから，台形 ABCD は等脚台形である。

33 答 $\angle A=120^\circ$，$\angle B=60^\circ$，$\angle C=60^\circ$，$\angle D=120^\circ$

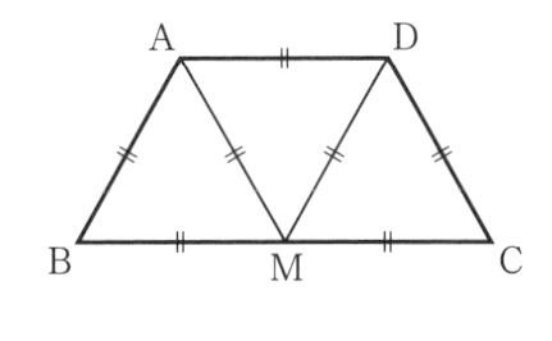

解説 辺 BC の中点を M とする。
AD // BC，AD＝BM＝MC より，四角形 ABMD，AMCD はともに平行四辺形で，1 組の隣り合う 2 辺が等しいから，ひし形である。
ゆえに，△ABM，△AMD，△DMC は正三角形である。

p.148 **34** 答 辺 DA の延長と線分 QP の延長との交点を S とする。△ABC と △BAD において，
長方形 ABCD より，
∠ABC＝∠BAD（＝90°），BC＝AD
AB＝BA（共通）
よって，△ABC≡△BAD（2 辺夾角）
ゆえに，∠ACB＝∠BDA ……①
SD // BC，SQ // AC（ともに仮定）より，四角形 SQCA は平行四辺形である。
ゆえに，∠S＝∠ACB ……②，SQ＝AC ……③
PR // BD（仮定）より，∠PRA＝∠BDA（同位角）……④
①，②，④より，∠S＝∠PRA　　よって，△PRS で，PS＝PR ……⑤
③，⑤より，PQ＋PR＝PQ＋PS＝SQ＝AC

35 答 (1) △PBR と △ABC において，
正三角形 ABP，BCR より，PB＝AB，BR＝BC，∠PBA＝∠RBC（＝60°）
∠PBR＝∠PBA＋∠ABR，∠ABC＝∠RBC＋∠ABR
ゆえに，∠PBR＝∠ABC　　よって，△PBR≡△ABC（2 辺夾角）
ゆえに，PR＝AC　　正三角形 ACQ より，AC＝AQ
よって，PR＝AQ ……①
同様に，△ABC≡△QRC（2 辺夾角）であるから，AP＝AB＝QR ……②
①，②より，四角形 APRQ は 2 組の対辺がそれぞれ等しいから，平行四辺形である。
(2) ① AB＝AC の二等辺三角形　② ∠BAC＝150° の鈍角三角形
③ ∠BAC＝150° を頂角とする二等辺三角形　④ ∠BAC＝60° の三角形
解答例 (2) (1)より，4 点 A，P，R，Q を結んで四角形ができるときは，
△ABC がどのような三角形であっても，四角形 APRQ は平行四辺形となる。
① ▱APRQ がひし形になるのは，AP＝AQ のときである。
正三角形 ABP，ACQ より，AP＝AB，AQ＝AC であるから，AB＝AC
すなわち，△ABC が AB＝AC の二等辺三角形のときである。……(答)
② ▱APRQ が長方形のとき，∠PAQ＝90° であるから，
∠PAQ＋∠BAP＋∠BAC＋∠CAQ＝90°＋60°＋∠BAC＋60°＝360° より，
∠BAC＝150°
すなわち，△ABC が ∠BAC＝150° の鈍角三角形のときである。……(答)
③ ▱APRQ がひし形，かつ長方形であればよい。　ゆえに，△ABC が
AB＝AC かつ ∠BAC＝150° の二等辺三角形のときである。……(答)

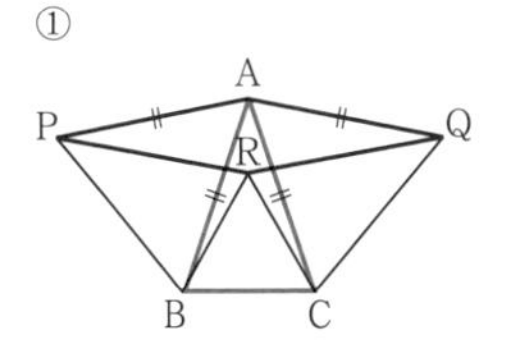

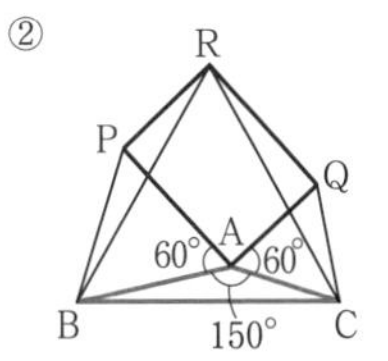

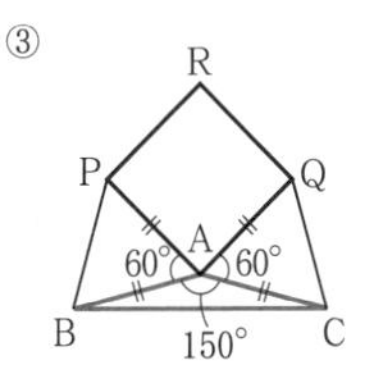

④ 4点 A，P，R，Q を結んでも四角形ができないのは，$\angle PAQ=180^\circ$ のときであるから，
$\angle PAB+\angle BAC+\angle CAQ=60^\circ+\angle BAC+60^\circ=180^\circ$
より，$\angle BAC=60^\circ$
すなわち，△ABC が $\angle BAC=60^\circ$ の三角形のときである。……(答)

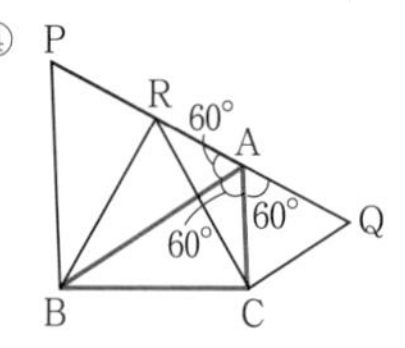

7章の問題

p.149 **1** 答 (イ)，(ウ)　（反例）(ア)

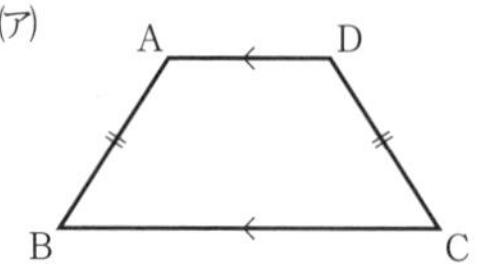

(エ)

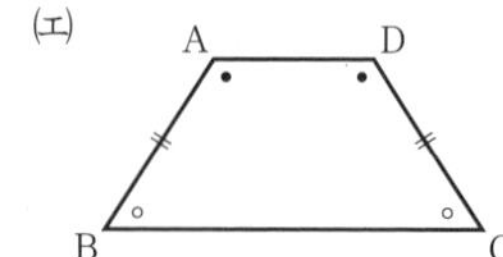

解説 (ア) 等脚台形の場合がある。
(イ) 2組の対辺が等しいから，つねに平行四辺形になる。
(ウ) 1組の対辺が平行で，かつ等しいから，つねに平行四辺形になる。
(エ) $\angle B=\angle D=90^\circ$ のときは，長方形（平行四辺形）になる。
$\angle B\neq\angle D$ のときは，$\angle B+\angle D=180^\circ$ より，
$\angle A+\angle C=180^\circ$ である。
よって，右の図のように2つつなげた図形は，
2組の対辺が等しいから平行四辺形である。
ゆえに，AD∥BC であるから，四角形 ABCD は等脚台形になる。

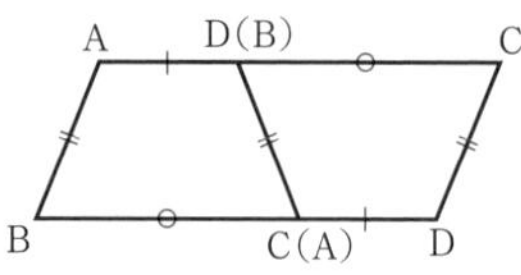

2 答 (1) 長方形　(2) ひし形　(3) 正方形　(4) 等脚台形
解説 (2) ひし形は，対角線が直交する平行四辺形である。
(3) 正方形は，対角線の長さが等しく，かつ直交する平行四辺形である。
(4) 等脚台形は，底の両側の角が等しい台形である。

3 答 △ABE と △CDF において，
$\angle BEA=\angle DFC=90^\circ$（仮定）　▱ABCD より，AB＝CD
AB∥CD より，$\angle BAE=\angle DCF$（錯角）
よって，△ABE≡△CDF（斜辺と1鋭角）　ゆえに，BE＝DF

4 答 (1) 正八角形の1つの内角は 135° であるから，ひし形 ABCI において，
$\angle B=135^\circ$，$\angle BAI=180^\circ-135^\circ=45^\circ$
よって，$\angle IAH=135^\circ-\angle BAI=135^\circ-45^\circ=90^\circ$
同様に，$\angle AHK=90^\circ$ ……①
ゆえに，同側内角の和が 180° であるから，AI∥HK ……②
四角形 ABCI，FGHK はともにひし形より，AI＝AB，HK＝HG
正八角形 ABCDEFGH より，AB＝AH＝HG であるから，
AI＝AH，AI＝HK ……③
②，③より，四角形 AIKH は1組の隣り合う2辺の長さの等しい平行四辺形，すなわち，ひし形である。さらに，①より，四角形 AIKH は正方形である。
(2) (1)より，AI＝IK
(1)と同様に，四角形 EFKJ も正方形であるから，EJ＝JK
四角形 ABCI，CDEJ はひし形より，AI＝IC＝CB，EJ＝JC＝CD
正八角形 ABCDEFGH より，CB＝CD であるから，IK＝IC＝JC＝JK
ゆえに，四角形 CJKI はひし形である。

5 答 △ABE と △BCF において，
正方形 ABCD より，AB＝BC，∠ABE＝∠BCF（＝90°）　BE＝CF（仮定）
よって，△ABE≡△BCF（2 辺夾角）　ゆえに，∠BAE＝∠CBF であるから，
∠ABG＝∠ABC－∠CBF＝90°－∠BAE
すなわち，∠BAE＋∠ABG＝90° ……①
△ABG において，∠AGF＝∠BAE＋∠ABG ……②
①，②より，∠AGF＝90°

6 答 ED∥BC ……①，EF∥AC（ともに仮定）より，四角形 EFCD は平行四辺形である。　ゆえに，ED＝FC ……②
①より，∠EDB＝∠DBF（錯角）　∠EBD＝∠DBF（仮定）
よって，∠EBD＝∠EDB　ゆえに，△EBD で，EB＝ED ……③
②，③より，EB＝FC

p.150 **7** 答 点 A と F，点 D と E を結ぶ。　△ABF と △ECD において，
四角形 ABCD≡四角形 ECBF ……① より，AB＝EC，FB＝DC
①より，∠ABC＝∠ECB，∠DCB＝∠FBC であるから，
∠ABF＝∠ABC＋∠FBC＝∠ECB＋∠DCB＝∠ECD
よって，△ABF≡△ECD（2 辺夾角）　ゆえに，AF＝ED ……②
また，①より，AD＝EF ……③
②，③より，四角形 AFED は 2 組の対辺がそれぞれ等しいから，平行四辺形である。　ゆえに，AD∥FE

8 答 (1) AB∥QP，AC∥RP ……①（ともに仮定）より，四角形 ARPQ は平行四辺形である。　ゆえに，AR＝PQ ……②
①より，∠C＝∠RPB（同位角）
△ABC で，AB＝AC（仮定）より，∠B＝∠C
よって，∠B＝∠RPB　ゆえに，△RBP で，BR＝PR ……③
②，③より，PQ＋PR＝AR＋BR＝AB　ゆえに，PQ＋PR は一定である。
(2) AR∥QP，QC∥PR ……①（ともに仮定）より，
四角形 PRAQ は平行四辺形である。
ゆえに，AR＝PQ ……②
①より，∠C＝∠RPB（錯角）
△ABC で，AB＝AC（仮定）より，∠ABC＝∠C
∠ABC＝∠RBP（対頂角）
よって，∠RPB＝∠RBP
ゆえに，△RBP で，PR＝BR ……③
②，③より，PQ－PR＝AR－BR＝AB
ゆえに，PQ－PR は一定である。

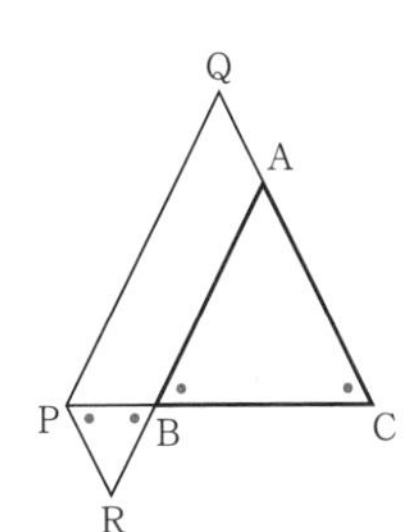

9 答 (1) ∠P＝∠ATB，∠Q＝∠BTC（ともに仮定）より，
∠P＋∠Q＝∠ATB＋∠BTC＝180°
同側内角の和が 180° であるから，PS∥QR
ゆえに，四角形 PQRS は台形である。
(2) 4.8cm
解答例 (2) 台形 PQRS の面積は，長方形 ABCD の面積の 2 倍である。
求める高さを h とすると，$\frac{1}{2}\times(\mathrm{PS}+\mathrm{QR})\times h=\mathrm{AB}\times\mathrm{BC}\times 2$
ここで，PS＋QR＝(PA＋AS)＋(QC＋CR)＝(AT＋AU)＋(TC＋UC)
＝(AT＋TC)＋(AU＋UC)＝AC＋AC＝2AC
よって，$\frac{1}{2}\times(2\times 5)\times h=3\times 4\times 2$　$h=4.8$　（答）4.8cm

10 答 (1) 長方形　(2) ひし形　(3) 平行四辺形

解答例 (1) 面 BFGC の切り口は線分 BG である。
面 AEHD は面 BFGC と平行であるから，切り口の線分も平行になる。点 A を通り線分 BG に平行な直線は AH である。
したがって，立方体の切り口は四角形 ABGH である。
AB＝HG，AB∥HG，AB⊥面 AEHD より，四角形 ABGH は長方形である。　　（答）長方形

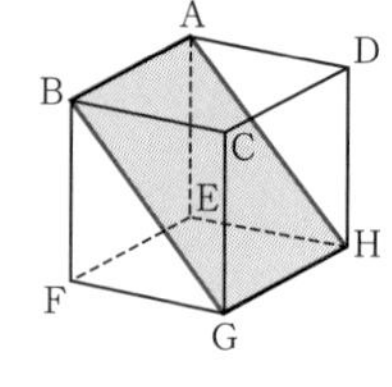

(2) 線分 AM の延長と辺 EF の延長との交点を P とする。線分 PG の延長と辺 EH の延長との交点を Q とする。3 点 A，M，G は平面 APQ 上にあるから，平面 AEHD の切り口は直線 AQ である。直線 AQ と辺 DH との交点を R とすると，立方体の切り口は四角形 AMGR である。　(*)

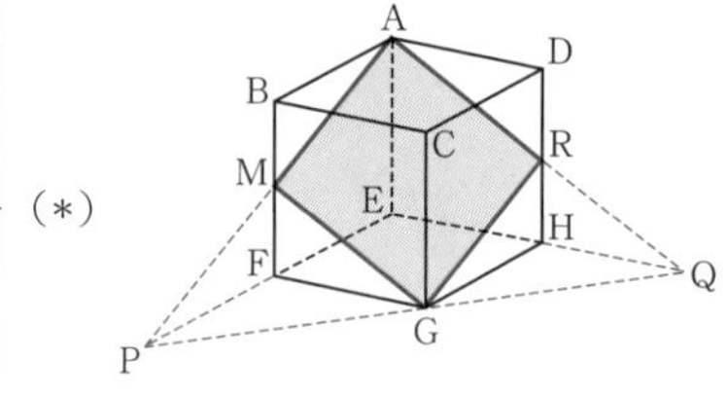

△ABM≡△GFM（2 辺夾角）より，AM＝GM　　また，AM∥RG，AR∥MG
四角形 AMGR は 2 組の対辺が平行で，かつ 1 組の隣り合う 2 辺が等しいから，ひし形である。　　（答）ひし形

⚠ AG＞AC，AC＝BD＝MR より，四角形 AMGR は正方形にはならない。

参考 (*)部分は次のように求めてもよい。
面 ABFE と面 BFGC の切り口は，それぞれ線分 AM，MG である。
面 AEHD は面 BFGC と平行であるから，切り口の線分も平行になる。
点 A を通り線分 MG に平行な直線をひき，辺 DH との交点を R とすると，面 AEHD の切り口は線分 AR である。
このとき，面 CGHD の切り口は線分 RG である。
したがって，立方体の切り口は四角形 AMGR である。

解答例 (3) 線分 AN の延長と辺 EH の延長との交点を S とする。線分 SG の延長と辺 EF の延長との交点を T とする。3 点 A，N，G は平面 AST 上にあるから，平面 ABFE の切り口は直線 AT である。直線 AT と辺 BF との交点を U とすると，立方体の切り口は四角形 AUGN である。　(*)

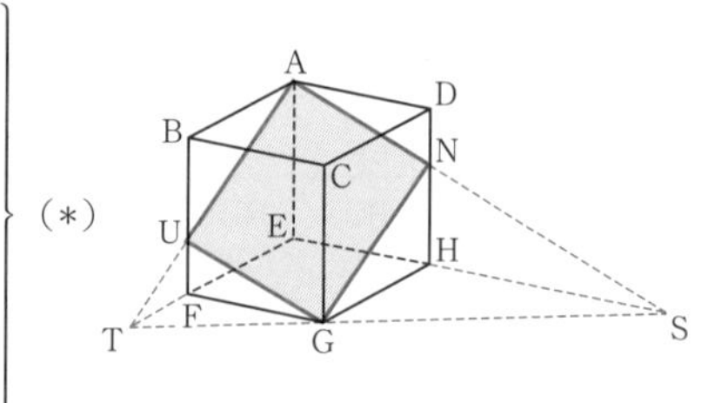

AN∥UG，AU∥NG より，四角形 AUGN は平行四辺形である。
（答）平行四辺形

⚠ AG＝DF，DF＞NU より，四角形 AUGN は長方形にはならない。
AU＞AN より，四角形 AUGN はひし形にもならない。

参考 (*)部分は次のように求めてもよい。
面 AEHD と面 DCGH の切り口は，それぞれ線分 AN，NG である。
面 ABFE は面 DCGH と平行であるから，切り口の線分も平行になる。
点 A を通り線分 NG に平行な直線をひき，辺 BF との交点を U とすると，面 ABFE の切り口は線分 AU である。
同様に，面 BFGC の切り口は線分 UG である。
したがって，立方体の切り口は四角形 AUGN である。

8章 ● データの活用

p.152

1 答 (1) 第1四分位数 27点，
中央値 30点，第3四分位数 36点
(2) 右の図
(3) 範囲 21点，四分位範囲 9点，
四分位偏差 4.5点

解説 (3) (範囲)＝44－23　(四分位範囲)＝36－27
(四分位偏差)＝(36－27)÷2
⚠ (2) 平均値の32点（＋）は，箱ひげ図の中に示さなくてもよい。

2 答 (1) 第1四分位数 4点，中央値 6点，第3四分位数 7点
(2) 範囲 6点，四分位範囲 3点，四分位偏差 1.5点

p.153

3 答 (1) 右の図

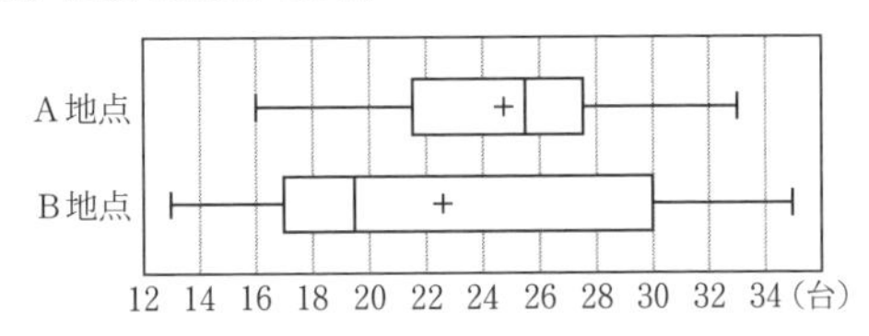

(2) B地点 （理由）範囲，四分位範囲がともにB地点のほうが大きいから。
(3) A地点 （理由）平均値，中央値がともにA地点のほうが大きいから。
解説 A地点の第1四分位数 21.5台，中央値 25.5台，第3四分位数 27.5台，平均値 24.75台
B地点の第1四分位数 17台，中央値 19.5台，第3四分位数 30台，平均値 22.67台（小数第3位を四捨五入）

p.154

4 答 (1) ア，ウ，エ，オ　(2) A組 ④，B組 ①，C組 ②，D組 ③
解説 (1) 四分位範囲が最も大きいのはC組である。
(2) 得点を低い順に並べたとき，中央値は15番目と16番目の生徒の得点の平均値である。また，第1四分位数は8番目の生徒，第3四分位数は23番目の生徒の得点である。第3四分位数が80点以上であるのは②のみであるから，C組は②である。中央値が70点以上であるのは②と④であるから，A組は④である。①と③で，(1)のエがよりあてはまるのは①であるから，B組は①である。

p.155

5 答 (1) 第1四分位数 15m以上20m未満，中央値 20m以上25m未満，
第3四分位数 25m以上30m未満
(2) ④
解説 (2) 箱ひげ図①～⑤の中で，(1)の条件をすべて満たすものを選ぶ。

6 答 (1) ウ，エ，オ
(2) Pさん B組，Qさん B組
解説 (1) ア．範囲は，B組のほうがA組より大きい。
イ．四分位範囲は，A組のほうがB組より大きい。
ウ．第3四分位数を比較すると，B組は80点，A組は80点より高い。
エ．中央値を比較すると，A組は60点，B組は65点である。また，B組の第1四分位数は60点である。
オ．B組の最小値は，A組の第1四分位数より小さい。
(2) 90点の生徒はB組にしかいない。中央値は得点を低い順に並べたときの20番目の生徒の得点であり，Qさんの得点は低いほうから19番目であるから，中央値以下の得点である。A組の中央値は60点，B組の中央値は65点であるから，QさんはA組ではない。

8章の問題

p.156 **1** 答 (1)

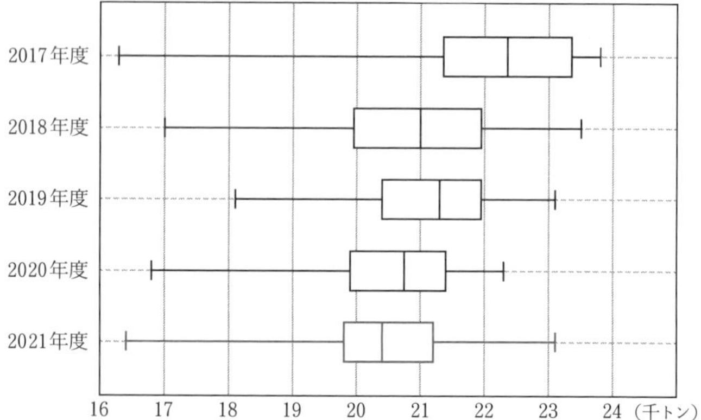

(2) ア，イ

解説 (1) 2021 年度の最小値 16.4，最大値 23.1，第 1 四分位数 19.8，中央値 20.4，第 3 四分位数 21.2（単位 千トン）

(2) ア．2020 年度の第 1 四分位数 19.9 より，2021 年度の第 1 四分位数 19.8 のほうが小さい。（単位 千トン）

イ．2017 年度の第 1 四分位数 21.35 より，2021 年度の第 3 四分位数 21.2 のほうが小さい。（単位 千トン）

ウ．2017 年度の中央値は，22000 トンより大きい。

エ．範囲が最も小さいのは，2019 年度である。

オ．最小値は 2017 年度が最も小さいが，四分位数と最大値はいずれも 2017 年度が最も大きい。また，平均値が最も小さいのは 2021 年度である。

p.157 **2** 答 (1) 第 1 四分位数　30 点以上 40 点未満，中央値　50 点以上 60 点未満，第 3 四分位数　70 点以上 80 点未満

(2) ④　(3) ウ

解説 (1) 得点を低い順に並べたとき，第 1 四分位数は 10 番目と 11 番目の生徒の得点の平均値，中央値は 20 番目と 21 番目の生徒の得点の平均値，第 3 四分位数は 30 番目と 31 番目の生徒の得点の平均値である。

(2) 箱ひげ図①～④の中で，(1)の条件をすべて満たすものを選ぶ。

(3) 少なくとも最初の試験で最小値の得点となった生徒は，再試験で得点を上げた。

9章 ● 場合の数と確率

p.160

1 答 樹形図は下のようになる。(1) 6 個　(2) 6 通り　(3) 24 通り

(1) 百の位　十の位　一の位

1 ＜ 3 — 5, 5 — 3
3 ＜ 1 — 5, 5 — 1
5 ＜ 1 — 3, 3 — 1

(2) A　B

1 — 6
2 — 5
3 — 4
4 — 3
5 — 2
6 — 1

(3) A　B　C　D

赤 ＜ 青 ＜ 黄 — 白, 白 — 黄
　　 黄 ＜ 青 — 白, 白 — 青
　　 白 ＜ 青 — 黄, 黄 — 青

青 ＜ 赤 ＜ 黄 — 白, 白 — 黄
　　 黄 ＜ 赤 — 白, 白 — 赤
　　 白 ＜ 赤 — 黄, 黄 — 赤

黄 ＜ 赤 ＜ 青 — 白, 白 — 青
　　 青 ＜ 赤 — 白, 白 — 赤
　　 白 ＜ 赤 — 青, 青 — 赤

白 ＜ 赤 ＜ 青 — 黄, 黄 — 青
　　 青 ＜ 赤 — 黄, 黄 — 赤
　　 黄 ＜ 赤 — 青, 青 — 赤

2 答 12 通り
解説 積の法則より，3×4

3 答 (1) 15 通り　(2) 56 通り
解説 (2) 積の法則より，8×7

4 答 (1) 8 通り　(2) 15 通り
解説 (1) 和の法則より，5＋3
(2) 積の法則より，5×3

5 答 樹形図は右のようになる。
(1) 8 通り　(2) ① 3 通り　② 3 通り
解説 (2) 樹形図から求めると，
① 1−2−4，6−2−3，6−5−4
② 1−2−3，1−2−4，1−5−3

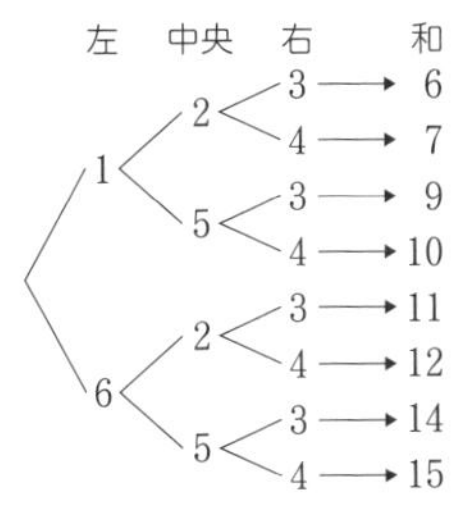

p.161

6 答 8 通り
解説 積の法則より，2×2×2

7 答 (1) 36 通り　(2) 5 通り　(3) 9 通り
解説 (1) 積の法則より，6×6
(2) A，B の目の出方は，1−2，2−1，1−3，2−2，3−1
(3) 6 の約数は，1，2，3，6

8 答 (1) 125 個　(2) 50 個
解説 (1) 積の法則より，5×5×5
(2) 一の位の数は 2 か 4 であるから，2×5×5

9 答 樹形図は右のようになる。19通り

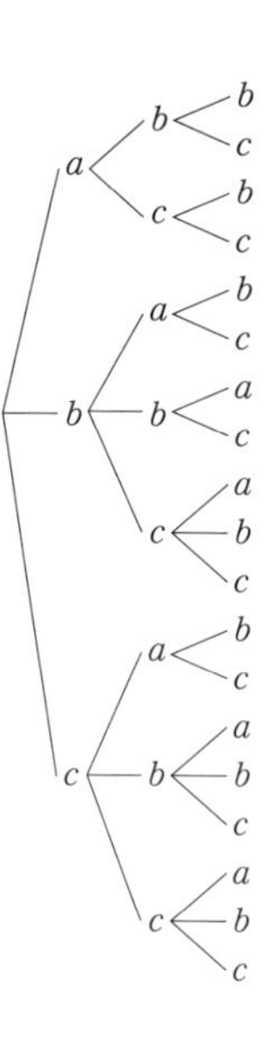

10 答 9通り

解説

硬貨	枚数(枚)								
100円	2	1	1	1	0	0	0	0	0
50円	0	2	1	0	4	3	2	1	0
10円	0	0	5	10	0	5	10	15	20

p.162 **11** 答 ⑴ 27通り ⑵ 9通り

解説 ⑴ 積の法則より，$3\times3\times3$

⑵ 3人が同じ手を出す場合は3通りある。3人が異なる手を出す場合は，樹形図をかいてみると，6通りある。

12 答 ⑴ 12個 ⑵ 27個 ⑶ 12個

解説 ⑶ 294を素因数分解すると，$294=2\times3\times7^2$ である。

2，3，7^2 の約数はそれぞれ1と2の2つ，1と3の2つ，1と7と 7^2 の3つある。

ゆえに，294の正の約数の個数は，$(2\times2\times3)$ 個ある。

13 答 11通り

解答例 3つの正の整数 x，y，z の組を $(x,\ y,\ z)$ と表す。

$x+y+z\leqq7$，$x\leqq y\leqq z$ を満たす $(x,\ y,\ z)$ の組は，

$x+y+z=3$ のとき，$(1,\ 1,\ 1)$

$x+y+z=4$ のとき，$(1,\ 1,\ 2)$

$x+y+z=5$ のとき，$(1,\ 1,\ 3)$，$(1,\ 2,\ 2)$

$x+y+z=6$ のとき，$(1,\ 1,\ 4)$，$(1,\ 2,\ 3)$，$(2,\ 2,\ 2)$

$x+y+z=7$ のとき，$(1,\ 1,\ 5)$，$(1,\ 2,\ 4)$，$(1,\ 3,\ 3)$，$(2,\ 2,\ 3)$

ゆえに，全部で11通りある。……(答)

p.164 **14** 答 ⑴ 6 ⑵ 12 ⑶ 5 ⑷ 720 ⑸ 840

解説 ⑴ 3×2 ⑵ 4×3 ⑷ $6!=6\times5\times4\times3\times2\times1$ ⑸ $7\times6\times5\times4$

15 答 ⑴ 120通り ⑵ 210通り ⑶ 120通り

解説 ⑴ ${}_6P_3$ ⑵ ${}_7P_3$ ⑶ ${}_5P_5$ $(=5!)$

16 答 24通り

解説 A，B，Cの順に，4本のボールペンから1本ずつ選んで配ると考えるから，${}_4P_3$

p.165 **17** 答 ⑴ 300個 ⑵ 108個

解説 ⑴ 千の位の数は0を除いた5通り。 ゆえに，$5\times{}_5P_3$

⑵ 5の倍数になるのは，一の位の数が0または5のときである。

一の位の数が0である4けたの整数は ${}_5P_3$ 個。

一の位の数が5である4けたの整数は $(4\times{}_4P_2)$ 個。

ゆえに，${}_5P_3+4\times{}_4P_2$

18 答 ⑴ 60個 ⑵ 32番目

解説 ⑴ ${}_5P_3$

⑵ 百の位の数が1または2である数は，それぞれ ${}_4P_2$ 個。

百の位の数が3で，十の位の数が1または2である数は，それぞれ ${}_3P_1$ 個。

百の位の数が3で，十の位の数が4である数で，342は341の次の数である。

ゆえに，$2\times{}_4P_2+2\times{}_3P_1+2$

p.166

19 答 (1) 48 通り　(2) 240 通り

解説 (1) 両端にくる母音（i, e）の並べ方は ${}_2P_2$ 通りある。また，その並べ方のそれぞれに対して，その間に並べる子音（s, n, g, r）の並べ方は ${}_4P_4$ 通りずつある。

ゆえに，積の法則より，${}_2P_2 \times {}_4P_4$

(2) 母音 2 つをひとまとまりと考えて，計 5 個の並べ方は ${}_5P_5$ 通りある。また，その並べ方のそれぞれに対して母音の並べ方は ${}_2P_2$ 通りずつある。

ゆえに，積の法則より，${}_5P_5 \times {}_2P_2$

20 答 144 個

解説 右のような並べ方を考えると，偶数の並べ方は ${}_3P_3$ 通り，そのそれぞれに対して，奇数の並べ方は ${}_4P_4$ 通りずつある。

ゆえに，積の法則より，${}_3P_3 \times {}_4P_4$

21 答 (1) 24 通り　(2) 12 通り

解説 (1) 並び方を □□D□□ とするとき，4 個の □ の中に A，B，C，E の 4 人が並ぶ。　ゆえに，${}_4P_4$

(2) 並び方を 1 2 D 3 4 とするとき，3 または 4 に A が並べばよい。

ゆえに，$2 \times {}_3P_3$

22 答 (1) 72 通り　(2) 432 通り

解説 (1) 男子と女子が交互になる並び方は，右のような 2 通りがある。

男 女 男 女 男 女
女 男 女 男 女 男

男子の並び方は ${}_3P_3$ 通りで，そのそれぞれに対して，女子の並び方が ${}_3P_3$ 通りずつある。

ゆえに，積の法則より，$2 \times {}_3P_3 \times {}_3P_3$

(2) 左端に男子，右端に女子になる場合と，左端に女子，右端に男子になる場合の 2 通りがある。

左端になる男子の並び方は 3 通り，右端になる女子の並び方は 3 通り，残りの 4 人の並び方は ${}_4P_4$ 通りある。

ゆえに，積の法則より，$2 \times 3 \times 3 \times {}_4P_4$

23 答 (1) 52 個　(2) 14 個　(3) 13990

解答例 (1) 0，1，2，3，4 の 5 枚から 3 枚を取り出してできる 3 けたの整数は，百の位の数が 0 以外であるから，$4 \times {}_4P_2 = 48$（個）である。

0，0 を使ってできる数は，100，200，300，400 の 4 個である。

ゆえに，$48 + 4 = 52$　　（答）52 個

(2) 2 と 3 の両方で割り切れる整数は 6 で割り切れる。2 で割り切れる整数は，一の位の数が偶数であり，3 で割り切れる整数は，各位の数の和が 3 の倍数である。和が 3 の倍数になる 3 枚のカードは，0 と 0 と 3，0 と 1 と 2，0 と 2 と 4，1 と 2 と 3，2 と 3 と 4 の 5 通りあり，そのそれぞれからできる 3 けたの整数のうち，偶数となるものは，それぞれ 1 個，3 個，4 個，2 個，4 個であるから，$1 + 3 + 4 + 2 + 4 = 14$

（答）14 個

(3) できる 52 個の整数のうち，百の位の数は 1，2，3，4 が 13 個ずつ，十の位の数と一の位の数は，それぞれ 0 が 16 個，1，2，3，4 が 9 個ずつある。

ゆえに，$13 \times (1+2+3+4) \times 100 + 9 \times (1+2+3+4) \times 10 + 9 \times (1+2+3+4)$
$= (13 \times 100 + 9 \times 10 + 9) \times (1+2+3+4) = 1399 \times 10 = 13990$

（答）13990

24 答 (1) 20 個　(2) 108 個　(3) 216 個

解答例 (1) 5 つの数から 2 つを取って並べる順列であるから，$_5P_2=5\times4=20$　（答）20 個

(2) 千の位の数が 1 で，百の位の数が 2 である整数は，右の樹形図のように，23 個ある。

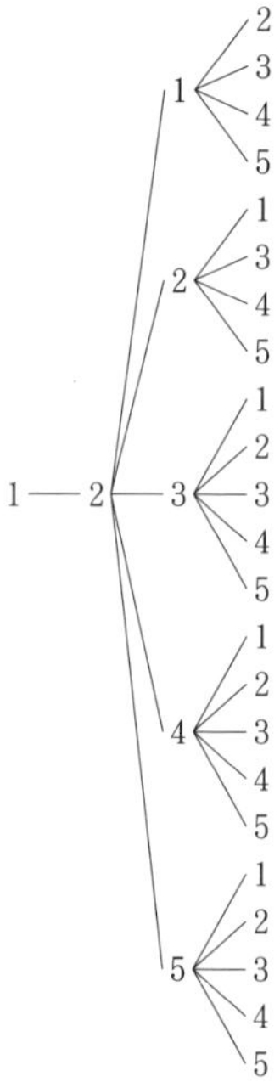

同様に，千の位の数が 1 で，百の位の数が 3，4，5 である整数もそれぞれ 23 個ある。

また，千の位の数が 1 で，百の位の数が 1 である整数は，十の位の数も一の位の数も 2，3，4，5 の 4 通りずつであるから，$4\times4=16$（個）ある。

ゆえに，千の位の数が 1 である整数は全部で

$23\times4+16=108$　（答）108 個

(3) 偶数になるのは一の位の数が 2 または 4 のときである。

(2)と同様に，一の位の数が 2 である整数は全部で 108 個ある。一の位の数が 4 である整数も 108 個ある。

ゆえに，$108+108=216$　（答）216 個

1 — 2
- 1 — 2, 3, 4, 5
- 2 — 1, 3, 4, 5
- 3 — 1, 2, 3, 4, 5
- 4 — 1, 2, 3, 4, 5
- 5 — 1, 2, 3, 4, 5

p.167

25 答 (1) 7　(2) 6　(3) 10　(4) 70　(5) 1

解説 (1) $\dfrac{7}{1}$　(2) $\dfrac{4\times3}{2\times1}$　(3) $\dfrac{5\times4\times3}{3\times2\times1}$

(4) $\dfrac{8\times7\times6\times5}{4\times3\times2\times1}$　(5) $\dfrac{6\times5\times4\times3\times2\times1}{6\times5\times4\times3\times2\times1}$

p.168

26 答 (1) 10 通り　(2) 21 通り　(3) 56 通り

解説 (1) $_5C_2$　(2) $_7C_2$　(3) $_8C_3$

27 答 (1) 1001 通り　(2) 336 通り

解説 (1) $_{14}C_{10}={}_{14}C_4$　(2) $_8C_5\times{}_6C_5={}_8C_3\times{}_6C_1$

p.169

28 答 (1) 28 本　(2) 56 個

解説 (1) 8 つの点から 2 つの点を選ぶ組合せであるから，$_8C_2$

(2) 8 つの点から 3 つの点を選ぶ組合せであるから，$_8C_3$

29 答 150 個

解説 6 本の縦線から 2 本を選び，そのそれぞれに対して，5 本の横線から 2 本を選ぶ組合せであるから，$_6C_2\times{}_5C_2$

30 答 (1) 120 通り　(2) 85 通り

解説 (1) $_{10}C_3$

(2) 10 個の整数から 3 個を選ぶ組合せの総数は，3 個の整数のうち，1 個が 3 の倍数の場合の数，2 個が 3 の倍数の場合の数，すべてが 3 の倍数の場合の数と，いずれも 3 の倍数でない場合の数の和である。

いずれも 3 の倍数でない場合は $_7C_3$ 通りあるから，少なくとも 1 個は 3 の倍数になる組合せは（$_{10}C_3-{}_7C_3$）通りある。

31 答 (1) 20 通り　(2) 120 通り

解説 (1) 6 個の □ から 3 個の □ を取る組合せであるから，$_6C_3$

(2) a を記入した以外の残りの □ に b と c と d を記入するから，$_6C_3\times{}_3P_3$

32 答 42 個

解説 点 P を除いた，直線 ℓ 上の 2 点と直線 m 上の 1 点でつくる三角形が（$_4C_2\times{}_3C_1$）個，直線 ℓ 上の 1 点と直線 m 上の 2 点でつくる三角形が（$_4C_1\times{}_3C_2$）個ある。また，点 P を 1 つの頂点とする三角形は，残り 2 つの頂点を 2 直線 ℓ，m 上の点から 1 つずつ選べばよいから，（$_4C_1\times{}_3C_1$）個ある。

ゆえに，三角形は全部で（$_4C_2\times{}_3C_1+{}_4C_1\times{}_3C_2+{}_4C_1\times{}_3C_1$）個。

参考 8つの点の中から3つの点を選んで，それらを頂点とする三角形ができないのは，直線ℓ上の5つの点から3つの点を選ぶ場合と，直線m上の4つの点から3つの点を選ぶ場合であるから，$\{{}_8C_3-({}_5C_3+{}_4C_3)\}$個として求めてもよい。

33 答 (1) 35通り (2) 6720通り

解答例 (1) 7つの場所から，図形Bを置く3つの場所を選ぶ組合せである。

ゆえに，並べ方は，${}_7C_3=\dfrac{7\times6\times5}{3\times2\times1}=35$ （答）35通り

(2) 並べた後，左から順に塗っていくと考えると，左端の図形の塗り方は3通り，それから順に，左側の図形と異なる2色のどちらかを塗ればよい。

ゆえに，並べ方を考えた塗り方は，${}_7C_3\times3\times2^6=35\times3\times64=6720$

（答）6720通り

p.170 **34** 答 (1) C，A，B (2) B，C，A (3) A，C，B

解説 (2) Aは2，Bは2，4，6，Cは1，2の目である。

(3) Aは13枚，Bは4枚，Cは12枚のカードがある。

p.171 **35** 答 $\dfrac{1}{5}$

解説 $(当たる確率)=\dfrac{(当たりくじの本数)}{(すべてのくじの本数)}$

36 答 (1) $\dfrac{7}{15}$ (2) $\dfrac{8}{15}$

解説 1から15までの整数のうち，偶数は7個，奇数は8個ある。

p.172 **37** 答 (1) $\dfrac{1}{2}$ (2) $\dfrac{4}{5}$

解説 (2) 赤玉または白玉の取り出し方は，和の法則より，5＋3＝8（通り）

38 答 (1) $\dfrac{1}{2}$ (2) $\dfrac{1}{3}$ (3) $\dfrac{2}{5}$

解説 (2) $\dfrac{{}_2P_2}{{}_3P_3}$ (3) $\dfrac{{}_4C_2}{{}_6C_2}$

p.173 **39** 答 (1) $\dfrac{1}{6}$ (2) $\dfrac{2}{9}$

解説 (1) 和が10，11，12になる場合を考える。

(2) 和が2，5，10になる場合を考える。

参考 2つのさいころを投げたときの目の数の和と，そのときの場合の数は，次のように整理できる。

目の数の和	2	3	4	5	6	7	8	9	10	11	12
場合の数	1	2	3	4	5	6	5	4	3	2	1

40 答 (1) $\dfrac{13}{102}$ (2) $\dfrac{25}{102}$

解説 (1) ハートとダイヤのカードは，それぞれ13枚ずつあるから，

$\dfrac{{}_{13}C_1\times{}_{13}C_1}{{}_{52}C_2}$

(2) ハートとダイヤのカードは，合わせて26枚あるから，$\dfrac{{}_{26}C_2}{{}_{52}C_2}$

41 答 $\frac{1}{6}$

解説 2つの立方体の表となる面の出方は全部で（6×6）通り。A，Bの表となる面の数の組を（A，B）と表すと，（1，3）が1通り，（2，2）が2通り，（3，1）が3通り。　ゆえに，求める確率は，$\frac{1+2+3}{6\times6}$

42 答 $\frac{1}{2}$

解説 カードの取り出し方は全部で（4×4）通り。袋A，Bから取り出したカードの数の組を（A，B）と表すと，A>B となるのは，（3，2），（6，2），（6，4），（6，5），（8，2），（8，4），（8，5），（8，7）の8通り。

43 答 (1) $\frac{3}{8}$　(2) $\frac{3}{8}$

解説 3枚の硬貨の表裏の出方は全部で（2×2×2）通り。
100円，50円，10円硬貨の表裏の組を（100円，50円，10円）と表す。
(1)（表，表，裏），（表，裏，表），（裏，表，表）の3通り。
(2)（表，表，表），（表，表，裏），（表，裏，表）の3通り。

44 答 (1) $\frac{4}{9}$　(2) $\frac{7}{36}$

解説 (1) 不等式 $(a+7)b\leqq32$ を満たすのは，$a=1$ のとき $b=1,\ 2,\ 3,\ 4$，$a=2$ のとき $b=1,\ 2,\ 3$，$a=3$ のとき $b=1,\ 2,\ 3$，$a=4$ のとき $b=1,\ 2$，$a=5$ のとき $b=1,\ 2$，$a=6$ のとき $b=1,\ 2$ の16通り。
(2) $3a+b$ が5の倍数になるのは，$a=1$ のとき $b=2$，$a=2$ のとき $b=4$，$a=3$ のとき $b=1,\ 6$，$a=4$ のとき $b=3$，$a=5$ のとき $b=5$，$a=6$ のとき $b=2$ の7通り。

p.175 **45** 答 $\frac{5}{9}$

解説 例題7（→本文p.174）の解答1，2の考え方を利用する。
［解答1］A，Bにともに3の倍数の目が出る場合は，（2×2）通りある。
Aに3の倍数の目，Bに3の倍数でない目が出る場合は，（2×4）通りある。
Aに3の倍数でない目，Bに3の倍数の目が出る場合は，（4×2）通りある。
3つのことがらは同時に起こらないから，和の法則より，A，Bの少なくとも一方に3の倍数の目が出る場合の数は，（4+8+8）通りである。
［解答2］A，Bにともに3の倍数でない目が出る場合は，（4×4）通りあるから，その確率は，$\frac{4\times4}{6\times6}=\frac{4}{9}$
このことがらが起こらないことが，「A，Bの少なくとも一方に3の倍数の目が出る」ことであるから，求める確率は，$1-\frac{4}{9}$

46 答 $\frac{11}{12}$

解説 2点（0，4），（3，0）を通るから，直線TPの式は，$y=-\frac{4}{3}x+4$
よって，3点（1，1），（1，2），（2，1）は五角形PQRSTの周上または内部にない。　ゆえに，求める確率は，$1-\frac{3}{6\times6}$

47 答 $\frac{11}{15}$

解説 カードの引き方は全部で ${}_6P_2$ 通り。$a+b \leqq 0$ である（a, b）の組は，（−2, −1），（−2, 1），（−2, 2），（−1, −2），（−1, 1），（1, −2），（1, −1），（2, −2）の 8 通り。 ゆえに，求める確率は，$1-\frac{8}{{}_6P_2}$

48 答 (1) $\frac{1}{9}$ (2) $\frac{1}{3}$

解説 3 人のグー，チョキ，パーの出し方は，全部で（3×3×3）通り。
(1) A だけが勝つ場合の数は，A がグー，チョキ，パーを出し，それに対して B，C がともにチョキ，パー，グーを出す 3 通り。
(2) 3 人とも同じ手の出し方は 3 通り，3 人とも異なる手の出し方は ${}_3P_3$ 通り。
ゆえに，求める確率は，$\frac{3+{}_3P_3}{3\times3\times3}$

49 答 $\frac{7}{36}$

解説 $n=12$, 24, 36 のとき，点 P は点 A にある。大小 2 つのさいころの出た目の数を（大，小）と表す。$n=12$ となるのは，（2, 6），（3, 4），（4, 3），（6, 2）の 4 通り，$n=24$ となるのは，（4, 6），（6, 4）の 2 通り，$n=36$ となるのは，（6, 6）の 1 通りであるから，全部で 7 通り。

50 答 (1) 5 通り (2) $\frac{1}{2}$ (3) $\frac{1}{4}$

解説 (1) 点 Q が頂点 A にあるのは，$a+b$ が 8 になる場合である。
(2) 点 Q が頂点にあるのは，$a+b$ が偶数になる場合であるから 18 通り。
(3) 線分 PQ が正方形の 1 辺と重なる場合は，a が偶数で $b=2$, 6 のときの（3×2）通り。2 点 P，Q がそれぞれ対辺の中点にある場合は，a が奇数で $b=4$ のときの（3×1）通り。

p.177 **51** 答 $\frac{2}{5}$

解説 4 けたの整数が偶数になるのは，一の位の数が 2 または 4 のときであるから，求める確率は，$\frac{2\times{}_4P_3}{{}_5P_4}$

52 答 (1) $\frac{1}{30}$ (2) $\frac{1}{3}$

解説 6 人が 1 列に並ぶ並び方は全部で ${}_6P_6$ 通り。
(1) B，C，D，E の並び方は ${}_4P_4$ 通りであるから，求める確率は，$\frac{{}_4P_4}{{}_6P_6}$
(2) A と B をひとまとまりに考える。A と B，C，D，E，F の並び方は ${}_5P_5$ 通り。そのそれぞれに対して，A，B の並び方が ${}_2P_2$ 通りずつあるから，求める確率は，$\frac{{}_5P_5\times{}_2P_2}{{}_6P_6}$

53 答 $\frac{3}{10}$

解説 10 本の中から同時に 3 本を引くから，くじの引き方は全部で ${}_{10}C_3$ 通り。当たりくじ 4 本から 2 本引き，はずれくじ 6 本から 1 本引く引き方は（${}_4C_2\times{}_6C_1$）通りあるから，求める確率は，$\frac{{}_4C_2\times{}_6C_1}{{}_{10}C_3}$

54 答 (1) $\frac{14}{33}$ (2) $\frac{98}{99}$

解説 玉4個の取り出し方は全部で ${}_{12}C_4$ 通り。

(1) 赤玉2個の取り出し方は ${}_7C_2$ 通り，白玉2個の取り出し方は ${}_5C_2$ 通りあるから，$\frac{{}_7C_2 \times {}_5C_2}{{}_{12}C_4}$

(2) (少なくとも1個は赤玉が出る確率)＝1－(4個とも白玉が出る確率)

$=1-\frac{{}_5C_4}{{}_{12}C_4}=1-\frac{{}_5C_1}{{}_{12}C_4}$

55 答 (1) $\frac{1}{5}$ (2) $\frac{2}{5}$

解説 カードの引き方は全部で ${}_5P_3$ 通り。

(1) 3つの数字の組合せを {1, 2, 3} と表すと，2と3がふくまれる組合せは {1, 2, 3}，{2, 3, 4}，{2, 3, 5} の3通りあり，そのそれぞれに対して，2と3が隣り合った並べ方は $({}_2P_2 \times {}_2P_2)$ 通りずつあるから，2と3が隣り合う場合は $(3 \times {}_2P_2 \times {}_2P_2)$ 通り。

ゆえに，求める確率は，$\frac{3 \times {}_2P_2 \times {}_2P_2}{{}_5P_3}$

(2) 3の倍数になるのは，各位の数の和が3の倍数になるときである。
3の倍数になる組合せは {1, 2, 3}，{1, 3, 5}，{2, 3, 4}，{3, 4, 5} の4通りあり，そのそれぞれに対して，その並べ方は ${}_3P_3$ 通りずつある。

ゆえに，求める確率は，$\frac{4 \times {}_3P_3}{{}_5P_3}$

56 答 $\frac{2}{3}$

解説 玉2個の取り出し方は全部で ${}_{10}C_2$ 通り。
(少なくとも1個は赤玉か白玉が出る確率)＝1－(赤玉も白玉も出ない確率)

＝1－(青玉，黄玉，緑玉の中から2個出る確率)$=1-\frac{{}_6C_2}{{}_{10}C_2}$

p.178 **57** 答 $\frac{4}{9}$

解説 色の塗り分け方は全部で (3×3×3) 通り。a に塗る色は3通り，b に塗る色は a に塗った色以外の2色で2通り，c に塗る色は b に塗った色以外の2色で2通りあるから，求める確率は，$\frac{3 \times 2 \times 2}{3 \times 3 \times 3}$

58 答 (1) $\frac{1}{2}$ (2) $\frac{1}{3}$ (3) $\frac{2}{3}$

解説 (1) 目の数の和が2，4，6，8，10，12になる目の出方を考える。
(2) 目の数の和が3，6，9，12になる目の出方を考える。
(3) (1)，(2)の目の出方のうち，目の数の和が6，12になる場合が重複するから，考える目の出方は，
(目の数の和が2の倍数)＋(目の数の和が3の倍数)－(目の数の和が6の倍数)
となる。

59 答 (1) $\frac{2}{15}$　(2) $\frac{7}{15}$　(3) $\frac{7}{15}$

解説 玉2個の取り出し方は全部で ${}_6C_2$ 通り。

(1) 2つの数の積が奇数になる（赤，白）の組は（1，1），（3，1）の2通りあるから，求める確率は，$\frac{2}{{}_6C_2}$

(2) 2つの数の和が5以上になる（赤，白）の組は（3，2），（4，1），（4，2）の3通り，（赤，赤）の組は（1，4），（2，3），（2，4），（3，4）の4通りあるから，求める確率は，$\frac{3+4}{{}_6C_2}$

(3) 2個の玉が，どちらも赤になるのは ${}_4C_2$ 通り，どちらも白になるのは1通り。これらは同時に起こらないから，和の法則より，（${}_4C_2+1$）通り。
ゆえに，求める確率は，$\frac{{}_4C_2+1}{{}_6C_2}$

60 答 (1) $\frac{1}{21}$　(2) $\frac{1}{35}$

解説 カードの引き方は全部で ${}_{10}C_4$ 通り。

(1) 4枚のカードのうち，1枚が6で，残りの3枚は5以下の数であるから，求める確率は，$\frac{{}_5C_3}{{}_{10}C_4}$

(2) 4枚のカードのうち，2枚が3と8で，残りの2枚は4，5，6，7のうちのいずれかであるから，求める確率は，$\frac{{}_4C_2}{{}_{10}C_4}$

61 答 (1) 15本　(2) ① 455通り　② $\frac{3}{91}$

解答例 (1) 異なる6つの点から2つの点を選ぶ組合せの数であるから，
$${}_6C_2=\frac{6\times5}{2\times1}=15$$
（答）15本

(2) ① 異なる15本の線分から3本を選ぶ組合せの数であるから，
$${}_{15}C_3=\frac{15\times14\times13}{3\times2\times1}=455$$
（答）455通り

② ①より，3本の線分の選び方は全部で ${}_{15}C_3$ 通り。これらの起こることは同様に確からしい。
3本の線分の端点がすべて異なるとき，6つの点A，B，C，D，E，Fすべてが端点となる。
点Aについて，点AとBを結んだ場合，残りの4点の結び方については，CDとEF，CEとDF，CFとDEの3通りがある。点AとC，点AとD，点AとE，点AとFを結んだ場合についても，同様に3通りずつあるから，求める確率は，$\frac{5\times3}{{}_{15}C_3}=\frac{5\times3}{455}=\frac{3}{91}$
（答）$\frac{3}{91}$

p.180 **62** 答 100円

解説 右の表より，
$$0\times\frac{1}{4}+100\times\frac{2}{4}+200\times\frac{1}{4}$$

金額(円)	0	100	200	計
確率	$\frac{1}{4}$	$\frac{2}{4}$	$\frac{1}{4}$	1

63 答 4円

解説 下の表より,

(くじ A の期待値)$=10000\times\frac{1}{100}+5000\times\frac{3}{100}+100\times\frac{96}{100}=346$

(くじ B の期待値)$=1000\times\frac{20}{200}+500\times\frac{80}{200}+100\times\frac{100}{200}=350$

くじA

賞金(円)	10000	5000	100	計
確率	$\frac{1}{100}$	$\frac{3}{100}$	$\frac{96}{100}$	1

くじB

賞金(円)	1000	500	100	計
確率	$\frac{20}{200}$	$\frac{80}{200}$	$\frac{100}{200}$	1

64 答 $\frac{5}{3}$個

解説 赤玉が3個,2個,1個,0個取り出される確率は,それぞれ

$\frac{{}_5C_3}{{}_9C_3}$, $\frac{{}_5C_2\times{}_4C_1}{{}_9C_3}$, $\frac{{}_5C_1\times{}_4C_2}{{}_9C_3}$, $\frac{{}_4C_3}{{}_9C_3}$

である。右の表より,

$3\times\frac{10}{84}+2\times\frac{40}{84}+1\times\frac{30}{84}+0\times\frac{4}{84}$

赤玉の個数(個)	3	2	1	0	計
確率	$\frac{10}{84}$	$\frac{40}{84}$	$\frac{30}{84}$	$\frac{4}{84}$	1

9章の問題

p.181

1 答 (1) 19個 (2) 7個 (3) 8個

解説 樹形図は右のようになる。

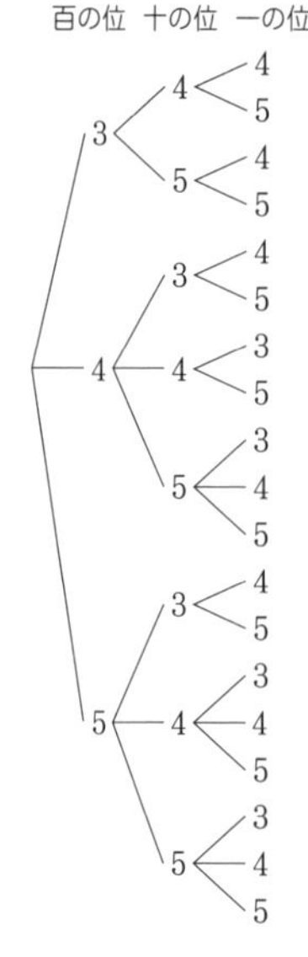

2 答 (1) 7通り (2) 28通り

解説 (1) 点Pの通る頂点を樹形図で表すと,下のようになる。

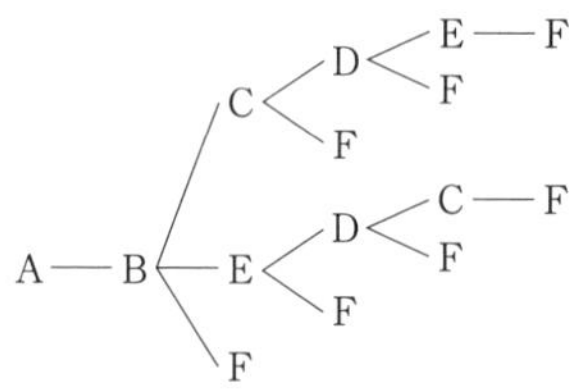

(2) 辺ABを通る頂点Fへの移動は7通りある。
同様に,辺AC, AD, AEを通る頂点Fへの移動もそれぞれ7通りずつある。 ゆえに,7×4

3 答 1440通り

解説 ダイヤのカードを◆として,カードの並べ方を□◆□◆□◆□◆□と表したとき,5個の□の中の3個にハートのカードが入る。ハートのカードが入る□の選び方は${}_5C_3$通りあり,そのそれぞれに対して,3枚のハートのカードの並べ方は${}_3P_3$通りずつある。さらに,そのそれぞれに対して,4枚のダイヤのカードの並べ方は${}_4P_4$通りずつある。
ゆえに,${}_5C_3\times{}_3P_3\times{}_4P_4$

4 答 (1) 4通り　(2) 20通り

解説 (1) 4個の整数から異なる3個を選び，小さい順に a，b，c とすればよい。ゆえに，${}_4C_3$

(2) $a \leqq b \leqq c$ は，$a<b<c$，$a=b<c$，$a<b=c$，$a=b=c$ の4つの場合に分けられる。

$a<b<c$ のとき，(1)より ${}_4C_3$

$a=b<c$ のとき，4個の整数から異なる2個を選び，小さい順に $a(b)$，c とすればよい。　ゆえに，${}_4C_2$

$a<b=c$ のとき，$a=b<c$ と同様に，${}_4C_2$

$a=b=c$ のとき，4個の整数から1個を選ぶ。　ゆえに，${}_4C_1$

5 答 (1) 4通り　(2) 16通り

解説 (1) コインが右端のマス目を通るのは，1枚目，2枚目に1と3のカード，3枚目，4枚目に2と4のカードを取り出すときである。1枚目，2枚目に1と3のカードを取り出す取り出し方は ${}_2P_2$ 通り，3枚目，4枚目に2と4のカードを取り出す取り出し方は ${}_2P_2$ 通りである。　ゆえに，${}_2P_2 \times {}_2P_2$

(2) $1+3=4$ より，コインは右端のマス目から外へ出ることはない。左端のマス目から外へ出ないのは，2と4のカードをどちらも取り出す前に3のカードを取り出すときである。1枚目，2枚目に3のカードを取り出す取り出し方は $(2 \times {}_3P_3)$ 通り，3枚目に3のカード，4枚目に2または4のカードを取り出す取り出し方は $(2 \times {}_2P_2)$ 通りである。　ゆえに，$2 \times {}_3P_3 + 2 \times {}_2P_2$

p.182 **6** 答 (1) 4通り　(2) 21通り　(3) 15通り

解説 (1) 石段を4歩で上る方法は，1段を1回，2段を3回使う上り方であるから，${}_4C_1$

(2) (1)の4歩で上る以外に，1段ずつを7回使う上り方は1通り。

1段を5回，2段を1回使う上り方は，${}_6C_5 = {}_6C_1$（通り）。

1段を3回，2段を2回使う上り方は，${}_5C_3 = {}_5C_2$（通り）。

(3) 3段目までの上り方は，1段ずつを3回使う上り方を 1−1−1 と表すとすると，1−1−1，1−2，2−1 の3通り。

4段目から7段目までの上り方は，1−1−1−1，1−1−2，1−2−1，2−1−1，2−2 の5通り。

ゆえに，積の法則より，3×5

7 答 (1) $\dfrac{1}{8}$　(2) $\dfrac{19}{27}$

解説 3つのさいころの目の出方は全部で $(6 \times 6 \times 6)$ 通り。

(1) 出る目の数の積が奇数になるのは，3つのさいころの目の数がすべて奇数であるときであるから，$\dfrac{3 \times 3 \times 3}{6 \times 6 \times 6}$

(2) 出る目の数の積が3の倍数になるのは，3つのさいころの目の数のうち，少なくとも1個が3の倍数であるときである。3つの目の数がすべて3の倍数でない目の出方は $(4 \times 4 \times 4)$ 通りあるから，求める確率は，$1 - \dfrac{4 \times 4 \times 4}{6 \times 6 \times 6}$

8 答 (1) ① $\dfrac{3}{20}$　② $\dfrac{1}{20}$　(2) $\dfrac{119}{120}$

解説 (1) 3個の玉を同時に取り出すから，取り出し方は全部で ${}_{10}C_3$ 通り。

① $\dfrac{{}_3C_1 \times {}_4C_2}{{}_{10}C_3}$　　② $\dfrac{{}_3C_3 + {}_4C_3 + {}_3C_3}{{}_{10}C_3}$

(2) 3個の玉を1個ずつ取り出すから，取り出し方は全部で ${}_{10}P_3$ 通り。
(少なくとも1個は赤玉か白玉が出る確率)＝1－(赤玉も白玉も出ない確率)
＝1－(すべて青玉が出る確率)＝$1-\frac{{}_3P_3}{{}_{10}P_3}$

9 答 (1) $\frac{2}{33}$　(2) $\frac{2}{33}$　(3) $\frac{17}{66}$

解説 席のすわり方は，カードを引いた順に決まるから，全部で ${}_{12}P_2$ 通り。
(1) Aさんの席が1，4，9，12のいずれかのとき，Bさんの席は2通りずつある。
ゆえに，求める確率は，$\frac{4\times2}{{}_{12}P_2}$
(2) Aさんの席が6，7のどちらかのとき，Bさんの席は4通りずつある。
ゆえに，求める確率は，$\frac{2\times4}{{}_{12}P_2}$
(3) Aさんの席が2，3，5，8，10，11のいずれかのとき，Bさんの席は3通りずつある。
ゆえに，(1)，(2)の場合と合わせて，求める確率は，$\frac{4\times2+2\times4+6\times3}{{}_{12}P_2}$

10 答 (1) 頂点A $\frac{13}{36}$，頂点B $\frac{5}{18}$，頂点C $\frac{13}{36}$　(2) $\frac{1}{3}$

解説 (1) 2回のさいころの目の出方は全部で(6×6)通り。
2回投げた結果，点Pが頂点Aにあるのは，3または6だけ移動したときである。
3だけ移動するのは，1回目に1，2，3のいずれかの目が出て，2回目に4または5の目が出る場合，またはその逆の順に出る場合で(3×2×2)通りある。
6だけ移動するのは，1回目，2回目ともに6の目が出る場合で1通りある。
よって，(3×2×2+1)通りである。
2回投げた結果，点Pが頂点Bにあるのは，4だけ移動したときである。
1回目に1，2，3のいずれかの目が出て，2回目に6の目が出る場合，またはその逆の順に出る場合が(3×1×2)通りあり，また，1回目，2回目ともに4または5の目が出る場合が(2×2)通りある。
よって，(3×1×2+2×2)通りである。
2回投げた結果，点Pが頂点Cにあるのは，すべての場合の数から頂点Aにある場合の数と頂点Bにある場合の数をひけばよいから，
{36－(3×2×2+1)－(3×1×2+2×2)} 通りである。
(2) 3回のさいころの目の出方は全部で(6×6×6)通り。
2回目の位置から考える。
2回目に点Pが頂点Aにあるときは，3回目に6の目が出ればよい。
2回目に点Pが頂点Bにあるときは，3回目に4または5の目が出ればよい。
2回目に点Pが頂点Cにあるときは，3回目に1，2，3のいずれかの目が出ればよい。
ゆえに，(1)より，3回投げて点Pが頂点Aにある場合は，
(13×1+10×2+13×3)通りある。

p.183 **11** 答 $\dfrac{4}{9}$

解説 箱 A からのカード 2 枚の取り出し方は ${}_3C_2$ 通り，箱 B からのカード 1 枚の取り出し方は ${}_3C_1$ 通りあるから，カード 3 枚の取り出し方は，積の法則より，全部で $({}_3C_2\times{}_3C_1)$ 通りある。

$a+c=2b$ を満たすカードの組は，[1]－[4]－[7]，[1]－[3]－[5]，[1]－[5]－[9]，[3]－[4]－[5] の 4 通りある。

12 答 (1) 樹形図は右のようになる。10 通り

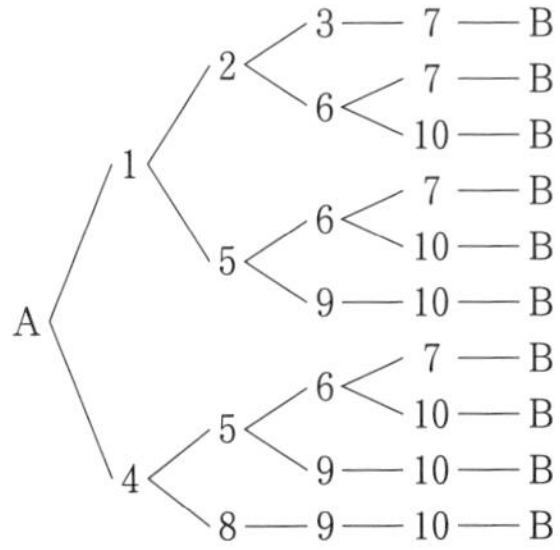

```
          ┌2┬3──7──B
          │ └6┬7──B
          │    └10──B
     ┌1┤
     │   └5┬6┬7──B
     │      │  └10──B
A┤      └9──10──B
     │   ┌5┬6┬7──B
     │   │  │  └10──B
     └4┤  └9──10──B
          └8──9──10──B
```

(2) A 地点から B 地点までの行き方は→を 3 回，↓を 2 回使って表すことができる。

その場合の数は，□□□□□ にまず→を 3 個入れて，残りの □ に↓を 2 個入れることであるから，5 個の □ から 3 個の □ を取る組合せ ${}_5C_3$ に等しい。

(3) 126 通り

解説 (3) C 地点から D 地点までの行き方は→を 5 回，↓を 4 回使って表すことができる。その場合の数は，□□□□□□□□□ にまず→を 5 個入れて，残りの □ に↓を 4 個入れることであるから，9 個の □ から 5 個の □ を取る組合せ ${}_9C_5$ に等しい。

13 答 (1) $\dfrac{1}{216}$ (2) $\dfrac{125}{216}$ (3) $\dfrac{61}{216}$

解答例 3 つのさいころの目の出方は全部で $(6\times6\times6)$ 通り。これらの起こることは同様に確からしい。

(1) 3 つとも 1 の目が出る場合は 1 通り。

ゆえに，求める確率は，$\dfrac{1}{6\times6\times6}=\dfrac{1}{216}$ ……(答)

(2) 3 つとも 5 以下の目が出る場合は，$(5\times5\times5)$ 通り。

ゆえに，求める確率は，$\dfrac{5\times5\times5}{6\times6\times6}=\dfrac{125}{216}$ ……(答)

(3) 最大値が 5 になる場合は，

$x=y=z=5$ の 1 通り。

x，y，z のうち 2 つが 5 で，残りの 1 つが 4 以下になる $({}_3C_2\times4)$ 通り。

x，y，z のうち 1 つが 5 で，残りの 2 つがそれぞれ 4 以下になる $({}_3C_1\times4\times4)$ 通り。

ゆえに，求める確率は，$\dfrac{1+{}_3C_2\times4+{}_3C_1\times4\times4}{6\times6\times6}=\dfrac{1+12+48}{6\times6\times6}=\dfrac{61}{216}$ ……(答)

別解 (3) 最大値が 5 になる確率は，

(最大値が 5 以下になる確率)－(最大値が 4 以下になる確率) である。

最大値が 4 以下になるのは，$(4\times4\times4)$ 通りで，その確率は，$\dfrac{4\times4\times4}{6\times6\times6}=\dfrac{64}{216}$

である。

ゆえに，求める確率は，$\dfrac{125}{216}-\dfrac{64}{216}=\dfrac{61}{216}$ ……(答)

14 **答** (1) $\frac{1}{2}$　(2) ① $\frac{3}{8}$　② $\frac{5}{16}$

解答例 (1) 座標 a の点を，座標 0 の点について対称移動した点は $-a$ である。
また，座標 a の点を，座標 1 の点について対称移動した点の座標を b とすると，$\frac{a+b}{2}=1$ であるから，
$b=-a+2$ である。

a ─表─ $-a$ ─表─ a
a ─表─ $-a$ ─裏─ $a+2$
a ─裏─ $-a+2$ ─表─ $a-2$
a ─裏─ $-a+2$ ─裏─ a

よって，樹形図は右のようになる。
ゆえに，求める確率は，$\frac{2}{4}=\frac{1}{2}$ ……(答)

(2) ① 硬貨を 4 回投げるから，硬貨の表裏の出方は全部で
$2\times2\times2\times2=16$ (通り)
硬貨を 2 回投げたとき，座標 0 の点にある石は，(1)の樹形図で，$a=0$ として，上から順に 0，2，-2，0 の点に移動する。
さらに，2 回投げたとき，座標 0 の点にある石は 0，2，-2，0 の点に移動し，座標 2 の点にある石は 2，4，0，2 の点に移動し，座標 -2 の点にある石は -2，0，-4，-2 の点に移動する。
ゆえに，求める確率は，$\frac{2\times2+1+1}{16}=\frac{3}{8}$ ……(答)

② 硬貨を 6 回投げるから，硬貨の表裏の出方は全部で
$2\times2\times2\times2\times2\times2=64$ (通り)
硬貨を 4 回投げたとき，座標 0 の点にある石は，①より，-4，-2，0，2，4 の点に移動し，それぞれの場合の数は 1，4，6，4，1 通りある。
さらに，2 回投げたとき，(1)の樹形図より，座標 -4 の点にある石は -4，-2，-6，-4 の点に移動し，座標 4 の点にある石は 4，6，2，4 の点に移動するから，座標 0 の点には移動しない。座標 -2，座標 0，座標 2 の点にある石は，①と同様に移動し，それぞれの場合の数は 1，2，1 通りある。
ゆえに，求める確率は，
$\frac{4\times1+6\times2+4\times1}{64}=\frac{5}{16}$ ……(答)

参考 (2) ① 2 回ごとの移動を樹形図で表すと右のようになる。
よって，$\frac{6}{16}=\frac{3}{8}$

② 4 回から 6 回の移動を樹形図で表すと右のようになる。
4 回までに -2，0，2 になる場合の数は，それぞれ 4，6，4 通りあるから，
$\frac{4\times1+6\times2+4\times1}{64}=\frac{5}{16}$
としてもよい。

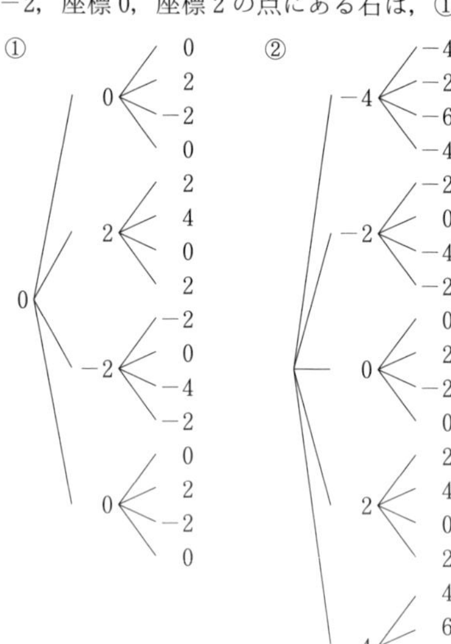

MEMO

MEMO

MEMO

Aクラスブックスシリーズ

単元別完成！ この1冊だけで大丈夫!!

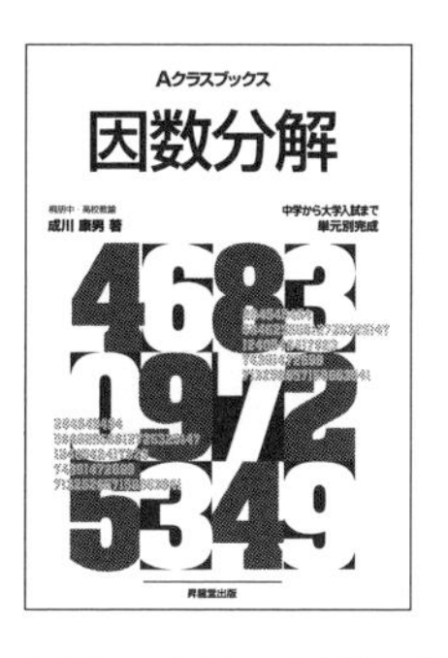

数学の学力アップに加速をつける

玉川大学教授 成川 康男
筑波大学附属駒場中・高校元教諭 深瀬 幹雄
桐朋中・高校元教諭 藤田 郁夫
筑波大学附属駒場中・高校副校長 町田 多加志
桐朋中・高校教諭 矢島 弘 共著

■A5判/2色刷 ■全8点 各900円（税別）

中学・高校の区分に関係なく，単元別に数学をより深く追求したい人のための参考書です。得意分野のさらなる学力アップ，不得意分野の完全克服に役立ちます。

- 中学数学文章題
- 中学図形と計量
- 因数分解
- 2次関数と2次方程式
- 場合の数と確率
- 不等式
- 平面幾何と三角比
- 整数

教科書対応表

	中学1年	中学2年	中学3年	高校数Ⅰ	高校数A	高校数Ⅱ
中学数学文章題	☆	☆	☆			
中学図形と計量	☆	☆	☆		(☆)	
因数分解			☆	☆		
2次関数と2次方程式			☆	☆		
場合の数と確率		☆			☆	
不等式	☆			☆		☆
平面幾何と三角比			☆	☆	☆	
整数	☆	☆	☆	☆	☆